工科数学信息化教学丛书

线性代数学习指导

罗从文　主编

科学出版社

北京

内 容 简 介

本书是《线性代数教程》（第四版）（罗从文，科学出版社，2019）的配套教学辅导用书，内容按照主教材的章节顺序编排：线性方程组与矩阵、矩阵运算及向量组的线性相关性、向量空间 $\mathbf{R}^n$、行列式、矩阵特征值问题及二次型. 每章内容包括主要内容、教学要求、疑难问题解答、常见错误类型分析、课后习题答案. 书末配有自测题与自测题答案.

本书所选题目大多来自历年考研真题，可作为高等院校理工类、经管类各专业学生使用，也可作为硕士研究生入学考试的辅导教材.

图书在版编目（CIP）数据

线性代数学习指导 / 罗从文主编. —北京：科学出版社，2020.7

（工科数学信息化教学丛书）

ISBN 978-7-03-065659-9

Ⅰ. ①线… Ⅱ. ①罗… Ⅲ. ①线性代数－高等学校－教学参考资料 Ⅳ. ①O151.2

中国版本图书馆 CIP 数据核字（2020）第 122491 号

责任编辑：谭耀文 张 湾 / 责任校对：高 嵘
责任印制：张 伟 / 封面设计：苏 波

科 学 出 版 社 出版
北京东黄城根北街 16 号
邮政编码：100717
http://www.sciencep.com
北京凌奇印刷有限责任公司 印刷
科学出版社发行 各地新华书店经销
*
2020 年 7 月第 一 版 开本：787×1092 1/16
2022 年 3 月第四次印刷 印张：15 1/4
字数：360 000

定价：46.00 元

（如有印装质量问题，我社负责调换）

前　言

本书依据理工类、经济类、管理类各专业对“线性代数”课程的教学要求编写而成，是工科数学信息化教学丛书中《线性代数教程》（罗从文，科学出版社，2019）的配套教学辅导用书，同时其内容又自成相对独立的体系，因而适合更多的读者.

本书内容充实，题型全面. 全书共五章，主要内容按照《线性代数教程》的编排顺序逐章编写，每章对相关理论的基本概念、命题和重要结论进行介绍. 并对某些疑难问题和常见错误类型进行解答与分析，有利于读者理解基本理论，并且习题也与本书的相关内容匹配。书末附有自测题，可供读者检测对全书的掌握程度，书后自测题答案可供读者参考.

本书由罗从文主编，赵守江和王高峡担任副主编. 全书第一～五章的主要内容和教学要求由熊新华编写，疑难问题解答、常见错误类型分析由王高峡编写，习题答案由罗从文、马德宜编写，自测题及自测题答案由罗从文、赵守江编写. 全书由罗从文统稿，本书稿的文字录入工作由马德宜和三峡大学理学院研究生李志完成.

由于编者水平有限，书中难免有欠妥之处，恳请广大读者批评指正.

编　者

2020 年 5 月

前 言

[illegible]

目　　录

第一章　线性方程组与矩阵

线性方程组的求解是线性代数的重要内容之一，科学技术的许多分支，如网络理论、结构分析、最优化方法和经济管理中的许多计算问题都可归结为线性方程组的求解问题，它在经济预测和经济管理中有着十分广泛的应用.

本章重点　矩阵的初等行变换及用初等行变换法求线性方程组的解、线性方程组有解的充分必要条件.

本章难点　非齐次线性方程组解的存在性、齐次和非齐次线性方程组通解的求解方法.

一、主要内容

（一）矩阵的概念

1. 定义

由 $m\times n$ 个数 $a_{ij}\ (i=1,2,\cdots,m;\ j=1,2,\cdots,n)$ 组成一个 m 行 n 列的矩形数表，称为一个 $m\times n$ 矩阵，记作

$$\begin{pmatrix} a_{11} & a_{12} & \cdots & a_{1n} \\ a_{21} & a_{22} & \cdots & a_{2n} \\ \vdots & \vdots & & \vdots \\ a_{m1} & a_{m2} & \cdots & a_{mn} \end{pmatrix}$$

2. 特殊矩阵

1）零矩阵

元素全为零的 $m\times n$ 矩阵，记作 $\boldsymbol{O}_{m\times n}$，在已明确行数、列数的情况下可记作 $\boldsymbol{O}$.

2）行向量和列向量

行向量为 $\boldsymbol{\alpha}^{\mathrm{T}}=(a_1,a_2,\cdots,a_n)$，列向量为 $\boldsymbol{\alpha}=\begin{pmatrix} a_1 \\ a_2 \\ \vdots \\ a_n \end{pmatrix}$.

3）特殊方阵

（1）对角矩阵，形如 $\boldsymbol{A}=\begin{pmatrix} a_{11} & 0 & \cdots & 0 \\ 0 & a_{22} & \cdots & 0 \\ \vdots & \vdots & & \vdots \\ 0 & 0 & \cdots & a_{nn} \end{pmatrix}$，简写为 $\boldsymbol{A}=\begin{pmatrix} a_{11} & & & \\ & a_{22} & & \\ & & \ddots & \\ & & & a_{nn} \end{pmatrix}$

或 $\boldsymbol{A}=\mathrm{diag}(a_{11},a_{22},\cdots,a_{nn})$.

（2）单位矩阵. 主对角线上元素 $a_{ii}=1$，$a_{ij}=0(i\neq j)$，记作 $\begin{pmatrix}1&0&\ddots&0\\0&1&\ddots&0\\0&0&\ddots&0\\0&0&\ddots&1\end{pmatrix}$，简记为 $\boldsymbol{E}_n$ 或 $\boldsymbol{E}$.

（3）三角矩阵. 若方阵 $\boldsymbol{A}=(a_{ij})$，当 $i>j$ 时，$a_{ij}=0$，即形如

$$\boldsymbol{A}=\begin{pmatrix}a_{11}&a_{12}&\cdots&a_{1n}\\0&a_{22}&\cdots&a_{2n}\\\vdots&\vdots&&\vdots\\0&0&\cdots&a_{nn}\end{pmatrix}$$

的矩阵称为上三角矩阵. 类似的，当 $i<j$ 时，$a_{ij}=0$，即形如

$$\boldsymbol{A}=\begin{pmatrix}a_{11}&0&\cdots&0\\a_{21}&a_{22}&\cdots&0\\\vdots&\vdots&&\vdots\\a_{m1}&a_{m2}&\cdots&a_{mm}\end{pmatrix}$$

的矩阵称为下三角矩阵.

（4）对称矩阵与反对称矩阵. 若 n 阶矩阵 $\boldsymbol{A}=(a_{ij})$ 的元素满足 $a_{ij}=a_{ji}\ (i,j=1,2,\cdots,n)$，则称矩阵 $\boldsymbol{A}$ 为 n 阶对称矩阵；若 n 阶矩阵 $\boldsymbol{A}=(a_{ij})$ 的元素满足 $a_{ij}=-a_{ji}\ (i,j=1,2,\cdots,n)$，则称矩阵 $\boldsymbol{A}$ 为 n 阶反对称矩阵. 注意，反对称矩阵的主对角元素应满足 $a_{ii}=0\ (i=1,2,\cdots,n)$.

4）矩阵相等

两个行数相等、列数也相等的矩阵称为同型矩阵. 如果矩阵 $\boldsymbol{A}=(a_{ij})$ 与 $\boldsymbol{B}=(b_{ij})$ 是同型矩阵，当且仅当它们的对应元素分别相等，即 $a_{ij}=b_{ij}\ (i=1,2,\cdots,m;j=1,2,\cdots,n)$ 时，称矩阵 $\boldsymbol{A}$ 与矩阵 $\boldsymbol{B}$ 相等，记作 $\boldsymbol{A}=\boldsymbol{B}$.

（二）矩阵的初等变换

1. 初等行（列）变换定义

（1）两行（列）互换，记为 $r_i\leftrightarrow r_j$.

（2）一行（列）乘非零常数 k，记为 kr_i.

（3）一行（列）乘 k 加到另一行（列），记为 r_j+kr_i.

2. 行阶梯形矩阵和行最简形矩阵

1）行阶梯形矩阵

可画出一条阶梯线，阶梯数是矩阵中非零行的行数，阶梯线下方的元素（如果有）全为零. 每个阶梯线竖线的高度为一行. 竖线右侧的第一个元素非零，称为该行的首非零元.

2）行最简形矩阵

行阶梯形矩阵的每个非零行的首非零元为 1，且这些首非零元所在列的其他元素全为零.

3）重要结论

（1）任何矩阵 $\boldsymbol{A}_{m\times n}$ 都可以经过若干次初等行变换化为行阶梯形矩阵或行最简形矩阵.

（2）一个矩阵的行阶梯形矩阵可以不同，但它的行最简形矩阵是唯一的，一个矩阵的行阶梯形矩阵中非零行的行数是唯一确定的. 这个数称为矩阵的秩，是矩阵在初等变换下的一个不变量，是反映矩阵自身特性的很重要的一个指数.

3. 矩阵的秩

定义：矩阵 $\boldsymbol{A}$ 经过初等行变换化为行阶梯形矩阵后，其非零行的行数称为矩阵 $\boldsymbol{A}$ 的秩，记作 $r(\boldsymbol{A})$.

规定：零矩阵的秩为 0，即 $r(\boldsymbol{O})=0$. 对非零矩阵 $\boldsymbol{A}_{m\times n}$，总有 $1\leqslant r(\boldsymbol{A})\leqslant \min\{m,n\}$.

4. 矩阵之间的等价

1）定义

矩阵 $\boldsymbol{A}$ 经过有限次初等变换变成矩阵 $\boldsymbol{B}$，就称矩阵 $\boldsymbol{A}$ 与矩阵 $\boldsymbol{B}$ 等价，记作 $\boldsymbol{A}\sim\boldsymbol{B}$.

2）性质

矩阵之间的等价关系具有下列性质.

（1）反身性：$\boldsymbol{A}\sim\boldsymbol{A}$.

（2）对称性：若 $\boldsymbol{A}\sim\boldsymbol{B}$，则 $\boldsymbol{B}\sim\boldsymbol{A}$.

（3）传递性：若 $\boldsymbol{A}\sim\boldsymbol{B}$，$\boldsymbol{B}\sim\boldsymbol{C}$，则 $\boldsymbol{A}\sim\boldsymbol{C}$.

（三）线性方程组

1. 方程组的表达形式与解向量

1）方程组的表达形式

（1）一般形式：$\begin{cases} a_{11}x_1+a_{12}x_2+\cdots+a_{1n}x_n=b_1 \\ a_{21}x_1+a_{22}x_2+\cdots+a_{2n}x_n=b_2 \\ \cdots\cdots \\ a_{m1}x_1+a_{m2}x_2+\cdots+a_{mn}x_n=b_m \end{cases}$.

（2）矩阵形式：$\boldsymbol{Ax}=\boldsymbol{b}$.

（3）向量形式：$x_1\boldsymbol{\alpha}_1+x_2\boldsymbol{\alpha}_2+\cdots+x_n\boldsymbol{\alpha}_n=\boldsymbol{b}$.

2）解的定义

若 $\boldsymbol{\eta}=(c_1,c_2,\cdots,c_n)^{\mathrm{T}}$ 满足方程组 $\boldsymbol{Ax}=\boldsymbol{b}$，即 $\boldsymbol{A\eta}=\boldsymbol{b}$，则称 $\boldsymbol{\eta}$ 是 $\boldsymbol{Ax}=\boldsymbol{b}$ 的一个解（向量）.

2. 解的判定与性质

1）齐次方程组 $\boldsymbol{Ax}=\mathbf{0}$

（1）只有零解 $\Leftrightarrow r(\boldsymbol{A})=n$（$n$ 为 $\boldsymbol{A}$ 的列数或是 $\boldsymbol{x}$ 中未知数的个数）.

（2）有非零解 $\Leftrightarrow r(\boldsymbol{A})<n$.

2）非齐次方程组 $\boldsymbol{Ax}=\boldsymbol{b}$

（1）无解 $\Leftrightarrow r(\boldsymbol{A})<r(\boldsymbol{A},\ \boldsymbol{b})\Leftrightarrow r(\boldsymbol{A})=r(\boldsymbol{A},\ \boldsymbol{b})-1$.

（2）唯一解 $\Leftrightarrow r(\boldsymbol{A})=r(\boldsymbol{A},\ \boldsymbol{b})=n$.

（3）无穷多解 $\Leftrightarrow r(\boldsymbol{A})=r(\boldsymbol{A},\ \boldsymbol{b})<n$.

3. 公共解与同解

1）公共解定义

若 $\boldsymbol{\alpha}$ 既是方程组 $\boldsymbol{Ax}=\mathbf{0}$ 的解，又是方程组 $\boldsymbol{Bx}=\mathbf{0}$ 的解，则称 $\boldsymbol{\alpha}$ 为其公共解.

2）非零公共解的充分必要条件

设 $\boldsymbol{A}$ 为 $s\times n$ 矩阵，$\boldsymbol{B}$ 为 $t\times n$ 矩阵，则方程组 $\boldsymbol{Ax}=\mathbf{0}$ 与 $\boldsymbol{Bx}=\mathbf{0}$ 有非零公共解 $\Leftrightarrow \begin{pmatrix}\boldsymbol{A}\\ \boldsymbol{B}\end{pmatrix}\boldsymbol{x}=\mathbf{0}$ 有非零解 $\Leftrightarrow r\begin{pmatrix}\boldsymbol{A}\\ \boldsymbol{B}\end{pmatrix}<n$.

4. 重要结论（需要掌握证明）

（1）设 $\boldsymbol{A}$ 是 $m\times n$ 矩阵，则齐次方程 $\boldsymbol{A}^{\mathrm{T}}\boldsymbol{Ax}=\mathbf{0}$ 与 $\boldsymbol{Ax}=\mathbf{0}$ 同解且 $r(\boldsymbol{A}^{\mathrm{T}}\boldsymbol{A})=r(\boldsymbol{A})$.

（2）设 $\boldsymbol{A}$ 是 $m\times n$ 矩阵，$r(\boldsymbol{A})=n$，$\boldsymbol{B}$ 是 $n\times s$ 矩阵，则齐次方程 $\boldsymbol{ABx}=\mathbf{0}$ 与 $\boldsymbol{Bx}=\mathbf{0}$ 同解且 $r(\boldsymbol{AB})=r(\boldsymbol{B})$.

二、教学要求

熟练掌握对矩阵进行初等行变换，将其化为行阶梯形矩阵和行最简形矩阵的方法，正确理解齐次线性方程组有非零解的充分必要条件和非齐次线性方程组有解的充分必要条件，熟练掌握用初等行变换求解线性方程组的方法.

三、疑难问题解答

1. 解线性方程组可以对增广矩阵作初等列变换吗？

解 不能，得到的两个方程组不一定同解.例如，方程组 $\begin{cases}x_1+2x_2=3\\ x_1+\ x_2=2\end{cases}$ 有唯一解 $\begin{cases}x_1=1\\ x_2=1\end{cases}$，

若对增广矩阵作列变换$\begin{pmatrix}1&2&3\\1&1&2\end{pmatrix}\xrightarrow{c}\begin{pmatrix}1&0&3\\1&-1&2\end{pmatrix}$，得到的方程组为$\begin{cases}x_1 &=3\\x_1-x_2=2\end{cases}$，其解为$\begin{cases}x_1=3\\x_2=1\end{cases}$.

2. 对矩阵作初等行变换应注意什么问题？

解　(1) 注意第二种初等行变换是某一行乘非零常数 k，如$\begin{pmatrix}1&2&3\\k&k&2k\end{pmatrix}\xrightarrow{r}\begin{pmatrix}1&2&3\\1&1&2\end{pmatrix}$就没注意到 k 可能为 0；

(2) 矩阵 $\boldsymbol{A}$ 作初等行变换得到矩阵 $\boldsymbol{B}$，$\boldsymbol{A}$ 与 $\boldsymbol{B}$ 的关系是行等价，记为 $\boldsymbol{A}\xrightarrow{r}\boldsymbol{B}$，若写成 $\boldsymbol{A}=\boldsymbol{B}$ 就是错误的.

3. 非齐次线性方程组 $\boldsymbol{Ax}=\boldsymbol{b}$ 与其对应的齐次线性方程组 $\boldsymbol{Ax}=\boldsymbol{0}$ 的解之间有什么关系？

解　(1) 若 $\boldsymbol{Ax}=\boldsymbol{b}$ 有唯一解，则其对应的齐次方程组 $\boldsymbol{Ax}=\boldsymbol{0}$ 仅有零解.

(2) 若 $\boldsymbol{Ax}=\boldsymbol{b}$ 有无穷多个解，则其对应的齐次方程组 $\boldsymbol{Ax}=\boldsymbol{0}$ 必有非零解.

这是因为，若 $\boldsymbol{Ax}=\boldsymbol{b}$ 有唯一解，则 $r(\boldsymbol{A})=r(\boldsymbol{A},\boldsymbol{b})=n$，故 $\boldsymbol{Ax}=\boldsymbol{0}$ 仅有零解；若 $\boldsymbol{Ax}=\boldsymbol{b}$ 有无穷多个解，则 $r(\boldsymbol{A})=r(\boldsymbol{A},\boldsymbol{b})<n$，故 $\boldsymbol{Ax}=\boldsymbol{0}$ 有非零解.

(3) 非齐次线性方程组 $\boldsymbol{Ax}=\boldsymbol{b}$ 的一个解与其对应的齐次线性方程组 $\boldsymbol{Ax}=\boldsymbol{0}$ 的一个解之和仍是非齐次线性方程组的解.

注意下列两种说法是不对的.

(1) 若 $\boldsymbol{Ax}=\boldsymbol{0}$ 仅有零解，则 $\boldsymbol{Ax}=\boldsymbol{b}$ 有唯一解.

(2) 若 $\boldsymbol{Ax}=\boldsymbol{0}$ 有非零解，则 $\boldsymbol{Ax}=\boldsymbol{b}$ 有无穷多个解.

这是因为 $\boldsymbol{Ax}=\boldsymbol{0}$ 仅有零解，只能推出 $r(\boldsymbol{A})=n$，但不能推出 $r(\boldsymbol{A})=r(\boldsymbol{A},\boldsymbol{b})$. 同理，由 $\boldsymbol{Ax}=\boldsymbol{0}$ 有非零解，只能推出 $r(\boldsymbol{A})<n$，但不能推出 $r(\boldsymbol{A})=r(\boldsymbol{A},\boldsymbol{b})$. 因此，当 $\boldsymbol{Ax}=\boldsymbol{0}$ 仅有零解，或有非零解时，$\boldsymbol{Ax}=\boldsymbol{b}$ 可能无解.

四、常见错误类型分析

例 1　求解线性方程组

$$\begin{cases}2x_1 - x_2 - x_3 + x_4 = 2\\ 6x_1 - 9x_2 + 3x_3 - 3x_4 = 6\\ x_1 + x_2 - 2x_3 + x_4 = 4\\ 3x_1 + 6x_2 - 9x_3 + 7x_4 = 9\end{cases}$$

错误解法　对方程组的增广矩阵施行初等行变换化为行最简形矩阵：

$$\overline{\boldsymbol{A}}=(\boldsymbol{A},\boldsymbol{b})=\begin{pmatrix}2&-1&-1&1&2\\6&-9&3&-3&6\\1&1&-2&1&4\\3&6&-9&7&9\end{pmatrix}\xrightarrow{r}\begin{pmatrix}1&0&-1&0&4\\0&1&-1&0&3\\0&0&0&1&-3\end{pmatrix}=\overline{\boldsymbol{A}}_1$$

易知，$r(\boldsymbol{A})=r(\overline{\boldsymbol{A}})=3<n=4$（未知量的个数），方程组有无穷多解，于是解得

$$\begin{cases} x_1 = x_3 - 4 \\ x_2 = x_3 - 3 \\ x_4 = \quad 3 \end{cases}$$

若令自由未知量 $x_3=c$（c 为任意常数），则方程组的解通常写为

$$\boldsymbol{x}=\begin{pmatrix} x_1 \\ x_2 \\ x_4 \end{pmatrix}=\begin{pmatrix} c-4 \\ c-3 \\ 3 \end{pmatrix}=c\begin{pmatrix} 1 \\ 1 \\ 0 \end{pmatrix}+\begin{pmatrix} -4 \\ -3 \\ 3 \end{pmatrix}\quad（c \text{ 为任意常数}）$$

错误分析　有三个错误：第一，对方程组的增广矩阵施行初等行变换化为行阶梯形矩阵和行最简形矩阵时，零行不能去掉；第二，写出同解的方程组时，x_3 的系数变号，但常数项不能反号；第三，求出的通解中每个解向量不是三维的，而是四维的.

正确解法　对方程组的增广矩阵施行初等行变换化为行最简形矩阵：

$$\overline{\boldsymbol{A}}=(\boldsymbol{A},\boldsymbol{b})=\begin{pmatrix} 2 & -1 & -1 & 1 & 2 \\ 6 & -9 & 3 & -3 & 6 \\ 1 & 1 & -2 & 1 & 4 \\ 3 & 6 & -9 & 7 & 9 \end{pmatrix}\xrightarrow{r}\begin{pmatrix} 1 & 0 & -1 & 0 & 4 \\ 0 & 1 & -1 & 0 & 3 \\ 0 & 0 & 0 & 1 & -3 \\ 0 & 0 & 0 & 0 & 0 \end{pmatrix}=\overline{\boldsymbol{A}}_1$$

易知，$r(\boldsymbol{A})=r(\overline{\boldsymbol{A}})=3<n=4$（未知量的个数），$\overline{\boldsymbol{A}}$ 的行最简形矩阵 $\overline{\boldsymbol{A}}_1$ 所对应的与原方程组同解的方程组为

$$\begin{cases} x_1 \quad - x_3 \quad = 4 \\ \quad x_2 - x_3 \quad = 3 \\ \qquad\qquad x_4 = -3 \end{cases}$$

若令自由未知量 $x_3=c$（c 为任意常数），方程组的解通常写为

$$\begin{cases} x_1 = c+4 \\ x_2 = c+3 \\ x_3 = c \\ x_4 = \quad -3 \end{cases}$$

或用向量形式表示为

$$\boldsymbol{x}=\begin{pmatrix} x_1 \\ x_2 \\ x_3 \\ x_4 \end{pmatrix}=\begin{pmatrix} c+4 \\ c+3 \\ c \\ -3 \end{pmatrix}=c\begin{pmatrix} 1 \\ 1 \\ 1 \\ 0 \end{pmatrix}+\begin{pmatrix} 4 \\ 3 \\ 0 \\ -3 \end{pmatrix}$$

由于 c 可任意取值，该方程组有无穷多解.

例 2　解线性方程组 $\begin{cases} x_1 + \ x_2 + \ x_3 = -1 \\ \lambda x_1 + 2x_2 + 4x_3 = 2 \\ \lambda x_1 + 2x_2 + \ x_3 = 5 \end{cases}$.

错误解法　对方程组的增广矩阵施以初等行变换，得

$$\overline{A}=(A,b)=\begin{pmatrix}1&1&1&-1\\\lambda&2&4&2\\\lambda&2&1&5\end{pmatrix}\xrightarrow{r}\begin{pmatrix}\lambda&\lambda&\lambda&-\lambda\\0&2-\lambda&4-\lambda&2+\lambda\\0&0&-3&3\end{pmatrix}=\overline{A}_1$$

显然，当$\lambda\neq0$，$\lambda\neq2$时方程组有唯一解. 再对$\overline{A}_1$作初等行变换，得

$$\overline{A}_1\xrightarrow[-\frac{1}{3}r_3]{\frac{1}{\lambda}r_1}\begin{pmatrix}1&1&1&-1\\0&2-\lambda&4-\lambda&2+\lambda\\0&0&1&-1\end{pmatrix}\xrightarrow[r_2+(\lambda-4)r_3]{r_1-r_3}\begin{pmatrix}1&1&0&0\\0&2-\lambda&0&6\\0&0&1&-1\end{pmatrix}$$

$$\xrightarrow[r_1-r_2]{\frac{1}{2-\lambda}r_2}\begin{pmatrix}1&0&0&-\dfrac{6}{2-\lambda}\\0&1&0&\dfrac{6}{2-\lambda}\\0&0&1&-1\end{pmatrix}$$

于是得方程组的解为

$$\begin{cases}x_1=-\dfrac{6}{2-\lambda}\\x_2=\dfrac{6}{2-\lambda}\\x_3=-1\end{cases}$$

当$\lambda=0$时，由$r(A)=r(\overline{A})$知方程组有无穷多个解，对$\overline{A}_1$作初等行变换，得

$$\overline{A}_1=\begin{pmatrix}0&0&0&0\\0&2&4&2\\0&0&-3&3\end{pmatrix}=\begin{pmatrix}0&1&0&3\\0&0&1&-1\\0&0&0&0\end{pmatrix}$$

于是得方程组的通解为$\begin{cases}x_1=k\\x_2=3\\x_3=-1\end{cases}$，$k$为任意常数.

当$\lambda=2$时，由$r(A)\neq r(\overline{A})$知此时方程组无解.

错误分析　有两个错误：第一，在上面的计算中，为消去增广矩阵第一列中的λ，首先对$\overline{A}$的第一行乘λ，忽略了λ是否为0的情况，当$\lambda=0$时，将$\overline{A}$的第一行乘λ后得到的矩阵$\overline{A}_1$与矩阵$\overline{A}$根本不等价，进而导致了下面进行的初等行变换所得的一系列的矩阵均不等价. 因此，解法是错误的. 第二，对矩阵作初等变换，变换前后的两个矩阵不相等，不能用等号.

正确解法　对方程组的增广矩阵施以初等行变换，得

$$\overline{A}=\begin{pmatrix}1&1&1&-1\\\lambda&2&4&2\\\lambda&2&1&5\end{pmatrix}\xrightarrow[r_2-\lambda r_1]{r_3-r_2}\begin{pmatrix}1&1&1&-1\\0&2-\lambda&4-\lambda&2+\lambda\\0&0&-3&3\end{pmatrix}\xrightarrow[r_2+(\lambda-4)r_3]{-\frac{1}{3}r_3}\begin{pmatrix}1&1&0&0\\0&2-\lambda&0&6\\0&0&1&-1\end{pmatrix}=\overline{A}_1$$

显然，当 $\lambda=2$ 时，$r(\boldsymbol{A})\neq r(\overline{\boldsymbol{A}})$，方程组无解. 当 $\lambda\neq 2$ 时，$r(\boldsymbol{A})=3, r(\overline{\boldsymbol{A}})=3$，方程组有唯一解，对 $\overline{\boldsymbol{A}}_1$ 再作初等行变换，得

$$\overline{\boldsymbol{A}}_1=\begin{pmatrix}1 & 1 & 0 & 0\\ 0 & 2-\lambda & 0 & 6\\ 0 & 0 & 1 & -1\end{pmatrix}\xrightarrow{r}\begin{pmatrix}1 & 0 & 0 & -\dfrac{6}{2-\lambda}\\ 0 & 1 & 0 & \dfrac{6}{2-\lambda}\\ 0 & 0 & 1 & -1\end{pmatrix}$$

于是得方程组的唯一解 $\begin{cases}x_1=-\dfrac{6}{2-\lambda}\\ x_2=\dfrac{6}{2-\lambda}\\ x_3=-1\end{cases}$.

五、第一章　习题 A 答案

1. 单项选择题.

（1）设 $\boldsymbol{A}$ 为 $m\times n$ 矩阵，且 $m<n$，则齐次线性方程组 $\boldsymbol{Ax}=\boldsymbol{0}$（　　）.

A. 无解　　B. 只有唯一解　　C. 有无穷多解　　D. 不能确定

解　因 $r(\boldsymbol{A})\leqslant\min\{m,n\}$，齐次线性方程组 $\boldsymbol{Ax}=\boldsymbol{0}$ 的未知数有 n 个，故方程组 $\boldsymbol{Ax}=\boldsymbol{0}$ 有无穷多解，选 C.

（2）设 $\boldsymbol{A}$ 为 $m\times n$ 矩阵，且非齐次线性方程组 $\boldsymbol{Ax}=\boldsymbol{b}$ 有唯一解，则必有（　　）.

A. $m=n$　　B. $r(\boldsymbol{A})=m$　　C. $r(\boldsymbol{A})=n$　　D. $r(\boldsymbol{A})<n$

解　非齐次线性方程组 $\boldsymbol{Ax}=\boldsymbol{b}$ 有唯一解的充分必要条件是 $r(\boldsymbol{A})=r(\boldsymbol{A},\boldsymbol{b})=n$，故选 C.

（3）设某个非齐次线性方程组的系数矩阵 $\boldsymbol{A}$ 为 $m\times n$ 矩阵，且 $r(\boldsymbol{A})=r$，则（　　）.

A. $r=m$ 时，该方程组有解　　B. $r=n$ 时，该方程组有唯一解

C. $m=n$ 时，该方程组有唯一解　　D. $r<n$ 时，该方程组有无穷多解

解　A 中 $r=m\Rightarrow r(\boldsymbol{A})=r(\boldsymbol{A},\boldsymbol{b})=m$（行满秩矩阵增加列后秩不变）；B 中 $r=n$，不能得出 $r(\boldsymbol{A})=r(\boldsymbol{A},\boldsymbol{b})$，故错误；C、D 错误原因类似，也可以举反例说明. 故选 A.

（4）设 a_i，b_i（$i=1,2,3$）均为非零常数，且齐次线性方程组

$$\begin{cases}a_1x_1+a_2x_2+a_3x_3=0\\ b_1x_1+b_2x_2+b_3x_3=0\end{cases}$$

的通解中含两个任意常数，则其充分必要条件为（　　）.

A. $a_1b_2-a_2b_1=0$　　B. $a_1b_2-a_2b_1\neq 0$　　C. $a_i=b_i(i=1,2,3)$　　D. $\dfrac{a_1}{b_1}=\dfrac{a_2}{b_2}=\dfrac{a_3}{b_3}$

解　通解中含两个任意常数，表明方程组中有两个自由未知量，也就是系数矩阵的秩为 1. 因此，两个方程的系数对应成比例. 故选 D.

（5）设矩阵 $\boldsymbol{A}=\begin{pmatrix}1 & 2 & 1\\ 2 & ab+4 & 2\\ 2 & 4 & a+2\end{pmatrix}$ 的秩为 2，则（　　）．

A. $a=0$，$b=0$　　B. $a=0$，$b\neq 0$　　C. $a\neq 0$，$b=0$　　D. $a\neq 0$，$b\neq 0$

解　$\boldsymbol{A}=\begin{pmatrix}1 & 2 & 1\\ 2 & ab+4 & 2\\ 2 & 4 & a+2\end{pmatrix}\xrightarrow{r}\begin{pmatrix}1 & 2 & 1\\ 0 & ab & 0\\ 0 & 0 & a\end{pmatrix}$，矩阵 $\boldsymbol{A}$ 的秩为 2，故 $a\neq 0$，$b=0$，故选 C.

2. 填空题.

（1）当 $a=$______时，方程组 $\begin{cases}(a+2)x_1+4x_2+x_3=0\\ -4x_1+(a-3)x_2+4x_3=0\\ -x_1+4x_2+(a+4)x_3=0\end{cases}$ 有非零解.

解　对方程组的系数矩阵作初等行变换：

$$\boldsymbol{A}=\begin{pmatrix}a+2 & 4 & 1\\ -4 & a-3 & 4\\ -1 & 4 & a+4\end{pmatrix}\xrightarrow{r}\begin{pmatrix}-1 & 4 & a+4\\ -4 & a-3 & 4\\ a+2 & 4 & 1\end{pmatrix}$$

$$\xrightarrow{r}\begin{pmatrix}-1 & 4 & a+4\\ 0 & a-19 & -4a-12\\ 0 & 4a+12 & a^2+6a+9\end{pmatrix}\xrightarrow{r}\begin{pmatrix}-1 & 4 & a+4\\ 0 & a-19 & -4a-12\\ 0 & 88 & a^2+22a+57\end{pmatrix}$$

$$\xrightarrow{r}\begin{pmatrix}-1 & 4 & a+4\\ 0 & 88 & a^2+22a+57\\ 0 & a-19 & -4a-12\end{pmatrix}\xrightarrow{r}\begin{pmatrix}-1 & 4 & a+4\\ 0 & 1 & \frac{1}{88}(a^2+22a+57)\\ 0 & a-19 & -4a-12\end{pmatrix}$$

$$\xrightarrow{r}\begin{pmatrix}-1 & 4 & a+4\\ 0 & 1 & \frac{1}{88}(a^2+22a+57)\\ 0 & 0 & (a+3)^2(a-3)\end{pmatrix}$$

故当 $a=\pm 3$ 时，$r(\boldsymbol{A})<3$，方程组 $\begin{cases}(a+2)x_1+4x_2+x_3=0\\ -4x_1+(a-3)x_2+4x_3=0\\ -x_1+4x_2+(a+4)x_3=0\end{cases}$ 有非零解.

（2）齐次线性方程组 $\begin{cases}ax_1+x_2+x_3=0\\ x_1+ax_2+x_3=0\\ x_1+x_2+ax_3=0\end{cases}$ 当 a 为____时，方程组有非零解.

解　对方程组的系数矩阵作初等行变换：

$$\boldsymbol{A}=\begin{pmatrix} a & 1 & 1 \\ 1 & a & 1 \\ 1 & 1 & a \end{pmatrix}\xrightarrow{r}\begin{pmatrix} 1 & 1 & a \\ 1 & a & 1 \\ a & 1 & 1 \end{pmatrix}\xrightarrow{r}\begin{pmatrix} 1 & 1 & a \\ 0 & a-1 & 1-a \\ 0 & 1-a & 1-a^2 \end{pmatrix}\xrightarrow{r}\begin{pmatrix} 1 & 1 & a \\ 0 & a-1 & 1-a \\ 0 & 0 & a^2+a-2 \end{pmatrix}$$

故当 $a=1$ 或-2 时，$r(\boldsymbol{A})<3$，方程组$\begin{cases} ax_1+x_2+x_3=0 \\ x_1+ax_2+x_3=0 \\ x_1+x_2+ax_3=0 \end{cases}$有非零解.

（3）设非齐次线性方程组 $\boldsymbol{Ax}=\boldsymbol{b}$ 的增广矩阵为$\begin{pmatrix} 1 & 0 & 0 & 2 & 1 \\ 0 & 1 & 0 & -1 & 2 \\ 0 & 0 & 2 & 4 & 6 \end{pmatrix}$，则该方程组的通解为____.

解　非齐次线性方程组为$\begin{cases} x_1 \quad\quad +2x_4=1 \\ \quad x_2 \quad -x_4=2 \\ \quad\quad 2x_3+4x_4=6 \end{cases}$，于是$\begin{cases} x_1=1-2x_4 \\ x_2=2+x_4 \\ 2x_3=6-4x_4 \end{cases}$，

令 $x_4=c$，则该方程组的通解为$\begin{cases} x_1=1-2c \\ x_2=2+c \\ x_3=3-2c \\ x_4=c \end{cases}$，即$\begin{pmatrix} x_1 \\ x_2 \\ x_3 \\ x_4 \end{pmatrix}=\begin{pmatrix} 1 \\ 2 \\ 3 \\ 0 \end{pmatrix}+c\begin{pmatrix} -2 \\ 1 \\ -2 \\ 1 \end{pmatrix}, c\in\mathbf{R}$.

3. 设$\boldsymbol{A}=\begin{pmatrix} 1 & -2 & 3k \\ -1 & 2k & -3 \\ k & -2 & 3 \end{pmatrix}$，问 k 为何值，可使（1）$r(\boldsymbol{A})=1$；（2）$r(\boldsymbol{A})=2$；（3）$r(\boldsymbol{A})=3$.

解　对矩阵 $\boldsymbol{A}$ 进行初等行变换，化为行阶梯形矩阵：

$$\boldsymbol{A}=\begin{pmatrix} 1 & -2 & 3k \\ -1 & 2k & -3 \\ k & -2 & 3 \end{pmatrix}\xrightarrow{r}\begin{pmatrix} 1 & -2 & 3k \\ 0 & 2k-2 & 3k-3 \\ 0 & 2k-2 & -3k^2+3 \end{pmatrix}\xrightarrow{r}\begin{pmatrix} 1 & -2 & 3k \\ 0 & 2k-2 & 3k-3 \\ 0 & 0 & -3k^2-3k+6 \end{pmatrix}$$

$$\xrightarrow{r}\begin{pmatrix} 1 & -2 & 3k \\ 0 & 2(k-1) & 3(k-1) \\ 0 & 0 & (k+2)(k-1) \end{pmatrix}$$

（1）当 $k=1$ 时，$r(\boldsymbol{A})=1$；

（2）当 $k=-2$ 时，$r(\boldsymbol{A})=2$；

（3）当 $k\neq1$ 且 $k\neq-2$ 时，$r(\boldsymbol{A})=3$.

4. 讨论 a 取何值时，下列非齐次方程组（1）无解；（2）有唯一解；（3）有无穷多解.在有无穷多解时，求出其通解.

$$\begin{cases} x_1+x_2-x_3=1 \\ 2x_1+3x_2+ax_3=3 \\ x_1+ax_2+3x_3=2 \end{cases}$$

解　对增广矩阵进行初等行变换，化为行阶梯形矩阵：

$$(\boldsymbol{A},\boldsymbol{b})=\begin{pmatrix}1&1&-1&1\\2&3&a&3\\1&a&3&2\end{pmatrix}\xrightarrow{r}\begin{pmatrix}1&1&-1&1\\0&1&a+2&1\\0&a-1&4&1\end{pmatrix}\xrightarrow{r}\begin{pmatrix}1&1&-1&1\\0&1&a+2&1\\0&0&(a+3)(a-2)&a-2\end{pmatrix}$$

（1）当 $a\neq-3$ 且 $a\neq2$ 时，$r(\boldsymbol{A})=r(\boldsymbol{A},\boldsymbol{b})=3$，方程组有唯一解；

（2）当 $a=-3$ 时，$r(\boldsymbol{A})=2$，$r(\boldsymbol{A},\boldsymbol{b})=3$，方程组无解；

（3）当 $a=2$ 时，$r(\boldsymbol{A})=r(\boldsymbol{A},\boldsymbol{b})=2<3$，方程组有无穷多解，此时

$$(\boldsymbol{A},\boldsymbol{b})\xrightarrow{r}\begin{pmatrix}1&1&-1&1\\0&1&4&1\\0&0&0&0\end{pmatrix}\xrightarrow{r}\begin{pmatrix}1&0&-5&0\\0&1&4&1\\0&0&0&0\end{pmatrix}$$

方程组的通解为 $\begin{pmatrix}x_1\\x_2\\x_3\end{pmatrix}=c\begin{pmatrix}5\\-4\\1\end{pmatrix}+\begin{pmatrix}0\\1\\0\end{pmatrix},c\in\mathbf{R}.$

5. 讨论 a,b 取何值时，下列非齐次方程组有唯一解；无解；有无穷多解. 在有解时，求出其全部解.

（1）$\begin{cases}ax_1+x_2+x_3=4\\x_1+bx_2+x_3=3\\x_1+2bx_2+x_3=4\end{cases}$；　（2）$\begin{cases}x_1+x_2+x_3+x_4=0\\x_2+2x_3+2x_4=1\\x_2+(3-a)x_3+2x_4=b\\3x_1+2x_2+x_3+ax_4=-1\end{cases}$

解　（1）对增广矩阵进行初等行变换，化为行阶梯形矩阵：

$$(\boldsymbol{A},\boldsymbol{b})=\begin{pmatrix}a&1&1&4\\1&b&1&3\\1&2b&1&4\end{pmatrix}\xrightarrow{r}\begin{pmatrix}1&2b&1&4\\1&b&1&3\\a&1&1&4\end{pmatrix}\xrightarrow{r}\begin{pmatrix}1&2b&1&4\\0&-b&0&-1\\0&1-2ab&1-a&4-4a\end{pmatrix}$$

$$\xrightarrow{r}\begin{pmatrix}1&2b&1&4\\0&-b&0&-1\\0&1&1-a&4-2a\end{pmatrix}\xrightarrow{r}\begin{pmatrix}1&2b&1&4\\0&1&1-a&4-2a\\0&0&(1-a)b&4b-2ab-1\end{pmatrix}$$

当 $b=0$ 或当 $a=1,b\neq\dfrac{1}{2}$ 时，$r(\boldsymbol{A})=2$，$r(\boldsymbol{A},\boldsymbol{b})=3$，方程组无解；

当 $a\neq1$ 且 $b\neq0$ 时，$r(\boldsymbol{A})=r(\boldsymbol{A},\boldsymbol{b})=3$，方程组有唯一解

$$x_1=\frac{1-2b}{b(1-a)},\quad x_2=\frac{1}{b},\quad x_3=\frac{4b-2ab-1}{b(1-a)}$$

当 $a=1$ 且 $b=\dfrac{1}{2}$ 时，$r(\boldsymbol{A})=r(\boldsymbol{A},\boldsymbol{b})=2<3$，方程组有无穷多解，其通解为

$$\begin{pmatrix} x_1 \\ x_2 \\ x_3 \end{pmatrix} = c\begin{pmatrix} -1 \\ 0 \\ 1 \end{pmatrix} + \begin{pmatrix} 2 \\ 2 \\ 0 \end{pmatrix} \quad (c\text{ 为任意常数})$$

（2）对增广矩阵进行初等行变换，化为行阶梯形矩阵：

$$(\boldsymbol{A},\boldsymbol{b}) = \begin{pmatrix} 1 & 1 & 1 & 1 & 0 \\ 0 & 1 & 2 & 2 & 1 \\ 0 & 1 & 3-a & 2 & b \\ 3 & 2 & 1 & a & -1 \end{pmatrix} \xrightarrow{r} \begin{pmatrix} 1 & 1 & 1 & 1 & 0 \\ 0 & 1 & 2 & 2 & 1 \\ 0 & 1 & 3-a & 2 & b \\ 0 & -1 & -2 & a-3 & -1 \end{pmatrix} \xrightarrow{r} \begin{pmatrix} 1 & 1 & 1 & 1 & 0 \\ 0 & 1 & 2 & 2 & 1 \\ 0 & 0 & 1-a & 0 & b-1 \\ 0 & 0 & 0 & a-1 & 0 \end{pmatrix}$$

当 $a \neq 1$ 时，$r(\boldsymbol{A}) = r(\boldsymbol{A},\boldsymbol{b}) = 4$，方程组有唯一解

$$x_1 = \frac{2-a-b}{a-1}, \quad x_2 = \frac{a+2b-3}{a-1}, \quad x_3 = \frac{1-b}{a-1}, \quad x_4 = 0$$

当 $a = 1$ 且 $b \neq 1$ 时，$r(\boldsymbol{A}) = 2$，$r(\boldsymbol{A},\boldsymbol{b}) = 3$，方程组无解；

当 $a = 1$ 且 $b = 1$ 时，$r(\boldsymbol{A}) = r(\boldsymbol{A},\boldsymbol{b}) = 2 < 4$，方程组有无穷多解，其通解为

$$\begin{pmatrix} x_1 \\ x_2 \\ x_3 \\ x_4 \end{pmatrix} = c_1\begin{pmatrix} 1 \\ -2 \\ 1 \\ 0 \end{pmatrix} + c_2\begin{pmatrix} 1 \\ -2 \\ 0 \\ 1 \end{pmatrix} + \begin{pmatrix} -1 \\ 1 \\ 0 \\ 0 \end{pmatrix} \quad (c_1,\ c_2\text{ 为任意常数})$$

6. 解下列齐次线性方程组.

$$\begin{cases} 3x_1 + 5x_2 + 6x_3 - 4x_4 = 0 \\ x_1 + 2x_2 + 4x_3 - 3x_4 = 0 \\ 4x_1 + 5x_2 - 2x_3 + 3x_4 = 0 \\ 3x_1 + 8x_2 + 24x_3 - 19x_4 = 0 \end{cases}$$

解 对系数矩阵进行初等行变换，化为行最简形矩阵：

$$\boldsymbol{A} = \begin{pmatrix} 3 & 5 & 6 & -4 \\ 1 & 2 & 4 & -3 \\ 4 & 5 & -2 & 3 \\ 3 & 8 & 24 & -19 \end{pmatrix} \xrightarrow{r} \begin{pmatrix} 1 & 2 & 4 & -3 \\ 3 & 5 & 6 & -4 \\ 4 & 5 & -2 & 3 \\ 3 & 8 & 24 & -19 \end{pmatrix} \xrightarrow{r} \begin{pmatrix} 1 & 2 & 4 & -3 \\ 0 & -1 & -6 & 5 \\ 0 & -3 & -18 & 15 \\ 0 & 2 & 12 & -10 \end{pmatrix}$$

$$\xrightarrow{r} \begin{pmatrix} 1 & 2 & 4 & -3 \\ 0 & 1 & 6 & -5 \\ 0 & 0 & 0 & 0 \\ 0 & 0 & 0 & 0 \end{pmatrix} \xrightarrow{r} \begin{pmatrix} 1 & 0 & -8 & 7 \\ 0 & 1 & 6 & -5 \\ 0 & 0 & 0 & 0 \\ 0 & 0 & 0 & 0 \end{pmatrix}$$

与原方程组同解的方程组为

$$\begin{cases} x_1 \quad - 8x_3 + 7x_4 = 0 \\ x_2 + 6x_3 - 5x_4 = 0 \end{cases}$$

令 $x_3 = c_1, x_4 = c_2$，则 $x_1 = 8c_1 - 7c_2, x_2 = -6c_1 + 5c_2$，故方程组的通解为

$$\begin{pmatrix}x_1\\x_2\\x_3\\x_4\end{pmatrix}=c_1\begin{pmatrix}8\\-6\\1\\0\end{pmatrix}+c_2\begin{pmatrix}-7\\5\\0\\1\end{pmatrix}\quad（c_1，c_2\text{为任意常数}）$$

7. 解下列非齐次线性方程组.

$$\begin{cases}x_1-5x_2+2x_3-3x_4=11\\5x_1+3x_2+6x_3-\ \ x_4=-1\\2x_1+4x_2+2x_3+\ \ x_4=-6\end{cases}$$

解　对增广矩阵进行初等行变换，化为行最简形矩阵：

$$(\boldsymbol{A},\boldsymbol{b})=\begin{pmatrix}1&-5&2&-3&11\\5&3&6&-1&-1\\2&4&2&1&-6\end{pmatrix}\xrightarrow{r}\begin{pmatrix}1&-5&2&-3&11\\0&28&-4&14&-56\\0&14&-2&7&-28\end{pmatrix}$$

$$\xrightarrow{r}\begin{pmatrix}1&-5&2&-3&11\\0&1&-\frac{1}{7}&\frac{1}{2}&-2\\0&0&0&0&0\end{pmatrix}\xrightarrow{r}\begin{pmatrix}1&0&\frac{9}{7}&-\frac{1}{2}&1\\0&1&-\frac{1}{7}&\frac{1}{2}&-2\\0&0&0&0&0\end{pmatrix}$$

与原方程组同解的方程组为

$$\begin{cases}x_1+\frac{9}{7}x_3-\frac{1}{2}x_4=1\\x_2-\frac{1}{7}x_3+\frac{1}{2}x_4=-2\end{cases}$$

因此

$$\begin{cases}x_1=-\frac{9}{7}x_3+\frac{1}{2}x_4+1\\x_2=\ \frac{1}{7}x_3-\frac{1}{2}x_4-2\end{cases}$$

令 $x_3=c_1,x_4=c_2$，故 $\begin{pmatrix}x_1\\x_2\\x_3\\x_4\end{pmatrix}=c_1\begin{pmatrix}-\frac{9}{7}\\\frac{1}{7}\\1\\0\end{pmatrix}+c_2\begin{pmatrix}\frac{1}{2}\\-\frac{1}{2}\\0\\1\end{pmatrix}+\begin{pmatrix}1\\-2\\0\\0\end{pmatrix}$，其中 c_1，c_2 为任意常数.

8. 计算图中网络电路的电流.

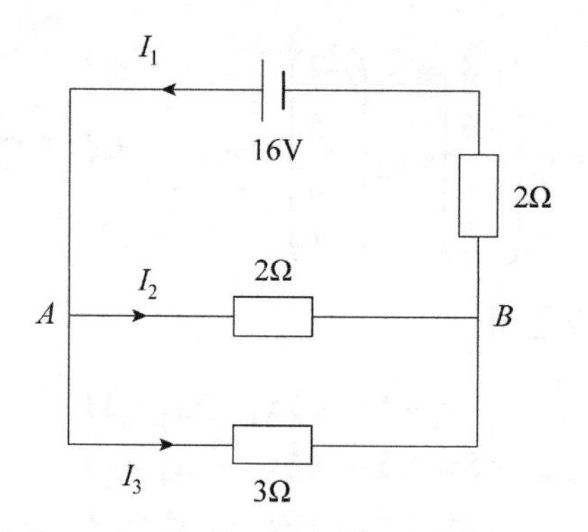

解　由题意，$\begin{cases} I_2+I_3=I_1 \\ 2I_2=3I_3 \\ 2I_1+2I_2=16 \end{cases}$，故 $I_1=5, I_2=3, I_3=2$.

9. 某城市中心区的几条单行道彼此交叉，上下班高峰时各道路交叉口的车流量或流向如图所示，试确定各路段未知的车流量 x_1,x_2,x_3,x_4,x_5.

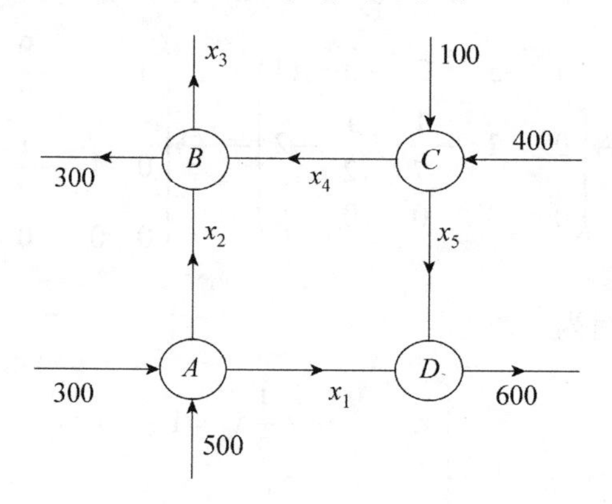

解　设驶入和驶出每一个交叉路口的车流量是相等的，如图所示，箭头指向表示流向，若各路段的车流量分别为 x_1,x_2,x_3,x_4,x_5，则有

$$\begin{cases} x_1+x_2 = 800(\text{路口}A) \\ x_2-x_3+x_4 = 300(\text{路口}B) \\ x_4+x_5=500(\text{路口}C) \\ x_1+x_5=600(\text{路口}D) \end{cases}$$

这是由五个未知量四个方程组成的非齐次线性方程组.

对此方程组的增广矩阵施以初等行变换，化为行最简形矩阵：

$$\overline{A}=(A,b)=\begin{pmatrix} 1 & 1 & 0 & 0 & 0 & 800 \\ 0 & 1 & -1 & 1 & 0 & 300 \\ 0 & 0 & 0 & 1 & 1 & 500 \\ 1 & 0 & 0 & 0 & 1 & 600 \end{pmatrix} \xrightarrow{r} \begin{pmatrix} 1 & 0 & 0 & 0 & 1 & 600 \\ 0 & 1 & 0 & 0 & -1 & 200 \\ 0 & 0 & 1 & 0 & 0 & 400 \\ 0 & 0 & 0 & 1 & 1 & 500 \end{pmatrix}=\overline{A}_J$$

行最简形矩阵 $\overline{A}_J$ 对应的方程组为 $\begin{cases} x_1 + x_5 = 600 \\ x_2 - x_5 = 200 \\ x_3 = 400 \\ x_4 + x_5 = 500 \end{cases}$，得 $\begin{cases} x_1 = 600 - x_5 \\ x_2 = 200 + x_5 \\ x_3 = 400 \\ x_4 = 500 - x_5 \end{cases}$，$x_5$ 是自由未知量. 由于本问题中的道路是单行道，变量不能为负值，其约束条件是

$$100 \leqslant x_1 \leqslant 600, \quad 200 \leqslant x_2 \leqslant 700, \quad 0 \leqslant x_4 \leqslant 500, \quad 0 \leqslant x_5 \leqslant 500$$

10. 如图所示是某地区的灌溉渠道网，流量及流向均已在图上标明.

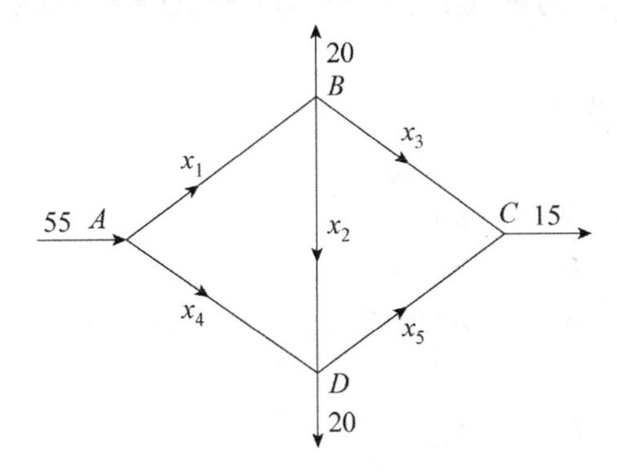

（1）确定各段的流量 x_1, x_2, x_3, x_4, x_5；

（2）如 BC 段渠道关闭，那么 AD 段的流量保持在什么范围内，才能使所有段的流量不超过 30?

解　（1）设流进和流出每一个交叉口的流量是相等的，如图所示，箭头指向表示流向，若各段的流量分别为 x_1, x_2, x_3, x_4, x_5，则有 $\begin{cases} x_1 + x_4 = 55 \\ x_1 - x_2 - x_3 = 20 \\ x_3 + x_5 = 15 \\ x_2 + x_4 - x_5 = 20 \end{cases}$，求得 $\begin{cases} x_1 = 55 - c_1 \\ x_2 = 20 - c_1 + c_2 \\ x_3 = 15 - c_2 \\ x_4 = c_1 \\ x_5 = c_2 \end{cases}$，

其中 $\begin{cases} 0 \leqslant c_1 \leqslant 55 \\ 0 \leqslant c_2 \leqslant 15 \\ c_1 - c_2 \leqslant 20 \end{cases}$.

（2）由于 BC 段因故关闭，则 $x_3 = 0, c_2 = 15$，要使所有段的流量不超过 30，也就要求

$$\begin{cases} x_1 \leqslant 30 \\ x_2 \leqslant 30 \\ x_3 = 0 \\ x_4 \leqslant 30 \\ x_5 = 15 \end{cases}$$

所以此时 $25 \leqslant c_1 \leqslant 30$.

11. 在光合作用下，植物利用太阳光的辐射能量把二氧化碳（CO_2）和水（H_2O）转

化成葡萄糖（$C_6H_{12}O_6$）和氧气（O_2）. 该反应的化学方程式是

$$x_1CO_2 + x_2H_2O === x_3O_2 + x_4C_6H_{12}O_6$$

试确定 x_1, x_2, x_3 和 x_4 的值，将方程式配平.

解　根据反应的化学方程式列方程

$$\begin{cases} x_1 = 6x_4 \\ 2x_1 + x_2 = 2x_3 + 6x_4 \\ 2x_2 = 12x_4 \end{cases}$$

解得 $x_1 = x_2 = x_3 = 6, x_4 = 1$. 方程式配平得 $6CO_2 + 6H_2O === 6O_2 + C_6H_{12}O_6$.

六、第一章　习题 B 答案

1. 求矩阵 $\boldsymbol{A} = \begin{pmatrix} a & b & b & \cdots & b \\ b & a & b & \cdots & b \\ b & b & a & \cdots & b \\ \vdots & \vdots & \vdots & & \vdots \\ b & b & b & \cdots & a \end{pmatrix}$ 的秩.

解

$$\boldsymbol{A} \xrightarrow{r} \begin{pmatrix} a & b & b & \cdots & b \\ b-a & a-b & 0 & \cdots & 0 \\ b-a & 0 & a-b & \cdots & 0 \\ \vdots & \vdots & \vdots & & \vdots \\ b-a & 0 & 0 & \cdots & a-b \end{pmatrix} \xrightarrow{c} \begin{pmatrix} a+(n-1)b & b & b & \cdots & b \\ 0 & a-b & 0 & \cdots & 0 \\ 0 & 0 & a-b & \cdots & 0 \\ \vdots & \vdots & \vdots & & \vdots \\ 0 & 0 & 0 & \cdots & a-b \end{pmatrix}$$

当 $a = b$ 时，若 $a = b = 0$，则 $r(\boldsymbol{A}) = 0$；若 $a = b \neq 0$，则 $r(\boldsymbol{A}) = 1$.

当 $a \neq b$ 时，若 $a + (n-1)b = 0$，则 $r(\boldsymbol{A}) = n-1$；若 $a + (n-1)b \neq 0$，则 $r(\boldsymbol{A}) = n$.

2. 当满足什么条件时，线性方程组

$$\begin{cases} x + y + z = a + b + c \\ ax + by + cz = a^2 + b^2 + c^2 \\ bcx + acy + abz = 3abc \end{cases}$$

有唯一解，并求解.

解　对方程组的增广矩阵施行初等行变换化为行阶梯形矩阵：

$$\begin{pmatrix} 1 & 1 & 1 & a+b+c \\ a & b & c & a^2+b^2+c^2 \\ bc & ac & ab & 3abc \end{pmatrix} \xrightarrow{r} \begin{pmatrix} 1 & 1 & 1 & a+b+c \\ 0 & b-a & c-a & b^2+c^2-ab-ac \\ 0 & (a-b)c & (a-c)b & 3abc-bc(a+b+c) \end{pmatrix}$$

$$\xrightarrow{r} \begin{pmatrix} 1 & 1 & 1 & a+b+c \\ 0 & b-a & c-a & b^2+c^2-ab-ac \\ 0 & 0 & (a-c)(b-c) & c(a-c)(b-c) \end{pmatrix}$$

当$b-a\neq 0$，$(a-c)(b-c)\neq 0$，即a,b,c互不相等时，方程组有唯一解. 此时，增广矩阵化为

$$\begin{pmatrix} 1 & 1 & 1 & a+b+c \\ 0 & b-a & c-a & b^2+c^2-ab-ac \\ 0 & 0 & 1 & c \end{pmatrix}$$

与原方程组同解的方程组为

$$\begin{cases} x+\qquad y+\qquad z=a+b+c \\ 0+(b-a)y+(c-a)z=b^2+c^2-ab-ac \\ z=c \end{cases}$$

解得

$$\begin{cases} x=a \\ y=b \\ z=c \end{cases}$$

3. 设线性方程组$\begin{cases} x_1+x_2+x_3=0 \\ x_1+2x_2+ax_3=0 \\ x_1+4x_2+a^2x_3=0 \end{cases}$与方程$x_1+2x_2+x_3=a-1$有公共解，求$a$的值及所有公共解.

解　因$x_1+2x_2+x_3=a-1$有无穷解，故当齐次线性方程组

$$\begin{cases} x_1+x_2+x_3=0 \\ x_1+2x_2+ax_3=0 \\ x_1+4x_2+a^2x_3=0 \end{cases}$$

只有唯一零解时，$\begin{pmatrix} 1 & 1 & 1 \\ 1 & 2 & a \\ 1 & 4 & a^2 \end{pmatrix}$的秩为 3. 由

$$\begin{pmatrix} 1 & 1 & 1 \\ 1 & 2 & a \\ 1 & 4 & a^2 \end{pmatrix} \xrightarrow{r} \begin{pmatrix} 1 & 1 & 1 \\ 0 & 1 & a-1 \\ 0 & 0 & (a-1)(a-2) \end{pmatrix}$$

得$(a-1)(a-2)\neq 0$，从而$a\neq 1$且$a\neq 2$.

另外，将$x_1=x_2=x_3=0$代入$x_1+2x_2+x_3=a-1$时，要求$a=1$，矛盾. 所以齐次线性方程组$\begin{cases} x_1+x_2+x_3=0 \\ x_1+2x_2+ax_3=0 \\ x_1+4x_2+a^2x_3=0 \end{cases}$有无穷多解，此时$a=1$或$a=2$.

当 $a=1$ 时，齐次线性方程组变形为

$$\begin{cases} x_1+x_2+x_3=0 \\ x_2=0 \end{cases}$$

解得 $\boldsymbol{x}=k\begin{pmatrix}-1\\0\\1\end{pmatrix}$（$k$ 为任意常数）. 代入方程 $x_1+2x_2+x_3=0$ 成立，所以公共解为 $\boldsymbol{x}=k\begin{pmatrix}-1\\0\\1\end{pmatrix}$.

当 $a=2$ 时，齐次线性方程组变形为

$$\begin{cases} x_1+x_2+x_3=0 \\ x_2+x_3=0 \end{cases}$$

解得 $\boldsymbol{x}=k\begin{pmatrix}0\\1\\-1\end{pmatrix}$，代入方程 $x_1+2x_2+x_3=2-1$，得 $k=1$，所以当 $a=2$ 时，公共解为 $\begin{pmatrix}0\\1\\-1\end{pmatrix}$.

4. 写出线性方程组 $\begin{cases} x_1-x_2=b_1 \\ x_2-x_3=b_2 \\ x_3-x_4=b_3 \\ \cdots\cdots \\ x_{n-1}-x_n=b_{n-1} \\ -x_1+x_n=b_n \end{cases}$ 有解的充分必要条件. 在有解情况下，写出通解.

解 对方程组的增广矩阵施行初等行变换化为行阶梯形矩阵：

$$\begin{pmatrix} 1 & -1 & 0 & 0 & \cdots & 0 & 0 & b_1 \\ 0 & 1 & -1 & 0 & \cdots & 0 & 0 & b_2 \\ 0 & 0 & 1 & -1 & \cdots & 0 & 0 & b_3 \\ \vdots & \vdots & \vdots & \vdots & & \vdots & \vdots & \vdots \\ 0 & 0 & 0 & 0 & \cdots & 1 & -1 & b_{n-1} \\ -1 & 0 & 0 & 0 & \cdots & 0 & 1 & b_n \end{pmatrix} \xrightarrow{r} \begin{pmatrix} 1 & -1 & 0 & 0 & \cdots & 0 & 0 & b_1 \\ 0 & 1 & -1 & 0 & \cdots & 0 & 0 & b_2 \\ 0 & 0 & 1 & -1 & \cdots & 0 & 0 & b_3 \\ \vdots & \vdots & \vdots & \vdots & & \vdots & \vdots & \vdots \\ 0 & 0 & 0 & 0 & \cdots & 1 & -1 & b_{n-1} \\ 0 & 0 & 0 & 0 & \cdots & 0 & 0 & b_1+b_2+\cdots+b_n \end{pmatrix}$$

故线性方程组有解的充分必要条件为 $b_1+b_2+\cdots+b_n=0$.

在有解的条件下，令 $x_n=t$，则

$$x_i=\sum_{j=i}^{n-1}b_j+t \quad (i=1,2,\cdots,n-1)$$

故

$$\begin{cases} x_i=\sum\limits_{j=i}^{n-1}b_j+t \quad (i=1,2,\cdots,n-1) \\ x_n=t \end{cases} \quad（t\text{ 为任意常数}）$$

5. 已知齐次线性方程组

$$（\text{I}）\begin{cases} x_1+2x_2+3x_3=0 \\ 2x_1+3x_2+5x_3=0 \\ x_1+x_2+ax_3=0 \end{cases}；\quad （\text{II}）\begin{cases} x_1+bx_2+cx_3=0 \\ 2x_1+b^2x_2+(c+1)x_3=0 \end{cases}$$

同解，求 a,b,c 的值.

解 因线性方程组（II）有无穷多解，故线性方程组（I）有无穷多解，对方程组（I）的系数矩阵施行初等行变换化为行阶梯形矩阵：

$$\begin{pmatrix} 1 & 2 & 3 \\ 2 & 3 & 5 \\ 1 & 1 & a \end{pmatrix} \xrightarrow{r} \begin{pmatrix} 1 & 2 & 3 \\ 0 & -1 & -1 \\ 0 & -1 & a-3 \end{pmatrix} \xrightarrow{r} \begin{pmatrix} 1 & 2 & 3 \\ 0 & 1 & 1 \\ 0 & 0 & a-2 \end{pmatrix}$$

故 $a-2=0$，即 $a=2$，方程组（I）的通解为 $\boldsymbol{x}=\begin{pmatrix} -t \\ -t \\ t \end{pmatrix}$.

因两个方程组同解，故将方程组（I）的通解代入方程组（II）中得

$$\begin{cases} -t+b(-t)+ct=0 \\ 2(-t)+b^2(-t)+(c+1)t=0 \end{cases}$$

这样 $\begin{cases} -1-b+c=0 \\ 2+b^2-c-1=0 \end{cases}$，从而 $\begin{cases} b=0 \\ c=1 \end{cases}$ 或 $\begin{cases} b=1 \\ c=2 \end{cases}$.

当 $\begin{cases} b=0 \\ c=1 \end{cases}$ 时，方程组（II）变为 $\begin{cases} x_1+x_3=0 \\ 2x_1+2x_3=0 \end{cases}$，通解为 $\begin{cases} x_1=-k_1 \\ x_2=k_2 \\ x_3=k_1 \end{cases}$，与方程组（I）不同解，故应舍去，从而当 $a=2,b=1,c=2$ 时，方程组（II）与方程组（I）同解.

6. 设有齐次线性方程组 $\begin{cases} (1+a)x_1+x_2+\cdots+x_n=0 \\ 2x_1+(2+a)x_2+\cdots+2x_n=0 \\ \cdots\cdots \\ nx_1+nx_2+\cdots+(n+a)x_n=0 \end{cases}$，试问 a 取何值时方程组有非零解，并求出其通解.

解 当 $a=0$ 时，系数矩阵 $\boldsymbol{A}=\begin{pmatrix} 1 & 1 & 1 & \cdots & 1 \\ 2 & 2 & 2 & \cdots & 2 \\ 3 & 3 & 3 & \cdots & 3 \\ \vdots & \vdots & \vdots & & \vdots \\ n & n & n & \cdots & n \end{pmatrix} \xrightarrow{r} \begin{pmatrix} 1 & 1 & 1 & \cdots & 1 \\ 0 & 0 & 0 & \cdots & 0 \\ 0 & 0 & 0 & \cdots & 0 \\ \vdots & \vdots & \vdots & & \vdots \\ 0 & 0 & 0 & \cdots & 0 \end{pmatrix}$，同解的方程组为 $x_1+x_2+\cdots+x_n=0$，其通解为

$$\begin{cases} x_1 = -t_1 - t_2 - \cdots - t_{n-1} \\ x_2 = t_1 \\ x_3 = \qquad t_2 \\ \qquad \cdots\cdots \\ x_n = \qquad\qquad t_{n-1} \end{cases} \quad (t_1, t_2, \cdots, t_{n-1} \text{为任意常数})$$

当$a \neq 0$时，系数矩阵

$$\boldsymbol{A} = \begin{pmatrix} 1+a & 1 & 1 & \cdots & 1 \\ 2 & 2+a & 2 & \cdots & 2 \\ 3 & 3 & 3+a & \cdots & 3 \\ \vdots & \vdots & \vdots & & \vdots \\ n & n & n & \cdots & n+a \end{pmatrix} \xrightarrow{r} \begin{pmatrix} 1+a & 1 & 1 & \cdots & 1 \\ -2a & a & 0 & \cdots & 0 \\ -3a & 0 & a & \cdots & 0 \\ \vdots & \vdots & \vdots & & \vdots \\ -na & 0 & 0 & \cdots & a \end{pmatrix} \xrightarrow[r]{a\neq 0} \begin{pmatrix} 1+a & 1 & 1 & \cdots & 1 \\ -2 & 1 & 0 & \cdots & 0 \\ \vdots & \vdots & \vdots & & \vdots \\ -n & 0 & 0 & \cdots & 1 \end{pmatrix}$$

$$\xrightarrow{r} \begin{pmatrix} \dfrac{n(n+1)}{2}+a & 0 & 0 & \cdots & 0 \\ -2 & 1 & 0 & \cdots & 0 \\ \vdots & \vdots & \vdots & & \vdots \\ -n & 0 & 0 & \cdots & 1 \end{pmatrix}$$

方程组有非零解要求$a = -\dfrac{n(n+1)}{2}$，此时$r(\boldsymbol{A}) = n-1 < n$，故与原方程组同解的方程组为

$$\begin{cases} -2x_1 + x_2 \qquad = 0 \\ -3x_1 + \quad x_3 \quad = 0 \\ \qquad \cdots\cdots \\ -nx_1 + \qquad x_n = 0 \end{cases}$$

故得原方程组的通解为

$$\begin{cases} x_1 = t \\ x_2 = 2t \\ \cdots\cdots \\ x_n = nt \end{cases} \quad (t \text{为任意常数})$$

7. 判别齐次线性方程组$\begin{cases} \qquad x_2 + x_3 + \cdots + x_{n-1} + x_n = 0 \\ x_1 \qquad + x_3 + \cdots + x_{n-1} + x_n = 0 \\ x_1 + x_2 \qquad + \cdots + x_{n-1} + x_n = 0 \\ \qquad\qquad \cdots\cdots \\ x_1 + x_2 + x_3 + \cdots + x_{n-1} \qquad = 0 \end{cases}$是否有非零解.

解　对方程组的系数矩阵施行初等行变换化为行阶梯形矩阵:

$$\begin{pmatrix} 0 & 1 & 1 & \cdots & 1 & 1 \\ 1 & 0 & 1 & \cdots & 1 & 1 \\ 1 & 1 & 0 & \cdots & 1 & 1 \\ \vdots & \vdots & \vdots & & \vdots & \vdots \\ 1 & 1 & 1 & \cdots & 0 & 1 \\ 1 & 1 & 1 & \cdots & 1 & 0 \end{pmatrix} \xrightarrow{r} \begin{pmatrix} n-1 & n-1 & n-1 & \cdots & n-1 & n-1 \\ 1 & 0 & 1 & \cdots & 1 & 1 \\ 1 & 1 & 0 & \cdots & 1 & 1 \\ \vdots & \vdots & \vdots & & \vdots & \vdots \\ 1 & 1 & 1 & \cdots & 0 & 1 \\ 1 & 1 & 1 & \cdots & 1 & 0 \end{pmatrix}$$

$$\xrightarrow{r} \begin{pmatrix} 1 & 1 & 1 & \cdots & 1 & 1 \\ 1 & 0 & 1 & \cdots & 1 & 1 \\ 1 & 1 & 0 & \cdots & 1 & 1 \\ \vdots & \vdots & \vdots & & \vdots & \vdots \\ 1 & 1 & 1 & \cdots & 0 & 1 \\ 1 & 1 & 1 & \cdots & 1 & 0 \end{pmatrix} \xrightarrow{r} \begin{pmatrix} 1 & 1 & 1 & \cdots & 1 & 1 \\ 0 & -1 & 0 & \cdots & 0 & 0 \\ 0 & 0 & -1 & \cdots & 0 & 0 \\ \vdots & \vdots & \vdots & & \vdots & \vdots \\ 0 & 0 & 0 & \cdots & -1 & 0 \\ 0 & 0 & 0 & \cdots & 0 & -1 \end{pmatrix}$$

故系数矩阵的秩为 n，所以方程组无非零解.

8. 设齐次线性方程组

（I）$\begin{cases} x_1 + x_2 = 0 \\ x_2 - x_4 = 0 \end{cases}$；　（II）$\begin{cases} x_1 - x_2 + x_3 = 0 \\ x_2 - x_3 + x_4 = 0 \end{cases}$

（1）求方程组（I）的通解；

（2）求方程组（I）和（II）的公共解.

解　（1）方程组（I）的通解为

$$\boldsymbol{x} = c_1 \begin{pmatrix} 0 \\ 0 \\ 1 \\ 0 \end{pmatrix} + c_2 \begin{pmatrix} -1 \\ 1 \\ 0 \\ 1 \end{pmatrix} \quad（c_1, c_2 \text{为任意常数}）$$

（2）方程组（I）和（II）的公共解应满足

$$（\text{III}）\begin{cases} x_1 + x_2 = 0 \\ x_2 - x_4 = 0 \\ x_1 - x_2 + x_3 = 0 \\ x_2 - x_3 + x_4 = 0 \end{cases}$$

对方程组（III）的系数矩阵施行初等行变换化为行阶梯形矩阵：

$$\begin{pmatrix} 1 & 1 & 0 & 0 \\ 0 & 1 & 0 & -1 \\ 1 & -1 & 1 & 0 \\ 0 & 1 & -1 & 1 \end{pmatrix} \xrightarrow{r} \begin{pmatrix} 1 & 1 & 0 & 0 \\ 0 & 1 & 0 & -1 \\ 0 & -2 & 1 & 0 \\ 0 & 1 & -1 & 1 \end{pmatrix} \xrightarrow{r} \begin{pmatrix} 1 & 1 & 0 & 0 \\ 0 & 1 & 0 & -1 \\ 0 & 0 & 1 & -2 \\ 0 & 0 & -1 & 2 \end{pmatrix}$$

$$\xrightarrow{r} \begin{pmatrix} 1 & 1 & 0 & 0 \\ 0 & 1 & 0 & -1 \\ 0 & 0 & 1 & -2 \\ 0 & 0 & 0 & 0 \end{pmatrix} \xrightarrow{r} \begin{pmatrix} 1 & 0 & 0 & 1 \\ 0 & 1 & 0 & -1 \\ 0 & 0 & 1 & -2 \\ 0 & 0 & 0 & 0 \end{pmatrix}$$

故其通解为

$$\boldsymbol{x}=k\begin{pmatrix}-1\\1\\2\\1\end{pmatrix}（k\text{ 为任意常数}）$$

这就是方程组（I）和（II）的公共解.

第二章　矩阵运算及向量组的线性相关性

矩阵贯穿于线性代数的各个方面，是处理许多实际问题的非常有力的工具，在很多领域中都有着广泛的应用.

本章重点　矩阵的运算、向量组的线性相关性的判定、极大线性无关组与向量组的秩的求法、矩阵的秩、逆矩阵.

本章难点　向量组的线性相关性的判定、矩阵的秩、逆矩阵.

一、主要内容

（一）矩阵的运算

1. 矩阵乘法注意事项

（1）矩阵乘法要求前一矩阵的列数等于后一矩阵的行数.

（2）矩阵乘法不满足交换律（因式分解的公式对矩阵不适用，但若 $\boldsymbol{B}=\boldsymbol{E}$，$\boldsymbol{O}$，$\boldsymbol{A}^{-1}$，$\boldsymbol{A}^{*}$，$f(\boldsymbol{A})$，可以用交换律）.

（3）$\boldsymbol{AB}=\boldsymbol{O}$ 不能推出 $\boldsymbol{A}=\boldsymbol{O}$ 或 $\boldsymbol{B}=\boldsymbol{O}$.

（4）矩阵乘法不满足消去律，即由 $\boldsymbol{AB}=\boldsymbol{AC}$，$\boldsymbol{A}\neq\boldsymbol{O}$ 推不出 $\boldsymbol{B}=\boldsymbol{C}$，以及由 $\boldsymbol{BA}=\boldsymbol{CA}$，$\boldsymbol{A}\neq\boldsymbol{O}$ 推不出 $\boldsymbol{B}=\boldsymbol{C}$.

2. 转置的性质（5 条）

（1）$(\boldsymbol{A}+\boldsymbol{B})^{\mathrm{T}}=\boldsymbol{A}^{\mathrm{T}}+\boldsymbol{B}^{\mathrm{T}}$.

（2）$(k\boldsymbol{A})^{\mathrm{T}}=k\boldsymbol{A}^{\mathrm{T}}$.

（3）$(\boldsymbol{AB})^{\mathrm{T}}=\boldsymbol{B}^{\mathrm{T}}\boldsymbol{A}^{\mathrm{T}}$.

（4）$|\boldsymbol{A}^{\mathrm{T}}|=|\boldsymbol{A}|$（第四章的内容）.

（5）$(\boldsymbol{A}^{\mathrm{T}})^{\mathrm{T}}=\boldsymbol{A}$.

（二）线性组合和线性表示

1. 线性表示的充分必要条件

非零列向量 $\boldsymbol{\beta}$ 可由 $\boldsymbol{\alpha}_1,\boldsymbol{\alpha}_2,\cdots,\boldsymbol{\alpha}_s$ 线性表示

$\Leftrightarrow$ 非齐次线性方程组 $x_1\boldsymbol{\alpha}_1+x_2\boldsymbol{\alpha}_2+\cdots+x_s\boldsymbol{\alpha}_s=\boldsymbol{\beta}$（或写成 $\boldsymbol{Ax}=\boldsymbol{\beta}$，其中 $\boldsymbol{A}=(\boldsymbol{\alpha}_1,\boldsymbol{\alpha}_2,\cdots,\boldsymbol{\alpha}_s)$，$\boldsymbol{x}=(x_1,x_2,\cdots,x_s)^{\mathrm{T}}$）有解

$\Leftrightarrow$ $r(\boldsymbol{\alpha}_1,\boldsymbol{\alpha}_2,\cdots,\boldsymbol{\alpha}_s)=r(\boldsymbol{\alpha}_1,\boldsymbol{\alpha}_2,\cdots,\boldsymbol{\alpha}_s,\boldsymbol{\beta})$（系数矩阵的秩等于增广矩阵的秩）

2. 线性表示的充分条件

若$\boldsymbol{\alpha}_1,\boldsymbol{\alpha}_2,\cdots,\boldsymbol{\alpha}_s$线性无关，$\boldsymbol{\alpha}_1,\boldsymbol{\alpha}_2,\cdots,\boldsymbol{\alpha}_s,\boldsymbol{\beta}$线性相关，则$\boldsymbol{\beta}$可由$\boldsymbol{\alpha}_1,\boldsymbol{\alpha}_2,\cdots,\boldsymbol{\alpha}_s$线性表示.

3. 线性表示的求法

设$\boldsymbol{\alpha}_1,\boldsymbol{\alpha}_2,\cdots,\boldsymbol{\alpha}_s$线性无关，$\boldsymbol{\beta}$可由其线性表示，则

$$(\boldsymbol{\alpha}_1,\boldsymbol{\alpha}_2,\cdots,\boldsymbol{\alpha}_s,\boldsymbol{\beta})\xrightarrow{\text{初等行变换}}\text{（行最简形矩阵，线性表示的系数）}$$

（三）线性相关和线性无关

1. 线性相关注意事项

（1）$\boldsymbol{\alpha}$线性相关$\Leftrightarrow \boldsymbol{\alpha}=\mathbf{0}$.
（2）$\boldsymbol{\alpha}_1,\boldsymbol{\alpha}_2$线性相关$\Leftrightarrow \boldsymbol{\alpha}_1,\boldsymbol{\alpha}_2$成比例.

2. 线性相关的充分必要条件

向量组$\boldsymbol{\alpha}_1,\boldsymbol{\alpha}_2,\cdots,\boldsymbol{\alpha}_s$线性相关
$\Leftrightarrow$ 有一个向量可由其余向量线性表示
$\Leftrightarrow$ 齐次方程$x_1\boldsymbol{\alpha}_1+x_2\boldsymbol{\alpha}_2+\cdots+x_s\boldsymbol{\alpha}_s=\mathbf{0}$有非零解
$\Leftrightarrow$ $r(\boldsymbol{\alpha}_1,\boldsymbol{\alpha}_2,\cdots,\boldsymbol{\alpha}_s)<s$，即秩小于向量的个数
特别地，
n个n维列向量$\boldsymbol{\alpha}_1,\boldsymbol{\alpha}_2,\cdots,\boldsymbol{\alpha}_n$线性相关
$\Leftrightarrow$ $r(\boldsymbol{\alpha}_1,\boldsymbol{\alpha}_2,\cdots,\boldsymbol{\alpha}_n)<n$
$\Leftrightarrow$ $|(\boldsymbol{\alpha}_1,\boldsymbol{\alpha}_2,\cdots,\boldsymbol{\alpha}_n)|=0$（第四章的内容）
$\Leftrightarrow$ 矩阵$(\boldsymbol{\alpha}_1,\boldsymbol{\alpha}_2,\cdots,\boldsymbol{\alpha}_n)$不可逆

3. 线性相关的充分条件

（1）向量组含有零向量或成比例的向量必相关.
（2）部分相关，则整体相关.
（3）高维相关，则低维相关.
（4）以少表多，多必相关.
推论：$n+1$个n维向量一定线性相关.

4. 线性无关的充分必要条件

向量组$\boldsymbol{\alpha}_1,\boldsymbol{\alpha}_2,\cdots,\boldsymbol{\alpha}_s$线性无关
$\Leftrightarrow$ 任意向量均不能由其余向量线性表示
$\Leftrightarrow$ 齐次方程$x_1\boldsymbol{\alpha}_1+x_2\boldsymbol{\alpha}_2+\cdots+x_s\boldsymbol{\alpha}_s=\mathbf{0}$只有零解
$\Leftrightarrow$ $r(\boldsymbol{\alpha}_1,\boldsymbol{\alpha}_2,\cdots,\boldsymbol{\alpha}_s)=s$
特别地，

n 个 n 维向量 $\boldsymbol{\alpha}_1,\boldsymbol{\alpha}_2,\cdots,\boldsymbol{\alpha}_n$ 线性无关

$\Leftrightarrow$ $r(\boldsymbol{\alpha}_1,\boldsymbol{\alpha}_2,\cdots,\boldsymbol{\alpha}_n)=n$

$\Leftrightarrow$ $|(\boldsymbol{\alpha}_1,\boldsymbol{\alpha}_2,\cdots,\boldsymbol{\alpha}_n)|\neq 0$

$\Leftrightarrow$ 矩阵 $(\boldsymbol{\alpha}_1,\boldsymbol{\alpha}_2,\cdots,\boldsymbol{\alpha}_n)$ 可逆

5. 线性无关的充分条件

（1）整体无关，部分无关.

（2）低维无关，高维无关.

（3）正交的非零向量组线性无关（第三章的内容）;

（4）不同特征值的特征向量线性无关（第五章的内容）.

6. 专业知识补充

（1）在矩阵左边乘列满秩矩阵（秩 = 列数），矩阵的秩不变；在矩阵右边乘行满秩矩阵，矩阵的秩不变.

（2）若 n 维列向量 $\boldsymbol{\alpha}_1,\boldsymbol{\alpha}_2,\boldsymbol{\alpha}_3$ 线性无关，$\boldsymbol{\beta}_1,\boldsymbol{\beta}_2,\boldsymbol{\beta}_3$ 可以由其线性表示，即 $(\boldsymbol{\beta}_1,\boldsymbol{\beta}_2,\boldsymbol{\beta}_3)=(\boldsymbol{\alpha}_1,\boldsymbol{\alpha}_2,\boldsymbol{\alpha}_3)\boldsymbol{C}$，则 $r(\boldsymbol{\beta}_1,\boldsymbol{\beta}_2,\boldsymbol{\beta}_3)=r(\boldsymbol{C})$，从而 $\boldsymbol{\beta}_1,\boldsymbol{\beta}_2,\boldsymbol{\beta}_3$ 线性无关 $\Leftrightarrow r(\boldsymbol{\beta}_1,\boldsymbol{\beta}_2,\boldsymbol{\beta}_3)=3\Leftrightarrow r(\boldsymbol{C})=3\Leftrightarrow|\boldsymbol{C}|\neq 0$（第四章的内容）.

（四）极大线性无关组与向量组的秩

1. 极大线性无关组的性质

极大线性无关组不唯一，但任意两个极大线性无关组所含向量的个数相等.

2. 向量组的秩

向量组的秩为极大线性无关组中所含向量的个数.

对比　矩阵的秩：行阶梯形矩阵的非零行数.

注　向量组 $\boldsymbol{\alpha}_1,\boldsymbol{\alpha}_2,\cdots,\boldsymbol{\alpha}_s$ 的秩与矩阵 $\boldsymbol{A}=(\boldsymbol{\alpha}_1,\boldsymbol{\alpha}_2,\cdots,\boldsymbol{\alpha}_s)$ 的秩相等.

3. 极大线性无关组的求法

（1）$\boldsymbol{\alpha}_1,\boldsymbol{\alpha}_2,\cdots,\boldsymbol{\alpha}_s$ 为抽象的：定义法.

（2）$\boldsymbol{\alpha}_1,\boldsymbol{\alpha}_2,\cdots,\boldsymbol{\alpha}_s$ 为数字的：

$$(\boldsymbol{\alpha}_1,\boldsymbol{\alpha}_2,\cdots,\boldsymbol{\alpha}_s)\xrightarrow{\text{初等行变换}}\text{行阶梯形矩阵}$$

则与行阶梯形矩阵的首非零元所在列相对应的列向量构成极大线性无关组.

（五）初等变换与初等矩阵的性质

1. 初等矩阵

单位矩阵 $\boldsymbol{E}$ 经过一次初等变换得到的矩阵.

初等矩阵有三种：

（1）对调 $\boldsymbol{E}$ 中第 i,j 两行（或第 i,j 两列），得到初等矩阵 $\boldsymbol{E}(i,j)$;

（2）以非零数 k 乘以 $\boldsymbol{E}$ 的第 i 行（或第 i 列），得到初等矩阵 $\boldsymbol{E}(i(k))$;

（3）以数 k 乘以 $\boldsymbol{E}$ 的第 j 行加到第 i 行上（或以 k 乘以 $\boldsymbol{E}$ 的第 i 列加到第 j 列上），得到初等矩阵 $\boldsymbol{E}(ij(k))$.

2. 初等矩阵的性质

（1）初等行（列）变换相当于左（右）乘相应的初等矩阵.

（2）初等矩阵均为可逆矩阵，且

$$\boldsymbol{E}(i,j)^{-1}=\boldsymbol{E}(i,j)$$

$$\boldsymbol{E}(i(k))^{-1}=\boldsymbol{E}\left(i\left(\frac{1}{k}\right)\right)$$

$$\boldsymbol{E}(ij(k))^{-1}=\boldsymbol{E}(ij(-k))$$

（六）矩阵的逆

1. 逆的定义

$\boldsymbol{AB}=\boldsymbol{E}$ 或 $\boldsymbol{BA}=\boldsymbol{E}$ 成立，称 n 阶矩阵 $\boldsymbol{A}$ 可逆，$\boldsymbol{B}$ 是 $\boldsymbol{A}$ 的逆矩阵，记为 $\boldsymbol{B}=\boldsymbol{A}^{-1}$.

注 $\boldsymbol{A}$ 可逆的充分必要条件如下：

（1）$r(\boldsymbol{A})=n$.

（2）$\boldsymbol{Ax}=\boldsymbol{0}$ 只有零解.

（3）方阵 $\boldsymbol{A}$ 的列向量组线性无关.

（4）$\boldsymbol{Ax}=\boldsymbol{b}$ 总有唯一解.

（5）$\boldsymbol{A}\xrightarrow{r}\boldsymbol{E}$.

（6）$|\boldsymbol{A}|\neq 0$（第四章的内容）.

2. 逆的性质（5 条）

（1）$(k\boldsymbol{A})^{-1}=1/k\boldsymbol{A}^{-1}(k\neq 0)$.

（2）$(\boldsymbol{AB})^{-1}=\boldsymbol{B}^{-1}\boldsymbol{A}^{-1}$.

（3）$|\boldsymbol{A}^{-1}|=|\boldsymbol{A}|^{-1}$（第四章的内容）.

（4）$(\boldsymbol{A}^{\mathrm{T}})^{-1}=(\boldsymbol{A}^{-1})^{\mathrm{T}}$.

（5）$(\boldsymbol{A}^{-1})^{-1}=\boldsymbol{A}$.

3. 逆的求法

（1）$\boldsymbol{A}$ 为抽象矩阵：由定义或性质求解.

（2）$\boldsymbol{A}$ 为数字矩阵：$(\boldsymbol{A},\boldsymbol{E})\xrightarrow{\text{初等行变换}}(\boldsymbol{E},\boldsymbol{A}^{-1})$.

（七）分块矩阵

1. 分块矩阵的乘法

要求前列后行分法相同.

2. 分块矩阵求逆

$$\begin{bmatrix} \boldsymbol{B} & \boldsymbol{O} \\ \boldsymbol{O} & \boldsymbol{C} \end{bmatrix}^{-1} = \begin{bmatrix} \boldsymbol{B}^{-1} & \boldsymbol{O} \\ \boldsymbol{O} & \boldsymbol{C}^{-1} \end{bmatrix}, \quad \begin{bmatrix} \boldsymbol{O} & \boldsymbol{B} \\ \boldsymbol{C} & \boldsymbol{O} \end{bmatrix}^{-1} = \begin{bmatrix} \boldsymbol{O} & \boldsymbol{C}^{-1} \\ \boldsymbol{B}^{-1} & \boldsymbol{O} \end{bmatrix}$$

二、教学要求

熟练掌握矩阵的加法运算、数乘运算、乘法运算、转置运算及它们的运算规律，了解分块矩阵的概念，会用分块矩阵解题，深刻理解向量组的线性相关性、线性表示与等价向量组等概念，掌握判断向量组线性相关性的主要方法，正确理解向量组的极大线性无关组和向量组的秩，熟练掌握用矩阵表示向量组和用矩阵运算表示向量运算的方法. 熟练掌握可逆矩阵的概念、可逆矩阵存在的充分必要条件、可逆矩阵的性质，以及用矩阵的初等变换求逆矩阵的方法.

三、疑难问题解答

1. 矩阵的乘法运算中容易出现哪些错误命题?

解　容易出现下列错误命题.

（1）$\boldsymbol{A}$ 为 $m\times n$ 矩阵，$\boldsymbol{B}$ 为 $n\times p$ 矩阵，则 $\boldsymbol{AB}=\boldsymbol{BA}$，$(\boldsymbol{AB})^n=\boldsymbol{A}^n\boldsymbol{B}^n$.

（2）若 $\boldsymbol{A}^m=\boldsymbol{B}^m$，$\boldsymbol{A}$，$\boldsymbol{B}$ 均为 n 阶方阵，则 $\boldsymbol{A}=\boldsymbol{B}$.

（3）$\boldsymbol{A}$ 为 $m\times n$ 矩阵，$\boldsymbol{B}$，$\boldsymbol{C}$ 为 $n\times p$ 矩阵，那么若 $\boldsymbol{AB}=\boldsymbol{O},\boldsymbol{A}\neq\boldsymbol{O}$，则 $\boldsymbol{B}=\boldsymbol{O}$；若 $\boldsymbol{AB}=\boldsymbol{AC},\boldsymbol{A}\neq\boldsymbol{O}$，则 $\boldsymbol{B}=\boldsymbol{C}$.

（4）若 $\boldsymbol{A}^2=\boldsymbol{E}$（$\boldsymbol{E}$ 为单位矩阵），则有 $\boldsymbol{A}=\pm\boldsymbol{E}$.

（5）若 $\boldsymbol{A}^2=\boldsymbol{A}$，则 $\boldsymbol{A}=\boldsymbol{E}$ 或 $\boldsymbol{A}=\boldsymbol{O}$.

（6）$\boldsymbol{A}$，$\boldsymbol{B}$ 为 n 阶方阵，则 $(\boldsymbol{A}+\boldsymbol{B})^2=\boldsymbol{A}^2+2\boldsymbol{AB}+\boldsymbol{B}^2$，$\boldsymbol{A}^2-\boldsymbol{B}^2=(\boldsymbol{A}-\boldsymbol{B})(\boldsymbol{A}+\boldsymbol{B})$.

（1）和（6）错误的原因在于矩阵乘法不满足交换律；（2）和（4）错误的原因在于不能将矩阵乘法当作数的乘法来计算；（3）和（5）错误的原因在于矩阵乘法不满足消去律.

2. 如果向量组 $\boldsymbol{\alpha}_1,\boldsymbol{\alpha}_2,\cdots,\boldsymbol{\alpha}_s$ 线性相关，那么是否对于任意不全为零的数 $k_1,k_2,\cdots,k_s$ 都有 $k_1\boldsymbol{\alpha}_1+k_2\boldsymbol{\alpha}_2+\cdots+k_s\boldsymbol{\alpha}_s=\boldsymbol{0}$?

解　不一定. 因为按定义，向量组 $\boldsymbol{\alpha}_1,\boldsymbol{\alpha}_2,\cdots,\boldsymbol{\alpha}_s$ 线性相关是指存在 s 个不全为零的数 $k_1,k_2,\cdots,k_s$ 使 $k_1\boldsymbol{\alpha}_1+k_2\boldsymbol{\alpha}_2+\cdots+k_s\boldsymbol{\alpha}_s=\boldsymbol{0}$，而不是对任意不全为零的数 $k_1,k_2,\cdots,k_s$ 都能使上

式成立（否则将有$\boldsymbol{\alpha}_1=\mathbf{0},\boldsymbol{\alpha}_2=\mathbf{0},\cdots,\boldsymbol{\alpha}_s=\mathbf{0}$）.

例如，设$\boldsymbol{\alpha}_1=(1,0,0)^{\mathrm{T}},\boldsymbol{\alpha}_2=(0,1,0)^{\mathrm{T}},\boldsymbol{\alpha}_3=(1,2,0)^{\mathrm{T}}$，则$\boldsymbol{\alpha}_1+2\boldsymbol{\alpha}_2-\boldsymbol{\alpha}_3=\mathbf{0}$，因而$\boldsymbol{\alpha}_1,\boldsymbol{\alpha}_2,\boldsymbol{\alpha}_3$线性相关，而这三个数$k_1=1,k_2=2,k_3=-1$并不是任意取的，若任取一组数$k_1=1,k_2=1,k_3=1$，则$\boldsymbol{\alpha}_1+\boldsymbol{\alpha}_2+\boldsymbol{\alpha}_3=(2,3,0)^{\mathrm{T}}\neq(0,0,0)^{\mathrm{T}}$．这说明并不是对任意不全为零的数$k_1,k_2,\cdots,k_s$，都能使$k_1\boldsymbol{\alpha}_1+k_2\boldsymbol{\alpha}_2+\cdots+k_s\boldsymbol{\alpha}_s=\mathbf{0}$成立.

3. 如果在向量组$\boldsymbol{\alpha}_1,\boldsymbol{\alpha}_2,\cdots,\boldsymbol{\alpha}_m$中任取$s\ (s<m)$个向量所组成的部分向量都线性无关，那么这个向量组是否线性无关？

解　不一定. 例如，设$\boldsymbol{\alpha}_1=(1,0)^{\mathrm{T}},\boldsymbol{\alpha}_2=(0,1)^{\mathrm{T}},\boldsymbol{\alpha}_3=(1,1)^{\mathrm{T}}$，在该向量组中任取一个向量$\boldsymbol{\alpha}_1$或$\boldsymbol{\alpha}_2$或$\boldsymbol{\alpha}_3$都是线性无关的，任取两个向量$\boldsymbol{\alpha}_1,\boldsymbol{\alpha}_2$或$\boldsymbol{\alpha}_2,\boldsymbol{\alpha}_3$或$\boldsymbol{\alpha}_1,\boldsymbol{\alpha}_3$，也都是线性无关的，但是向量组$\boldsymbol{\alpha}_1,\boldsymbol{\alpha}_2,\boldsymbol{\alpha}_3$却是线性相关的.

又如，设$\boldsymbol{\beta}_1=(1,0,0)^{\mathrm{T}},\boldsymbol{\beta}_2=(0,1,0)^{\mathrm{T}},\boldsymbol{\beta}_3=(0,0,1)^{\mathrm{T}}$，在该向量组中任取一个或两个向量都是线性无关的，而$\boldsymbol{\beta}_1,\boldsymbol{\beta}_2,\boldsymbol{\beta}_3$也是线性无关的.

4. 如果向量组$\boldsymbol{\alpha}_1,\boldsymbol{\alpha}_2,\cdots,\boldsymbol{\alpha}_m\ (m>2)$是线性相关的，那么是否每一个向量都可由其余的$m-1$个向量线性表示？

解　不一定，因为按线性相关的定义，只要求至少有一个向量能由其余的向量线性表示，并不要求向量组中每一个向量都能表示为其余向量的线性组合. 例如，设向量组$\boldsymbol{\alpha}_1=(0,0,0)^{\mathrm{T}},\boldsymbol{\alpha}_2=(1,1,0)^{\mathrm{T}}$，显然$\boldsymbol{\alpha}_1,\boldsymbol{\alpha}_2$线性相关，但$\boldsymbol{\alpha}_2$不能由$\boldsymbol{\alpha}_1$线性表示. 又如，设向量组$\boldsymbol{\beta}_1=(1,0,0)^{\mathrm{T}},\boldsymbol{\beta}_2=(0,1,0)^{\mathrm{T}},\boldsymbol{\beta}_3=(1,1,0)^{\mathrm{T}}$，显然$\boldsymbol{\beta}_1,\boldsymbol{\beta}_2,\boldsymbol{\beta}_3$线性相关，即$\boldsymbol{\beta}_1+\boldsymbol{\beta}_2-\boldsymbol{\beta}_3=\mathbf{0}$，此时$\boldsymbol{\beta}_1,\boldsymbol{\beta}_2,\boldsymbol{\beta}_3$中的任何一个向量都能由其余的两个向量线性表示.

5. 关于矩阵的逆，容易出现哪些错误命题？

解　容易出现下列错误命题.

（1）若矩阵$\boldsymbol{A}$与$\boldsymbol{B}$等价，则$\boldsymbol{A}^{-1}=\boldsymbol{B}^{-1}$. 反例：设$\boldsymbol{A}=\begin{pmatrix}1&0\\0&1\end{pmatrix},\boldsymbol{B}=\begin{pmatrix}1&1\\0&1\end{pmatrix}$，则$\boldsymbol{A}$与$\boldsymbol{B}$等价，但$\boldsymbol{A}^{-1}\neq\boldsymbol{B}^{-1}$.

（2）若$\boldsymbol{A},\boldsymbol{B}$及$\boldsymbol{A}+\boldsymbol{B}$可逆，则$(\boldsymbol{A}+\boldsymbol{B})^{-1}=\boldsymbol{A}^{-1}+\boldsymbol{B}^{-1}$. 反例：设$\boldsymbol{A}=2\boldsymbol{E}$，$\boldsymbol{B}=-\boldsymbol{E}$，则$\boldsymbol{A}+\boldsymbol{B}=\boldsymbol{E}$，$(\boldsymbol{A}+\boldsymbol{B})^{-1}=\boldsymbol{E},\boldsymbol{A}^{-1}+\boldsymbol{B}^{-1}=-\dfrac{1}{2}\boldsymbol{E}$.

（3）若$\boldsymbol{A},\boldsymbol{B}$满足$\boldsymbol{AB}=\boldsymbol{E}$，则$\boldsymbol{A}^{-1}=\dfrac{1}{\boldsymbol{A}}=\boldsymbol{B}$. 因为矩阵没有除法运算.

四、常见错误类型分析

例 1　设$\boldsymbol{\alpha}_1,\boldsymbol{\alpha}_2,\boldsymbol{\alpha}_3$线性无关，试证$\boldsymbol{\alpha}_1+\boldsymbol{\alpha}_2,\boldsymbol{\alpha}_2+\boldsymbol{\alpha}_3,\boldsymbol{\alpha}_3+\boldsymbol{\alpha}_1$也线性无关.

错误证法 1　因为$\boldsymbol{\alpha}_1,\boldsymbol{\alpha}_2,\boldsymbol{\alpha}_3$线性无关，所以只有$k_1=k_2=k_3=0$时，有

$$k_1\boldsymbol{\alpha}_1+k_2\boldsymbol{\alpha}_2+k_3\boldsymbol{\alpha}_3=\mathbf{0}$$

即

$$0\cdot\boldsymbol{\alpha}_1+0\cdot\boldsymbol{\alpha}_2+0\cdot\boldsymbol{\alpha}_3=\mathbf{0}$$

于是

$$2(0\cdot\boldsymbol{\alpha}_1+0\cdot\boldsymbol{\alpha}_2+0\cdot\boldsymbol{\alpha}_3)=\mathbf{0} \tag{1}$$

也就是

$$0\cdot(\boldsymbol{\alpha}_1+\boldsymbol{\alpha}_2)+0\cdot(\boldsymbol{\alpha}_2+\boldsymbol{\alpha}_3)+0\cdot(\boldsymbol{\alpha}_3+\boldsymbol{\alpha}_1)=\mathbf{0} \tag{2}$$

故$\boldsymbol{\alpha}_1+\boldsymbol{\alpha}_2,\boldsymbol{\alpha}_2+\boldsymbol{\alpha}_3,\boldsymbol{\alpha}_3+\boldsymbol{\alpha}_1$线性无关.

错误证法 2　设$\boldsymbol{\alpha}_1+\boldsymbol{\alpha}_2,\boldsymbol{\alpha}_2+\boldsymbol{\alpha}_3,\boldsymbol{\alpha}_3+\boldsymbol{\alpha}_1$线性相关，则有$\lambda$，$\mu$不全为零，使

$$\boldsymbol{\alpha}_3+\boldsymbol{\alpha}_1=\lambda(\boldsymbol{\alpha}_1+\boldsymbol{\alpha}_2)+\mu(\boldsymbol{\alpha}_2+\boldsymbol{\alpha}_3)$$

于是

$$(\lambda-1)\boldsymbol{\alpha}_1+(\mu+\lambda)\boldsymbol{\alpha}_2+(\mu-1)\boldsymbol{\alpha}_3=\mathbf{0}$$

显然，$\lambda-1,\mu+\lambda,\mu-1$不全为零，于是$\boldsymbol{\alpha}_1,\boldsymbol{\alpha}_2,\boldsymbol{\alpha}_3$线性相关，与题设矛盾，所以$\boldsymbol{\alpha}_1+\boldsymbol{\alpha}_2,\boldsymbol{\alpha}_2+\boldsymbol{\alpha}_3,\boldsymbol{\alpha}_3+\boldsymbol{\alpha}_1$线性无关.

错误分析　证法 1 的错误在于：在一般情况下，式（1）与式（2）是有本质区别的，式（1）是$\boldsymbol{\alpha}_1,\boldsymbol{\alpha}_2,\cdots,\boldsymbol{\alpha}_n$之间的关系，而式（2）是$\boldsymbol{\alpha}_1+\boldsymbol{\alpha}_2,\boldsymbol{\alpha}_2+\boldsymbol{\alpha}_3,\cdots,\boldsymbol{\alpha}_n+\boldsymbol{\alpha}_1$之间的关系，对于式（2）来说，是否是只有$k_1=k_2=k_3=\cdots=k_n=0$时才成立是不能肯定的. 例如，取$n=4,\boldsymbol{\alpha}_1,\boldsymbol{\alpha}_2,\boldsymbol{\alpha}_3,\boldsymbol{\alpha}_4$线性无关，则只有$k_1=k_2=k_3=k_4=0$时才有$\sum\limits_{i=1}^{4}k_i\boldsymbol{\alpha}_i=\mathbf{0}$，即只能有

$$0\cdot\boldsymbol{\alpha}_1+0\cdot\boldsymbol{\alpha}_2+0\cdot\boldsymbol{\alpha}_3+0\cdot\boldsymbol{\alpha}_4=\mathbf{0}$$

$$2(0\cdot\boldsymbol{\alpha}_1+0\cdot\boldsymbol{\alpha}_2+0\cdot\boldsymbol{\alpha}_3+0\cdot\boldsymbol{\alpha}_4)=\mathbf{0}$$

自然有

$$0\cdot(\boldsymbol{\alpha}_1+\boldsymbol{\alpha}_2)+0\cdot(\boldsymbol{\alpha}_2+\boldsymbol{\alpha}_3)+0\cdot(\boldsymbol{\alpha}_3+\boldsymbol{\alpha}_4)+0\cdot(\boldsymbol{\alpha}_4+\boldsymbol{\alpha}_1)=\mathbf{0}$$

但是很明显，这不能说只有系数均为零时，才能有

$$k_1'(\boldsymbol{\alpha}_1+\boldsymbol{\alpha}_2)+k_2'(\boldsymbol{\alpha}_2+\boldsymbol{\alpha}_3)+k_3'(\boldsymbol{\alpha}_3+\boldsymbol{\alpha}_4)+k_4'(\boldsymbol{\alpha}_4+\boldsymbol{\alpha}_1)=\mathbf{0}$$

事实上，取$k_1'=k_3'=1$，$k_2'=k_4'=-1$，便有

$$(\boldsymbol{\alpha}_1+\boldsymbol{\alpha}_2)-(\boldsymbol{\alpha}_2+\boldsymbol{\alpha}_3)+(\boldsymbol{\alpha}_3+\boldsymbol{\alpha}_4)-(\boldsymbol{\alpha}_4+\boldsymbol{\alpha}_1)=\mathbf{0}$$

因此，由式（2）不能得出$\boldsymbol{\alpha}_1+\boldsymbol{\alpha}_2,\boldsymbol{\alpha}_2+\boldsymbol{\alpha}_3,\boldsymbol{\alpha}_3+\boldsymbol{\alpha}_1$线性无关.

证法 2 的错误在于：$\boldsymbol{\alpha}_1+\boldsymbol{\alpha}_2,\boldsymbol{\alpha}_2+\boldsymbol{\alpha}_3,\boldsymbol{\alpha}_3+\boldsymbol{\alpha}_1$线性相关，不能肯定$\boldsymbol{\alpha}_3+\boldsymbol{\alpha}_1$必可由另两个向量线性表示，更不能肯定$\mu$，$\lambda$不全为零，这里把线性相关与线性表示的概念混淆了. 还有一点是不严格，即“$\lambda-1,\mu+\lambda,\mu-1$不全为零”是证明过程中的关键步骤，不能用“显然”二字代替严格的证明.

正确证法 1　设

$$k_1(\boldsymbol{\alpha}_1+\boldsymbol{\alpha}_2)+k_2(\boldsymbol{\alpha}_2+\boldsymbol{\alpha}_3)+k_3(\boldsymbol{\alpha}_3+\boldsymbol{\alpha}_1)=\mathbf{0}$$

即

$$(k_1+k_3)\boldsymbol{\alpha}_1+(k_1+k_2)\boldsymbol{\alpha}_2+(k_2+k_3)\boldsymbol{\alpha}_3=\mathbf{0}$$

因$\boldsymbol{\alpha}_1,\boldsymbol{\alpha}_2,\boldsymbol{\alpha}_3$线性无关，故

$$k_1+k_3=0,\quad k_1+k_2=0,\quad k_2+k_3=0$$

解之，得$k_1=k_2=k_3=0$. 由线性无关的定义知，$\boldsymbol{\alpha}_1+\boldsymbol{\alpha}_2,\boldsymbol{\alpha}_2+\boldsymbol{\alpha}_3,\boldsymbol{\alpha}_3+\boldsymbol{\alpha}_1$线性无关.

正确证法 2　用反证法. 设$\boldsymbol{\alpha}_1+\boldsymbol{\alpha}_2,\boldsymbol{\alpha}_2+\boldsymbol{\alpha}_3,\boldsymbol{\alpha}_3+\boldsymbol{\alpha}_1$线性相关，则有某一个向量可由其

余向量线性表示，不妨设

$$\boldsymbol{\alpha}_1+\boldsymbol{\alpha}_2=\lambda(\boldsymbol{\alpha}_2+\boldsymbol{\alpha}_3)+\mu(\boldsymbol{\alpha}_3+\boldsymbol{\alpha}_1)$$

于是有

$$(\mu-1)\boldsymbol{\alpha}_1+(\lambda-1)\boldsymbol{\alpha}_2+(\lambda+\mu)\boldsymbol{\alpha}_3=\mathbf{0}$$

又由条件知，$\boldsymbol{\alpha}_1,\boldsymbol{\alpha}_2,\boldsymbol{\alpha}_3$线性无关，故

$$\mu-1=0,\quad \lambda-1=0,\quad \lambda+\mu=0$$

但此方程组无解，与所设矛盾，故$\boldsymbol{\alpha}_1+\boldsymbol{\alpha}_2,\boldsymbol{\alpha}_2+\boldsymbol{\alpha}_3,\boldsymbol{\alpha}_3+\boldsymbol{\alpha}_1$线性无关.

例 2　已知$\boldsymbol{A}=\begin{pmatrix}1&2\\-3&5\end{pmatrix}$，求$\boldsymbol{A}^{-1}$.

错误解法　$\begin{pmatrix}1&2&1&0\\-3&5&0&1\end{pmatrix}\xrightarrow{c}\begin{pmatrix}1&0&1&0\\-3&11&0&1\end{pmatrix}$

$$\xrightarrow{r}\begin{pmatrix}1&0&1&0\\0&11&3&1\end{pmatrix}\xrightarrow{c}\begin{pmatrix}1&0&1&0\\0&1&3&11\end{pmatrix}$$

即

$$\boldsymbol{A}^{-1}=\begin{pmatrix}1&0\\3&11\end{pmatrix}$$

错误分析　没有注意到利用$(\boldsymbol{A},\boldsymbol{E})\xrightarrow{r}(\boldsymbol{E},\boldsymbol{A}^{-1})$来求$\boldsymbol{A}^{-1}$时，要使用初等行变换才可以. 而在错误解法中第 1、3 步却使用了列变换.

正确解法　$(\boldsymbol{A},\boldsymbol{E})=\begin{pmatrix}1&2&1&0\\-3&5&0&1\end{pmatrix}\xrightarrow{r}\begin{pmatrix}1&2&1&0\\0&11&3&1\end{pmatrix}\xrightarrow{r}\begin{pmatrix}1&2&1&0\\0&1&\frac{3}{11}&\frac{1}{11}\end{pmatrix}$

$$\xrightarrow{r}\begin{pmatrix}1&0&\frac{5}{11}&-\frac{2}{11}\\0&1&\frac{3}{11}&\frac{1}{11}\end{pmatrix}$$

即

$$\boldsymbol{A}^{-1}=\begin{pmatrix}\frac{5}{11}&-\frac{2}{11}\\\frac{3}{11}&\frac{1}{11}\end{pmatrix}$$

例 3　设$\boldsymbol{B}$为三阶矩阵，且满足$\boldsymbol{AB}=\boldsymbol{A}+2\boldsymbol{B}$，又$\boldsymbol{A}=\begin{pmatrix}3&0&1\\0&3&0\\-1&0&3\end{pmatrix}$，求矩阵$\boldsymbol{B}$.

错误解法 1　由$\boldsymbol{AB}=\boldsymbol{A}+2\boldsymbol{B}$得$\boldsymbol{AB}-2\boldsymbol{B}=\boldsymbol{A}$，从而$(\boldsymbol{A}-2)\boldsymbol{B}=\boldsymbol{A}$，这样$\boldsymbol{B}=\dfrac{\boldsymbol{A}}{\boldsymbol{A}-2}$.

由于

$$(A-2,A)=\begin{pmatrix}1&0&1&3&0&1\\0&1&0&0&3&0\\-1&0&1&-1&0&3\end{pmatrix}\xrightarrow{r}\begin{pmatrix}1&0&0&2&0&-1\\0&1&0&0&3&0\\0&0&1&1&0&2\end{pmatrix}$$

有

$$B=\begin{pmatrix}2&0&-1\\0&3&0\\1&0&2\end{pmatrix}$$

错误解法 2　由 $AB=A+2B$ 得 $AB-2B=A$，从而 $B(A-2E)=A$，这样 $B=A(A-2E)^{-1}$.

由

$$(A-2E,E)=\begin{pmatrix}1&0&1&1&0&0\\0&1&0&0&1&0\\-1&0&1&0&0&1\end{pmatrix}\xrightarrow{r}\begin{pmatrix}1&0&0&\frac{1}{2}&0&-\frac{1}{2}\\0&1&0&0&1&0\\0&0&1&\frac{1}{2}&0&\frac{1}{2}\end{pmatrix}$$

有

$$(A-2E)^{-1}=\begin{pmatrix}\frac{1}{2}&0&-\frac{1}{2}\\0&1&0\\\frac{1}{2}&0&\frac{1}{2}\end{pmatrix}$$

因此

$$B=\begin{pmatrix}3&0&1\\0&3&0\\-1&0&3\end{pmatrix}\begin{pmatrix}\frac{1}{2}&0&-\frac{1}{2}\\0&1&0\\\frac{1}{2}&0&\frac{1}{2}\end{pmatrix}=\begin{pmatrix}2&0&-1\\0&3&0\\1&0&2\end{pmatrix}$$

错误分析　解法 1 的错误在于：由 $AB-2B=A$ 得 $(A-2)B=A$. 这里，$A-2$ 无法运算，A 与 2 不是同型矩阵. $B=\dfrac{A}{A-2}$ 也是错误的，因为矩阵的运算中根本没有除法运算.

解法 2 的错误在于：由 $AB-2B=A$ 不能得出 $B(A-2E)=A$，因为矩阵乘法不满足交换律. 第二个错误是在没有先确定 $(A-2E)^{-1}$ 是否存在的情况下，就直接得出 $B=A(A-2E)^{-1}$.

正确解法　由 $AB=A+2B$，得 $AB-2B=A$，即 $(A-2E)B=A$，由

$$A-2E=\begin{pmatrix}3&0&1\\0&3&0\\-1&0&3\end{pmatrix}-\begin{pmatrix}2&0&0\\0&2&0\\0&0&2\end{pmatrix}=\begin{pmatrix}1&0&1\\0&1&0\\-1&0&1\end{pmatrix}\xrightarrow{r}\begin{pmatrix}1&0&1\\0&1&0\\0&0&2\end{pmatrix}$$

知$r(\boldsymbol{A}-2\boldsymbol{E})=3$，从而$(\boldsymbol{A}-2\boldsymbol{E})^{-1}$存在，则$\boldsymbol{B}=(\boldsymbol{A}-2\boldsymbol{E})^{-1}\boldsymbol{A}$，又

$$(\boldsymbol{A}-2\boldsymbol{E},\boldsymbol{A})=\begin{pmatrix}1&0&1&3&0&1\\0&1&0&0&3&0\\-1&0&1&-1&0&3\end{pmatrix}\xrightarrow{r}\begin{pmatrix}1&0&0&2&0&-1\\0&1&0&0&3&0\\0&0&1&1&0&2\end{pmatrix}$$

故$\boldsymbol{B}=\begin{pmatrix}2&0&-1\\0&3&0\\1&0&2\end{pmatrix}$.

通过对本例的评析，可以总结出在进行矩阵运算中需注意的几个问题：

（1）矩阵的加减法运算只能在同型矩阵之间才能进行；

（2）在一般情况下，$\boldsymbol{AB}\neq\boldsymbol{BA}$，矩阵乘法不满足交换律；

（3）矩阵运算中不存在除法运算；

（4）在矩阵方程两边乘上某一矩阵时，必须是同时“左乘”或同时“右乘”.

五、第二章　习题A答案

1. 单项选择题.

（1）设$\boldsymbol{A},\boldsymbol{B}$均为$n$阶矩阵，$\boldsymbol{E}$为$n$阶单位矩阵，则下列命题中正确的是（　　）.

A. $(\boldsymbol{A}+\boldsymbol{B})^2=\boldsymbol{A}^2+2\boldsymbol{AB}+\boldsymbol{B}^2$　　B. $(\boldsymbol{A}+\boldsymbol{E})(\boldsymbol{A}-\boldsymbol{E})=\boldsymbol{A}^2-\boldsymbol{E}$

C. 若$\boldsymbol{A}^2=\boldsymbol{A}$，则$\boldsymbol{A}=\boldsymbol{E}$或$\boldsymbol{A}=\boldsymbol{O}$　　D. 若$\boldsymbol{A}^2=\boldsymbol{O}$，则$\boldsymbol{A}=\boldsymbol{O}$

解　$(\boldsymbol{A}+\boldsymbol{B})^2=\boldsymbol{A}^2+\boldsymbol{AB}+\boldsymbol{BA}+\boldsymbol{B}^2$，$\boldsymbol{AB}$不一定等于$\boldsymbol{BA}$，故A错；令$\boldsymbol{A}=\begin{pmatrix}1&0\\0&0\end{pmatrix}$，则$\boldsymbol{A}^2=\boldsymbol{A}$，但$\boldsymbol{A}\neq\boldsymbol{E}$且$\boldsymbol{A}\neq\boldsymbol{O}$，故C错；令$\boldsymbol{A}=\begin{pmatrix}0&1\\0&0\end{pmatrix}$，则$\boldsymbol{A}^2=\boldsymbol{O}$但$\boldsymbol{A}\neq\boldsymbol{O}$，故D错. 正确答案为B.

（2）设向量组$\boldsymbol{\alpha}_1,\boldsymbol{\alpha}_2,\boldsymbol{\alpha}_3,\boldsymbol{\alpha}_4$线性无关，则下列命题中正确的是（　　）.

A. $\boldsymbol{\alpha}_1+\boldsymbol{\alpha}_2,\boldsymbol{\alpha}_2+\boldsymbol{\alpha}_3,\boldsymbol{\alpha}_3+\boldsymbol{\alpha}_4,\boldsymbol{\alpha}_4+\boldsymbol{\alpha}_1$线性无关

B. $\boldsymbol{\alpha}_1-\boldsymbol{\alpha}_2,\boldsymbol{\alpha}_2-\boldsymbol{\alpha}_3,\boldsymbol{\alpha}_3-\boldsymbol{\alpha}_4,\boldsymbol{\alpha}_4-\boldsymbol{\alpha}_1$线性无关

C. $\boldsymbol{\alpha}_1+\boldsymbol{\alpha}_2,\boldsymbol{\alpha}_3-\boldsymbol{\alpha}_2,\boldsymbol{\alpha}_4-\boldsymbol{\alpha}_3,\boldsymbol{\alpha}_4+\boldsymbol{\alpha}_1$线性无关

D. $\boldsymbol{\alpha}_1+\boldsymbol{\alpha}_2,\boldsymbol{\alpha}_2+\boldsymbol{\alpha}_3,\boldsymbol{\alpha}_3+\boldsymbol{\alpha}_4,\boldsymbol{\alpha}_4-\boldsymbol{\alpha}_1$线性无关

解　因$(\boldsymbol{\alpha}_1+\boldsymbol{\alpha}_2)-(\boldsymbol{\alpha}_2+\boldsymbol{\alpha}_3)+(\boldsymbol{\alpha}_3+\boldsymbol{\alpha}_4)-(\boldsymbol{\alpha}_4+\boldsymbol{\alpha}_1)=\boldsymbol{0},\boldsymbol{\alpha}_1+\boldsymbol{\alpha}_2,\boldsymbol{\alpha}_2+\boldsymbol{\alpha}_3,\boldsymbol{\alpha}_3+\boldsymbol{\alpha}_4,\boldsymbol{\alpha}_4+\boldsymbol{\alpha}_1$线性相关，故A错；因$(\boldsymbol{\alpha}_1-\boldsymbol{\alpha}_2)+(\boldsymbol{\alpha}_2-\boldsymbol{\alpha}_3)+(\boldsymbol{\alpha}_3-\boldsymbol{\alpha}_4)+(\boldsymbol{\alpha}_4-\boldsymbol{\alpha}_1)=\boldsymbol{0},\boldsymbol{\alpha}_1-\boldsymbol{\alpha}_2,\boldsymbol{\alpha}_2-\boldsymbol{\alpha}_3,\boldsymbol{\alpha}_3-\boldsymbol{\alpha}_4,\boldsymbol{\alpha}_4-\boldsymbol{\alpha}_1$线性相关，故B错；因$(\boldsymbol{\alpha}_1+\boldsymbol{\alpha}_2)+(\boldsymbol{\alpha}_3-\boldsymbol{\alpha}_2)+(\boldsymbol{\alpha}_4-\boldsymbol{\alpha}_3)-(\boldsymbol{\alpha}_4+\boldsymbol{\alpha}_1)=\boldsymbol{0},\boldsymbol{\alpha}_1+\boldsymbol{\alpha}_2,\boldsymbol{\alpha}_3-\boldsymbol{\alpha}_2,\boldsymbol{\alpha}_4-\boldsymbol{\alpha}_3,\boldsymbol{\alpha}_4+\boldsymbol{\alpha}_1$线性相关，故C错；正确答案为D.

（3）设$\boldsymbol{A}$为三阶矩阵，将$\boldsymbol{A}$的第二行加到第一行得$\boldsymbol{B}$，再将$\boldsymbol{B}$的第一列的-1倍加到第二列得$\boldsymbol{C}$，记$\boldsymbol{P}=\begin{pmatrix}1&1&0\\0&1&0\\0&0&1\end{pmatrix}$，则（　　）.

A. $C = P^{-1}AP$　　B. $C = PAP^{-1}$　　C. $C = P^{T}AP$　　D. $C = PAP^{T}$

解　将 A 的第二行加到第一行得 B，则 $B = PA$. 再将 B 的第一列的–1 倍加到第二列得 C，有 $C = B\begin{pmatrix}1&-1&0\\0&1&0\\0&0&1\end{pmatrix}$，从而 $C = PA\begin{pmatrix}1&-1&0\\0&1&0\\0&0&1\end{pmatrix}$. 又 $P^{-1} = \begin{pmatrix}1&-1&0\\0&1&0\\0&0&1\end{pmatrix}$，故 $C = PAP^{-1}$.

正确答案为 B.

（4）设 n 阶矩阵 A,B,C 满足关系式 $ABC = E$，则（　　）.

A. $ACB = E$　　B. $CBA = E$　　C. $BAC = E$　　D. $BCA = E$

解　由 $ABC = E$ 知 $A(BC) = E$，故 A 是 BC 的逆，从而 $BCA = E$，则 D 正确.

（5）设 $A,B,A+B$ 均为 n 阶可逆矩阵，则 $(A^{-1}+B^{-1})^{-1}=$（　　）.

A. $A^{-1}+B^{-1}$　　B. $A+B$　　C. $A(A+B)^{-1}B$　　D. $(A+B)^{-1}$

解　$(A^{-1}+B^{-1})^{-1} = [(E+B^{-1}A)A^{-1}]^{-1} = [(B^{-1}B+B^{-1}A)A^{-1}]^{-1} = [B^{-1}(B+A)A^{-1}]^{-1} = A(B+A)^{-1}B$，故选 C.

（6）设 $\boldsymbol{\alpha}_1 = \begin{pmatrix}1\\2\\1\end{pmatrix}, \boldsymbol{\alpha}_2 = \begin{pmatrix}-1\\1\\2\end{pmatrix}$ 可以由 $\boldsymbol{p}_1 = \begin{pmatrix}1\\0\\a\end{pmatrix}, \boldsymbol{p}_2 = \begin{pmatrix}0\\1\\b\end{pmatrix}$ 线性表示，则（　　）.

A. $a=1,b=1$　　B. $a=1,b=-1$　　C. $a=-1,b=1$　　D. $a=-1,b=-1$

解　由题意知 $2 = r(\boldsymbol{p}_1,\boldsymbol{p}_2) = r(\boldsymbol{p}_1,\boldsymbol{p}_2,\boldsymbol{\alpha}_1,\boldsymbol{\alpha}_2)$，由 $(\boldsymbol{p}_1,\boldsymbol{p}_2,\boldsymbol{\alpha}_1,\boldsymbol{\alpha}_2) = \begin{pmatrix}1&0&1&-1\\0&1&2&1\\a&b&1&2\end{pmatrix} \xrightarrow{r}$ $\begin{pmatrix}1&0&1&-1\\0&1&2&1\\0&0&1-a-2b&2+a-b\end{pmatrix}$ 得 $1-a-2b=0, 2+a-b=0$，这样 $a=-1,b=1$，故选 C.

2. 设 $A = \begin{pmatrix}1&0\\\lambda&1\end{pmatrix}$，求 $A^2, A^3, \cdots, A^k$.

解　$A^2 = \begin{pmatrix}1&0\\2\lambda&1\end{pmatrix}, A^3 = \begin{pmatrix}1&0\\3\lambda&1\end{pmatrix}, \cdots, A^k = \begin{pmatrix}1&0\\k\lambda&1\end{pmatrix}$.

3. 设 A,B 都是 n 阶对称矩阵，证明 AB 是对称矩阵的充分必要条件是 $AB = BA$.

证　由于 A,B 都是 n 阶对称矩阵，故 $A = A^{T}, B = B^{T}$. AB 是对称矩阵的充分必要条件是

$$AB = (AB)^{T} = B^{T}A^{T} = BA$$

4. 设 $A = \begin{pmatrix}-1&2&1&0&0\\4&1&0&1&0\\0&5&0&0&1\\3&0&0&0&0\\0&3&0&0&0\end{pmatrix}, B = \begin{pmatrix}0&0&0&2\\0&0&0&3\\2&1&-3&0\\1&-2&1&0\\0&1&4&0\end{pmatrix}$，对 A,B 作适当分块，计算 AB.

解　记 $\boldsymbol{A}=\begin{pmatrix}\boldsymbol{A}_{11} & \boldsymbol{E}_3\\ 3\boldsymbol{E}_2 & \boldsymbol{O}_{2\times3}\end{pmatrix}$,其中$\boldsymbol{A}_{11}=\begin{pmatrix}-1 & 2\\ 4 & 1\\ 0 & 5\end{pmatrix}$,$\boldsymbol{E}_3=\begin{pmatrix}1&0&0\\0&1&0\\0&0&1\end{pmatrix}$,$\boldsymbol{E}_2=\begin{pmatrix}1&0\\0&1\end{pmatrix}$,$\boldsymbol{O}_{2\times3}=\begin{pmatrix}0&0&0\\0&0&0\end{pmatrix}$,

$\boldsymbol{B}=\begin{pmatrix}\boldsymbol{O}_{2\times3} & \boldsymbol{B}_{12}\\ \boldsymbol{B}_{21} & \boldsymbol{O}_{3\times1}\end{pmatrix}$,其中$\boldsymbol{B}_{12}=\begin{pmatrix}2\\3\end{pmatrix}$,$\boldsymbol{B}_{21}=\begin{pmatrix}2&1&-3\\1&-2&1\\0&1&4\end{pmatrix}$,$\boldsymbol{O}_{3\times1}=\begin{pmatrix}0\\0\\0\end{pmatrix}$，则

$$\boldsymbol{AB}=\begin{pmatrix}\boldsymbol{A}_{11} & \boldsymbol{E}_3\\ 3\boldsymbol{E}_2 & \boldsymbol{O}_{2\times3}\end{pmatrix}\begin{pmatrix}\boldsymbol{O}_{2\times3} & \boldsymbol{B}_{12}\\ \boldsymbol{B}_{21} & \boldsymbol{O}_{3\times1}\end{pmatrix}=\begin{pmatrix}\boldsymbol{B}_{21} & \boldsymbol{A}_{11}\boldsymbol{B}_{12}\\ \boldsymbol{O}_{2\times3} & 3\boldsymbol{B}_{12}\end{pmatrix}=\begin{pmatrix}2&1&-3&4\\1&-2&1&11\\0&1&4&15\\0&0&0&6\\0&0&0&9\end{pmatrix}$$

5. 设$\boldsymbol{A}=\begin{pmatrix}3&4&0&0\\4&-3&0&0\\0&0&2&0\\0&0&2&2\end{pmatrix}$，求$\boldsymbol{A}^4$.

解　记

$$\boldsymbol{A}=\begin{pmatrix}\boldsymbol{A}_{11} & \boldsymbol{O}\\ \boldsymbol{O} & \boldsymbol{A}_{22}\end{pmatrix},\quad \boldsymbol{A}_{11}=\begin{pmatrix}3&4\\4&-3\end{pmatrix},\quad \boldsymbol{A}_{22}=\begin{pmatrix}2&0\\2&2\end{pmatrix}$$

则

$$\boldsymbol{A}_{11}^2=\begin{pmatrix}5^2&0\\0&5^2\end{pmatrix},\quad \boldsymbol{A}_{22}^2=\begin{pmatrix}2^2&0\\2^3&2^2\end{pmatrix},\quad \boldsymbol{A}_{11}^4=\begin{pmatrix}5^4&0\\0&5^4\end{pmatrix},\quad \boldsymbol{A}_{22}^4=\begin{pmatrix}2^4&0\\2^6&2^4\end{pmatrix}$$

故

$$\boldsymbol{A}^4=\begin{pmatrix}\boldsymbol{A}_{11}^4 & \boldsymbol{O}\\ \boldsymbol{O} & \boldsymbol{A}_{22}^4\end{pmatrix}=\begin{pmatrix}5^4&0&0&0\\0&5^4&0&0\\0&0&2^4&0\\0&0&2^6&2^4\end{pmatrix}$$

6. 证明: 设$\boldsymbol{A}$是$m\times n$矩阵，$\boldsymbol{B}$是$n\times t$矩阵，若将$\boldsymbol{B}$按列分块，即$\boldsymbol{B}=(\boldsymbol{\beta}_1,\boldsymbol{\beta}_2,\cdots,\boldsymbol{\beta}_t)$，则$\boldsymbol{AB}=\boldsymbol{O}$的充分必要条件是$\boldsymbol{A\beta}_i=\boldsymbol{0}\ (i=1,2,\cdots,t)$.

证　设$\boldsymbol{AB}=\boldsymbol{O}$，将零矩阵$\boldsymbol{O}$按列分块，记为$\boldsymbol{O}=(\boldsymbol{0},\boldsymbol{0},\cdots,\boldsymbol{0})$，则$\boldsymbol{AB}=\boldsymbol{O}$化为$\boldsymbol{A}(\boldsymbol{\beta}_1,\boldsymbol{\beta}_2,\cdots,\boldsymbol{\beta}_t)=(\boldsymbol{0},\boldsymbol{0},\cdots,\boldsymbol{0})$，从而$(\boldsymbol{A\beta}_1,\boldsymbol{A\beta}_2,\cdots,\boldsymbol{A\beta}_t)=(\boldsymbol{0},\boldsymbol{0},\cdots,\boldsymbol{0})$，这样$\boldsymbol{A\beta}_i=\boldsymbol{0}\ (i=1,2,\cdots,t)$.

反过来，设$\boldsymbol{A\beta}_i=\boldsymbol{0}\ (i=1,2,\cdots,t)$，则$(\boldsymbol{A\beta}_1,\boldsymbol{A\beta}_2,\cdots,\boldsymbol{A\beta}_t)=(\boldsymbol{0},\boldsymbol{0},\cdots,\boldsymbol{0})$，从而$\boldsymbol{A}(\boldsymbol{\beta}_1,\boldsymbol{\beta}_2,\cdots,\boldsymbol{\beta}_t)=(\boldsymbol{0},\boldsymbol{0},\cdots,\boldsymbol{0})$，即$\boldsymbol{AB}=\boldsymbol{O}$.

7. 判断下列向量组的线性相关性.

（1）$\boldsymbol{\alpha}_1=\begin{pmatrix}1\\2\\-3\end{pmatrix},\boldsymbol{\alpha}_2=\begin{pmatrix}-2\\1\\1\end{pmatrix},\boldsymbol{\alpha}_3=\begin{pmatrix}1\\-1\\-2\end{pmatrix}$；

（2）$\boldsymbol{\alpha}_1=\begin{pmatrix}1\\-1\\0\\0\end{pmatrix},\boldsymbol{\alpha}_2=\begin{pmatrix}0\\1\\1\\-1\end{pmatrix},\boldsymbol{\alpha}_3=\begin{pmatrix}-1\\3\\2\\1\end{pmatrix},\boldsymbol{\alpha}_4=\begin{pmatrix}-2\\6\\4\\1\end{pmatrix}$.

解　（1）因$(\boldsymbol{\alpha}_1,\boldsymbol{\alpha}_2,\boldsymbol{\alpha}_3)=\begin{pmatrix}1&-2&1\\2&1&-1\\-3&1&-2\end{pmatrix}\xrightarrow{r}\begin{pmatrix}1&-2&1\\0&5&-3\\0&0&1\end{pmatrix}$，故$r(\boldsymbol{\alpha}_1,\boldsymbol{\alpha}_2,\boldsymbol{\alpha}_3)=3$，从而向量组$\boldsymbol{\alpha}_1,\boldsymbol{\alpha}_2,\boldsymbol{\alpha}_3$线性无关.

（2）因$(\boldsymbol{\alpha}_1,\boldsymbol{\alpha}_2,\boldsymbol{\alpha}_3,\boldsymbol{\alpha}_4)=\begin{pmatrix}1&0&-1&-2\\-1&1&3&6\\0&1&2&4\\0&-1&1&1\end{pmatrix}\xrightarrow{r}\begin{pmatrix}1&0&-1&-2\\0&1&2&4\\0&0&3&5\\0&0&0&0\end{pmatrix}$，故$r(\boldsymbol{\alpha}_1,\boldsymbol{\alpha}_2,\boldsymbol{\alpha}_3,\boldsymbol{\alpha}_4)=3$，从而向量组$\boldsymbol{\alpha}_1,\boldsymbol{\alpha}_2,\boldsymbol{\alpha}_3,\boldsymbol{\alpha}_4$线性相关.

8. 已知 n 维向量组$\boldsymbol{\alpha}_1,\boldsymbol{\alpha}_2,\boldsymbol{\alpha}_3$线性无关，证明：向量组$\boldsymbol{\alpha}_1,\boldsymbol{\alpha}_1+\boldsymbol{\alpha}_2,\boldsymbol{\alpha}_1+\boldsymbol{\alpha}_2+\boldsymbol{\alpha}_3$线性无关.

证　令$k_1\boldsymbol{\alpha}_1+k_2(\boldsymbol{\alpha}_1+\boldsymbol{\alpha}_2)+k_3(\boldsymbol{\alpha}_1+\boldsymbol{\alpha}_2+\boldsymbol{\alpha}_3)=\boldsymbol{0}$，整理得

$$(k_1+k_2+k_3)\boldsymbol{\alpha}_1+(k_2+k_3)\boldsymbol{\alpha}_2+k_3\boldsymbol{\alpha}_3=\boldsymbol{0}$$

因向量组$\boldsymbol{\alpha}_1,\boldsymbol{\alpha}_2,\boldsymbol{\alpha}_3$线性无关，故$k_1+k_2+k_3=k_2+k_3=k_3=0$，从而$k_1=k_2=k_3=0$，这样向量组$\boldsymbol{\alpha}_1,\boldsymbol{\alpha}_1+\boldsymbol{\alpha}_2,\boldsymbol{\alpha}_1+\boldsymbol{\alpha}_2+\boldsymbol{\alpha}_3$线性无关.

9. 求下列向量组的秩及极大线性无关组.

（1）$\boldsymbol{\alpha}_1=\begin{pmatrix}1\\0\\0\end{pmatrix},\boldsymbol{\alpha}_2=\begin{pmatrix}1\\2\\-1\end{pmatrix},\boldsymbol{\alpha}_3=\begin{pmatrix}2\\1\\-3\end{pmatrix}$；

（2）$\boldsymbol{\alpha}_1=\begin{pmatrix}1\\3\\-1\\2\end{pmatrix},\boldsymbol{\alpha}_2=\begin{pmatrix}0\\-1\\2\\1\end{pmatrix},\boldsymbol{\alpha}_3=\begin{pmatrix}-2\\1\\3\\2\end{pmatrix},\boldsymbol{\alpha}_4=\begin{pmatrix}0\\8\\-1\\5\end{pmatrix}$.

解　（1）因$(\boldsymbol{\alpha}_1,\boldsymbol{\alpha}_2,\boldsymbol{\alpha}_3)=\begin{pmatrix}1&1&2\\0&2&1\\0&-1&-3\end{pmatrix}\xrightarrow{r}\begin{pmatrix}1&1&2\\0&-1&-3\\0&0&-5\end{pmatrix}$，故$r(\boldsymbol{\alpha}_1,\boldsymbol{\alpha}_2,\boldsymbol{\alpha}_3)=3$，从而向量组$\boldsymbol{\alpha}_1,\boldsymbol{\alpha}_2,\boldsymbol{\alpha}_3$线性无关，极大线性无关组是$\boldsymbol{\alpha}_1,\boldsymbol{\alpha}_2,\boldsymbol{\alpha}_3$.

（2）因$(\boldsymbol{\alpha}_1,\boldsymbol{\alpha}_2,\boldsymbol{\alpha}_3,\boldsymbol{\alpha}_4)=\begin{pmatrix}1&0&-2&0\\3&-1&1&8\\-1&2&3&-1\\2&1&2&5\end{pmatrix}\xrightarrow{r}\begin{pmatrix}1&0&-2&0\\0&-1&7&8\\0&0&1&1\\0&0&0&0\end{pmatrix}$，故$r(\boldsymbol{\alpha}_1,\boldsymbol{\alpha}_2,\boldsymbol{\alpha}_3,\boldsymbol{\alpha}_4)=3$，$\boldsymbol{\alpha}_1,\boldsymbol{\alpha}_2,\boldsymbol{\alpha}_3$是一个极大线性无关组.

10. 已知$r(\boldsymbol{\alpha}_1,\boldsymbol{\alpha}_2,\boldsymbol{\alpha}_3)=2, r(\boldsymbol{\alpha}_2,\boldsymbol{\alpha}_3,\boldsymbol{\alpha}_4)=3$，证明：

（1）$\boldsymbol{\alpha}_1$能由$\boldsymbol{\alpha}_2,\boldsymbol{\alpha}_3$线性表示；

（2）$\boldsymbol{\alpha}_4$不能由$\boldsymbol{\alpha}_1,\boldsymbol{\alpha}_2,\boldsymbol{\alpha}_3$线性表示.

证　（1）因$r(\boldsymbol{\alpha}_1,\boldsymbol{\alpha}_2,\boldsymbol{\alpha}_3)=2$，故$\boldsymbol{\alpha}_1,\boldsymbol{\alpha}_2,\boldsymbol{\alpha}_3$线性相关. 又因$r(\boldsymbol{\alpha}_2,\boldsymbol{\alpha}_3,\boldsymbol{\alpha}_4)=3$，故$\boldsymbol{\alpha}_2,\boldsymbol{\alpha}_3,\boldsymbol{\alpha}_4$线性无关，从而$\boldsymbol{\alpha}_2,\boldsymbol{\alpha}_3$线性无关，这样$\boldsymbol{\alpha}_1$能由$\boldsymbol{\alpha}_2,\boldsymbol{\alpha}_3$线性表示.

（2）反证法，假设$\boldsymbol{\alpha}_4$能由$\boldsymbol{\alpha}_1,\boldsymbol{\alpha}_2,\boldsymbol{\alpha}_3$线性表示，如$\boldsymbol{\alpha}_4=k_1\boldsymbol{\alpha}_1+k_2\boldsymbol{\alpha}_2+k_3\boldsymbol{\alpha}_3$，由（1）知，$\boldsymbol{\alpha}_1$能由$\boldsymbol{\alpha}_2,\boldsymbol{\alpha}_3$线性表示，不妨设$\boldsymbol{\alpha}_1=t_1\boldsymbol{\alpha}_2+t_2\boldsymbol{\alpha}_3$，从而

$$\boldsymbol{\alpha}_4=k_1(t_1\boldsymbol{\alpha}_2+t_2\boldsymbol{\alpha}_3)+k_2\boldsymbol{\alpha}_2+k_3\boldsymbol{\alpha}_3=(k_1t_1+k_2)\boldsymbol{\alpha}_2+(k_1t_2+k_3)\boldsymbol{\alpha}_3$$

与$\boldsymbol{\alpha}_2,\boldsymbol{\alpha}_3,\boldsymbol{\alpha}_4$线性无关矛盾，故$\boldsymbol{\alpha}_4$不能由$\boldsymbol{\alpha}_1,\boldsymbol{\alpha}_2,\boldsymbol{\alpha}_3$线性表示.

11. 设向量组$\begin{pmatrix}a\\3\\1\end{pmatrix},\begin{pmatrix}2\\b\\3\end{pmatrix},\begin{pmatrix}1\\2\\1\end{pmatrix},\begin{pmatrix}2\\3\\1\end{pmatrix}$的秩为2，求$a,b$.

解　因矩阵的秩在初等变换下不变，由

$$\begin{pmatrix}a&2&1&2\\3&b&2&3\\1&3&1&1\end{pmatrix}\xrightarrow{c}\begin{pmatrix}1&2&a&2\\2&3&3&b\\1&1&1&3\end{pmatrix}\xrightarrow{r}\begin{pmatrix}1&2&a&2\\0&-1&3-2a&b-4\\0&0&a-2&5-b\end{pmatrix}$$

知其秩也为2，从而$a-2=0, 5-b=0$，即$a=2, b=5$.

12. 解下列矩阵方程.

（1）$\begin{pmatrix}2&5\\1&3\end{pmatrix}\boldsymbol{X}=\begin{pmatrix}4&-6\\2&1\end{pmatrix}$；

（2）$\boldsymbol{X}\begin{pmatrix}2&1&-1\\2&1&0\\1&-1&1\end{pmatrix}=\begin{pmatrix}1&-1&3\\4&3&2\end{pmatrix}$；

（3）$\begin{pmatrix}0&1&0\\1&0&0\\0&0&1\end{pmatrix}\boldsymbol{X}\begin{pmatrix}1&0&0\\0&0&1\\0&1&0\end{pmatrix}=\begin{pmatrix}1&-4&3\\2&0&-1\\1&-2&0\end{pmatrix}$.

解　（1）因$\begin{pmatrix}2&5&4&-6\\1&3&2&1\end{pmatrix}\xrightarrow{r}\begin{pmatrix}1&0&2&-23\\0&1&0&8\end{pmatrix}$，故$\boldsymbol{X}=\begin{pmatrix}2&-23\\0&8\end{pmatrix}$.

（2）将方程两边转置得$\begin{pmatrix}2&2&1\\1&1&-1\\-1&0&1\end{pmatrix}\boldsymbol{X}^{\mathrm{T}}=\begin{pmatrix}1&4\\-1&3\\3&2\end{pmatrix}$，因

$$\begin{pmatrix} 2 & 2 & 1 & 1 & 4 \\ 1 & 1 & -1 & -1 & 3 \\ -1 & 0 & 1 & 3 & 2 \end{pmatrix} \xrightarrow{r} \begin{pmatrix} 1 & 0 & 0 & -2 & -\frac{8}{3} \\ 0 & 1 & 0 & 2 & 5 \\ 0 & 0 & 1 & 1 & -\frac{2}{3} \end{pmatrix}$$

故 $X^{\mathrm{T}} = \begin{pmatrix} -2 & -\frac{8}{3} \\ 2 & 5 \\ 1 & -\frac{2}{3} \end{pmatrix}$，从而 $X = \begin{pmatrix} -2 & 2 & 1 \\ -\frac{8}{3} & 5 & -\frac{2}{3} \end{pmatrix}$.

（3）注意到 $\begin{pmatrix} 0 & 1 & 0 \\ 1 & 0 & 0 \\ 0 & 0 & 1 \end{pmatrix}, \begin{pmatrix} 1 & 0 & 0 \\ 0 & 0 & 1 \\ 0 & 1 & 0 \end{pmatrix}$ 都是初等矩阵，初等矩阵是可逆的且 $\begin{pmatrix} 0 & 1 & 0 \\ 1 & 0 & 0 \\ 0 & 0 & 1 \end{pmatrix}^{-1} = \begin{pmatrix} 0 & 1 & 0 \\ 1 & 0 & 0 \\ 0 & 0 & 1 \end{pmatrix}, \begin{pmatrix} 1 & 0 & 0 \\ 0 & 0 & 1 \\ 0 & 1 & 0 \end{pmatrix}^{-1} = \begin{pmatrix} 1 & 0 & 0 \\ 0 & 0 & 1 \\ 0 & 1 & 0 \end{pmatrix}$.方程两边左乘 $\begin{pmatrix} 0 & 1 & 0 \\ 1 & 0 & 0 \\ 0 & 0 & 1 \end{pmatrix}^{-1}$，右乘 $\begin{pmatrix} 1 & 0 & 0 \\ 0 & 0 & 1 \\ 0 & 1 & 0 \end{pmatrix}^{-1}$，得

$$X = \begin{pmatrix} 0 & 1 & 0 \\ 1 & 0 & 0 \\ 0 & 0 & 1 \end{pmatrix}^{-1} \begin{pmatrix} 1 & -4 & 3 \\ 2 & 0 & -1 \\ 1 & -2 & 0 \end{pmatrix} \begin{pmatrix} 1 & 0 & 0 \\ 0 & 0 & 1 \\ 0 & 1 & 0 \end{pmatrix}^{-1} = \begin{pmatrix} 0 & 1 & 0 \\ 1 & 0 & 0 \\ 0 & 0 & 1 \end{pmatrix} \begin{pmatrix} 1 & -4 & 3 \\ 2 & 0 & -1 \\ 1 & -2 & 0 \end{pmatrix} \begin{pmatrix} 1 & 0 & 0 \\ 0 & 0 & 1 \\ 0 & 1 & 0 \end{pmatrix}$$

$$= \begin{pmatrix} 2 & 0 & -1 \\ 1 & -4 & 3 \\ 1 & -2 & 0 \end{pmatrix} \begin{pmatrix} 1 & 0 & 0 \\ 0 & 0 & 1 \\ 0 & 1 & 0 \end{pmatrix} = \begin{pmatrix} 2 & -1 & 0 \\ 1 & 3 & -4 \\ 1 & 0 & -2 \end{pmatrix}$$

13. 设方阵 A 满足 $A^2 + 2A - 5E = O$，证明 $A + 3E$ 可逆，并求其逆矩阵.

解　由 $A^2 + 2A - 5E = O$ 得 $A^2 + 3A - A - 3E = 2E$，从而 $A(A+3E) - (A+3E) = 2E$，$\frac{1}{2}(A-E)(A+3E) = E$，故 $A+3E$ 可逆，其逆矩阵为 $(A+3E)^{-1} = \frac{A-E}{2}$.

14. 设 $A = \begin{pmatrix} 1 & 3 & 1 \\ 0 & 2 & 0 \\ 1 & 0 & 1 \end{pmatrix}$，$AB + E = A^2 + B$，求 B.

解　由 $AB + E = A^2 + B$ 得 $AB - B = A^2 - E$，$(A-E)B = (A-E)(A+E)$. 因

$$A - E = \begin{pmatrix} 0 & 3 & 1 \\ 0 & 1 & 0 \\ 1 & 0 & 0 \end{pmatrix} \xrightarrow{r} \begin{pmatrix} 1 & 0 & 0 \\ 0 & 1 & 0 \\ 0 & 0 & 1 \end{pmatrix}$$

故 $\boldsymbol{A}-\boldsymbol{E}$ 可逆，从而

$$(\boldsymbol{A}-\boldsymbol{E})^{-1}(\boldsymbol{A}-\boldsymbol{E})\boldsymbol{B}=(\boldsymbol{A}-\boldsymbol{E})^{-1}(\boldsymbol{A}-\boldsymbol{E})(\boldsymbol{A}+\boldsymbol{E})$$

即

$$\boldsymbol{B}=\boldsymbol{A}+\boldsymbol{E}=\begin{pmatrix}2&3&1\\0&3&0\\1&0&2\end{pmatrix}$$

15. 设三阶矩阵 $\boldsymbol{A},\boldsymbol{B}$ 满足关系：$\boldsymbol{A}^{-1}\boldsymbol{B}\boldsymbol{A}=6\boldsymbol{A}+\boldsymbol{B}\boldsymbol{A}$，且

$$\boldsymbol{A}=\begin{pmatrix}\frac{1}{2}&0&0\\0&\frac{1}{4}&0\\0&0&\frac{1}{7}\end{pmatrix}$$

求 $\boldsymbol{B}$.

解　因 $\boldsymbol{A}^{-1}=\begin{pmatrix}2&0&0\\0&4&0\\0&0&7\end{pmatrix}$，故由 $\boldsymbol{A}^{-1}\boldsymbol{B}\boldsymbol{A}=6\boldsymbol{A}+\boldsymbol{B}\boldsymbol{A}$ 得 $\boldsymbol{A}^{-1}\boldsymbol{B}\boldsymbol{A}\boldsymbol{A}^{-1}=6\boldsymbol{A}\boldsymbol{A}^{-1}+\boldsymbol{B}\boldsymbol{A}\boldsymbol{A}^{-1}$，即

$\boldsymbol{A}^{-1}\boldsymbol{B}=6\boldsymbol{E}+\boldsymbol{B}$，从而 $\boldsymbol{A}^{-1}\boldsymbol{B}-\boldsymbol{B}=6\boldsymbol{E},(\boldsymbol{A}^{-1}-\boldsymbol{E})\boldsymbol{B}=6\boldsymbol{E}$，故

$$\boldsymbol{B}=6(\boldsymbol{A}^{-1}-\boldsymbol{E})^{-1}=6\begin{pmatrix}1&0&0\\0&3&0\\0&0&6\end{pmatrix}^{-1}=\begin{pmatrix}6&0&0\\0&2&0\\0&0&1\end{pmatrix}$$

16. 设 $\boldsymbol{A}=\begin{pmatrix}0&3&3\\1&1&0\\-1&2&3\end{pmatrix}$，$\boldsymbol{A}\boldsymbol{X}=\boldsymbol{A}+2\boldsymbol{X}$，求 $\boldsymbol{X}$.

解　由 $\boldsymbol{A}\boldsymbol{X}=\boldsymbol{A}+2\boldsymbol{X}$ 得 $\boldsymbol{A}\boldsymbol{X}-2\boldsymbol{X}=\boldsymbol{A}$，$(\boldsymbol{A}-2\boldsymbol{E})\boldsymbol{X}=\boldsymbol{A}$. 因为

$$(\boldsymbol{A}-2\boldsymbol{E},\boldsymbol{A})=\begin{pmatrix}-2&3&3&0&3&3\\1&-1&0&1&1&0\\-1&2&1&-1&2&3\end{pmatrix}\xrightarrow{r}\begin{pmatrix}1&0&0&0&3&3\\0&1&0&-1&2&3\\0&0&1&1&1&0\end{pmatrix}$$

所以 $\boldsymbol{X}=\begin{pmatrix}0&3&3\\-1&2&3\\1&1&0\end{pmatrix}$.

17. 已知 $\boldsymbol{A}\boldsymbol{P}=\boldsymbol{P}\boldsymbol{B}$，其中 $\boldsymbol{P}=\begin{pmatrix}1&0&0\\2&-1&0\\2&1&1\end{pmatrix},\boldsymbol{B}=\begin{pmatrix}1&0&0\\0&0&0\\0&0&-1\end{pmatrix}$，求 $\boldsymbol{A}$ 及 $\boldsymbol{A}^5$.

解　$(\boldsymbol{P},\boldsymbol{E})=\begin{pmatrix}1&0&0&1&0&0\\2&-1&0&0&1&0\\2&1&1&0&0&1\end{pmatrix}\xrightarrow{r}\begin{pmatrix}1&0&0&1&0&0\\0&1&0&2&-1&0\\0&0&1&-4&1&1\end{pmatrix}$

从而 $\boldsymbol{P}^{-1}=\begin{pmatrix}1&0&0\\2&-1&0\\-4&1&1\end{pmatrix}$.

由 $\boldsymbol{AP}=\boldsymbol{PB}$ 得

$$\boldsymbol{A}=\boldsymbol{PBP}^{-1}=\begin{pmatrix}1&0&0\\2&0&0\\6&-1&-1\end{pmatrix}$$

从而 $\boldsymbol{A}^5=\boldsymbol{PB}^5\boldsymbol{P}^{-1}=\boldsymbol{PBP}^{-1}=\boldsymbol{A}=\begin{pmatrix}1&0&0\\2&0&0\\6&-1&-1\end{pmatrix}$.

18. 设矩阵 $\boldsymbol{A}$ 和 $\boldsymbol{B}$ 均可逆，求分块矩阵$\begin{pmatrix}\boldsymbol{O}&\boldsymbol{A}\\\boldsymbol{B}&\boldsymbol{O}\end{pmatrix}$的逆矩阵，并利用所得结果求矩阵$\begin{pmatrix}0&0&5&2\\0&0&2&1\\8&3&0&0\\5&2&0&0\end{pmatrix}$的逆矩阵.

解　设矩阵 $\boldsymbol{A}$ 为 m 阶矩阵，$\boldsymbol{B}$ 为 n 阶矩阵，令$\begin{pmatrix}\boldsymbol{O}&\boldsymbol{A}\\\boldsymbol{B}&\boldsymbol{O}\end{pmatrix}^{-1}=\begin{pmatrix}\boldsymbol{X}_{n\times m}&\boldsymbol{Y}_{n\times n}\\\boldsymbol{P}_{m\times m}&\boldsymbol{Q}_{m\times n}\end{pmatrix}$，则

$$\begin{aligned}\begin{pmatrix}\boldsymbol{O}&\boldsymbol{A}\\\boldsymbol{B}&\boldsymbol{O}\end{pmatrix}^{-1}\begin{pmatrix}\boldsymbol{O}&\boldsymbol{A}\\\boldsymbol{B}&\boldsymbol{O}\end{pmatrix}&=\begin{pmatrix}\boldsymbol{X}_{n\times m}&\boldsymbol{Y}_{n\times n}\\\boldsymbol{P}_{m\times m}&\boldsymbol{Q}_{m\times n}\end{pmatrix}\begin{pmatrix}\boldsymbol{O}&\boldsymbol{A}\\\boldsymbol{B}&\boldsymbol{O}\end{pmatrix}\\&=\begin{pmatrix}\boldsymbol{Y}_{n\times n}\boldsymbol{B}&\boldsymbol{X}_{n\times m}\boldsymbol{A}\\\boldsymbol{Q}_{m\times n}\boldsymbol{B}&\boldsymbol{P}_{m\times m}\boldsymbol{A}\end{pmatrix}=\begin{pmatrix}\boldsymbol{E}_{n\times n}&\boldsymbol{O}\\\boldsymbol{O}&\boldsymbol{E}_{m\times m}\end{pmatrix}\end{aligned}$$

则 $\boldsymbol{Y}_{n\times n}\boldsymbol{B}=\boldsymbol{E}_{n\times n}$，$\boldsymbol{P}_{m\times m}\boldsymbol{A}=\boldsymbol{E}_{m\times m}$，$\boldsymbol{X}_{n\times m}\boldsymbol{A}=\boldsymbol{O}$，$\boldsymbol{Q}_{m\times n}\boldsymbol{B}=\boldsymbol{O}$，这样 $\boldsymbol{Y}_{n\times n}=\boldsymbol{B}^{-1}$，$\boldsymbol{P}_{m\times m}=\boldsymbol{A}^{-1}$，$\boldsymbol{X}_{n\times m}=\boldsymbol{O}$，$\boldsymbol{Q}_{m\times n}=\boldsymbol{O}$，因此$\begin{pmatrix}\boldsymbol{O}&\boldsymbol{A}\\\boldsymbol{B}&\boldsymbol{O}\end{pmatrix}^{-1}=\begin{pmatrix}\boldsymbol{O}&\boldsymbol{B}^{-1}\\\boldsymbol{A}^{-1}&\boldsymbol{O}\end{pmatrix}$.

设 $\boldsymbol{A}=\begin{pmatrix}5&2\\2&1\end{pmatrix},\boldsymbol{B}=\begin{pmatrix}8&3\\5&2\end{pmatrix}$，则 $\boldsymbol{A}^{-1}=\begin{pmatrix}1&-2\\-2&5\end{pmatrix},\boldsymbol{B}^{-1}=\begin{pmatrix}2&-3\\-5&8\end{pmatrix}$，根据上述公式得

$$\begin{pmatrix}0&0&5&2\\0&0&2&1\\8&3&0&0\\5&2&0&0\end{pmatrix}^{-1}=\begin{pmatrix}\boldsymbol{O}&\boldsymbol{B}^{-1}\\\boldsymbol{A}^{-1}&\boldsymbol{O}\end{pmatrix}=\begin{pmatrix}0&0&2&-3\\0&0&-5&8\\1&-2&0&0\\-2&5&0&0\end{pmatrix}$$

六、第二章　习题 B 答案

1. 单项选择题.

（1）设 $\boldsymbol{\alpha}_1=\begin{pmatrix}0\\0\\c_1\end{pmatrix},\boldsymbol{\alpha}_2=\begin{pmatrix}0\\1\\c_2\end{pmatrix},\boldsymbol{\alpha}_3=\begin{pmatrix}1\\-1\\c_3\end{pmatrix},\boldsymbol{\alpha}_4=\begin{pmatrix}-1\\1\\c_4\end{pmatrix}$，其中 c_1,c_2,c_3,c_4 为任意常数，则下列向量组线性相关的是（　　）.

A. $\boldsymbol{\alpha}_1,\boldsymbol{\alpha}_2,\boldsymbol{\alpha}_3$　　B. $\boldsymbol{\alpha}_1,\boldsymbol{\alpha}_2,\boldsymbol{\alpha}_4$　　C. $\boldsymbol{\alpha}_1,\boldsymbol{\alpha}_3,\boldsymbol{\alpha}_4$　　D. $\boldsymbol{\alpha}_2,\boldsymbol{\alpha}_3,\boldsymbol{\alpha}_4$

解　令 $k_1\boldsymbol{\alpha}_1+k_2\boldsymbol{\alpha}_2+k_3\boldsymbol{\alpha}_3=\begin{pmatrix}0\\0\\0\end{pmatrix}$，即 $k_1\begin{pmatrix}0\\0\\c_1\end{pmatrix}+k_2\begin{pmatrix}0\\1\\c_2\end{pmatrix}+k_3\begin{pmatrix}1\\-1\\c_3\end{pmatrix}=\begin{pmatrix}0\\0\\0\end{pmatrix}$，解得 $k_1=k_2=k_3=0$，从而 $\boldsymbol{\alpha}_1,\boldsymbol{\alpha}_2,\boldsymbol{\alpha}_3$ 线性无关，故 A 错.

同样地，令 $k_1\boldsymbol{\alpha}_1+k_2\boldsymbol{\alpha}_2+k_3\boldsymbol{\alpha}_4=\begin{pmatrix}0\\0\\0\end{pmatrix}$，即 $k_1\begin{pmatrix}0\\0\\c_1\end{pmatrix}+k_2\begin{pmatrix}0\\1\\c_2\end{pmatrix}+k_3\begin{pmatrix}-1\\1\\c_4\end{pmatrix}=\begin{pmatrix}0\\0\\0\end{pmatrix}$，解得 $k_1=k_2=k_3=0$，从而 $\boldsymbol{\alpha}_1,\boldsymbol{\alpha}_2,\boldsymbol{\alpha}_4$ 线性无关，故 B 错.

令 $k_1\boldsymbol{\alpha}_1+k_2\boldsymbol{\alpha}_3+k_3\boldsymbol{\alpha}_4=\begin{pmatrix}0\\0\\0\end{pmatrix}$，则 $\begin{pmatrix}0\\0\\c_1k_1\end{pmatrix}+\begin{pmatrix}k_2\\-k_2\\c_3k_2\end{pmatrix}+\begin{pmatrix}-k_3\\k_3\\c_4k_3\end{pmatrix}=\begin{pmatrix}0\\0\\0\end{pmatrix}$，故可取 $k_1=-c_3-c_4$，$k_2=k_3=c_1$，使 $k_1\boldsymbol{\alpha}_1+k_2\boldsymbol{\alpha}_3+k_3\boldsymbol{\alpha}_4=\mathbf{0}$，不全为 0 的 k_1,k_2,k_3 能找到，故 $\boldsymbol{\alpha}_1,\boldsymbol{\alpha}_3,\boldsymbol{\alpha}_4$ 线性相关，选 C.

同样地，$\boldsymbol{\alpha}_2,\boldsymbol{\alpha}_3,\boldsymbol{\alpha}_4$ 也线性无关，故 D 错.

（2）设 $\boldsymbol{\alpha}_1,\boldsymbol{\alpha}_2,\boldsymbol{\alpha}_3$ 均为三维向量，则对任意常数 k，l，向量组 $\boldsymbol{\alpha}_1+k\boldsymbol{\alpha}_3,\boldsymbol{\alpha}_2+l\boldsymbol{\alpha}_3$ 线性无关是向量组 $\boldsymbol{\alpha}_1,\boldsymbol{\alpha}_2,\boldsymbol{\alpha}_3$ 线性无关的（　　）.

A. 充分但不必要条件　　B. 既不充分也不必要条件

C. 充分必要条件　　D. 必要但不充分条件

解　假设 $\boldsymbol{\alpha}_1,\boldsymbol{\alpha}_2,\boldsymbol{\alpha}_3$ 线性无关，令 $x_1(\boldsymbol{\alpha}_1+k\boldsymbol{\alpha}_3)+x_2(\boldsymbol{\alpha}_2+l\boldsymbol{\alpha}_3)=\mathbf{0}$，故 $x_1\boldsymbol{\alpha}_1+x_2\boldsymbol{\alpha}_2+(x_1k+x_2l)\boldsymbol{\alpha}_3=\mathbf{0}$. 由 $\boldsymbol{\alpha}_1,\boldsymbol{\alpha}_2,\boldsymbol{\alpha}_3$ 线性无关知，$x_1=x_2=0$，这样 $\boldsymbol{\alpha}_1+k\boldsymbol{\alpha}_3,\boldsymbol{\alpha}_2+l\boldsymbol{\alpha}_3$ 线性无关. 反过来，假设对任意常数 k，l，向量组 $\boldsymbol{\alpha}_1+k\boldsymbol{\alpha}_3,\boldsymbol{\alpha}_2+l\boldsymbol{\alpha}_3$ 线性无关，可取 $\boldsymbol{\alpha}_1=\begin{pmatrix}1\\0\end{pmatrix}$，$\boldsymbol{\alpha}_2=\begin{pmatrix}0\\1\end{pmatrix},\boldsymbol{\alpha}_3=\begin{pmatrix}0\\0\end{pmatrix}$，使 $\boldsymbol{\alpha}_1+k\boldsymbol{\alpha}_3=\begin{pmatrix}1\\0\end{pmatrix},\boldsymbol{\alpha}_2+l\boldsymbol{\alpha}_3=\begin{pmatrix}0\\1\end{pmatrix}$ 线性无关，但 $\boldsymbol{\alpha}_1,\boldsymbol{\alpha}_2,\boldsymbol{\alpha}_3$ 线性相关，故选 D.

（3）设 $\boldsymbol{\alpha}_1,\boldsymbol{\alpha}_2,\cdots,\boldsymbol{\alpha}_s$ 均为 n 维列向量，$\boldsymbol{A}$ 是 $m\times n$ 矩阵，下列选项正确的是（　　）.

A. 若 $\boldsymbol{\alpha}_1,\boldsymbol{\alpha}_2,\cdots,\boldsymbol{\alpha}_s$ 线性相关，则 $\boldsymbol{A}\boldsymbol{\alpha}_1,\boldsymbol{A}\boldsymbol{\alpha}_2,\cdots,\boldsymbol{A}\boldsymbol{\alpha}_s$ 线性相关

B. 若 $\boldsymbol{\alpha}_1,\boldsymbol{\alpha}_2,\cdots,\boldsymbol{\alpha}_s$ 线性相关，则 $\boldsymbol{A}\boldsymbol{\alpha}_1,\boldsymbol{A}\boldsymbol{\alpha}_2,\cdots,\boldsymbol{A}\boldsymbol{\alpha}_s$ 线性无关

C. 若$\boldsymbol{\alpha}_1,\boldsymbol{\alpha}_2,\cdots,\boldsymbol{\alpha}_s$线性无关，则$\boldsymbol{A\alpha}_1,\boldsymbol{A\alpha}_2,\cdots,\boldsymbol{A\alpha}_s$线性相关

D. 若$\boldsymbol{\alpha}_1,\boldsymbol{\alpha}_2,\cdots,\boldsymbol{\alpha}_s$线性无关，则$\boldsymbol{A\alpha}_1,\boldsymbol{A\alpha}_2,\cdots,\boldsymbol{A\alpha}_s$线性无关

解　若$\boldsymbol{\alpha}_1,\boldsymbol{\alpha}_2,\cdots,\boldsymbol{\alpha}_s$线性相关，则存在不全为 0 的常数$k_1,k_2,\cdots,k_s$，使$k_1\boldsymbol{\alpha}_1+k_2\boldsymbol{\alpha}_2+\cdots+k_s\boldsymbol{\alpha}_s=\boldsymbol{0}$，从而$\boldsymbol{A}(k_1\boldsymbol{\alpha}_1+k_2\boldsymbol{\alpha}_2+\cdots+k_s\boldsymbol{\alpha}_s)=\boldsymbol{A0}=\boldsymbol{0}$，这样$k_1\boldsymbol{A\alpha}_1+k_2\boldsymbol{A\alpha}_2+\cdots+k_s\boldsymbol{A\alpha}_s=\boldsymbol{0}$，$\boldsymbol{A\alpha}_1,\boldsymbol{A\alpha}_2,\cdots,\boldsymbol{A\alpha}_s$线性相关. 故选 A.

若$\boldsymbol{\alpha}_1,\boldsymbol{\alpha}_2,\cdots,\boldsymbol{\alpha}_s$线性相关，令$\boldsymbol{A}=\boldsymbol{E}$，则$\boldsymbol{A\alpha}_1,\boldsymbol{A\alpha}_2,\cdots,\boldsymbol{A\alpha}_s$也线性相关，故 B 错；同理，C 错；若令$\boldsymbol{A}=\boldsymbol{O}$，则$\boldsymbol{A\alpha}_1,\boldsymbol{A\alpha}_2,\cdots,\boldsymbol{A\alpha}_s$线性相关，故 D 错.

（4）设$\boldsymbol{A}$为三阶矩阵，将$\boldsymbol{A}$的第二列加到第一列得到矩阵$\boldsymbol{B}$，再交换$\boldsymbol{B}$的第二行与第三行得到单位矩阵. 记$\boldsymbol{P}_1=\begin{pmatrix}1&0&0\\1&1&0\\0&0&1\end{pmatrix},\boldsymbol{P}_2=\begin{pmatrix}1&0&0\\0&0&1\\0&1&0\end{pmatrix}$，则$\boldsymbol{A}=$（　　）.

A. $\boldsymbol{P}_1\boldsymbol{P}_2$　　B. $\boldsymbol{P}_1^{-1}\boldsymbol{P}_2$　　C. $\boldsymbol{P}_2\boldsymbol{P}_1$　　D. $\boldsymbol{P}_2\boldsymbol{P}_1^{-1}$

解　将$\boldsymbol{A}$的第二列加到第一列得到矩阵$\boldsymbol{B}$，则$\boldsymbol{B}=\boldsymbol{AP}_1$，从而$\boldsymbol{A}=\boldsymbol{BP}_1^{-1}$. 再交换$\boldsymbol{B}$的第二行与第三行得到单位矩阵，则$\boldsymbol{P}_2\boldsymbol{B}=\boldsymbol{E}$，从而$\boldsymbol{B}=\boldsymbol{P}_2^{-1}$. 这样$\boldsymbol{A}=\boldsymbol{BP}_1^{-1}=\boldsymbol{P}_2^{-1}\boldsymbol{P}_1^{-1}$，又$\boldsymbol{P}_2^{-1}=\boldsymbol{P}_2$，故$\boldsymbol{A}=\boldsymbol{P}_2\boldsymbol{P}_1^{-1}$. 因此，此题选 D.

（5）设$\boldsymbol{A}$为三阶矩阵，$\boldsymbol{P}$为三阶可逆矩阵且$\boldsymbol{P}^{-1}\boldsymbol{AP}=\begin{pmatrix}1&0&0\\0&1&0\\0&0&2\end{pmatrix}$，若$\boldsymbol{P}=(\boldsymbol{\alpha}_1,\boldsymbol{\alpha}_2,\boldsymbol{\alpha}_3),\boldsymbol{Q}=(\boldsymbol{\alpha}_1+\boldsymbol{\alpha}_2,\boldsymbol{\alpha}_2,\boldsymbol{\alpha}_3)$，则$\boldsymbol{Q}^{-1}\boldsymbol{AQ}=$（　　）.

A. $\begin{pmatrix}1&0&0\\0&2&0\\0&0&1\end{pmatrix}$　　B. $\begin{pmatrix}1&0&0\\0&1&0\\0&0&2\end{pmatrix}$　　C. $\begin{pmatrix}2&0&0\\0&1&0\\0&0&2\end{pmatrix}$　　D. $\begin{pmatrix}2&0&0\\0&2&0\\0&0&1\end{pmatrix}$

解　因$\boldsymbol{Q}=(\boldsymbol{\alpha}_1+\boldsymbol{\alpha}_2,\boldsymbol{\alpha}_2,\boldsymbol{\alpha}_3)=(\boldsymbol{\alpha}_1,\boldsymbol{\alpha}_2,\boldsymbol{\alpha}_3)\begin{pmatrix}1&0&0\\1&1&0\\0&0&1\end{pmatrix}$，令$\boldsymbol{K}=\begin{pmatrix}1&0&0\\1&1&0\\0&0&1\end{pmatrix}$，故$\boldsymbol{Q}=\boldsymbol{PK}$，

这样

$$\begin{aligned}\boldsymbol{Q}^{-1}\boldsymbol{AQ}&=(\boldsymbol{PK})^{-1}\boldsymbol{APK}=\boldsymbol{K}^{-1}\boldsymbol{P}^{-1}\boldsymbol{APK}\\&=\boldsymbol{K}^{-1}\begin{pmatrix}1&0&0\\0&1&0\\0&0&2\end{pmatrix}\boldsymbol{K}=\begin{pmatrix}1&0&0\\0&1&0\\0&0&2\end{pmatrix}\end{aligned}$$

故选 B.

（6）设$\boldsymbol{A},\boldsymbol{B},\boldsymbol{C}$均为$n$阶矩阵，若$\boldsymbol{AB}=\boldsymbol{C}$且$\boldsymbol{B}$可逆，则（　　）.

A. 矩阵$\boldsymbol{C}$的行向量组与$\boldsymbol{A}$的行向量组等价

B. 矩阵$\boldsymbol{C}$的列向量组与$\boldsymbol{A}$的列向量组等价

C. 矩阵$\boldsymbol{C}$的列向量组与$\boldsymbol{B}$的列向量组等价

D. 矩阵 $\boldsymbol{C}$ 的行向量组与 $\boldsymbol{B}$ 的行向量组等价

解　令 $\boldsymbol{A}=(\boldsymbol{\alpha}_1,\boldsymbol{\alpha}_2,\cdots,\boldsymbol{\alpha}_n),\boldsymbol{B}=(b_{ij})_{n\times n},\boldsymbol{C}=(\boldsymbol{c}_1,\boldsymbol{c}_2,\cdots,\boldsymbol{c}_n)$. 由 $\boldsymbol{AB}=\boldsymbol{C}$ 得

$$(\boldsymbol{\alpha}_1,\boldsymbol{\alpha}_2,\cdots,\boldsymbol{\alpha}_n)\begin{pmatrix} b_{11} & \cdots & b_{1n} \\ \vdots & & \vdots \\ b_{n1} & \cdots & b_{nn} \end{pmatrix}=(\boldsymbol{c}_1,\boldsymbol{c}_2,\cdots,\boldsymbol{c}_n)$$

$$\boldsymbol{c}_i=b_{1i}\boldsymbol{\alpha}_1+b_{2i}\boldsymbol{\alpha}_2+b_{ni}\boldsymbol{\alpha}_n \quad (i=1,2,\cdots,n)$$

故 $\boldsymbol{C}$ 的列向量组可由 $\boldsymbol{A}$ 的列向量组线性表示. 又由 $\boldsymbol{B}$ 可逆，得 $\boldsymbol{A}=\boldsymbol{CB}^{-1}$，同理可得 $\boldsymbol{A}$ 的列向量组可由 $\boldsymbol{C}$ 的列向量组线性表示，故两者等价. 因此，选 B.

（7）设 $\boldsymbol{A},\boldsymbol{B},\boldsymbol{C}$ 均为 n 阶矩阵，$\boldsymbol{E}$ 为 n 阶单位矩阵，若 $\boldsymbol{B}=\boldsymbol{E}+\boldsymbol{AB}$，$\boldsymbol{C}=\boldsymbol{A}+\boldsymbol{CA}$，则 $\boldsymbol{B}-\boldsymbol{C}$ 为（　　）.

A. $\boldsymbol{E}$　　B. $-\boldsymbol{E}$　　C. $\boldsymbol{A}$　　D. $-\boldsymbol{A}$

解　由 $\boldsymbol{B}=\boldsymbol{E}+\boldsymbol{AB}$ 知 $\boldsymbol{B}-\boldsymbol{AB}=\boldsymbol{E}$，故 $(\boldsymbol{E}-\boldsymbol{A})\boldsymbol{B}=\boldsymbol{E}$，从而 $\boldsymbol{E}-\boldsymbol{A}$ 可逆且 $\boldsymbol{B}=(\boldsymbol{E}-\boldsymbol{A})^{-1}$. 又由 $\boldsymbol{C}=\boldsymbol{A}+\boldsymbol{CA}$ 知 $\boldsymbol{C}-\boldsymbol{CA}=\boldsymbol{A}$，故 $\boldsymbol{C}(\boldsymbol{E}-\boldsymbol{A})=\boldsymbol{A}$，从而 $\boldsymbol{C}=\boldsymbol{A}(\boldsymbol{E}-\boldsymbol{A})^{-1}$. 这样 $\boldsymbol{B}-\boldsymbol{C}=(\boldsymbol{E}-\boldsymbol{A})^{-1}-\boldsymbol{A}(\boldsymbol{E}-\boldsymbol{A})^{-1}=(\boldsymbol{E}-\boldsymbol{A})(\boldsymbol{E}-\boldsymbol{A})^{-1}=\boldsymbol{E}$. 故选 A.

（8）设 $\boldsymbol{A}$ 为 n 阶非零矩阵，$\boldsymbol{E}$ 为 n 阶单位矩阵，若 $\boldsymbol{A}^3=\boldsymbol{O}$，则（　　）.

A. $\boldsymbol{E}-\boldsymbol{A}$ 不可逆，$\boldsymbol{E}+\boldsymbol{A}$ 不可逆　　B. $\boldsymbol{E}-\boldsymbol{A}$ 不可逆，$\boldsymbol{E}+\boldsymbol{A}$ 可逆

C. $\boldsymbol{E}-\boldsymbol{A}$ 可逆，$\boldsymbol{E}+\boldsymbol{A}$ 可逆　　D. $\boldsymbol{E}-\boldsymbol{A}$ 可逆，$\boldsymbol{E}+\boldsymbol{A}$ 不可逆

解　若 $\boldsymbol{A}^3=\boldsymbol{O}$，则 $\boldsymbol{E}-\boldsymbol{A}^3=\boldsymbol{E}-\boldsymbol{O}=\boldsymbol{E}$，$(\boldsymbol{E}-\boldsymbol{A})(\boldsymbol{E}+\boldsymbol{A}+\boldsymbol{A}^2)=\boldsymbol{E}$，故 $\boldsymbol{E}-\boldsymbol{A}$ 可逆. 同样地，$\boldsymbol{E}+\boldsymbol{A}^3=\boldsymbol{E}$，$(\boldsymbol{E}+\boldsymbol{A})(\boldsymbol{E}-\boldsymbol{A}+\boldsymbol{A}^2)=\boldsymbol{E}$，故 $\boldsymbol{E}+\boldsymbol{A}$ 可逆. 因此，选 C.

（9）设 $\boldsymbol{A}$ 是三阶矩阵，$\boldsymbol{P}=(\boldsymbol{\alpha}_1,\boldsymbol{\alpha}_2,\boldsymbol{\alpha}_3)$ 是可逆矩阵，使 $\boldsymbol{P}^{-1}\boldsymbol{AP}=\begin{pmatrix} 0 & 0 & 0 \\ 0 & 1 & 0 \\ 0 & 0 & 2 \end{pmatrix}$，则 $\boldsymbol{A}(\boldsymbol{\alpha}_1+\boldsymbol{\alpha}_2+\boldsymbol{\alpha}_3)=$（　　）.

A. $\boldsymbol{\alpha}_1+\boldsymbol{\alpha}_2$　　B. $\boldsymbol{\alpha}_2+2\boldsymbol{\alpha}_3$　　C. $\boldsymbol{\alpha}_2+\boldsymbol{\alpha}_3$　　D. $\boldsymbol{\alpha}_1+2\boldsymbol{\alpha}_2$

解　由 $\boldsymbol{P}^{-1}\boldsymbol{AP}=\begin{pmatrix} 0 & 0 & 0 \\ 0 & 1 & 0 \\ 0 & 0 & 2 \end{pmatrix}$ 得

$$\boldsymbol{AP}=\boldsymbol{P}\begin{pmatrix} 0 & 0 & 0 \\ 0 & 1 & 0 \\ 0 & 0 & 2 \end{pmatrix}\Rightarrow \boldsymbol{A}(\boldsymbol{\alpha}_1,\boldsymbol{\alpha}_2,\boldsymbol{\alpha}_3)=(\boldsymbol{\alpha}_1,\boldsymbol{\alpha}_2,\boldsymbol{\alpha}_3)\begin{pmatrix} 0 & 0 & 0 \\ 0 & 1 & 0 \\ 0 & 0 & 2 \end{pmatrix}$$

$$\Rightarrow \boldsymbol{A\alpha}_1=\boldsymbol{0},\boldsymbol{A\alpha}_2=\boldsymbol{\alpha}_2,\boldsymbol{A\alpha}_3=2\boldsymbol{\alpha}_3\Rightarrow \boldsymbol{A}(\boldsymbol{\alpha}_1+\boldsymbol{\alpha}_2+\boldsymbol{\alpha}_3)=\boldsymbol{\alpha}_2+2\boldsymbol{\alpha}_3$$

故选 B.

2. 填空题.

（1）若对任意的三维列向量 $\boldsymbol{x}=(x_1,x_2,x_3)^{\mathrm{T}},\boldsymbol{Ax}=\begin{pmatrix} x_1+x_2 \\ 2x_1-x_3 \end{pmatrix}$，则 $\boldsymbol{A}=$________.

解　从等式 $\boldsymbol{Ax}=\begin{pmatrix}x_1+x_2\\2x_1-x_3\end{pmatrix}$ 知 $\boldsymbol{A}$ 为 2×3 矩阵，又 $\begin{pmatrix}x_1+x_2\\2x_1-x_3\end{pmatrix}=\begin{pmatrix}1&1&0\\2&0&-1\end{pmatrix}\begin{pmatrix}x_1\\x_2\\x_3\end{pmatrix}$，由向量 $\boldsymbol{x}$ 的任意性知 $\boldsymbol{A}=\begin{pmatrix}1&1&0\\2&0&-1\end{pmatrix}$.

（2）已知 $\boldsymbol{\alpha}=(1,2,3)^{\mathrm{T}},\boldsymbol{\beta}=\left(1,\dfrac{1}{2},\dfrac{1}{3}\right)^{\mathrm{T}},\boldsymbol{A}=\boldsymbol{\alpha\beta}^{\mathrm{T}}$，则 $\boldsymbol{A}^n=$____________.

解　$\boldsymbol{A}^2=(\boldsymbol{\alpha\beta}^{\mathrm{T}})(\boldsymbol{\alpha\beta}^{\mathrm{T}})=\boldsymbol{\alpha}(\boldsymbol{\beta}^{\mathrm{T}}\boldsymbol{\alpha})\boldsymbol{\beta}^{\mathrm{T}}=3\boldsymbol{\alpha\beta}^{\mathrm{T}}=3\boldsymbol{A},\cdots,\boldsymbol{A}^n=3^{n-1}\boldsymbol{A}$.

（3）设 $\boldsymbol{A}=\begin{pmatrix}2&1&0\\0&2&1\\0&0&2\end{pmatrix},n\geqslant2$ 为正整数，则 $\boldsymbol{A}^n=$____________.

解　由 $\boldsymbol{A}=\begin{pmatrix}2&0&0\\0&2&0\\0&0&2\end{pmatrix}+\begin{pmatrix}0&1&0\\0&0&1\\0&0&0\end{pmatrix}=2\boldsymbol{E}+\boldsymbol{J}$，

$$\boldsymbol{A}^n=(2\boldsymbol{E}+\boldsymbol{J})^n=(2\boldsymbol{E})^n+\mathrm{C}_n^1(2\boldsymbol{E})^{n-1}\boldsymbol{J}+\cdots+\mathrm{C}_n^{n-1}(2\boldsymbol{E})^1\boldsymbol{J}^{n-1}+\mathrm{C}_n^n\boldsymbol{J}^n$$

又因为

$$\boldsymbol{J}^2=\begin{pmatrix}0&1&0\\0&0&1\\0&0&0\end{pmatrix}\begin{pmatrix}0&1&0\\0&0&1\\0&0&0\end{pmatrix}=\begin{pmatrix}0&0&1\\0&0&0\\0&0&0\end{pmatrix},\quad \boldsymbol{J}^3=\begin{pmatrix}0&1&0\\0&0&1\\0&0&0\end{pmatrix}\begin{pmatrix}0&0&1\\0&0&0\\0&0&0\end{pmatrix}=\begin{pmatrix}0&0&0\\0&0&0\\0&0&0\end{pmatrix},\cdots$$

即当 $n\geqslant3$ 时，$\boldsymbol{J}^n=\boldsymbol{O}$，所以 $\boldsymbol{A}^n=2^n\boldsymbol{E}+n\cdot2^{n-1}\boldsymbol{J}+n(n-1)\cdot2^{n-3}\boldsymbol{J}^2$，故

$$\boldsymbol{A}^n=\begin{pmatrix}2^n&n\cdot2^{n-1}&n(n-1)2^{n-3}\\0&2^n&n\cdot2^{n-1}\\0&0&2^n\end{pmatrix}$$

（4）设矩阵 $\boldsymbol{A}=\begin{pmatrix}1&2&-2\\-1&a&-4\\2&4&2a\end{pmatrix}$，若存在非零矩阵 $\boldsymbol{B}$ 使 $\boldsymbol{AB}=\boldsymbol{O}$，则 $a=$___________.

解　$\boldsymbol{B}=(\boldsymbol{b}_1,\boldsymbol{b}_2,\boldsymbol{b}_3),\boldsymbol{O}=(\boldsymbol{0},\boldsymbol{0},\boldsymbol{0})$. 由 $\boldsymbol{AB}=\boldsymbol{O}$ 知，$\boldsymbol{A}(\boldsymbol{b}_1,\boldsymbol{b}_2,\boldsymbol{b}_3)=(\boldsymbol{0},\boldsymbol{0},\boldsymbol{0})$,

$$(\boldsymbol{Ab}_1,\boldsymbol{Ab}_2,\boldsymbol{Ab}_3)=(\boldsymbol{0},\boldsymbol{0},\boldsymbol{0}),\quad \boldsymbol{Ab}_i=\boldsymbol{0}\quad(i=1,2,3)$$

由于 $\boldsymbol{B}\neq\boldsymbol{O}$，故存在某个 $\boldsymbol{b}_j\neq\boldsymbol{0}$，说明齐次线性方程 $\boldsymbol{Ax}=\boldsymbol{0}$ 有非零解，故 $r(\boldsymbol{A})<3$，而

$$\boldsymbol{A}=\begin{pmatrix}1&2&-2\\-1&a&-4\\2&4&2a\end{pmatrix}\xrightarrow{r}\begin{pmatrix}1&2&-2\\0&a+2&-6\\0&0&2a+4\end{pmatrix}$$

这样 $2a+4=0$，解得 $a=-2$.

（5）已知矩阵 $\boldsymbol{A}$ 满足 $\boldsymbol{A}^2+2\boldsymbol{A}-3\boldsymbol{E}=\boldsymbol{O}$，则 $\boldsymbol{A}^{-1}=$__________.

解 由 $\boldsymbol{A}^2+2\boldsymbol{A}-3\boldsymbol{E}=\boldsymbol{O}$ 知 $\boldsymbol{A}^2+2\boldsymbol{A}=3\boldsymbol{E}$，从而 $\boldsymbol{A}(\boldsymbol{A}+2\boldsymbol{E})=3\boldsymbol{E}$，得 $\boldsymbol{A}\left[\dfrac{1}{3}(\boldsymbol{A}+2\boldsymbol{E})\right]=\boldsymbol{E}$，这样 $\boldsymbol{A}^{-1}=\dfrac{1}{3}(\boldsymbol{A}+2\boldsymbol{E})$.

（6）设矩阵 $\boldsymbol{A}=\begin{pmatrix}0&1&0&0\\0&0&1&0\\0&0&0&1\\0&0&0&0\end{pmatrix}$，则 $\boldsymbol{A}^3$ 的秩为__________.

解 因 $\boldsymbol{A}^2=\begin{pmatrix}0&0&1&0\\0&0&0&1\\0&0&0&0\\0&0&0&0\end{pmatrix},\boldsymbol{A}^3=\begin{pmatrix}0&0&0&1\\0&0&0&0\\0&0&0&0\\0&0&0&0\end{pmatrix}$，故 $\boldsymbol{A}^3$ 的秩为 1.

3. 设 $\boldsymbol{A}=\begin{pmatrix}1&a\\1&0\end{pmatrix},\boldsymbol{B}=\begin{pmatrix}0&1\\1&b\end{pmatrix}$，当 a,b 为何值时，存在矩阵 $\boldsymbol{C}$ 使 $\boldsymbol{AC}-\boldsymbol{CA}=\boldsymbol{B}$，并求矩阵 $\boldsymbol{C}$.

解 令 $\boldsymbol{C}=\begin{pmatrix}x_1&x_2\\x_3&x_4\end{pmatrix}$，则 $\begin{pmatrix}1&a\\1&0\end{pmatrix}\begin{pmatrix}x_1&x_2\\x_3&x_4\end{pmatrix}-\begin{pmatrix}x_1&x_2\\x_3&x_4\end{pmatrix}\begin{pmatrix}1&a\\1&0\end{pmatrix}=\begin{pmatrix}0&1\\1&b\end{pmatrix}$，

$$\begin{pmatrix}x_1+ax_3&x_2+ax_4\\x_1&x_2\end{pmatrix}-\begin{pmatrix}x_1+x_2&ax_1\\x_3+x_4&ax_3\end{pmatrix}=\begin{pmatrix}0&1\\1&b\end{pmatrix}$$

从而

$$\begin{cases}-x_2+ax_3=0\\-ax_1+x_2+ax_4=1\\x_1-x_3-x_4=1\\x_2-ax_3=b\end{cases}$$

将此线性方程组的增广矩阵施行初等行变换化为行阶梯形矩阵：

$$\begin{pmatrix}0&-1&a&0&0\\-a&1&0&a&1\\1&0&-1&-1&1\\0&1&-a&0&b\end{pmatrix}\xrightarrow{r}\begin{pmatrix}1&0&-1&-1&1\\0&1&-a&0&0\\0&0&0&0&1+a\\0&0&0&0&b\end{pmatrix}$$

因线性方程组有解，故 $1+a=0$，$b=0$，从而 $a=-1$，$b=0$.

求出线性方程组的通解为 $\boldsymbol{x}=\begin{pmatrix}1\\0\\0\\0\end{pmatrix}+k_1\begin{pmatrix}1\\-1\\1\\0\end{pmatrix}+k_2\begin{pmatrix}1\\0\\0\\1\end{pmatrix}$，其中 k_1,k_2 为任意常数，即

$$\begin{cases} x_1 = 1 + k_1 + k_2 \\ x_2 = \ -k_1 \\ x_3 = \quad k_1 \\ x_4 = \qquad k_2 \end{cases}，所以 \boldsymbol{C} = \begin{pmatrix} 1+k_1+k_2 & -k_1 \\ k_1 & k_2 \end{pmatrix}.$$

4. 确定常数 a，使向量组 $\boldsymbol{\alpha}_1 = (1,1,a)^{\mathrm{T}}, \boldsymbol{\alpha}_2 = (1,a,1)^{\mathrm{T}}, \boldsymbol{\alpha}_3 = (a,1,1)^{\mathrm{T}}$ 可由向量组 $\boldsymbol{\beta}_1 = (1,1,a)^{\mathrm{T}}, \boldsymbol{\beta}_2 = (-2,a,4)^{\mathrm{T}}, \boldsymbol{\beta}_3 = (-2,a,a)^{\mathrm{T}}$ 线性表示，但向量组 $\boldsymbol{\beta}_1, \boldsymbol{\beta}_2, \boldsymbol{\beta}_3$ 不能由向量组 $\boldsymbol{\alpha}_1, \boldsymbol{\alpha}_2, \boldsymbol{\alpha}_3$ 线性表示.

解　向量组 $\boldsymbol{\alpha}_1 = (1,1,a)^{\mathrm{T}}, \boldsymbol{\alpha}_2 = (1,a,1)^{\mathrm{T}}, \boldsymbol{\alpha}_3 = (a,1,1)^{\mathrm{T}}$ 可由向量组 $\boldsymbol{\beta}_1 = (1,1,a)^{\mathrm{T}}, \boldsymbol{\beta}_2 = (-2,a,4)^{\mathrm{T}}, \boldsymbol{\beta}_3 = (-2,a,a)^{\mathrm{T}}$ 线性表示，则

$$r(\boldsymbol{\beta}_1,\boldsymbol{\beta}_2,\boldsymbol{\beta}_3) = r(\boldsymbol{\beta}_1,\boldsymbol{\beta}_2,\boldsymbol{\beta}_3,\boldsymbol{\alpha}_1,\boldsymbol{\alpha}_2,\boldsymbol{\alpha}_3)$$
$$r(\boldsymbol{\alpha}_1,\boldsymbol{\alpha}_2,\boldsymbol{\alpha}_3,\boldsymbol{\beta}_1,\boldsymbol{\beta}_2,\boldsymbol{\beta}_3) \neq r(\boldsymbol{\alpha}_1,\boldsymbol{\alpha}_2,\boldsymbol{\alpha}_3)$$

注意到

$$r(\boldsymbol{\beta}_1,\boldsymbol{\beta}_2,\boldsymbol{\beta}_3,\boldsymbol{\alpha}_1,\boldsymbol{\alpha}_2,\boldsymbol{\alpha}_3) = r(\boldsymbol{\alpha}_1,\boldsymbol{\alpha}_2,\boldsymbol{\alpha}_3,\boldsymbol{\beta}_1,\boldsymbol{\beta}_2,\boldsymbol{\beta}_3)$$

及

$$r(\boldsymbol{\alpha}_1,\boldsymbol{\alpha}_2,\boldsymbol{\alpha}_3) \leqslant r(\boldsymbol{\beta}_1,\boldsymbol{\beta}_2,\boldsymbol{\beta}_3,\boldsymbol{\alpha}_1,\boldsymbol{\alpha}_2,\boldsymbol{\alpha}_3)$$

故

$$r(\boldsymbol{\beta}_1,\boldsymbol{\beta}_2,\boldsymbol{\beta}_3) > r(\boldsymbol{\alpha}_1,\boldsymbol{\alpha}_2,\boldsymbol{\alpha}_3)$$

$$(\boldsymbol{\beta}_1,\boldsymbol{\beta}_2,\boldsymbol{\beta}_3,\boldsymbol{\alpha}_1,\boldsymbol{\alpha}_2,\boldsymbol{\alpha}_3) = \begin{pmatrix} 1 & -2 & -2 & 1 & 1 & a \\ 1 & a & a & 1 & a & 1 \\ a & 4 & a & a & 1 & 1 \end{pmatrix}$$
$$\xrightarrow{r} \begin{pmatrix} 1 & -2 & -2 & 1 & 1 & a \\ 0 & a+2 & a+2 & 0 & a-1 & 1-a \\ 0 & 0 & a-4 & 0 & 3-3a & -a^2+2a-1 \end{pmatrix}$$

故 $a=1$.

5. 设向量组 $\boldsymbol{\alpha}_1 = (1,0,1)^{\mathrm{T}}, \boldsymbol{\alpha}_2 = (0,1,1)^{\mathrm{T}}, \boldsymbol{\alpha}_3 = (1,3,5)^{\mathrm{T}}$ 不能由向量组 $\boldsymbol{\beta}_1 = (1,1,1)^{\mathrm{T}}, \boldsymbol{\beta}_2 = (1,2,3)^{\mathrm{T}}, \boldsymbol{\beta}_3 = (3,4,a)^{\mathrm{T}}$ 线性表示.

（1）求 a 的值；

（2）将 $\boldsymbol{\beta}_1, \boldsymbol{\beta}_2, \boldsymbol{\beta}_3$ 用 $\boldsymbol{\alpha}_1, \boldsymbol{\alpha}_2, \boldsymbol{\alpha}_3$ 线性表示.

解　（1）因

$$(\boldsymbol{\alpha}_1,\boldsymbol{\alpha}_2,\boldsymbol{\alpha}_3) = \begin{pmatrix} 1 & 0 & 1 \\ 0 & 1 & 3 \\ 1 & 1 & 5 \end{pmatrix} \xrightarrow{r} \begin{pmatrix} 1 & 0 & 1 \\ 0 & 1 & 3 \\ 0 & 1 & 4 \end{pmatrix} \xrightarrow{r} \begin{pmatrix} 1 & 0 & 1 \\ 0 & 1 & 3 \\ 0 & 0 & 1 \end{pmatrix}$$

故 $r(\boldsymbol{\alpha}_1,\boldsymbol{\alpha}_2,\boldsymbol{\alpha}_3)=3$, 从而 $r(\boldsymbol{\beta}_1,\boldsymbol{\beta}_2,\boldsymbol{\beta}_3,\boldsymbol{\alpha}_1,\boldsymbol{\alpha}_2,\boldsymbol{\alpha}_3)=3$. 因 $\boldsymbol{\alpha}_1,\boldsymbol{\alpha}_2,\boldsymbol{\alpha}_3$ 不能由 $\boldsymbol{\beta}_1,\boldsymbol{\beta}_2,\boldsymbol{\beta}_3$ 线性表示，$r(\boldsymbol{\beta}_1,\boldsymbol{\beta}_2,\boldsymbol{\beta}_3) < 3$，故

$$(\boldsymbol{\beta}_1,\boldsymbol{\beta}_2,\boldsymbol{\beta}_3)=\begin{pmatrix}1&1&3\\1&2&4\\1&3&a\end{pmatrix}\xrightarrow{r}\begin{pmatrix}1&1&3\\0&1&1\\0&2&a-3\end{pmatrix}\xrightarrow{r}\begin{pmatrix}1&1&3\\0&1&1\\0&0&a-5\end{pmatrix}$$

所以 $a-5=0$，即 $a=5$.

（2）$(\boldsymbol{\alpha}_1,\boldsymbol{\alpha}_2,\boldsymbol{\alpha}_3,\boldsymbol{\beta}_1,\boldsymbol{\beta}_2,\boldsymbol{\beta}_3)=\begin{pmatrix}1&0&1&1&1&3\\0&1&3&1&2&4\\1&1&5&1&3&5\end{pmatrix}\xrightarrow{r}\begin{pmatrix}1&0&1&1&1&3\\0&1&3&1&2&4\\0&1&4&0&2&2\end{pmatrix}$

$$\xrightarrow{r}\begin{pmatrix}1&0&0&2&1&5\\0&1&0&4&2&10\\0&0&1&-1&0&-2\end{pmatrix}$$

于是

$$\begin{cases}\boldsymbol{\beta}_1=2\boldsymbol{\alpha}_1+4\boldsymbol{\alpha}_2-\boldsymbol{\alpha}_3\\\boldsymbol{\beta}_2=\boldsymbol{\alpha}_1+2\boldsymbol{\alpha}_2\\\boldsymbol{\beta}_3=5\boldsymbol{\alpha}_1+10\boldsymbol{\alpha}_2-2\boldsymbol{\alpha}_3\end{cases}$$

6. 设四维向量组为 $\boldsymbol{\alpha}_1=(1+a,1,1,1)^{\mathrm{T}},\boldsymbol{\alpha}_2=(2,2+a,2,2)^{\mathrm{T}},\boldsymbol{\alpha}_3=(3,3,3+a,3)^{\mathrm{T}}$, $\boldsymbol{\alpha}_4=(4,4,4,4+a)^{\mathrm{T}}$，问 a 为何值时，$\boldsymbol{\alpha}_1,\boldsymbol{\alpha}_2,\boldsymbol{\alpha}_3,\boldsymbol{\alpha}_4$ 线性相关？当 $\boldsymbol{\alpha}_1,\boldsymbol{\alpha}_2,\boldsymbol{\alpha}_3,\boldsymbol{\alpha}_4$ 线性相关时，求该向量组的一个极大线性无关组，并将其余向量用极大线性无关组线性表示.

解 $(\boldsymbol{\alpha}_1,\boldsymbol{\alpha}_2,\boldsymbol{\alpha}_3,\boldsymbol{\alpha}_4)=\begin{pmatrix}1+a&2&3&4\\1&2+a&3&4\\1&2&3+a&4\\1&2&3&4+a\end{pmatrix}\xrightarrow{r}\begin{pmatrix}1&2&3&4+a\\1&2+a&3&4\\1&2&3+a&4\\1+a&2&3&4\end{pmatrix}$

$$\xrightarrow{r}\begin{pmatrix}1&2&3&4+a\\0&a&0&-a\\0&0&a&-a\\0&-2a&-3a&-a^2-5a\end{pmatrix}\xrightarrow{r}\begin{pmatrix}1&2&3&4+a\\0&a&0&-a\\0&0&a&-a\\0&0&-3a&-a^2-7a\end{pmatrix}$$

$$\xrightarrow{r}\begin{pmatrix}1&2&3&4+a\\0&a&0&-a\\0&0&a&-a\\0&0&0&-a^2-10a\end{pmatrix}$$

当 $a=0$ 时，$(\boldsymbol{\alpha}_1,\boldsymbol{\alpha}_2,\boldsymbol{\alpha}_3,\boldsymbol{\alpha}_4)\xrightarrow{r}\begin{pmatrix}1&2&3&4\\0&0&0&0\\0&0&0&0\\0&0&0&0\end{pmatrix}$，取 $\boldsymbol{\alpha}_1$ 为极大线性无关组，则 $\boldsymbol{\alpha}_2=2\boldsymbol{\alpha}_1$，$\boldsymbol{\alpha}_3=3\boldsymbol{\alpha}_1,\boldsymbol{\alpha}_4=4\boldsymbol{\alpha}_1$；

当 $a=-10$ 时，$(\boldsymbol{\alpha}_1,\boldsymbol{\alpha}_2,\boldsymbol{\alpha}_3,\boldsymbol{\alpha}_4)\xrightarrow{r}\begin{pmatrix}1&0&0&-1\\0&1&0&-1\\0&0&1&-1\\0&0&0&0\end{pmatrix}$，取 $\boldsymbol{\alpha}_1,\boldsymbol{\alpha}_2,\boldsymbol{\alpha}_3$ 为极大线性无关组，则 $\boldsymbol{\alpha}_4=-\boldsymbol{\alpha}_1-\boldsymbol{\alpha}_2-\boldsymbol{\alpha}_3$.

7. 设矩阵 $\boldsymbol{A}=\begin{pmatrix}1&-1&-1\\2&a&1\\-1&1&a\end{pmatrix},\boldsymbol{B}=\begin{pmatrix}2&2\\1&a\\-a-1&-2\end{pmatrix}$，当 a 为何值时，方程 $\boldsymbol{AX}=\boldsymbol{B}$ 无解、有唯一解、有无穷多解？在有解时，求此方程的解.

解　$(\boldsymbol{A},\boldsymbol{B})\xrightarrow{r}\begin{pmatrix}1&-1&-1&2&2\\0&a+2&3&-3&a-4\\0&0&a-1&1-a&0\end{pmatrix}$

当 $a-1\neq0$ 且 $a+2\neq0$ 时，对 $(\boldsymbol{A},\boldsymbol{B})$ 进一步作初等行变换：

$$(\boldsymbol{A},\boldsymbol{B})\xrightarrow{r}\begin{pmatrix}1&0&0&1&\dfrac{3a}{a+2}\\0&1&0&0&\dfrac{a-4}{a+2}\\0&0&1&-1&0\end{pmatrix}$$

此时矩阵方程 $\boldsymbol{AX}=\boldsymbol{B}$ 有唯一解 $\boldsymbol{X}=\begin{pmatrix}1&\dfrac{3a}{a+2}\\0&\dfrac{a-4}{a+2}\\-1&0\end{pmatrix}$.

当 $a=-2$ 时，

$$(\boldsymbol{A},\boldsymbol{B})\xrightarrow{r}\begin{pmatrix}1&-1&-1&2&2\\0&0&3&-3&-6\\0&0&-3&3&0\end{pmatrix}\xrightarrow{r}\begin{pmatrix}1&-1&-1&2&2\\0&0&3&-3&-6\\0&0&0&0&-6\end{pmatrix}$$

$\boldsymbol{AX}=\boldsymbol{B}$ 无解.

当 $a=1$ 时，

$$(\boldsymbol{A},\boldsymbol{B})\xrightarrow{r}\begin{pmatrix}1&-1&-1&2&2\\0&3&3&-3&-3\\0&0&0&0&0\end{pmatrix}\xrightarrow{r}\begin{pmatrix}1&0&0&1&1\\0&1&1&-1&-1\\0&0&0&0&0\end{pmatrix}$$

$\boldsymbol{AX}=\boldsymbol{B}$ 有无穷多解 $\boldsymbol{X}=\begin{pmatrix}1&1\\-k_1-1&-k_2-1\\k_1&k_2\end{pmatrix}$（$k_1,k_2$ 为任意常数）.

8. 已知 a 是常数且矩阵 $\boldsymbol{A}=\begin{pmatrix}1&2&a\\1&3&0\\2&7&-a\end{pmatrix}$ 可经初等变换化为矩阵 $\boldsymbol{B}=\begin{pmatrix}1&a&2\\0&1&1\\-1&1&1\end{pmatrix}$.

（1）求 a；

（2）求满足 $\boldsymbol{AP}=\boldsymbol{B}$ 的可逆矩阵 $\boldsymbol{P}$.

解　（1）由已知得 $r(\boldsymbol{A})=r(\boldsymbol{B})$，

$$(\boldsymbol{A},\boldsymbol{B})=\begin{pmatrix}1&2&a&1&a&2\\1&3&0&0&1&1\\2&7&-a&-1&1&1\end{pmatrix}\xrightarrow{r}\begin{pmatrix}1&2&a&1&a&2\\0&1&-a&-1&1-a&-1\\0&0&0&0&a-2&0\end{pmatrix}$$

所以 $a-2=0$，即 $a=2$.

（2）将 $\boldsymbol{B}$ 按列分块，记 $\boldsymbol{B}=(\boldsymbol{b}_1,\boldsymbol{b}_2,\boldsymbol{b}_3)$，解方程 $\boldsymbol{Ax}_i=\boldsymbol{b}_i(i=1,2,3)$，得通解

$$\boldsymbol{x}_1=k_1\begin{pmatrix}-6\\2\\1\end{pmatrix}+\begin{pmatrix}3\\-1\\0\end{pmatrix},\quad \boldsymbol{x}_2=k_2\begin{pmatrix}-6\\2\\1\end{pmatrix}+\begin{pmatrix}4\\-1\\0\end{pmatrix},\quad \boldsymbol{x}_3=k_3\begin{pmatrix}-6\\2\\1\end{pmatrix}+\begin{pmatrix}4\\-1\\0\end{pmatrix}\ （k_1,k_2,k_3\text{为任意常数}）$$

令 $\boldsymbol{P}=\begin{pmatrix}3-6k_1&4-6k_2&4-6k_3\\-1+2k_1&-1+2k_2&-1+2k_3\\k_1&k_2&k_3\end{pmatrix}$，要使 $\boldsymbol{P}$ 为可逆矩阵，要求 $r(\boldsymbol{P})=3$，由

$$\begin{pmatrix}3-6k_1&4-6k_2&4-6k_3\\-1+2k_1&-1+2k_2&-1+2k_3\\k_1&k_2&k_3\end{pmatrix}\xrightarrow{r}\begin{pmatrix}1&1&1\\0&1&1\\0&0&k_3-k_2\end{pmatrix}$$

得 $k_2\neq k_3$，故满足 $\boldsymbol{AP}=\boldsymbol{B}$ 的可逆矩阵为

$$\boldsymbol{P}=\begin{pmatrix}3-6k_1&4-6k_2&4-6k_3\\-1+2k_1&-1+2k_2&-1+2k_3\\k_1&k_2&k_3\end{pmatrix}\quad(k_2\neq k_3)$$

9. 设 $\boldsymbol{AB}=\boldsymbol{C}$，证明 $r(\boldsymbol{AB})\leqslant\min\{r(\boldsymbol{A}),r(\boldsymbol{B})\}$.

证　只需证 $r(\boldsymbol{AB})\leqslant r(\boldsymbol{A})$，同时 $r(\boldsymbol{AB})\leqslant r(\boldsymbol{B})$. 设

$$\boldsymbol{A}=\begin{pmatrix}a_{11}&\cdots&a_{1m}\\\vdots&&\vdots\\a_{n1}&\cdots&a_{nm}\end{pmatrix},\quad \boldsymbol{B}=\begin{pmatrix}b_{11}&\cdots&b_{1s}\\\vdots&&\vdots\\b_{m1}&\cdots&b_{ms}\end{pmatrix}$$

令 $\boldsymbol{B}=\begin{pmatrix}\boldsymbol{b}_1\\\boldsymbol{b}_2\\\vdots\\\boldsymbol{b}_m\end{pmatrix},\boldsymbol{AB}=\begin{pmatrix}\boldsymbol{c}_1\\\boldsymbol{c}_2\\\vdots\\\boldsymbol{c}_n\end{pmatrix}$，由计算可知，$\boldsymbol{c}_i=a_{i1}\boldsymbol{b}_1+a_{i2}\boldsymbol{b}_2+\cdots+a_{im}\boldsymbol{b}_m$，即 $\boldsymbol{AB}$ 的行向量组 $\boldsymbol{c}_1,\boldsymbol{c}_2,\cdots,\boldsymbol{c}_n$ 可由 $\boldsymbol{B}$ 的行向量组线性表示，所以 $r(\boldsymbol{AB})\leqslant r(\boldsymbol{B})$.

同样，令 $\boldsymbol{A}=(\boldsymbol{\alpha}_1,\boldsymbol{\alpha}_2,\cdots,\boldsymbol{\alpha}_m),\boldsymbol{AB}=(\boldsymbol{d}_1,\boldsymbol{d}_2,\cdots,\boldsymbol{d}_s)$，则

$$\boldsymbol{d}_i=b_{1i}\boldsymbol{\alpha}_1+b_{2i}\boldsymbol{\alpha}_2+\cdots+b_{mi}\boldsymbol{\alpha}_m\quad(i=1,2,\cdots,s)$$

即 $\boldsymbol{AB}$ 的列向量组可由 $\boldsymbol{A}$ 的列向量组线性表示，所以 $r(\boldsymbol{AB})\leqslant r(\boldsymbol{A})$. 证毕.

10. 设 $\boldsymbol{A}$ 为 $m\times n$ 矩阵，证明 $r(\boldsymbol{A})=1$ 的充分必要条件是存在 $m\times1$ 矩阵 $\boldsymbol{\alpha}\neq\boldsymbol{0}$ 与 $n\times1$ 矩阵 $\boldsymbol{\beta}\neq\boldsymbol{0}$，使 $\boldsymbol{A}=\boldsymbol{\alpha\beta}^{\mathrm{T}}$.

证　必要性. 由推论 2.5，存在 m 阶可逆矩阵 $\boldsymbol{P}$ 和 n 阶可逆矩阵 $\boldsymbol{Q}$，使

$$\boldsymbol{A}=\boldsymbol{P}\begin{pmatrix}1&0&0&\cdots&0\\0&0&0&\cdots&0\\\vdots&\vdots&\vdots&&\vdots\\0&0&0&\cdots&0\end{pmatrix}\boldsymbol{Q}=\boldsymbol{P}\begin{pmatrix}1\\0\\\vdots\\0\end{pmatrix}(1\ 0\ \cdots\ 0)\boldsymbol{Q}=\boldsymbol{\alpha}\boldsymbol{\beta}^{\mathrm{T}}，这里\boldsymbol{\alpha}=\boldsymbol{P}\begin{pmatrix}1\\0\\\vdots\\0\end{pmatrix},\boldsymbol{\beta}=\boldsymbol{Q}^{\mathrm{T}}\begin{pmatrix}1\\0\\\vdots\\0\end{pmatrix}.$$

充分性. 设 $\boldsymbol{\alpha}=(a_1,a_2,\cdots,a_m)^{\mathrm{T}}\neq\boldsymbol{0},\boldsymbol{\beta}=(b_1,b_2,\cdots,b_n)^{\mathrm{T}}\neq\boldsymbol{0}$，不妨设 $a_i\neq 0,b_j\neq 0$，故 $a_ib_j\neq 0$，于是 $\boldsymbol{A}=\boldsymbol{\alpha}\boldsymbol{\beta}^{\mathrm{T}}\neq\boldsymbol{O}$，从而 $r(\boldsymbol{A})>0$. 又由上面的习题 9 题知 $r(\boldsymbol{A})\leqslant r(\boldsymbol{\alpha})=1$，这样 $r(\boldsymbol{A})=1$.

11. 已知不同商店三种水果的价格、不同人员需要水果的数量及不同城镇不同人员的数目的矩阵：

$$\begin{array}{c}\\ 苹果\\ 橘子\\ 梨\end{array}\!\!\begin{array}{c}商店A\quad 商店B\\ \begin{pmatrix}0.10&0.15\\0.15&0.20\\0.10&0.10\end{pmatrix}\end{array},\qquad \begin{array}{c}\\ 人员A\\ 人员B\end{array}\!\!\begin{array}{c}苹果\ 橘子\ 梨\\ \begin{pmatrix}5&10&3\\4&5&5\end{pmatrix}\end{array},\qquad \begin{array}{c}\\ 城镇1\\ 城镇2\end{array}\!\!\begin{array}{c}人员A\quad 人员B\\ \begin{pmatrix}1\,000&500\\2\,000&1\,000\end{pmatrix}\end{array}$$

第一个矩阵为 $\boldsymbol{A}$，第二个矩阵为 $\boldsymbol{B}$，而第三个矩阵为 $\boldsymbol{C}$.

（1）求出一个矩阵，它能给出在每个商店每个人购买水果的费用是多少；

（2）求出一个矩阵，它能确定在每个城镇每种水果的购买量是多少.

解　（1）设该矩阵为 $\boldsymbol{D}$，则 $\boldsymbol{D}=\boldsymbol{BA}$，即

$$\boldsymbol{D}=\begin{pmatrix}5&10&3\\4&5&5\end{pmatrix}\begin{pmatrix}0.10&0.15\\0.15&0.20\\0.10&0.10\end{pmatrix}=\begin{pmatrix}2.30&3.05\\1.65&2.10\end{pmatrix}$$

此结果说明，人员 A 在商店 A 购买水果的费用为 2.30，人员 A 在商店 B 购买水果的费用为 3.05，人员 B 在商店 A 购买水果的费用为 1.65，人员 B 在商店 B 购买水果的费用为 2.10.

（2）设该矩阵为 $\boldsymbol{E}$，则 $\boldsymbol{E}=\boldsymbol{CB}$，即

$$\begin{aligned}\boldsymbol{E}&=\begin{pmatrix}1\,000&500\\2\,000&1\,000\end{pmatrix}\begin{pmatrix}5&10&3\\4&5&5\end{pmatrix}\\&=\begin{pmatrix}7\,000&12\,500&5\,500\\14\,000&25\,000&11\,000\end{pmatrix}\end{aligned}$$

此结果说明，城镇 1 苹果的购买量为 7 000，橘子的购买量为 12 500，梨的购买量为 5 500，城镇 2 苹果的购买量为 14 000，橘子的购买量为 25 000，梨的购买量为 11 000.

12. 某文具商店在一周内所售出的文具如下表所示，周末盘点结账，计算该店每天的售货收入及一周的售货总账.

文具	星期						单价/元
	一	二	三	四	五	六	
橡皮/个	15	8	5	1	12	20	0.3
直尺/把	15	20	18	16	8	25	0.5
胶水/瓶	20	0	12	15	4	3	1

解　售货收入可计算如下：

$$A^{\mathrm{T}}B=\begin{pmatrix}15&15&20\\8&20&0\\5&18&12\\1&16&15\\12&8&4\\20&25&3\end{pmatrix}\begin{pmatrix}0.3\\0.5\\1\end{pmatrix}=\begin{pmatrix}32\\12.4\\22.5\\23.3\\11.6\\21.5\end{pmatrix}$$

所以，每天的售货收入加在一起可得一周的售货总账，即

$$32+12.4+22.5+23.3+11.6+21.5=123.3\ （元）$$

13. 某工厂检验室有甲、乙两种化学原料，甲种原料分别含锌与镁 10%和 20%，乙种原料分别含锌与镁 10%和 30%，现在要用这两种原料分别配制 A，B 两种试剂，A 试剂需分别含锌 2 g、镁 5 g，B 试剂需分别含锌 1 g、镁 2 g. 问配制 A，B 两种试剂分别需要甲、乙两种化学原料各多少克？

解　设配制 A 试剂分别需甲、乙两种化学原料 x g，y g；配制 B 试剂分别需甲、乙两种化学原料 s g，t g. 根据题意，得如下矩阵方程：

$$\begin{pmatrix}0.1&0.1\\0.2&0.3\end{pmatrix}\begin{pmatrix}x&s\\y&t\end{pmatrix}=\begin{pmatrix}2&1\\5&2\end{pmatrix}$$

设 $A=\begin{pmatrix}0.1&0.1\\0.2&0.3\end{pmatrix},X=\begin{pmatrix}x&s\\y&t\end{pmatrix},B=\begin{pmatrix}2&1\\5&2\end{pmatrix}$，则 $X=A^{-1}B$，所以

$$X=\begin{pmatrix}x&s\\y&t\end{pmatrix}=\begin{pmatrix}30&-10\\-20&10\end{pmatrix}\begin{pmatrix}2&1\\5&2\end{pmatrix}=\begin{pmatrix}10&10\\10&0\end{pmatrix}$$

即配制 A 试剂需要甲、乙两种化学原料各 10 g，配制 B 试剂分别需甲、乙两种化学原料 10 g，0.

14. 某公司为了技术更新，计划对职工实行分批脱产轮训. 现有不脱产职工 8 000 人，脱产轮训职工 2 000 人. 若每年从不脱产职工中抽调 30%的人脱产轮训，同时又有 60%脱产轮训职工结业回到生产岗位. 若职工总数保持不变，一年后不脱产及脱产职工各有多少？两年后又怎样？试建立矩阵模型并求解.

解　令 $A=\begin{pmatrix}0.70&0.60\\0.30&0.40\end{pmatrix},x=\begin{pmatrix}8\,000\\2\,000\end{pmatrix}$，则一年后不脱产职工及脱产轮训职工人数可用 Ax 表示，即

$$Ax=\begin{pmatrix}0.70&0.60\\0.30&0.40\end{pmatrix}\begin{pmatrix}8\,000\\2\,000\end{pmatrix}=\begin{pmatrix}6\,800\\3\,200\end{pmatrix}$$

两年后不脱产职工及脱产轮训职工人数可用 A^2x 表示，即

$$A^2x=A(Ax)=\begin{pmatrix}0.70&0.60\\0.30&0.40\end{pmatrix}\begin{pmatrix}6\,800\\3\,200\end{pmatrix}=\begin{pmatrix}6\,680\\3\,320\end{pmatrix}$$

故两年后脱产职工人数约是不脱产职工人数的一半.

15. 在军事通信中，需要将字符转化成数字，所以这就需要将字符与数字一一对应. 例如，

a	b	c	d	…	x	y	z
1	2	3	4	…	24	25	26

如 are 对应矩阵 $\boldsymbol{B}=(1,18,5)$，如果直接按这种方式传输，那么很容易被敌人破译而造成巨大的损失，这就需要加密，通常的做法是用一个约定的加密矩阵 $\boldsymbol{A}$ 乘以原信号矩阵 $\boldsymbol{B}$，传输信号时，不是传输的矩阵 $\boldsymbol{B}$，而是传输的转换后的矩阵 $\boldsymbol{C}=\boldsymbol{A}\boldsymbol{B}^{\mathrm{T}}$，收到信号时，再将信号还原. 如果敌人不知道加密矩阵，那么他就很难弄明白传输的信号的含义. 设收到的信号为 $\boldsymbol{C}=(21,27,31)^{\mathrm{T}}$，并且已知加密矩阵是 $\boldsymbol{A}=\begin{pmatrix}-1&0&1\\0&1&1\\1&1&1\end{pmatrix}$，问原信号 $\boldsymbol{B}$ 是什么？

解　由加密原理知 $\boldsymbol{B}^{\mathrm{T}}=\boldsymbol{A}^{-1}\boldsymbol{C}$，所以

$$\boldsymbol{B}^{\mathrm{T}}=\boldsymbol{A}^{-1}\boldsymbol{C}=\begin{pmatrix}0&-1&1\\-1&2&-1\\1&-1&1\end{pmatrix}\begin{pmatrix}21\\27\\31\end{pmatrix}=\begin{pmatrix}4\\2\\25\end{pmatrix}$$

故 $\boldsymbol{B}=(4,2,25)$，信号为 dby.

第三章　向量空间$\mathbf{R}^n$

向量空间是线性代数中最基本的概念之一，它的理论和方法已经渗透到自然科学、工程技术的各个领域. 本章的主要结果基于第二章中提出的线性无关这一概念. 从向量组的极大无关组出发，给出空间的基和维数的定义，并且利用它们讨论线性方程组解的结构.

本章重点　齐次线性方程组的基础解系、非齐次线性方程组解的结构及求解的方法.

本章难点　向量空间及其基的判定，齐次线性方程组的基础解系、非齐次线性方程组解的结构.

一、主要内容

（一）$\mathbf{R}^n$的子空间

1. 判定定理

$\mathbf{R}^n$中非空子集$\boldsymbol{W}$构成$\mathbf{R}^n$的子空间的充分必要条件是：① $\boldsymbol{x},\boldsymbol{y}\in\boldsymbol{W}$，有$\boldsymbol{x}+\boldsymbol{y}\in\boldsymbol{W}$；② $\forall\boldsymbol{x}\in\boldsymbol{W}$，$a$是任意实数，则$a\boldsymbol{x}\in\boldsymbol{W}$.

2. 子空间的基和维数

设$\boldsymbol{W}$是$\mathbf{R}^n$的子空间，$\boldsymbol{w}_1,\boldsymbol{w}_2,\cdots,\boldsymbol{w}_m\in\boldsymbol{W}$，若$\boldsymbol{w}_1,\boldsymbol{w}_2,\cdots,\boldsymbol{w}_m$线性无关且$\boldsymbol{W}$中任意向量$\boldsymbol{w}$都可以写成$\boldsymbol{w}_1,\boldsymbol{w}_2,\cdots,\boldsymbol{w}_m$的线性组合形式，即

$$\boldsymbol{w}=a_1\boldsymbol{w}_1+a_2\boldsymbol{w}_2+\cdots+a_m\boldsymbol{w}_m$$

则称$\boldsymbol{w}_1,\boldsymbol{w}_2,\cdots,\boldsymbol{w}_m$是$\boldsymbol{W}$的一组基，$m$称为子空间$\boldsymbol{W}$的维数.

3. 基变换公式

若$\boldsymbol{\alpha}_1,\boldsymbol{\alpha}_2,\cdots,\boldsymbol{\alpha}_n$与$\boldsymbol{\beta}_1,\boldsymbol{\beta}_2,\cdots,\boldsymbol{\beta}_n$是$n$维向量空间$\boldsymbol{V}$的两组基，则基变换公式为

$$(\boldsymbol{\beta}_1,\boldsymbol{\beta}_2,\cdots,\boldsymbol{\beta}_n)=(\boldsymbol{\alpha}_1,\boldsymbol{\alpha}_2,\cdots,\boldsymbol{\alpha}_n)\boldsymbol{C}$$

其中，$\boldsymbol{C}$是从基$\boldsymbol{\alpha}_1,\boldsymbol{\alpha}_2,\cdots,\boldsymbol{\alpha}_n$到基$\boldsymbol{\beta}_1,\boldsymbol{\beta}_2,\cdots,\boldsymbol{\beta}_n$的过渡矩阵.

4. 坐标变换公式

向量$\boldsymbol{\gamma}$在基$\boldsymbol{\alpha}_1,\boldsymbol{\alpha}_2,\cdots,\boldsymbol{\alpha}_n$与基$\boldsymbol{\beta}_1,\boldsymbol{\beta}_2,\cdots,\boldsymbol{\beta}_n$下的坐标分别为$\boldsymbol{x}=(x_1,x_2,\cdots,x_n)^{\mathrm{T}}$，$\boldsymbol{y}=(y_1,y_2,\cdots,y_n)^{\mathrm{T}}$，即$\boldsymbol{\gamma}=x_1\boldsymbol{\alpha}_1+x_2\boldsymbol{\alpha}_2+\cdots+x_n\boldsymbol{\alpha}_n=y_1\boldsymbol{\beta}_1+y_2\boldsymbol{\beta}_2+\cdots+y_n\boldsymbol{\beta}_n$，则坐标变换公式为$\boldsymbol{x}=\boldsymbol{C}\boldsymbol{y}$或$\boldsymbol{y}=\boldsymbol{C}^{-1}\boldsymbol{x}$. 其中，$\boldsymbol{C}$是从基$\boldsymbol{\alpha}_1,\boldsymbol{\alpha}_2,\cdots,\boldsymbol{\alpha}_n$到基$\boldsymbol{\beta}_1,\boldsymbol{\beta}_2,\cdots,\boldsymbol{\beta}_n$的过渡矩阵.

5. 正交基

（1）向量的内积：$\langle\boldsymbol{\alpha},\boldsymbol{\beta}\rangle=\boldsymbol{\alpha}^{\mathrm{T}}\boldsymbol{\beta}=\boldsymbol{\beta}^{\mathrm{T}}\boldsymbol{\alpha}$.

（2）长度定义：$\|\boldsymbol{\alpha}\|=\sqrt{\langle\boldsymbol{\alpha},\boldsymbol{\alpha}\rangle}=\sqrt{\boldsymbol{\alpha}^{\mathrm{T}}\boldsymbol{\alpha}}=\sqrt{a_1^2+a_2^2+\cdots+a_n^2}$，其中 $\boldsymbol{\alpha}=(a_1,a_2,\cdots,a_n)^{\mathrm{T}}$.

（3）正交定义：$\langle\boldsymbol{\alpha},\boldsymbol{\beta}\rangle=\boldsymbol{\alpha}^{\mathrm{T}}\boldsymbol{\beta}=\boldsymbol{\beta}^{\mathrm{T}}\boldsymbol{\alpha}=a_1b_1+a_2b_2+\cdots+a_nb_n=0$，其中 $\boldsymbol{\alpha}=(a_1,a_2,\cdots,a_n)^{\mathrm{T}},\boldsymbol{\beta}=(b_1,b_2,\cdots,b_n)^{\mathrm{T}}$.

（4）标准正交基：设 $\boldsymbol{w}_1,\boldsymbol{w}_2,\cdots,\boldsymbol{w}_m$ 是 $\boldsymbol{W}$ 的一组基，且 $\|\boldsymbol{w}_i\|=1,\langle\boldsymbol{w}_i,\boldsymbol{w}_j\rangle=0(i\neq j)$，则称 $\boldsymbol{w}_1,\boldsymbol{w}_2,\cdots,\boldsymbol{w}_m$ 是 $\boldsymbol{W}$ 的一组标准正交基.

6. Schmidt 正交化

1）正交化

设 $\boldsymbol{\alpha}_1,\boldsymbol{\alpha}_2,\cdots,\boldsymbol{\alpha}_s$ 线性无关，令

$$\boldsymbol{\beta}_1=\boldsymbol{\alpha}_1$$

$$\boldsymbol{\beta}_2=\boldsymbol{\alpha}_2-\frac{\langle\boldsymbol{\alpha}_2,\boldsymbol{\beta}_1\rangle}{\langle\boldsymbol{\beta}_1,\boldsymbol{\beta}_1\rangle}\boldsymbol{\beta}_1$$

……

$$\boldsymbol{\beta}_s=\boldsymbol{\alpha}_s-\frac{\langle\boldsymbol{\alpha}_s,\boldsymbol{\beta}_1\rangle}{\langle\boldsymbol{\beta}_1,\boldsymbol{\beta}_1\rangle}\boldsymbol{\beta}_1-\frac{\langle\boldsymbol{\alpha}_s,\boldsymbol{\beta}_2\rangle}{\langle\boldsymbol{\beta}_2,\boldsymbol{\beta}_2\rangle}\boldsymbol{\beta}_2-\cdots-\frac{\langle\boldsymbol{\alpha}_s,\boldsymbol{\beta}_{s-1}\rangle}{\langle\boldsymbol{\beta}_{s-1},\boldsymbol{\beta}_{s-1}\rangle}\boldsymbol{\beta}_{s-1}$$

2）单位化

$$\boldsymbol{\gamma}_i=\frac{\boldsymbol{\beta}_i}{\|\boldsymbol{\beta}_i\|}\quad(i=1,2,\cdots,s)$$

（二）线性方程组解的结构

解的性质：

（1）若 $\boldsymbol{\xi}_1,\boldsymbol{\xi}_2$ 是 $\boldsymbol{Ax}=\boldsymbol{0}$ 的解，则 $k_1\boldsymbol{\xi}_1+k_2\boldsymbol{\xi}_2$ 是 $\boldsymbol{Ax}=\boldsymbol{0}$ 的解.

（2）若 $\boldsymbol{\xi}$ 是 $\boldsymbol{Ax}=\boldsymbol{0}$ 的解，$\boldsymbol{\eta}$ 是 $\boldsymbol{Ax}=\boldsymbol{b}$ 的解，则 $\boldsymbol{\xi}+\boldsymbol{\eta}$ 是 $\boldsymbol{Ax}=\boldsymbol{b}$ 的解.

（3）若 $\boldsymbol{\eta}_1,\boldsymbol{\eta}_2$ 是 $\boldsymbol{Ax}=\boldsymbol{b}$ 的解，则 $\boldsymbol{\eta}_1-\boldsymbol{\eta}_2$ 是 $\boldsymbol{Ax}=\boldsymbol{0}$ 的解.

推广：

（1）设 $\boldsymbol{\eta}_1,\boldsymbol{\eta}_2,\cdots,\boldsymbol{\eta}_s$ 是 $\boldsymbol{Ax}=\boldsymbol{b}$ 的解，则 $k_1\boldsymbol{\eta}_1+k_2\boldsymbol{\eta}_2+\cdots+k_s\boldsymbol{\eta}_s$ 为

$$\begin{cases}\boldsymbol{Ax}=\boldsymbol{b}\text{的解} & \left(\sum\limits_{i=1}^{s}k_i=1\right)\\ \boldsymbol{Ax}=\boldsymbol{0}\text{的解} & \left(\sum\limits_{i=1}^{s}k_i=0\right)\end{cases}$$

（2）设$\boldsymbol{\eta}_1,\boldsymbol{\eta}_2,\cdots,\boldsymbol{\eta}_s$是 $\boldsymbol{Ax}=\boldsymbol{b}$ 的 s 个线性无关的解，则$\boldsymbol{\eta}_2-\boldsymbol{\eta}_1,\boldsymbol{\eta}_3-\boldsymbol{\eta}_1,\cdots,\boldsymbol{\eta}_s-\boldsymbol{\eta}_1$为$\boldsymbol{Ax}=\boldsymbol{0}$的$s$–1个线性无关的解. 变式为①$\boldsymbol{\eta}_1-\boldsymbol{\eta}_2,\boldsymbol{\eta}_3-\boldsymbol{\eta}_2,\cdots,\boldsymbol{\eta}_s-\boldsymbol{\eta}_2$；②$\boldsymbol{\eta}_2-\boldsymbol{\eta}_1,\boldsymbol{\eta}_3-\boldsymbol{\eta}_2,\cdots,\boldsymbol{\eta}_s-\boldsymbol{\eta}_{s-1}$.

（三）齐次线性方程组的基础解系

1. 基础解系的定义

（1）$\boldsymbol{\xi}_1,\boldsymbol{\xi}_2,\cdots,\boldsymbol{\xi}_s$是$\boldsymbol{Ax}=\boldsymbol{0}$的解.

（2）$\boldsymbol{\xi}_1,\boldsymbol{\xi}_2,\cdots,\boldsymbol{\xi}_s$线性无关.

（3）$\boldsymbol{Ax}=\boldsymbol{0}$的所有解均可由其线性表示，
则基础解系即所有解的极大线性无关组.

注　基础解系不唯一.
任意$n-r(\boldsymbol{A})$个线性无关的解均可作为基础解系.

2. 重要结论（证明也很重要）

设$\boldsymbol{A}$是$m\times n$矩阵，$\boldsymbol{B}$是$n\times s$矩阵，$\boldsymbol{AB}=\boldsymbol{O}$，则

（1）$\boldsymbol{B}$的列向量均为方程$\boldsymbol{Ax}=\boldsymbol{0}$的解.

（2）$r(\boldsymbol{A})+r(\boldsymbol{B})\leqslant n$.

3. 总结（$\boldsymbol{Ax}=\boldsymbol{0}$的基础解系的求法）

（1）$\boldsymbol{A}$为抽象的：由定义或性质凑n–$r(\boldsymbol{A})$个线性无关的解.

（2）$\boldsymbol{A}$为数字的：$\boldsymbol{A}\xrightarrow{\text{初等行变换}}$行阶梯形矩阵.

设$r(\boldsymbol{A})=r$，自由未知量分别取$(1, 0, \cdots, 0)^{\mathrm{T}}$，$(0, 1, 0, \cdots, 0)^{\mathrm{T}}$，$\cdots$，$(0, \cdots, 0, 1)^{\mathrm{T}}$，代入解得非自由未知量，得到基础解系$\boldsymbol{\xi}_1,\boldsymbol{\xi}_2,\cdots,\boldsymbol{\xi}_{n-r}$.

（四）线性方程组的通解

1. 齐次线性方程组的通解

设$r(\boldsymbol{A})=r,\boldsymbol{\xi}_1,\boldsymbol{\xi}_2,\cdots,\boldsymbol{\xi}_{n-r}$为 $\boldsymbol{Ax}=\boldsymbol{0}$ 的基础解系，则 $\boldsymbol{Ax}=\boldsymbol{0}$ 的通解为$k_1\boldsymbol{\xi}_1+k_2\boldsymbol{\xi}_2+\cdots+k_{n-r}\boldsymbol{\xi}_{n-r}$（$k_1,k_2,\cdots,k_{n-r}$为任意常数）.

2. 非齐次线性方程组的通解

设$r(\boldsymbol{A})=r,\boldsymbol{\xi}_1,\boldsymbol{\xi}_2,\cdots,\boldsymbol{\xi}_{n-r}$为$\boldsymbol{Ax}=\boldsymbol{0}$的基础解系，$\boldsymbol{\eta}$为$\boldsymbol{Ax}=\boldsymbol{b}$的特解，则$\boldsymbol{Ax}=\boldsymbol{b}$的通解为$\boldsymbol{\eta}+k_1\boldsymbol{\xi}_1+k_2\boldsymbol{\xi}_2+\cdots+k_{n-r}\boldsymbol{\xi}_{n-r}$（$k_1,k_2,\cdots,k_{n-r}$为任意常数）.

二、教学要求

了解向量空间的概念、向量空间的基和维数、向量空间的正交基，掌握 Schmidt 正交化方法，深刻理解非齐次线性方程组与其对应的齐次线性方程组解的关系及解的结构.

三、疑难问题解答

齐次线性方程组与非齐次线性方程组的解向量性质的区别有哪些？

解　线性方程组 $\boldsymbol{Ax}=\boldsymbol{b}$ 的解的存在性可以看成用 $\boldsymbol{A}$ 的列向量能否表示出向量 $\boldsymbol{b}$ 的问题，所以当 $\boldsymbol{b}=\boldsymbol{0}$ 时，至少有一个解，即 $\boldsymbol{x}=\boldsymbol{0}$，称为平凡解. 而当 $\boldsymbol{A}$ 的列向量组线性无关时，仅有零解；线性相关时，就有无数多个解，但是解空间的维数等于 n 与 $\boldsymbol{A}$ 的秩的差（$n-r$，r 为 $\boldsymbol{A}$ 的秩），解空间的基称为齐次线性方程组 $\boldsymbol{Ax}=\boldsymbol{0}$ 的一个基础解系.

当 $\boldsymbol{b}\neq\boldsymbol{0}$ 时，称为非齐次线性方程组（$\boldsymbol{b}=\boldsymbol{0}$ 的齐次线性方程组称为与之对应的齐次线性方程组）. 与齐次线性方程组 $\boldsymbol{Ax}=\boldsymbol{0}$ 不同，它可能没有解. 当且仅当 $\boldsymbol{A}$ 的秩等于 $\boldsymbol{A}$，$\boldsymbol{b}$ 合并组成的增广矩阵的秩时有解，即 $\boldsymbol{A}$ 的列向量可以表示出 $\boldsymbol{b}$，或者 $\boldsymbol{A}$ 的列向量组与增广矩阵的列向量组等价时有解. 而且有解时，解向量组的秩也等于 n 与 $\boldsymbol{A}$ 的秩的差.

区别是：齐次线性方程组的解可以形成线性空间（不空，至少有 $\boldsymbol{0}$）；非齐次线性方程组的解不能形成线性空间，因为其解向量关于线性运算不封闭. 任何齐次线性方程组的解的线性组合还是齐次线性方程组的解，但是非齐次线性方程组的任意两个解的组合一般不再是方程组的解（除非系数之和为 1），而任意两个非齐次线性方程组的解的差变为对应的齐次线性方程组的解.注意到这一点，就知道，齐次线性方程组有基础解系，而非齐次线性方程组只有通解，不能称为基础解系，因这些解不能生成解空间（线性运算不封闭）.

四、常见错误类型分析

例 1　求下列齐次线性方程组的基础解系.

$$\begin{cases}2x_1+\ x_2-2x_3-2x_4=0\\ x_1-\ x_2-4x_3-3x_4=0\\ x_1+2x_2+2x_3+\ x_4=0\end{cases}$$

错误解法　由于所给齐次线性方程组中方程个数小于未知量个数，该方程组必有非零解. 对方程组的系数矩阵施以初等行变换化为行最简形矩阵：

$$\boldsymbol{A}=\begin{pmatrix}2&1&-2&-2\\1&-1&-4&-3\\1&2&2&1\end{pmatrix}\xrightarrow{r}\begin{pmatrix}1&0&-2&-\dfrac{5}{3}\\0&1&2&\dfrac{4}{3}\\0&0&0&0\end{pmatrix}$$

于是得与原方程组同解的方程组

$$\begin{cases} x_1 \quad -2x_3-\dfrac{5}{3}x_4=0 \\ x_2+2x_3+\dfrac{4}{3}x_4=0 \end{cases}$$

由 $r(\boldsymbol{A})=2<n=4$ 知，方程组中有 $n-r=2$ 个自由未知量. 取 x_3,x_4 为自由未知量，并移项得

$$\begin{cases} x_1= \ 2x_3+\dfrac{5}{3}x_4 \\ x_2=-2x_3-\dfrac{4}{3}x_4 \end{cases}$$

令 $\begin{cases} x_3=1 \\ x_4=0 \end{cases}$，得 $\begin{cases} x_1=2 \\ x_2=-2 \end{cases}$，再令 $\begin{cases} x_3=2 \\ x_4=0 \end{cases}$，得 $\begin{cases} x_1=4 \\ x_2=-4 \end{cases}$，这样原方程组的基础解系为

$$\boldsymbol{\alpha}=\begin{pmatrix} 2 \\ -2 \\ 1 \\ 0 \end{pmatrix},\quad \boldsymbol{\beta}=\begin{pmatrix} 4 \\ -4 \\ 2 \\ 0 \end{pmatrix}$$

错误分析　结论显然是错误的，因为解向量 $\boldsymbol{\alpha}=\begin{pmatrix} 2 \\ -2 \\ 1 \\ 0 \end{pmatrix},\boldsymbol{\beta}=\begin{pmatrix} 4 \\ -4 \\ 2 \\ 0 \end{pmatrix}$ 是线性相关的，它们不能构成基础解系，为什么会出现这种错误呢？原因是 $\begin{pmatrix} x_3 \\ x_4 \end{pmatrix}$ 的两组取值 $\begin{pmatrix} 1 \\ 0 \end{pmatrix}$ 与 $\begin{pmatrix} 2 \\ 0 \end{pmatrix}$ 是线性相关的!为了得到基础解系，$\begin{pmatrix} x_3 \\ x_4 \end{pmatrix}$ 应分别取两组线性无关的解，这样才能保证 $\boldsymbol{\alpha},\boldsymbol{\beta}$ 是线性无关的.

正确解法　令 $\begin{cases} x_3=1 \\ x_4=0 \end{cases}$，得 $\begin{cases} x_1=2 \\ x_2=-2 \end{cases}$，再令 $\begin{cases} x_3=0 \\ x_4=1 \end{cases}$，得 $\begin{cases} x_1=\dfrac{5}{3} \\ x_2=-\dfrac{4}{3} \end{cases}$，这样原方程组的基础解系为

$$\boldsymbol{\alpha}=\begin{pmatrix} 2 \\ -2 \\ 1 \\ 0 \end{pmatrix},\quad \boldsymbol{\beta}=\begin{pmatrix} \dfrac{5}{3} \\ -\dfrac{4}{3} \\ 0 \\ 1 \end{pmatrix}$$

例 2　求下列线性方程组的通解.

$$\begin{cases}2x_1-x_2-x_3+x_4=2\\6x_1-9x_2+3x_3-3x_4=6\\x_1+x_2-2x_3+x_4=4\\3x_1+6x_2-9x_3+7x_4=9\end{cases}$$

错误解法　对方程组的增广矩阵施行初等行变换化为行最简形矩阵：

$$\overline{A}=(A,b)=\begin{pmatrix}2&-1&-1&1&2\\6&-9&3&-3&6\\1&1&-2&1&4\\3&6&-9&7&9\end{pmatrix}\xrightarrow{r}\begin{pmatrix}1&0&-1&0&4\\0&1&-1&0&3\\0&0&0&1&-3\\0&0&0&0&0\end{pmatrix}$$

易知，$r(A)=r(\overline{A})=3<n=4$（未知量的个数），$\overline{A}$ 的行最简形矩阵所对应的与原方程组同解的方程组为 $\begin{cases}x_1-x_3=4\\x_2-x_3=3\\x_4=-3\end{cases}$，于是解得 $\begin{cases}x_1=x_3+4\\x_2=x_3+3.\\x_4=-3\end{cases}$

令 $x_3=0$，得原方程组的一个特解为 $\boldsymbol{\eta}^*=\begin{pmatrix}4\\3\\0\\-3\end{pmatrix}$. 令 $x_3=1$，得对应的齐次线性方程组的一个基础解系为 $\boldsymbol{\xi}=\begin{pmatrix}5\\4\\1\\-3\end{pmatrix}$. 故原方程组的通解为 $\boldsymbol{x}=\begin{pmatrix}x_1\\x_2\\x_3\\x_4\end{pmatrix}=c\begin{pmatrix}5\\4\\1\\-3\end{pmatrix}+\begin{pmatrix}4\\3\\0\\-3\end{pmatrix}$，其中 c 为任意常数.

错误分析　求对应的齐次线性方程组的一个基础解系时，利用了与原方程组同解的方程组，求出的是原方程组的两个特解，而不是对应的齐次线性方程组的一个基础解系，因而通解是错误的.

正确解法　对方程组的增广矩阵施行初等行变换化为行最简形矩阵：

$$\overline{A}=(A,b)=\begin{pmatrix}2&-1&-1&1&2\\6&-9&3&-3&6\\1&1&-2&1&4\\3&6&-9&7&9\end{pmatrix}\xrightarrow{r}\begin{pmatrix}1&0&-1&0&4\\0&1&-1&0&3\\0&0&0&1&-3\\0&0&0&0&0\end{pmatrix}$$

与原方程组同解的方程组为

$$\begin{cases}x_1-x_3=4\\x_2-x_3=3\\x_4=-3\\0=0\end{cases}$$

于是解得$\begin{cases}x_1=x_3+4\\x_2=x_3+3\\x_4=\quad -3\end{cases}$，令$x_3=0$，得原方程组的一个特解为

$$\boldsymbol{\eta}^*=\begin{pmatrix}4\\3\\0\\-3\end{pmatrix}$$

上述方程组对应的齐次线性方程组为$\begin{cases}x_1=x_3\\x_2=x_3\\x_4=0\end{cases}$.令$x_3=1$，得对应的齐次线性方程组的一个基础解系为$\boldsymbol{\xi}=\begin{pmatrix}1\\1\\1\\0\end{pmatrix}$. 故方程组的通解为$\boldsymbol{x}=\begin{pmatrix}x_1\\x_2\\x_3\\x_4\end{pmatrix}=c\begin{pmatrix}1\\1\\1\\0\end{pmatrix}+\begin{pmatrix}4\\3\\0\\-3\end{pmatrix}$，其中$c$为任意常数.

例 3　已知矩阵

$$\begin{pmatrix}1&-2&1&0&0\\1&-2&0&1&0\\0&0&1&-1&0\\1&-2&3&-2&0\end{pmatrix}$$

的行向量都是齐次线性方程组

$$\begin{cases}x_1+\ x_2+\ x_3+\ x_4+\ x_5=0\\3x_1+2x_2+\ x_3+\ x_4-3x_5=0\\\qquad x_2+2x_3+2x_4+6x_5=0\\5x_1+4x_2+3x_3+3x_4-\ x_5=0\end{cases}$$

的解向量，它们能否构成基础解系？若不能，是多了还是少了？多了去掉哪一个，少了如何补充？

错误解法 1　方程组的系数矩阵$\boldsymbol{A}=\begin{pmatrix}1&1&1&1&1\\3&2&1&1&-3\\0&1&2&2&6\\5&4&3&3&-1\end{pmatrix}\xrightarrow{r}\begin{pmatrix}1&1&1&1&1\\0&1&2&2&6\\0&0&0&0&0\\0&0&0&0&0\end{pmatrix}$，故$r(\boldsymbol{A})=2$，所给齐次线性方程组的基础解系中含$5-2=3$个线性无关的解向量.

题目中所给的矩阵

$$\boldsymbol{B}=\begin{pmatrix}1&-2&1&0&0\\1&-2&0&1&0\\0&0&1&-1&0\\1&-2&3&-2&0\end{pmatrix}\xrightarrow{r}\begin{pmatrix}1&-2&1&0&0\\0&0&1&-1&0\\0&0&0&0&0\\0&0&0&0&0\end{pmatrix}\tag{1}$$

即只有两个解向量是线性无关的，因此需要再添加一个线性无关的向量. 例如，取

(0, 0, 0, 0, 1)，那么(1, −2, 1, 0, 0)，(1, −2, 0, 1, 0)，(0, 0, 0, 0, 1)就构成方程组的一个基础解系.

错误解法 2　由初等变换可知，所给矩阵的 4 个行向量是线性相关的，故不能作为基础解系. 但它们之中任意两个都线性无关，故可任取其中的两个向量，如 $\boldsymbol{\alpha}_1=(1,-2,1,0,0)$，$\boldsymbol{\alpha}_2=(1,-2,0,1,0)$ 作为基础解系. 因此，所给 4 个行向量多了，应该去掉两个.

错误解法 3　通过对系数矩阵 $\boldsymbol{A}$ 作初等行变换知 $r(\boldsymbol{A})=2$（过程见错误解法 1，略），故方程组的基础解系应含有 3 个解向量，因此所给的 4 个行向量多了，需要去掉一个（如 $\boldsymbol{\alpha}_4$），那么 $\boldsymbol{\alpha}_1=(1,-2,1,0,0)$，$\boldsymbol{\alpha}_2=(1,-2,0,1,0)$，$\boldsymbol{\alpha}_3=(0,0,1,-1,0)$ 便构成一个基础解系.

错误解法 4　通过对系数矩阵 $\boldsymbol{A}$ 作初等行变换（见错误解法 1）知，$r(\boldsymbol{A})=2$，故方程组的基础解系的个数为 3 个，从而所给的矩阵的 4 个行向量不能构成基础解系. 由于原方程与方程组

$$\begin{cases} x_1+x_2+\ \ x_3+\ \ x_4+\ \ x_5=0 \\ \qquad x_2+2x_3+2x_4+6x_5=0 \end{cases}$$

同解，取 x_1,x_2,x_3 为自由未知量，得

$$x_4=-\frac{3}{2}x_1-\frac{5}{4}x_2-x_3$$

$$x_5=\frac{1}{2}x_1+\frac{1}{4}x_2$$

其中，分别取 (x_1,x_2,x_3) 为 $(1,0,0),(0,1,0),(0,0,1)$，则方程组的基础解系为

$$\boldsymbol{\alpha}_1=\left(1,0,0,-\frac{3}{2},\frac{1}{2}\right)$$

$$\boldsymbol{\alpha}_2=\left(0,1,0,-\frac{5}{4},\frac{1}{4}\right)$$

$$\boldsymbol{\alpha}_3=(0,0,1,-1,0)$$

错误分析　所给方程组的基础解系应由 $n-r(\boldsymbol{A})$ 个线性无关的解向量组成. 错误解法 1～3 都忽略了其中的一个要素. 错误解法 1 中所添加的不是解向量，因为 $(0,0,0,0,1)$ 不满足方程组. 错误解法 2 中只注意到基础解系应由线性无关的解向量构成，而忽略了解向量的个数，只取了两个线性无关的解向量，它们不能构成基础解系. 错误解法 3 中忽略了“线性无关”这一要素，所取的三个解向量是线性相关的. 错误解法 4 的错误有两个：①“方程组的基础解系的个数为 3 个”，叙述不对，应改为“方程组的基础解系中含有 3 个解向量”；②最后给出的结果不符合题意，题目的要求是在所给的矩阵基础上构成基础解系，而错误解法 4 则脱离了该矩阵给出的 4 个行向量，另行给出基础解系，出现了所答非所问的情况. 由此给出的启示是在解题之前一定要注意审题.

正确解法　对方程组的系数矩阵施行初等行变换化为行阶梯形矩阵：

$$\boldsymbol{A}=\begin{pmatrix} 1 & 1 & 1 & 1 & 1 \\ 3 & 2 & 1 & 1 & -3 \\ 0 & 1 & 2 & 2 & 6 \\ 5 & 4 & 3 & 3 & -1 \end{pmatrix} \xrightarrow{r} \begin{pmatrix} 1 & 1 & 1 & 1 & 1 \\ 0 & 1 & 2 & 2 & 6 \\ 0 & 0 & 0 & 0 & 0 \\ 0 & 0 & 0 & 0 & 0 \end{pmatrix}$$

故 $r(\boldsymbol{A})=2$，该方程组的基础解系应含有 3 个线性无关的解向量.

又所给矩阵

$$B=\begin{pmatrix}1&-2&1&0&0\\1&-2&0&1&0\\0&0&1&-1&0\\1&-2&3&-2&0\end{pmatrix}\xrightarrow{r}\begin{pmatrix}1&-2&1&0&0\\0&0&1&-1&0\\0&0&0&0&0\\0&0&0&0&0\end{pmatrix}$$

即只有两个解向量是线性无关的，为此要添加一个解向量，并使三个解向量线性无关.

由

$$A\xrightarrow{r}\begin{pmatrix}1&0&-1&-1&-5\\0&1&2&2&6\\0&0&0&0&0\\0&0&0&0&0\end{pmatrix}$$

故可选取 x_3,x_4,x_5 为自由未知量，得

$$\begin{cases}x_1= x_3+x_4+5x_5\\x_2=-2x_3-2x_4-6x_5\\x_3=x_3\\x_4=x_4\\x_5=x_5\end{cases}$$

令 $x_3=c_1,x_4=c_2,x_5=c_3$，则 $x_1=c_1+c_2+5c_3,x_2=-2c_1-2c_2-6c_3$.

故方程组的通解为

$$\begin{pmatrix}x_1\\x_2\\x_3\\x_4\\x_5\end{pmatrix}=c_1\begin{pmatrix}1\\-2\\1\\0\\0\end{pmatrix}+c_2\begin{pmatrix}1\\-2\\0\\1\\0\end{pmatrix}+c_3\begin{pmatrix}5\\-6\\0\\0\\1\end{pmatrix}$$

所以可选取所给矩阵的前两个行向量及 $(5,-6,0,0,1)$ 构成该方程组的一个基础解系.

五、第三章　习题 A 答案

1. 单项选择题.

（1）设 $\boldsymbol{a}_1,\boldsymbol{a}_2,\boldsymbol{a}_3$ 是三维向量空间 $\mathbf{R}^3$ 的一组基，则由基 $\boldsymbol{a}_1,\frac{1}{2}\boldsymbol{a}_2,\frac{1}{3}\boldsymbol{a}_3$ 到基 $\boldsymbol{a}_1+\boldsymbol{a}_2,\boldsymbol{a}_2+\boldsymbol{a}_3,\boldsymbol{a}_3+\boldsymbol{a}_1$ 的过渡矩阵为（　　）.

A. $\begin{pmatrix}1&0&1\\2&2&0\\0&3&3\end{pmatrix}$　B. $\begin{pmatrix}1&2&0\\0&2&3\\1&0&3\end{pmatrix}$　C. $\begin{pmatrix}\frac{1}{2}&\frac{1}{4}&-\frac{1}{6}\\-\frac{1}{2}&\frac{1}{4}&\frac{1}{6}\\\frac{1}{2}&-\frac{1}{4}&\frac{1}{6}\end{pmatrix}$　D. $\begin{pmatrix}\frac{1}{2}&-\frac{1}{2}&\frac{1}{2}\\\frac{1}{4}&\frac{1}{4}&-\frac{1}{4}\\-\frac{1}{6}&\frac{1}{6}&\frac{1}{6}\end{pmatrix}$

解　因 $(\boldsymbol{a}_1+\boldsymbol{a}_2,\boldsymbol{a}_2+\boldsymbol{a}_3,\boldsymbol{a}_3+\boldsymbol{a}_1)=\left(\boldsymbol{a}_1,\frac{1}{2}\boldsymbol{a}_2,\frac{1}{3}\boldsymbol{a}_3\right)\begin{pmatrix}1&0&1\\2&2&0\\0&3&3\end{pmatrix}$，故选 A.

（2）设 $\boldsymbol{\alpha}_1,\boldsymbol{\alpha}_2,\boldsymbol{\alpha}_3$ 是向量空间 $\boldsymbol{V}$ 的一组标准正交基，$\boldsymbol{\xi}=\boldsymbol{\alpha}_1-\boldsymbol{\alpha}_2+\boldsymbol{\alpha}_3$，$\boldsymbol{\eta}=a\boldsymbol{\alpha}_1+b\boldsymbol{\alpha}_2-c\boldsymbol{\alpha}_3$，则下列命题中正确的是（　　）.

A. $\boldsymbol{\xi}$ 与 $\boldsymbol{\eta}$ 正交当且仅当 $a+b+c=0$　　B. $\boldsymbol{\xi}$ 与 $\boldsymbol{\eta}$ 正交当且仅当 $a-b+c=0$

C. $\boldsymbol{\xi}$ 与 $\boldsymbol{\eta}$ 正交当且仅当 $a+b-c=0$　　D. $\boldsymbol{\xi}$ 与 $\boldsymbol{\eta}$ 正交当且仅当 $b+c-a=0$

解

$$\begin{aligned}0=\langle\boldsymbol{\xi},\boldsymbol{\eta}\rangle&=\langle\boldsymbol{\alpha}_1,a\boldsymbol{\alpha}_1\rangle+\langle\boldsymbol{\alpha}_1,b\boldsymbol{\alpha}_2\rangle+\langle\boldsymbol{\alpha}_1,-c\boldsymbol{\alpha}_3\rangle+\langle-\boldsymbol{\alpha}_2,a\boldsymbol{\alpha}_1\rangle+\langle-\boldsymbol{\alpha}_2,b\boldsymbol{\alpha}_2\rangle\\&+\langle-\boldsymbol{\alpha}_2,-c\boldsymbol{\alpha}_3\rangle+\langle\boldsymbol{\alpha}_3,a\boldsymbol{\alpha}_1\rangle+\langle\boldsymbol{\alpha}_3,b\boldsymbol{\alpha}_2\rangle+\langle\boldsymbol{\alpha}_3,-c\boldsymbol{\alpha}_2\rangle=a-b-c\end{aligned}$$

即 $b+c-a=0$，故选 D.

（3）设 $\boldsymbol{A}$ 是 $s\times n$ 矩阵，则齐次线性方程组 $\boldsymbol{Ax}=\boldsymbol{0}$ 有非零解的充分必要条件是（　　）.

A. $\boldsymbol{A}$ 的行向量组线性无关　　B. $\boldsymbol{A}$ 的列向量组线性无关

C. $\boldsymbol{A}$ 的行向量组线性相关　　D. $\boldsymbol{A}$ 的列向量组线性相关

解　齐次线性方程组 $\boldsymbol{Ax}=\boldsymbol{0}$ 有非零解的充分必要条件是 $r(\boldsymbol{A})<n$，说明 $\boldsymbol{A}$ 的列向量组线性相关，故选 D.

（4）设 $\boldsymbol{A}$ 是 $s\times n$ 矩阵，若齐次线性方程组 $\boldsymbol{Ax}=\boldsymbol{0}$ 的基础解系中有 t 个解向量，则齐次线性方程组 $\boldsymbol{A}^{\mathrm{T}}\boldsymbol{y}=\boldsymbol{0}$ 的基础解系中所含向量的个数为（　　）.

A. $s+n-t$　　B. $s+n+t$　　C. $s-n+t$　　D. $s-n-t$

解　齐次线性方程组 $\boldsymbol{Ax}=\boldsymbol{0}$ 的基础解系中有 t 个解向量，故 $r(\boldsymbol{A})=n-t$，从而 $r(\boldsymbol{A}^{\mathrm{T}})=n-t$，故齐次线性方程组 $\boldsymbol{A}^{\mathrm{T}}\boldsymbol{y}=\boldsymbol{0}$ 的基础解系中所含向量的个数为 $s-(n-t)$，故选 C.

（5）设 $\boldsymbol{\gamma}_1,\boldsymbol{\gamma}_2$ 是非齐次线性方程组 $\boldsymbol{Ax}=\boldsymbol{b}$ 的两个不同的解，$\boldsymbol{\eta}_1,\boldsymbol{\eta}_2$ 是相应的齐次线性方程组 $\boldsymbol{Ax}=\boldsymbol{0}$ 的基础解系，则 $\boldsymbol{Ax}=\boldsymbol{b}$ 的通解为（　　）.

A. $k_1\boldsymbol{\eta}_1+k_2(\boldsymbol{\gamma}_1-\boldsymbol{\gamma}_2)+\frac{1}{2}(\boldsymbol{\gamma}_1-\boldsymbol{\gamma}_2)$　　B. $k_1\boldsymbol{\eta}_1+k_2(\boldsymbol{\eta}_1-\boldsymbol{\eta}_2)+\frac{1}{2}(\boldsymbol{\gamma}_1+\boldsymbol{\gamma}_2)$

C. $k_1\boldsymbol{\eta}_1+k_2(\boldsymbol{\eta}_1+\boldsymbol{\eta}_2)+\frac{1}{2}(\boldsymbol{\gamma}_1-\boldsymbol{\gamma}_2)$　　D. $k_1\boldsymbol{\eta}_1+k_2(\boldsymbol{\gamma}_1-\boldsymbol{\gamma}_2)+\frac{1}{2}(\boldsymbol{\gamma}_1+\boldsymbol{\gamma}_2)$

解　因 $\boldsymbol{\gamma}_1,\boldsymbol{\gamma}_2$ 是非齐次线性方程组 $\boldsymbol{Ax}=\boldsymbol{b}$ 的两个不同的解，故 $\frac{1}{2}(\boldsymbol{\gamma}_1+\boldsymbol{\gamma}_2)$ 是非齐次线性方程组 $\boldsymbol{Ax}=\boldsymbol{b}$ 的解，$\boldsymbol{\eta}_1,\boldsymbol{\eta}_2$ 是相应的齐次线性方程组 $\boldsymbol{Ax}=\boldsymbol{0}$ 的基础解系，从而 $\boldsymbol{\eta}_1,\boldsymbol{\eta}_2$ 线性无关，又 $\boldsymbol{\eta}_1-\boldsymbol{\eta}_2$ 是相应的齐次线性方程组 $\boldsymbol{Ax}=\boldsymbol{0}$ 的解，且 $\boldsymbol{\eta}_1,\boldsymbol{\eta}_1-\boldsymbol{\eta}_2$ 也线性无关，因此 $\boldsymbol{\eta}_1,\boldsymbol{\eta}_1-\boldsymbol{\eta}_2$ 也是相应的齐次线性方程组 $\boldsymbol{Ax}=\boldsymbol{0}$ 的一个基础解系，故 $\boldsymbol{Ax}=\boldsymbol{b}$ 的通解为 $k_1\boldsymbol{\eta}_1+k_2(\boldsymbol{\eta}_1-\boldsymbol{\eta}_2)+\frac{1}{2}(\boldsymbol{\gamma}_1+\boldsymbol{\gamma}_2)$，故选 B.

（6）已知线性方程组 $\begin{pmatrix}1&1&\lambda\\1&\lambda&1\\\lambda&1&1\end{pmatrix}\begin{pmatrix}x_1\\x_2\\x_3\end{pmatrix}=\begin{pmatrix}1\\0\\-1\end{pmatrix}$ 有两个不同的解，则关于参数 λ，以下选

项中正确的结论为（　　）.

A. $\lambda \neq 1$且$\lambda \neq -2$　　B. $\lambda = 1$或-2　　C. $\lambda = 1$　　D. $\lambda = -2$

解　对线性方程组的增广矩阵作初等行变换：

$$\begin{pmatrix} 1 & 1 & \lambda & 1 \\ 1 & \lambda & 1 & 0 \\ \lambda & 1 & 1 & -1 \end{pmatrix} \xrightarrow{r} \begin{pmatrix} 1 & 1 & \lambda & 1 \\ 0 & \lambda-1 & 1-\lambda & -1 \\ 0 & 1-\lambda & 1-\lambda^2 & -1-\lambda \end{pmatrix} \xrightarrow{r} \begin{pmatrix} 1 & 1 & \lambda & 1 \\ 0 & \lambda-1 & 1-\lambda & -1 \\ 0 & 0 & 2-\lambda-\lambda^2 & -2-\lambda \end{pmatrix}$$

因为线性方程组$\boldsymbol{Ax}=\boldsymbol{b}$有两个不同的解，所以$\begin{cases} 2-\lambda-\lambda^2=0 \\ -2-\lambda=0 \end{cases}$，于是$\lambda=-2$．故选 D.

（7）设$\boldsymbol{A}$为$m \times n$矩阵，$\boldsymbol{b}$为m维列向量，非齐次线性方程组$\boldsymbol{Ax}=\boldsymbol{b}$对应的齐次线性方程组为$\boldsymbol{Ax}=\boldsymbol{0}$，则下述结论中正确的是（　　）.

A. 若$\boldsymbol{Ax}=\boldsymbol{0}$仅有零解，则$\boldsymbol{Ax}=\boldsymbol{b}$有唯一解

B. 若$\boldsymbol{Ax}=\boldsymbol{0}$有非零解，则$\boldsymbol{Ax}=\boldsymbol{b}$有无穷多解

C. 若$\boldsymbol{Ax}=\boldsymbol{b}$有无穷多解，则$\boldsymbol{Ax}=\boldsymbol{0}$仅有零解

D. 若$\boldsymbol{Ax}=\boldsymbol{b}$有无穷多解，则$\boldsymbol{Ax}=\boldsymbol{0}$有非零解

解　若$\boldsymbol{Ax}=\boldsymbol{0}$仅有零解，则$r(\boldsymbol{A})=n$，但$r(\boldsymbol{A})$不一定等于$r(\boldsymbol{A},\boldsymbol{b})$，故 A 错；同样地，B 错；若$\boldsymbol{Ax}=\boldsymbol{b}$有无穷多解，则$r(\boldsymbol{A})=r(\boldsymbol{A},\boldsymbol{b})<n$，故$\boldsymbol{Ax}=\boldsymbol{0}$有无穷多解，故选 D.

（8）已知$\boldsymbol{\alpha}_1=(1,0,0)^{\mathrm{T}},\boldsymbol{\alpha}_2=(0,1,0)^{\mathrm{T}},\boldsymbol{\alpha}_3=(0,0,1)^{\mathrm{T}},\boldsymbol{\alpha}_4=(1,1,1)^{\mathrm{T}}$，则下列向量组不能成为$\mathbf{R}^3$的一组基的是（　　）.

A. $\boldsymbol{\alpha}_1,\boldsymbol{\alpha}_2,\boldsymbol{\alpha}_3$　B. $\boldsymbol{\alpha}_1,\boldsymbol{\alpha}_2,\boldsymbol{\alpha}_4$　C. $\boldsymbol{\alpha}_2,\boldsymbol{\alpha}_3,\boldsymbol{\alpha}_4$　D. $\boldsymbol{\alpha}_1,\boldsymbol{\alpha}_2,\boldsymbol{\alpha}_3,\boldsymbol{\alpha}_4$

解　很容易判断 A、B、C 都是线性无关的向量组，而$\boldsymbol{\alpha}_1,\boldsymbol{\alpha}_2,\boldsymbol{\alpha}_3,\boldsymbol{\alpha}_4$是一个线性相关的向量组，故选 D.

2. 证明：$\boldsymbol{\alpha}_1=(1,1,1,1)^{\mathrm{T}}$，$\boldsymbol{\alpha}_2=(1,1,-1,-1)^{\mathrm{T}}$，$\boldsymbol{\alpha}_3=(1,-1,1,-1)^{\mathrm{T}}$，$\boldsymbol{\alpha}_4=(1,-1,-1,1)^{\mathrm{T}}$是$\mathbf{R}^4$的一组基，并求$\boldsymbol{\beta}=(1,2,1,1)^{\mathrm{T}}$在这组基下的坐标.

解

$$(\boldsymbol{\alpha}_1,\boldsymbol{\alpha}_2,\boldsymbol{\alpha}_3,\boldsymbol{\alpha}_4,\boldsymbol{\beta})=\begin{pmatrix} 1 & 1 & 1 & 1 & 1 \\ 1 & 1 & -1 & -1 & 2 \\ 1 & -1 & 1 & -1 & 1 \\ 1 & -1 & -1 & 1 & 1 \end{pmatrix} \xrightarrow{r} \begin{pmatrix} 1 & 0 & 0 & 0 & \frac{5}{4} \\ 0 & 1 & 0 & 0 & \frac{1}{4} \\ 0 & 0 & 1 & 0 & -\frac{1}{4} \\ 0 & 0 & 0 & 1 & -\frac{1}{4} \end{pmatrix}$$

从前 4 列可知$r(\boldsymbol{\alpha}_1,\boldsymbol{\alpha}_2,\boldsymbol{\alpha}_3,\boldsymbol{\alpha}_4)=4,\boldsymbol{\alpha}_1,\boldsymbol{\alpha}_2,\boldsymbol{\alpha}_3,\boldsymbol{\alpha}_4$线性无关，故$\boldsymbol{\alpha}_1,\boldsymbol{\alpha}_2,\boldsymbol{\alpha}_3,\boldsymbol{\alpha}_4$是$\mathbf{R}^4$的一组基，且$\boldsymbol{\beta}=(1,2,1,1)^{\mathrm{T}}$在这组基下的坐标为$\dfrac{1}{4}(5,1,-1,-1)^{\mathrm{T}}$.

3. 在$\mathbf{R}^4$中找一个向量$\boldsymbol{\gamma}$，使它在基$\boldsymbol{\varepsilon}_1=(1,0,0,0)^{\mathrm{T}}$，$\boldsymbol{\varepsilon}_2=(0,1,0,0)^{\mathrm{T}}$，$\boldsymbol{\varepsilon}_3=(0,0,1,0)^{\mathrm{T}}$，

$\boldsymbol{\varepsilon}_4=(0,0,0,1)^{\mathrm{T}}$ 和基 $\boldsymbol{\beta}_1=(2,1,-1,1)^{\mathrm{T}}$， $\boldsymbol{\beta}_2=(0,3,1,0)^{\mathrm{T}}$， $\boldsymbol{\beta}_3=(5,3,2,1)^{\mathrm{T}}$， $\boldsymbol{\beta}_4=(6,6,1,3)^{\mathrm{T}}$ 下有相同的坐标.

解　设向量 $\boldsymbol{\gamma}$ 在基 $\boldsymbol{\varepsilon}_1,\boldsymbol{\varepsilon}_2,\boldsymbol{\varepsilon}_3,\boldsymbol{\varepsilon}_4$ 与基 $\boldsymbol{\beta}_1,\boldsymbol{\beta}_2,\boldsymbol{\beta}_3,\boldsymbol{\beta}_4$ 下的坐标均为 $\begin{pmatrix}x_1\\x_2\\x_3\\x_4\end{pmatrix}$，则

$$\boldsymbol{\gamma}=(\boldsymbol{\varepsilon}_1,\boldsymbol{\varepsilon}_2,\boldsymbol{\varepsilon}_3,\boldsymbol{\varepsilon}_4)\begin{pmatrix}x_1\\x_2\\x_3\\x_4\end{pmatrix}=(\boldsymbol{\beta}_1,\boldsymbol{\beta}_2,\boldsymbol{\beta}_3,\boldsymbol{\beta}_4)\begin{pmatrix}x_1\\x_2\\x_3\\x_4\end{pmatrix}$$

又

$$(\boldsymbol{\beta}_1,\boldsymbol{\beta}_2,\boldsymbol{\beta}_3,\boldsymbol{\beta}_4)=(\boldsymbol{\varepsilon}_1,\boldsymbol{\varepsilon}_2,\boldsymbol{\varepsilon}_3,\boldsymbol{\varepsilon}_4)\begin{pmatrix}2&0&5&6\\1&3&3&6\\-1&1&2&1\\1&0&1&3\end{pmatrix}$$

故

$$\boldsymbol{\gamma}=(\boldsymbol{\varepsilon}_1,\boldsymbol{\varepsilon}_2,\boldsymbol{\varepsilon}_3,\boldsymbol{\varepsilon}_4)\begin{pmatrix}x_1\\x_2\\x_3\\x_4\end{pmatrix}=(\boldsymbol{\varepsilon}_1,\boldsymbol{\varepsilon}_2,\boldsymbol{\varepsilon}_3,\boldsymbol{\varepsilon}_4)\begin{pmatrix}2&0&5&6\\1&3&3&6\\-1&1&2&1\\1&0&1&3\end{pmatrix}\begin{pmatrix}x_1\\x_2\\x_3\\x_4\end{pmatrix}$$

从而

$$\begin{pmatrix}x_1\\x_2\\x_3\\x_4\end{pmatrix}=\begin{pmatrix}2&0&5&6\\1&3&3&6\\-1&1&2&1\\1&0&1&3\end{pmatrix}\begin{pmatrix}x_1\\x_2\\x_3\\x_4\end{pmatrix}$$

这样

$$\begin{pmatrix}1&0&5&6\\1&2&3&6\\-1&1&1&1\\1&0&1&2\end{pmatrix}\begin{pmatrix}x_1\\x_2\\x_3\\x_4\end{pmatrix}=\begin{pmatrix}0\\0\\0\\0\end{pmatrix}$$

从 $\begin{pmatrix}1&0&5&6\\1&2&3&6\\-1&1&1&1\\1&0&1&2\end{pmatrix}\xrightarrow{r}\begin{pmatrix}1&0&0&1\\0&1&0&1\\0&0&1&1\\0&0&0&0\end{pmatrix}$ 得方程组的解为 $\begin{pmatrix}x_1\\x_2\\x_3\\x_4\end{pmatrix}=k\begin{pmatrix}1\\1\\1\\-1\end{pmatrix}$ （k 为任意常数），

从而$\boldsymbol{\gamma}=k\begin{pmatrix}1\\1\\1\\-1\end{pmatrix}$.

4. 设$\boldsymbol{\alpha}_1,\boldsymbol{\alpha}_2,\boldsymbol{\alpha}_3,\boldsymbol{\alpha}_4$为向量空间$\mathbf{R}^4$的一组基，证明：

$$\boldsymbol{\beta}_1=\boldsymbol{\alpha}_1+\boldsymbol{\alpha}_2+\boldsymbol{\alpha}_3+\boldsymbol{\alpha}_4,\qquad \boldsymbol{\beta}_2=\boldsymbol{\alpha}_1-\boldsymbol{\alpha}_2+\boldsymbol{\alpha}_3-\boldsymbol{\alpha}_4$$
$$\boldsymbol{\beta}_3=\boldsymbol{\alpha}_1+\boldsymbol{\alpha}_2-\boldsymbol{\alpha}_3-\boldsymbol{\alpha}_4,\qquad \boldsymbol{\beta}_4=\boldsymbol{\alpha}_1-\boldsymbol{\alpha}_2-\boldsymbol{\alpha}_3+\boldsymbol{\alpha}_4$$

也是$\mathbf{R}^4$的一组基.

证 令$k_1\boldsymbol{\beta}_1+k_2\boldsymbol{\beta}_2+k_3\boldsymbol{\beta}_3+k_4\boldsymbol{\beta}_4=\mathbf{0}$，即

$$k_1(\boldsymbol{\alpha}_1+\boldsymbol{\alpha}_2+\boldsymbol{\alpha}_3+\boldsymbol{\alpha}_4)+k_2(\boldsymbol{\alpha}_1-\boldsymbol{\alpha}_2+\boldsymbol{\alpha}_3-\boldsymbol{\alpha}_4)+k_3(\boldsymbol{\alpha}_1+\boldsymbol{\alpha}_2-\boldsymbol{\alpha}_3-\boldsymbol{\alpha}_4)$$
$$+k_4(\boldsymbol{\alpha}_1-\boldsymbol{\alpha}_2-\boldsymbol{\alpha}_3+\boldsymbol{\alpha}_4)=\mathbf{0}$$

整理得

$$(k_1+k_2+k_3+k_4)\boldsymbol{\alpha}_1+(k_1-k_2+k_3-k_4)\boldsymbol{\alpha}_2+(k_1+k_2-k_3-k_4)\boldsymbol{\alpha}_3+(k_1-k_2-k_3+k_4)\boldsymbol{\alpha}_4=\mathbf{0}$$

因$\boldsymbol{\alpha}_1,\boldsymbol{\alpha}_2,\boldsymbol{\alpha}_3,\boldsymbol{\alpha}_4$为向量空间$\mathbf{R}^4$的一组基，故它们线性无关，从而

$$\begin{cases}k_1+k_2+k_3+k_4=0\\k_1-k_2+k_3-k_4=0\\k_1+k_2-k_3-k_4=0\\k_1-k_2-k_3+k_4=0\end{cases}$$

易证该齐次线性方程组只有零解，即$k_1=k_2=k_3=k_4=0$，因此$\boldsymbol{\beta}_1,\boldsymbol{\beta}_2,\boldsymbol{\beta}_3,\boldsymbol{\beta}_4$线性无关，故$\boldsymbol{\beta}_1,\boldsymbol{\beta}_2,\boldsymbol{\beta}_3,\boldsymbol{\beta}_4$也是$\mathbf{R}^4$的一组基.

5. 求下列子空间的一组基及维数.

（1）$\boldsymbol{W}_1=\mathrm{Sp}\{\boldsymbol{\alpha}_1,\boldsymbol{\alpha}_2,\boldsymbol{\alpha}_3\}$，其中$\boldsymbol{\alpha}_1=(1,2,1)^{\mathrm{T}}$，$\boldsymbol{\alpha}_2=(1,1,-1)^{\mathrm{T}}$，$\boldsymbol{\alpha}_3=(1,3,3)^{\mathrm{T}}$；

（2）$\boldsymbol{W}_2=\mathrm{Sp}\{\boldsymbol{\beta}_1,\boldsymbol{\beta}_2,\boldsymbol{\beta}_3\}$，其中$\boldsymbol{\beta}_1=(2,3,-1)^{\mathrm{T}}$，$\boldsymbol{\beta}_2=(1,2,2)^{\mathrm{T}}$，$\boldsymbol{\beta}_3=(1,1,-3)^{\mathrm{T}}$.

解 （1）因$(\boldsymbol{\alpha}_1,\boldsymbol{\alpha}_2,\boldsymbol{\alpha}_3)=\begin{pmatrix}1&1&1\\2&1&3\\1&-1&3\end{pmatrix}\xrightarrow{r}\begin{pmatrix}1&1&1\\0&-1&1\\0&0&0\end{pmatrix}$，故$\boldsymbol{W}_1=\mathrm{Sp}\{\boldsymbol{\alpha}_1,\boldsymbol{\alpha}_2,\boldsymbol{\alpha}_3\}$的一组基为$\boldsymbol{\alpha}_1,\boldsymbol{\alpha}_2$，维数为2.

（2）因$(\boldsymbol{\beta}_1,\boldsymbol{\beta}_2,\boldsymbol{\beta}_3)=\begin{pmatrix}2&1&1\\3&2&1\\-1&2&-3\end{pmatrix}\xrightarrow{r}\begin{pmatrix}-1&2&-3\\0&1&-1\\0&0&0\end{pmatrix}$，故$\boldsymbol{W}_2=\mathrm{Sp}\{\boldsymbol{\beta}_1,\boldsymbol{\beta}_2,\boldsymbol{\beta}_3\}$的一组基为$\boldsymbol{\beta}_1,\boldsymbol{\beta}_2$，维数为2.

6. 已知$\mathbf{R}^3$的两组基为

$$\boldsymbol{\alpha}_1=(1,1,1)^{\mathrm{T}},\quad \boldsymbol{\alpha}_2=(1,0,-1)^{\mathrm{T}},\quad \boldsymbol{\alpha}_3=(1,0,1)^{\mathrm{T}}$$
$$\boldsymbol{\beta}_1=(1,2,1)^{\mathrm{T}},\quad \boldsymbol{\beta}_2=(2,3,4)^{\mathrm{T}},\quad \boldsymbol{\beta}_3=(3,4,3)^{\mathrm{T}}$$

求由基$\boldsymbol{\alpha}_1,\boldsymbol{\alpha}_2,\boldsymbol{\alpha}_3$到基$\boldsymbol{\beta}_1,\boldsymbol{\beta}_2,\boldsymbol{\beta}_3$的过渡矩阵$\boldsymbol{P}$.

解　令 $\boldsymbol{\varepsilon}_1=(1,0,0)^{\mathrm T},\boldsymbol{\varepsilon}_2=(0,1,0)^{\mathrm T},\boldsymbol{\varepsilon}_3=(0,0,1)^{\mathrm T}$，则

$$(\boldsymbol{\alpha}_1,\boldsymbol{\alpha}_2,\boldsymbol{\alpha}_3)=(\boldsymbol{\varepsilon}_1,\boldsymbol{\varepsilon}_2,\boldsymbol{\varepsilon}_3)\begin{pmatrix}1&1&1\\1&0&0\\1&-1&1\end{pmatrix},\quad (\boldsymbol{\beta}_1,\boldsymbol{\beta}_2,\boldsymbol{\beta}_3)=(\boldsymbol{\varepsilon}_1,\boldsymbol{\varepsilon}_2,\boldsymbol{\varepsilon}_3)\begin{pmatrix}1&2&3\\2&3&4\\1&4&3\end{pmatrix}$$

从而 $(\boldsymbol{\alpha}_1,\boldsymbol{\alpha}_2,\boldsymbol{\alpha}_3)\begin{pmatrix}1&1&1\\1&0&0\\1&-1&1\end{pmatrix}^{-1}=(\boldsymbol{\varepsilon}_1,\boldsymbol{\varepsilon}_2,\boldsymbol{\varepsilon}_3)$，将它代入第二个等式，得

$$(\boldsymbol{\beta}_1,\boldsymbol{\beta}_2,\boldsymbol{\beta}_3)=(\boldsymbol{\alpha}_1,\boldsymbol{\alpha}_2,\boldsymbol{\alpha}_3)\begin{pmatrix}1&1&1\\1&0&0\\1&-1&1\end{pmatrix}^{-1}\begin{pmatrix}1&2&3\\2&3&4\\1&4&3\end{pmatrix}=\begin{pmatrix}2&3&4\\0&-1&0\\-1&0&-1\end{pmatrix}$$

故由基 $\boldsymbol{\alpha}_1,\boldsymbol{\alpha}_2,\boldsymbol{\alpha}_3$ 到基 $\boldsymbol{\beta}_1,\boldsymbol{\beta}_2,\boldsymbol{\beta}_3$ 的过渡矩阵为 $\boldsymbol{P}=\begin{pmatrix}2&3&4\\0&-1&0\\-1&0&-1\end{pmatrix}$.

7. 设 $\boldsymbol{\varepsilon}_1,\boldsymbol{\varepsilon}_2,\boldsymbol{\varepsilon}_3$ 为向量空间 $\boldsymbol{V}$ 的一组标准正交基，证明：

$$\boldsymbol{\eta}_1=\frac{1}{3}(2\boldsymbol{\varepsilon}_1+2\boldsymbol{\varepsilon}_2-\boldsymbol{\varepsilon}_3),\quad \boldsymbol{\eta}_2=\frac{1}{3}(2\boldsymbol{\varepsilon}_1-\boldsymbol{\varepsilon}_2+2\boldsymbol{\varepsilon}_3),\quad \boldsymbol{\eta}_3=\frac{1}{3}(\boldsymbol{\varepsilon}_1-2\boldsymbol{\varepsilon}_2-2\boldsymbol{\varepsilon}_3)$$

也是 $\boldsymbol{V}$ 的一组标准正交基.

证　容易检验 $\langle\boldsymbol{\eta}_i,\boldsymbol{\eta}_i\rangle=1\ (i=1,2,3),\langle\boldsymbol{\eta}_i,\boldsymbol{\eta}_j\rangle=0\ (i\neq j)$，故 $\boldsymbol{\eta}_1,\boldsymbol{\eta}_2,\boldsymbol{\eta}_3$ 也是 $\boldsymbol{V}$ 的一组标准正交基.

8. 用 Schmidt 正交化方法将向量组 $\boldsymbol{\alpha}_1=(1,2,2,-1)^{\mathrm T},\boldsymbol{\alpha}_2=(1,1,-5,3)^{\mathrm T},\boldsymbol{\alpha}_3=(3,2,8,-7)^{\mathrm T}$ 化为两两正交的单位向量组.

解　先正交化，令 $\boldsymbol{p}_1=\boldsymbol{\alpha}_1=(1,2,2,-1)^{\mathrm T},\boldsymbol{p}_2=\boldsymbol{\alpha}_2-\dfrac{\langle\boldsymbol{\alpha}_2,\boldsymbol{p}_1\rangle}{\langle\boldsymbol{p}_1,\boldsymbol{p}_1\rangle}\boldsymbol{p}_1=\boldsymbol{\alpha}_2+\boldsymbol{p}_1=(2,3,-3,2)^{\mathrm T}$，

$\boldsymbol{p}_3=\boldsymbol{\alpha}_3-\dfrac{\langle\boldsymbol{\alpha}_3,\boldsymbol{p}_1\rangle}{\langle\boldsymbol{p}_1,\boldsymbol{p}_1\rangle}\boldsymbol{p}_1-\dfrac{\langle\boldsymbol{\alpha}_3,\boldsymbol{p}_2\rangle}{\langle\boldsymbol{p}_2,\boldsymbol{p}_2\rangle}\boldsymbol{p}_2=\boldsymbol{\alpha}_3-3\boldsymbol{p}_1+\boldsymbol{p}_2=(2,-1,-1,-2)^{\mathrm T}$，再单位化得

$$\boldsymbol{q}_1=\frac{1}{\sqrt{10}}\boldsymbol{p}_1=\frac{1}{\sqrt{10}}(1,2,1,-1)^{\mathrm T},\quad \boldsymbol{q}_2=\frac{1}{\sqrt{26}}\boldsymbol{p}_2=\frac{1}{\sqrt{26}}(2,3,-3,2)^{\mathrm T}$$

$$\boldsymbol{q}_3=\frac{1}{\sqrt{10}}\boldsymbol{p}_3=\frac{1}{\sqrt{10}}(2,-1,-1,-2)^{\mathrm T}$$

9. 验证 $\mathbf{R}^4$ 的子集合

$$\boldsymbol{V}=\{(x_1,x_2,x_3,x_4)\mid x_1-x_2+x_3-x_4=0\}$$

为子空间，并求其一组基和维数.

解　$\boldsymbol{V}$ 显然是非空的，设 $\boldsymbol{x}=(x_1,x_2,x_3,x_4),\boldsymbol{y}=(y_1,y_2,y_3,y_4)\in\boldsymbol{V},a\in\mathbf{R}$，则 $x_1-x_2+x_3-x_4=0,y_1-y_2+y_3-y_4=0$，故

$$(x_1+y_1)-(x_2+y_2)+(x_3+y_3)-(x_4+y_4)=0,\quad ax_1-ax_2+ax_3-ax_4=0$$

即 $\boldsymbol{x}+\boldsymbol{y}\in\boldsymbol{V},a\boldsymbol{x}\in\boldsymbol{V}$，这样 $\boldsymbol{V}$ 为 $\mathbf{R}^4$ 的子空间.齐次线性方程组 $x_1-x_2+x_3-x_4=0$ 的一个基

础解系为$\boldsymbol{\alpha}_1=(1,1,0,0),\boldsymbol{\alpha}_2=(-1,0,1,0),\boldsymbol{\alpha}_3=(1,0,0,1)$，这就是$\boldsymbol{V}$的一组基，维数为3.

10. 求下列齐次线性方程组的基础解系.

$$\begin{cases}x_1-8x_2+10x_3+2x_4=0\\2x_1+4x_2+5x_3-x_4=0\\3x_1+8x_2+6x_3-2x_4=0\end{cases}$$

解 对齐次线性方程组的系数矩阵作初等行变换：

$$\begin{pmatrix}1&-8&10&2\\2&4&5&-1\\3&8&6&-2\end{pmatrix}\xrightarrow{r}\begin{pmatrix}1&0&4&0\\0&4&-3&-1\\0&0&0&0\end{pmatrix}\xrightarrow{r}\begin{pmatrix}1&0&4&0\\0&1&-\dfrac{3}{4}&-\dfrac{1}{4}\\0&0&0&0\end{pmatrix}$$

与原方程组同解的方程组为$\begin{cases}x_1+4x_3=0\\x_2-\dfrac{3}{4}x_3-\dfrac{1}{4}x_4=0\end{cases}$，令$\begin{cases}x_3=1\\x_4=0\end{cases}$，得$\begin{cases}x_1=-4\\x_2=\dfrac{3}{4}\end{cases}$，再令$\begin{cases}x_3=0\\x_4=1\end{cases}$，得$\begin{cases}x_1=0\\x_2=\dfrac{1}{4}\end{cases}$，这样原方程组的基础解系为

$$\boldsymbol{\xi}_1=\begin{pmatrix}-4\\\dfrac{3}{4}\\1\\0\end{pmatrix},\quad\boldsymbol{\xi}_2=\begin{pmatrix}0\\\dfrac{1}{4}\\0\\1\end{pmatrix}$$

11. 求下列线性方程组的通解.

$$\begin{cases}x_1+x_2=5\\2x_1+x_2+x_3+2x_4=1\\5x_1+3x_2+2x_3+2x_4=3\end{cases}$$

解 对方程组的增广矩阵施行初等行变换化为行最简形矩阵：

$$\overline{\boldsymbol{A}}=(\boldsymbol{A},\boldsymbol{b})=\begin{pmatrix}1&1&0&0&5\\2&1&1&2&1\\5&3&2&2&3\end{pmatrix}\xrightarrow{r}\begin{pmatrix}1&0&1&0&-8\\0&1&-1&0&13\\0&0&0&1&2\end{pmatrix}$$

与原方程组同解的方程组为$\begin{cases}x_1+x_3=-8\\x_2-x_3=13\\x_4=2\end{cases}$. 把自由未知量$x_3$移到方程右边，于是解得

$\begin{cases}x_1=-x_3-8\\x_2=x_3+13\\x_4=2\end{cases}$，令$x_3=0$，得原方程组的一个特解为$\boldsymbol{\eta}^*=\begin{pmatrix}-8\\13\\0\\2\end{pmatrix}$.

上述方程组对应的齐次线性方程组为$\begin{cases}x_1=-x_3\\x_2=x_3\\x_4=0\end{cases}$. 令$x_3=1$，得对应的齐次线性方程组的一个基础解系为$\boldsymbol{\xi}=\begin{pmatrix}-1\\1\\1\\0\end{pmatrix}$. 故方程组的通解为$\boldsymbol{x}=\begin{pmatrix}x_1\\x_2\\x_3\\x_4\end{pmatrix}=c\begin{pmatrix}-1\\1\\1\\0\end{pmatrix}+\begin{pmatrix}-8\\13\\0\\2\end{pmatrix}$，其中$c$为任意常数.

12. 设$\boldsymbol{A}=\begin{pmatrix}2&-2&1&3\\9&-5&2&8\end{pmatrix}$，求一个$4\times2$矩阵$\boldsymbol{B}$，使$\boldsymbol{AB}=\boldsymbol{O}$，且$r(\boldsymbol{B})=2$.

解　因为$\boldsymbol{AB}=\boldsymbol{O}$，所以将$\boldsymbol{B}$和零矩阵按列分块得$\boldsymbol{A}(\boldsymbol{b}_1,\boldsymbol{b}_2)=(\boldsymbol{0},\boldsymbol{0})$，故$\boldsymbol{Ab}_1=\boldsymbol{0}$, $\boldsymbol{Ab}_2=\boldsymbol{0}$，说明$\boldsymbol{B}$的各列均为齐次线性方程组$\boldsymbol{Ax}=\boldsymbol{0}$的解，下面求解齐次线性方程组$\boldsymbol{Ax}=\boldsymbol{0}$：

$$\boldsymbol{A}=\begin{pmatrix}2&-2&1&3\\9&-5&2&8\end{pmatrix}\xrightarrow{r}\begin{pmatrix}1&0&-\frac{1}{8}&\frac{1}{8}\\0&1&-\frac{5}{8}&-\frac{11}{8}\end{pmatrix}$$

齐次线性方程组$\boldsymbol{Ax}=\boldsymbol{0}$的基础解系为$\boldsymbol{x}_1=\begin{pmatrix}\frac{1}{8}\\\frac{5}{8}\\1\\0\end{pmatrix},\boldsymbol{x}_2=\begin{pmatrix}-\frac{1}{8}\\\frac{11}{8}\\0\\1\end{pmatrix}$. 要使$r(\boldsymbol{B})=2$，只需令

$$\boldsymbol{B}=\begin{pmatrix}\frac{1}{8}&-\frac{1}{8}\\\frac{5}{8}&\frac{11}{8}\\1&0\\0&1\end{pmatrix}$$

13. 求一个齐次线性方程组，使它的基础解系为$\boldsymbol{\xi}_1=(0,1,2,3)^{\mathrm{T}},\boldsymbol{\xi}_2=(3,2,1,0)^{\mathrm{T}}$.

解　方程组的通解为$\boldsymbol{x}=c_1\begin{pmatrix}0\\1\\2\\3\end{pmatrix}+c_2\begin{pmatrix}3\\2\\1\\0\end{pmatrix}$（$c_1$，$c_2$为任意常数），即$\begin{pmatrix}x_1\\x_2\\x_3\\x_4\end{pmatrix}=\begin{pmatrix}3c_2\\c_1+2c_2\\2c_1+c_2\\3c_1\end{pmatrix}$.

由第一个方程知$c_2=\frac{x_1}{3}$，由第四个方程知$c_1=\frac{x_4}{3}$，代入第二和第三个方程，得

$$\begin{cases} x_2 = \dfrac{x_4}{3} + \dfrac{2x_1}{3} \\ x_3 = \dfrac{2x_4}{3} + \dfrac{x_1}{3} \end{cases}，所以 \begin{cases} 2x_1 - 3x_2 \quad + x_4 = 0 \\ x_1 \quad - 3x_3 + 2x_4 = 0 \end{cases}.$$

14. 设四元非齐次线性方程组的系数矩阵的秩为 3，已知 $\boldsymbol{\eta}_1,\boldsymbol{\eta}_2,\boldsymbol{\eta}_3$ 是它的三个解向量，且 $\boldsymbol{\eta}_1 = \begin{pmatrix} 2 \\ 3 \\ 4 \\ 5 \end{pmatrix}, \boldsymbol{\eta}_2 + \boldsymbol{\eta}_3 = \begin{pmatrix} 1 \\ 2 \\ 3 \\ 4 \end{pmatrix}$，求该方程组的通解.

解　设四元非齐次线性方程组为 $\boldsymbol{Ax} = \boldsymbol{b}$，因为 $\boldsymbol{A\eta}_1 = \boldsymbol{b}, \boldsymbol{A\eta}_2 = \boldsymbol{b}, \boldsymbol{A\eta}_3 = \boldsymbol{b}$, 所以 $\boldsymbol{A}(\boldsymbol{\eta}_2 + \boldsymbol{\eta}_3 - 2\boldsymbol{\eta}_1) = \boldsymbol{0}$，故 $\boldsymbol{\eta}_2 + \boldsymbol{\eta}_3 - 2\boldsymbol{\eta}_1$ 为 $\boldsymbol{Ax} = \boldsymbol{0}$ 的解. 又系数矩阵的秩为 3，所以对应的齐次线性方程组 $\boldsymbol{Ax} = \boldsymbol{0}$ 的基础解系所含向量的个数为 4–3 = 1，故 $\boldsymbol{\eta}_2 + \boldsymbol{\eta}_3 - 2\boldsymbol{\eta}_1$ 为 $\boldsymbol{Ax} = \boldsymbol{0}$ 的基础解系. 所以非齐次线性方程组的通解为 $\boldsymbol{x} = \boldsymbol{\eta}_1 + c(\boldsymbol{\eta}_2 + \boldsymbol{\eta}_3 - 2\boldsymbol{\eta}_1) = \begin{pmatrix} 2 \\ 3 \\ 4 \\ 5 \end{pmatrix} + c\begin{pmatrix} -3 \\ -4 \\ -5 \\ -6 \end{pmatrix}$（$c$ 为任意常数）.

15. 设矩阵 $\boldsymbol{A} = (\boldsymbol{\alpha}_1, \boldsymbol{\alpha}_2, \boldsymbol{\alpha}_3, \boldsymbol{\alpha}_4)$，其中向量组 $\boldsymbol{\alpha}_2, \boldsymbol{\alpha}_3, \boldsymbol{\alpha}_4$ 线性无关，$\boldsymbol{\alpha}_1 = 2\boldsymbol{\alpha}_2 - \boldsymbol{\alpha}_3$，且向量 $\boldsymbol{b} = \boldsymbol{\alpha}_1 + \boldsymbol{\alpha}_2 + \boldsymbol{\alpha}_3 + \boldsymbol{\alpha}_4$，求方程组 $\boldsymbol{Ax} = \boldsymbol{b}$ 的通解.

解　因为 $\boldsymbol{\alpha}_1 = 2\boldsymbol{\alpha}_2 - \boldsymbol{\alpha}_3$，所以 $\boldsymbol{\alpha}_1 - 2\boldsymbol{\alpha}_2 + \boldsymbol{\alpha}_3 = \boldsymbol{0}$，即 $(\boldsymbol{\alpha}_1, \boldsymbol{\alpha}_2, \boldsymbol{\alpha}_3, \boldsymbol{\alpha}_4)\begin{pmatrix} 1 \\ -2 \\ 1 \\ 0 \end{pmatrix} = \boldsymbol{0}$, 故 $\boldsymbol{\xi} = \begin{pmatrix} 1 \\ -2 \\ 1 \\ 0 \end{pmatrix}$ 是 $\boldsymbol{Ax} = \boldsymbol{0}$ 的一个解.

又 $\boldsymbol{\alpha}_2, \boldsymbol{\alpha}_3, \boldsymbol{\alpha}_4$ 线性无关，$\boldsymbol{\alpha}_1, \boldsymbol{\alpha}_2, \boldsymbol{\alpha}_3, \boldsymbol{\alpha}_4$ 线性相关，所以 $\boldsymbol{A}$ 的秩为 3，因此 $\boldsymbol{Ax} = \boldsymbol{0}$ 的基础解系所含向量的个数为 4–3=1. 故 $\boldsymbol{\xi} = \begin{pmatrix} 1 \\ -2 \\ 1 \\ 0 \end{pmatrix}$ 是 $\boldsymbol{Ax} = \boldsymbol{0}$ 的一个基础解系.

又 $\boldsymbol{b} = \boldsymbol{\alpha}_1 + \boldsymbol{\alpha}_2 + \boldsymbol{\alpha}_3 + \boldsymbol{\alpha}_4$，所以 $(\boldsymbol{\alpha}_1, \boldsymbol{\alpha}_2, \boldsymbol{\alpha}_3, \boldsymbol{\alpha}_4)\begin{pmatrix} 1 \\ 1 \\ 1 \\ 1 \end{pmatrix} = \boldsymbol{b}$，故 $\boldsymbol{\eta} = \begin{pmatrix} 1 \\ 1 \\ 1 \\ 1 \end{pmatrix}$ 是 $\boldsymbol{Ax} = \boldsymbol{b}$ 的一个特解.

因此，$\boldsymbol{Ax} = \boldsymbol{b}$ 的通解为 $\boldsymbol{x} = \boldsymbol{\eta} + c\boldsymbol{\xi} = \begin{pmatrix} 1 \\ 1 \\ 1 \\ 1 \end{pmatrix} + c\begin{pmatrix} 1 \\ -2 \\ 1 \\ 0 \end{pmatrix}$（$c$ 为任意常数）.

16. 设 $\boldsymbol{\eta}^*$ 是非齐次线性方程组 $\boldsymbol{A}\boldsymbol{x}=\boldsymbol{b}$ 的一个解，$\xi_1,\xi_2,\cdots,\xi_{n-r}$ 是对应的齐次线性方程组的一个基础解系. 证明：

（1）$\boldsymbol{\eta}^*,\xi_1,\xi_2,\cdots,\xi_{n-r}$ 线性无关；

（2）$\boldsymbol{\eta}^*,\boldsymbol{\eta}^*+\xi_1,\boldsymbol{\eta}^*+\xi_2,\cdots,\boldsymbol{\eta}^*+\xi_{n-r}$ 线性无关.

证　（1）令 $k\boldsymbol{\eta}^*+k_1\xi_1+k_2\xi_2+\cdots+k_{n-r}\xi_{n-r}=\mathbf{0}$，则

$$\boldsymbol{A}(k\boldsymbol{\eta}^*+k_1\xi_1+k_2\xi_2+\cdots+k_{n-r}\xi_{n-r})=\boldsymbol{A}\mathbf{0}$$

即

$$k\boldsymbol{A}\boldsymbol{\eta}^*+k_1\boldsymbol{A}\xi_1+k_2\boldsymbol{A}\xi_2+\cdots+k_{n-r}\boldsymbol{A}\xi_{n-r}=\mathbf{0}$$

由已知得 $k\boldsymbol{b}+k_1\mathbf{0}+k_2\mathbf{0}+\cdots+k_{n-r}\mathbf{0}=\mathbf{0}$，从而 $k=0$. 这样

$$0\boldsymbol{\eta}^*+k_1\xi_1+k_2\xi_2+\cdots+k_{n-r}\xi_{n-r}=\mathbf{0}$$

即 $k_1\xi_1+k_2\xi_2+\cdots+k_{n-r}\xi_{n-r}=\mathbf{0}$. 由于 $\xi_1,\xi_2,\cdots,\xi_{n-r}$ 是对应的齐次线性方程组的一个基础解系，故 $\xi_1,\xi_2,\cdots,\xi_{n-r}$ 线性无关，于是 $k_1=0,k_2=0,\cdots,k_{n-r}=0$，得 $\boldsymbol{\eta}^*,\xi_1,\xi_2,\cdots,\xi_{n-r}$ 线性无关.

（2）令 $x_1\boldsymbol{\eta}^*+x_2(\boldsymbol{\eta}^*+\xi_1)+x_3(\boldsymbol{\eta}^*+\xi_2)+\cdots+x_{n-r+1}(\boldsymbol{\eta}^*+\xi_{n-r})=\mathbf{0}$，整理得

$$(x_1+x_2+x_3+\cdots+x_{n-r+1})\boldsymbol{\eta}^*+x_2\xi_1+x_3\xi_2+\cdots+x_{n-r+1}\xi_{n-r}=\mathbf{0}$$

由（1）得 $x_1+x_2+x_3+\cdots+x_{n-r+1}=0,x_2=0,x_3=0,\cdots,x_{n-r+1}=0$，于是

$$x_1=x_2=x_3=\cdots=x_{n-r+1}=0$$

故 $\boldsymbol{\eta}^*,\boldsymbol{\eta}^*+\xi_1,\boldsymbol{\eta}^*+\xi_2,\cdots,\boldsymbol{\eta}^*+\xi_{n-r}$ 线性无关.

17.　设矩阵 $\boldsymbol{A}=\begin{pmatrix}1&1&1-a\\1&0&a\\a+1&1&a+1\end{pmatrix},\boldsymbol{\beta}=\begin{pmatrix}0\\1\\2a-2\end{pmatrix}$，且方程组 $\boldsymbol{A}\boldsymbol{x}=\boldsymbol{\beta}$ 无解.

（1）求 a 的值.

（2）求 $\boldsymbol{A}^{\mathrm{T}}\boldsymbol{A}\boldsymbol{x}=\boldsymbol{A}^{\mathrm{T}}\boldsymbol{\beta}$ 的通解.

解　（1）由方程组 $\boldsymbol{A}\boldsymbol{x}=\boldsymbol{\beta}$ 无解可知，$r(\boldsymbol{A})\neq r(\boldsymbol{A},\boldsymbol{\beta})$.

$$(\boldsymbol{A},\boldsymbol{\beta})=\begin{pmatrix}1&1&1-a&0\\1&0&a&1\\a+1&1&a+1&2a-2\end{pmatrix}\xrightarrow{r}\begin{pmatrix}1&1&1-a&0\\0&-1&2a-1&1\\0&0&a(2-a)&a-2\end{pmatrix}$$

故 $a=0$ 时，$\boldsymbol{A}\boldsymbol{x}=\boldsymbol{\beta}$ 无解.

（2）当 $a=0$ 时，$\boldsymbol{A}^{\mathrm{T}}\boldsymbol{A}=\begin{pmatrix}1&1&1\\1&0&1\\1&0&1\end{pmatrix}\begin{pmatrix}1&1&1\\1&0&0\\1&1&1\end{pmatrix}=\begin{pmatrix}3&2&2\\2&2&2\\2&2&2\end{pmatrix},\boldsymbol{A}^{\mathrm{T}}\boldsymbol{\beta}=\begin{pmatrix}-1\\-2\\-2\end{pmatrix}$，故

$$(\boldsymbol{A}^{\mathrm{T}}\boldsymbol{A},\boldsymbol{A}^{\mathrm{T}}\boldsymbol{\beta})=\begin{pmatrix}3&2&2&-1\\2&2&2&-2\\2&2&2&-2\end{pmatrix}\xrightarrow{r}\begin{pmatrix}1&0&0&1\\0&1&1&-2\\0&0&0&0\end{pmatrix}$$

因此，$\boldsymbol{A}^{\mathrm{T}}\boldsymbol{A}\boldsymbol{x}=\boldsymbol{A}^{\mathrm{T}}\boldsymbol{\beta}$ 的通解为

$$\boldsymbol{x}=k\begin{pmatrix}0\\-1\\1\end{pmatrix}+\begin{pmatrix}1\\-2\\0\end{pmatrix}\ (k\text{ 为任意常数})$$

六、第三章　习题 B 答案

1.设向量组 $\boldsymbol{\alpha}_1,\boldsymbol{\alpha}_2,\boldsymbol{\alpha}_3$ 是 $\mathbf{R}^3$ 的一组基，$\boldsymbol{\beta}_1=2\boldsymbol{\alpha}_1+2k\boldsymbol{\alpha}_3,\boldsymbol{\beta}_2=2\boldsymbol{\alpha}_2,\boldsymbol{\beta}_3=\boldsymbol{\alpha}_1+(k+1)\boldsymbol{\alpha}_3$.

（1）证明向量组 $\boldsymbol{\beta}_1,\boldsymbol{\beta}_2,\boldsymbol{\beta}_3$ 是 $\mathbf{R}^3$ 的一组基；

（2）当 k 为何值时，存在非零向量 $\boldsymbol{\xi}$ 在基 $\boldsymbol{\alpha}_1,\boldsymbol{\alpha}_2,\boldsymbol{\alpha}_3$ 与基 $\boldsymbol{\beta}_1,\boldsymbol{\beta}_2,\boldsymbol{\beta}_3$ 下的坐标相同，并求所有的 $\boldsymbol{\xi}$.

证　（1）由已知得 $(\boldsymbol{\beta}_1,\boldsymbol{\beta}_2,\boldsymbol{\beta}_3)=(\boldsymbol{\alpha}_1,\boldsymbol{\alpha}_2,\boldsymbol{\alpha}_3)\begin{pmatrix}2&0&1\\0&2&0\\2k&0&k+1\end{pmatrix}$. 因 $\boldsymbol{\alpha}_1,\boldsymbol{\alpha}_2,\boldsymbol{\alpha}_3$ 是 $\mathbf{R}^3$ 的一组基，故要证向量组 $\boldsymbol{\beta}_1,\boldsymbol{\beta}_2,\boldsymbol{\beta}_3$ 是 $\mathbf{R}^3$ 的一组基，只需证明矩阵 $\begin{pmatrix}2&0&1\\0&2&0\\2k&0&k+1\end{pmatrix}$ 可逆. 因 $\begin{pmatrix}2&0&1\\0&2&0\\2k&0&k+1\end{pmatrix}\xrightarrow{r}\begin{pmatrix}2&0&1\\0&2&0\\0&0&1\end{pmatrix}$，故 $\begin{pmatrix}2&0&1\\0&2&0\\2k&0&k+1\end{pmatrix}$ 的秩为 3，从而矩阵 $\begin{pmatrix}2&0&1\\0&2&0\\2k&0&k+1\end{pmatrix}$ 可逆.

（2）设非零向量 $\boldsymbol{\xi}$ 在基 $\boldsymbol{\alpha}_1,\boldsymbol{\alpha}_2,\boldsymbol{\alpha}_3$ 与基 $\boldsymbol{\beta}_1,\boldsymbol{\beta}_2,\boldsymbol{\beta}_3$ 下的坐标均为 $\begin{pmatrix}x_1\\x_2\\x_3\end{pmatrix}$，则

$$\boldsymbol{\xi}=(\boldsymbol{\alpha}_1,\boldsymbol{\alpha}_2,\boldsymbol{\alpha}_3)\begin{pmatrix}x_1\\x_2\\x_3\end{pmatrix}=(\boldsymbol{\beta}_1,\boldsymbol{\beta}_2,\boldsymbol{\beta}_3)\begin{pmatrix}x_1\\x_2\\x_3\end{pmatrix}=(\boldsymbol{\alpha}_1,\boldsymbol{\alpha}_2,\boldsymbol{\alpha}_3)\begin{pmatrix}2&0&1\\0&2&0\\2k&0&k+1\end{pmatrix}\begin{pmatrix}x_1\\x_2\\x_3\end{pmatrix}$$

从而 $\begin{pmatrix}x_1\\x_2\\x_3\end{pmatrix}=\begin{pmatrix}2&0&1\\0&2&0\\2k&0&k+1\end{pmatrix}\begin{pmatrix}x_1\\x_2\\x_3\end{pmatrix}$，这样 $\begin{pmatrix}-1&0&-1\\0&-1&0\\-2k&0&-k\end{pmatrix}\begin{pmatrix}x_1\\x_2\\x_3\end{pmatrix}=\begin{pmatrix}0\\0\\0\end{pmatrix}$. 由 $\boldsymbol{\xi}$ 为非零向量知 $\begin{pmatrix}x_1\\x_2\\x_3\end{pmatrix}\neq\begin{pmatrix}0\\0\\0\end{pmatrix}$，故方程 $\begin{pmatrix}-1&0&-1\\0&-1&0\\-2k&0&-k\end{pmatrix}\begin{pmatrix}x_1\\x_2\\x_3\end{pmatrix}=\begin{pmatrix}0\\0\\0\end{pmatrix}$ 有非零解.从

$$\begin{pmatrix}-1&0&-1\\0&-1&0\\-2k&0&-k\end{pmatrix}\xrightarrow{r}\begin{pmatrix}-1&0&-1\\0&-1&0\\0&0&k\end{pmatrix}$$

得 $k=0$ 且方程的解为 $\begin{pmatrix}x_1\\x_2\\x_3\end{pmatrix}=\begin{pmatrix}k_1\\0\\-k_1\end{pmatrix}$（$k_1\neq0$），故 $\boldsymbol{\xi}=k_1\boldsymbol{\alpha}_1-k_1\boldsymbol{\alpha}_3(k_1\neq0)$.

2. 设 $\boldsymbol{A}=\begin{pmatrix}\lambda&1&1\\0&\lambda-1&0\\1&1&\lambda\end{pmatrix},\boldsymbol{b}=\begin{pmatrix}-2\\1\\1\end{pmatrix}$，已知线性方程组 $\boldsymbol{Ax}=\boldsymbol{b}$ 有两个不同的解.

（1）求 λ 的值；（2）求线性方程组 $\boldsymbol{Ax}=\boldsymbol{b}$ 的通解.

解　（1）$\begin{pmatrix}\lambda&1&1&-2\\0&\lambda-1&0&1\\1&1&\lambda&1\end{pmatrix}\xrightarrow{r}\begin{pmatrix}1&1&\lambda&1\\0&\lambda-1&0&1\\\lambda&1&1&-2\end{pmatrix}\xrightarrow{r}\begin{pmatrix}1&1&\lambda&1\\0&\lambda-1&0&1\\0&0&1-\lambda^2&-\lambda-1\end{pmatrix}$

因为线性方程组 $\boldsymbol{Ax}=\boldsymbol{b}$ 有两个不同的解，所以 $\begin{cases}1-\lambda^2=0\\-\lambda-1=0\end{cases}$，故 $\lambda=-1$.

（2）当 $\lambda=-1$ 时，方程组为 $\begin{cases}x_1+\ x_2-x_3=1\\ \quad -2x_2\qquad =1\end{cases}$，它的一个特解为 $\left(\dfrac{3}{2},-\dfrac{1}{2},0\right)^{\mathrm{T}}$；对应的齐次线性方程组 $\begin{cases}x_1+\ x_2-x_3=0\\ \quad -2x_2\qquad =0\end{cases}$ 的基础解系为 $(1,0,1)^{\mathrm{T}}$，通解为 $k(1,0,1)^{\mathrm{T}}+\left(\dfrac{3}{2},-\dfrac{1}{2},0\right)^{\mathrm{T}}$，$k\in\mathbf{R}$.

3. 设 $\boldsymbol{A}$ 为 $m\times n$ 矩阵，$\boldsymbol{B}$ 为 $n\times l$ 矩阵，且 $\boldsymbol{AB}=\boldsymbol{O}$，证明 $r(\boldsymbol{A})+(\boldsymbol{B})\leqslant n$.

证　记 $\boldsymbol{B}=(\boldsymbol{b}_1,\boldsymbol{b}_2,\cdots,\boldsymbol{b}_l),\boldsymbol{O}=(\boldsymbol{0},\boldsymbol{0},\cdots,\boldsymbol{0})$，则 $\boldsymbol{AB}=\boldsymbol{O}$ 化为 $\boldsymbol{A}(\boldsymbol{b}_1,\boldsymbol{b}_2,\cdots,\boldsymbol{b}_l)=(\boldsymbol{0},\boldsymbol{0},\cdots,\boldsymbol{0})$，即 $\boldsymbol{Ab}_i=\boldsymbol{0}$，故 $\boldsymbol{B}$ 的列向量均为 $\boldsymbol{Ax}=\boldsymbol{0}$ 的解向量. 设 $\boldsymbol{Ax}=\boldsymbol{0}$ 的基础解系为 $\boldsymbol{\eta}_1,\boldsymbol{\eta}_2,\cdots,\boldsymbol{\eta}_{n-r}$，其中 $r(\boldsymbol{A})=r$，故 $\boldsymbol{b}_1,\boldsymbol{b}_2,\cdots,\boldsymbol{b}_l$ 可由 $\boldsymbol{\eta}_1,\boldsymbol{\eta}_2,\cdots,\boldsymbol{\eta}_{n-r}$ 线性表示，从而 $r(\boldsymbol{b}_1,\boldsymbol{b}_2,\cdots,\boldsymbol{b}_l)\leqslant n-r$，即 $r(\boldsymbol{B})\leqslant n-r(\boldsymbol{A})$，故 $r(\boldsymbol{B})+r(\boldsymbol{A})\leqslant n$.

4. 已知非齐次线性方程组

$$\begin{cases}x_1+\ x_2+\ x_3+\ x_4=-1\\4x_1+3x_2+5x_3-\ x_4=-1\\ax_1+\ x_2+3x_3-bx_4=\ 1\end{cases}$$

有三个线性无关的解.

（1）证明：方程组的系数矩阵的秩 $r(\boldsymbol{A})=2$.

（2）求 a,b 的值及方程组的通解.

解　（1）设 ξ_1,ξ_2,ξ_3 为非齐次线性方程组的三个线性无关的解，则 $\xi_1-\xi_2,\xi_1-\xi_3$ 为对应的齐次线性方程组的两个线性无关的解（因为令 $k_1(\xi_1-\xi_2)+k_2(\xi_1-\xi_3)=\boldsymbol{0}$，整理得 $(k_1+k_2)\xi_1-k_1\xi_2-k_2\xi_3=\boldsymbol{0}$，由 ξ_1,ξ_2,ξ_3 线性无关知，$k_1=k_2=0$）. 因此，对应的齐次线性方程组的基础解系所含解向量的个数 $\geqslant2$，从而系数矩阵 $\boldsymbol{A}$ 的秩 $\leqslant4-2=2$. 又 $\boldsymbol{A}=\begin{pmatrix}1&1&1&1\\4&3&5&-1\\a&1&3&-b\end{pmatrix}$，前两行显然线性无关，故 $r(\boldsymbol{A})\geqslant2$. 这样 $r(\boldsymbol{A})=2$.

（2）由（1）知 $r(\boldsymbol{A})=2$.

$$\boldsymbol{A}=\begin{pmatrix}1&1&1&1\\4&3&5&-1\\a&1&3&-b\end{pmatrix}\xrightarrow{r}\begin{pmatrix}1&1&1&1\\0&-1&1&-5\\0&1-a&3-a&-b-a\end{pmatrix}\xrightarrow{r}\begin{pmatrix}1&1&1&1\\0&-1&1&-5\\0&0&4-2a&-b+4a-5\end{pmatrix}$$

故 $4-2a=0,-b+4a-5=0$，得 $a=2,b=3$.

解方程

$$\begin{cases}x_1+\ x_2+\ x_3+\ x_4=-1\\4x_1+3x_2+5x_3-\ x_4=-1\\2x_1+\ x_2+3x_3-3x_4=\ 1\end{cases}$$

对其增广矩阵作初等行变换：

$$\begin{pmatrix}1&1&1&1&-1\\4&3&5&-1&-1\\2&1&3&-3&1\end{pmatrix}\xrightarrow{r}\begin{pmatrix}1&1&1&1&-1\\0&-1&1&-5&3\\0&-1&1&-5&3\end{pmatrix}\xrightarrow{r}\begin{pmatrix}1&1&1&1&-1\\0&-1&1&-5&3\\0&0&0&0&0\end{pmatrix}$$

$$\xrightarrow{r}\begin{pmatrix}1&0&2&-4&2\\0&1&-1&5&-3\\0&0&0&0&0\end{pmatrix}$$

得通解为

$$\boldsymbol{x}=\begin{pmatrix}2\\-3\\0\\0\end{pmatrix}+c_1\begin{pmatrix}-2\\1\\1\\0\end{pmatrix}+c_2\begin{pmatrix}4\\-5\\0\\1\end{pmatrix}\quad（c_1,c_2 \text{为任意常数}）$$

5. 已知三阶矩阵 $\boldsymbol{A}$ 的第一行是 $(a,b,c),a,b,c$ 不全为零，矩阵 $\boldsymbol{B}=\begin{pmatrix}1&2&3\\2&4&6\\3&6&k\end{pmatrix}$（$k$ 为常数），且 $\boldsymbol{AB}=\boldsymbol{O}$，求线性方程组 $\boldsymbol{Ax}=\boldsymbol{0}$ 的通解.

解　由 $\boldsymbol{AB}=\boldsymbol{O}$ 知，$\boldsymbol{B}$ 的每一列均为 $\boldsymbol{Ax}=\boldsymbol{0}$ 的解，且由题 3 知 $r(\boldsymbol{A})+r(\boldsymbol{B})\leqslant 3$.

当 $k\neq 9$ 时，$r(\boldsymbol{B})=2$，于是 $r(\boldsymbol{A})\leqslant 1$，显然 $r(\boldsymbol{A})\geqslant 1$，故 $r(\boldsymbol{A})=1$. 可见此时 $\boldsymbol{Ax}=\boldsymbol{0}$ 的基础解系所含解向量的个数为 $3-r(\boldsymbol{A})=2$，矩阵 $\boldsymbol{B}$ 的第一、第三列线性无关，可作为其基础解系，故 $\boldsymbol{Ax}=\boldsymbol{0}$ 的通解为 $\boldsymbol{x}=k_1\begin{pmatrix}1\\2\\3\end{pmatrix}+k_2\begin{pmatrix}3\\6\\k\end{pmatrix}$（$k_1,k_2$ 为任意常数）.

当 $k=9$ 时，$r(\boldsymbol{B})=1$，从而 $1\leqslant r(\boldsymbol{A})\leqslant 2$. 若 $r(\boldsymbol{A})=2$，则 $\boldsymbol{Ax}=\boldsymbol{0}$ 的通解为 $\boldsymbol{x}=k_1\begin{pmatrix}1\\2\\3\end{pmatrix}$（$k_1$

为任意常数)；若 $r(\boldsymbol{A})=1$，则 $\boldsymbol{Ax}=\boldsymbol{0}$ 的同解方程组为 $ax_1+bx_2+cx_3=0$，不妨设 $a\neq 0$，则其通解为 $\boldsymbol{x}=k_1\begin{pmatrix}-\dfrac{b}{a}\\1\\0\end{pmatrix}+k_2\begin{pmatrix}-\dfrac{c}{a}\\0\\1\end{pmatrix}$（$k_1,k_2$ 为任意常数）.

6. 矩阵 $\boldsymbol{A}=\begin{pmatrix}1&-2&3&-4\\0&1&-1&1\\1&2&0&-3\end{pmatrix}$，$\boldsymbol{E}$ 为三阶单位矩阵.

（1）求方程组 $\boldsymbol{Ax}=\boldsymbol{0}$ 的一个基础解系；

（2）求满足 $\boldsymbol{AB}=\boldsymbol{E}$ 的所有矩阵 $\boldsymbol{B}$.

解 $(\boldsymbol{A},\boldsymbol{E})=\begin{pmatrix}1&-2&3&-4&1&0&0\\0&1&-1&1&0&1&0\\1&2&0&-3&0&0&1\end{pmatrix}\xrightarrow{r}\begin{pmatrix}1&0&0&1&2&6&-1\\0&1&0&-2&-1&-3&1\\0&0&1&-3&-1&-4&1\end{pmatrix}$

（1）$\boldsymbol{Ax}=\boldsymbol{0}$ 化为同解的方程组为 $\begin{cases}x_1+x_4=0\\x_2-2x_4=0\\x_3-3x_4=0\end{cases}$，基础解系为 $\boldsymbol{\xi}=\begin{pmatrix}-1\\2\\3\\1\end{pmatrix}$.

（2）$\boldsymbol{Ax}=\boldsymbol{e}_1$ 的通解为 $\boldsymbol{x}=k_1\boldsymbol{\xi}+\begin{pmatrix}2\\-1\\-1\\0\end{pmatrix}=\begin{pmatrix}2-k_1\\-1+2k_1\\-1+3k_1\\k_1\end{pmatrix}$；

$\boldsymbol{Ax}=\boldsymbol{e}_2$ 的通解为 $\boldsymbol{x}=k_2\boldsymbol{\xi}+\begin{pmatrix}6\\-3\\-4\\0\end{pmatrix}=\begin{pmatrix}6-k_2\\-3+2k_2\\-4+3k_2\\k_2\end{pmatrix}$；

$\boldsymbol{Ax}=\boldsymbol{e}_3$ 的通解为 $\boldsymbol{x}=k_3\boldsymbol{\xi}+\begin{pmatrix}-1\\1\\1\\0\end{pmatrix}=\begin{pmatrix}-1-k_3\\1+2k_3\\1+3k_3\\k_3\end{pmatrix}$.

故

$$\boldsymbol{B}=\begin{pmatrix}2-k_1&6-k_2&-1-k_3\\-1+2k_1&-3+2k_2&1+2k_3\\-1+3k_1&-4+3k_2&1+3k_3\\k_1&k_2&k_3\end{pmatrix}\quad(k_1,k_2,k_3\text{ 为任意常数}).$$

7. 设 $\boldsymbol{w}_1,\boldsymbol{w}_2,\cdots,\boldsymbol{w}_m$ 是一组线性无关的向量，若向量组 $\boldsymbol{s}_1,\boldsymbol{s}_2,\cdots,\boldsymbol{s}_n$ 可由 $\boldsymbol{w}_1,\boldsymbol{w}_2,\cdots,\boldsymbol{w}_m$ 线性表示如下：

$$s_1 = a_{11}w_1 + a_{21}w_2 + \cdots + a_{m1}w_m$$
$$s_2 = a_{12}w_1 + a_{22}w_2 + \cdots + a_{m2}w_m$$
$$\cdots\cdots$$
$$s_n = a_{1n}w_1 + a_{2n}w_2 + \cdots + a_{mn}w_m$$

记矩阵为 $A = (a_{ij})_{m\times n}$，求证：向量组 $s_1, s_2, \cdots, s_n$ 的秩等于矩阵 A 的秩.

证 从已知得

$$(s_1, s_2, \cdots, s_n) = (w_1, w_2, \cdots, w_m)\begin{pmatrix} a_{11} & \cdots & a_{1n} \\ \vdots & & \vdots \\ a_{m1} & \cdots & a_{mn} \end{pmatrix}$$

令 $C = (s_1, s_2, \cdots, s_n), B = (w_1, w_2, \cdots, w_m), A = \begin{pmatrix} a_{11} & \cdots & a_{1n} \\ \vdots & & \vdots \\ a_{m1} & \cdots & a_{mn} \end{pmatrix}$，则 $C = BA$. 因为 $w_1, w_2, \cdots, w_m$ 线性无关，所以 $r(B) = m$.

首先证明线性方程组 $Ax = 0$ 与 $Cx = 0$ 同解（事实上，$Ax = 0$ 的解显然是 $Cx = 0$ 的解；反过来，设 $Cx = 0$，即 $BAx = 0$，因为 $r(B) = m$，故 $Ax = 0$）. 这样 $Ax = 0$ 与 $Cx = 0$ 的基础解系相同. $Ax = 0$ 的基础解系含 $n - r(A)$ 个解向量，$Cx = 0$ 的解空间含 $n - r(C)$ 个解向量，故 $r(A) = r(C)$.

8．求线性方程组 $\begin{cases} x_1 + 2x_2 = 1 \\ -x_1 + \ \ x_2 = 1 \\ x_1 + 3x_2 = 1 \end{cases}$ 的最小二乘解.

解 线性方程组的最小二乘解满足 $A^{\mathrm{T}}Ax = A^{\mathrm{T}}\beta$，其中 $A = \begin{pmatrix} 1 & 2 \\ -1 & 1 \\ 1 & 3 \end{pmatrix}, \beta = \begin{pmatrix} 1 \\ 1 \\ 1 \end{pmatrix}$，故

$$A^{\mathrm{T}}A = \begin{pmatrix} 3 & 4 \\ 4 & 14 \end{pmatrix}, \quad A^{\mathrm{T}}\beta = \begin{pmatrix} 1 \\ 6 \end{pmatrix}$$

$$(A^{\mathrm{T}}A, A^{\mathrm{T}}\beta) = \begin{pmatrix} 3 & 4 & 1 \\ 4 & 14 & 6 \end{pmatrix} \xrightarrow{r} \begin{pmatrix} -1 & -10 & -5 \\ 4 & 14 & 6 \end{pmatrix} \xrightarrow{r} \begin{pmatrix} -1 & -10 & -5 \\ 0 & -26 & -14 \end{pmatrix}$$

解得 $x_1 = \dfrac{-5}{13}, x_2 = \dfrac{7}{13}$，从而最小二乘法解为

$$\begin{cases} x_1 = \dfrac{-5}{13} \\ x_2 = \dfrac{7}{13} \end{cases}$$

9. 一种佐料由四种原料 A，B，C，D 混合而成，这种佐料现有两种规格，这两种规格的佐料中，四种原料的比例为 2∶3∶1∶1 和 1∶2∶1∶2.现在需要四种原料的比例为 4∶7∶3∶5 的第三种规格的佐料. 问：第三种规格的佐料能否由前两种规格的佐料按一定比例配制而成？为什么？

解　假设将 x 袋第一种规格的佐料与 y 袋第二种规格的佐料混合在一起，得到的混合物中 A，B，C，D 四种原料分别为 4 g，7 g，3 g，5 g，则有以下线性方程组：

$$\begin{cases}2x+\ \ y=4\\3x+2y=7\\ x+\ \ y=3\\ x+2y=5\end{cases}$$

上述线性方程组的增广矩阵施行初等行变换化为行最简形矩阵：

$$(\boldsymbol{A},\boldsymbol{b})=\begin{pmatrix}2&1&4\\3&2&7\\1&1&3\\1&2&5\end{pmatrix}\xrightarrow{r}\begin{pmatrix}1&0&1\\0&1&2\\0&0&0\\0&0&0\end{pmatrix}$$

可见 $\begin{cases}x=1\\y=2\end{cases}$. 又因为第一种规格的佐料每袋净重 7 g，第二种规格的佐料每袋净重 6 g，所以第三种规格的佐料能由前两种规格的佐料按 7∶12 的比例配制而成.

10. 某地有一座煤矿、一个发电厂和一条铁路.经成本核算，每生产价值 1 元钱的煤需消耗 0.3 元的电；为了把这 1 元钱的煤运出去需花费 0.2 元的运费；每生产 1 元的电需 0.6 元的煤作燃料；为了运行电厂的辅助设备需消耗本身 0.1 元的电，还需要花费 0.1 元的运费；作为铁路局，每提供 1 元运费的运输需消耗 0.5 元的煤，辅助设备要消耗 0.1 元的电. 现煤矿接到外地 60 000 元煤的订货，电厂有 100 000 元电的外地需求，问：煤矿和电厂各产多少才能满足需求?

解　设煤矿、电厂、铁路分别产出 x 元，y 元，z 元刚好满足需求，应该有

$$\begin{cases}x-(0.6y+0.5z)=60\,000\\y-(0.3x+0.1y+0.1z)=100\,000\\z-(0.2x+0.1y)=0\end{cases}$$

即

$$\begin{cases}x\qquad -0.6y-0.5z=60\,000\\-0.3x+0.9y-0.1z=100\,000\\-0.2x-0.1y+\quad z=0\end{cases}$$

求得

$$\begin{cases}x=1.996\,6\times10^5\\y=1.841\,5\times10^5\\z=5.834\,7\times10^4\end{cases}$$

故煤矿要生产 $1.996\,6\times10^5$ 元的煤，电厂要生产 $1.841\,5\times10^5$ 元的电恰好满足需求.

11. 甲、乙、丙三个农民组成互助组，每人工作 6 天（包括为自己家干活的天数），刚好完成他们三家的农活，其中甲在甲、乙、丙三家干活的天数依次为 2，2.5，1.5；乙在甲、乙、丙三家各干 2 天活；丙在甲、乙、丙三家干活的天数依次为 1.5，2，2.5. 根据

三人干活的种类、速度和时间，他们确定三人不必相互支付工资，刚好公平. 随后三人又合作到邻村帮忙干了 2 天（各人干活的种类和强度不变），共获得工资 500 元.问他们应该怎样分配这 500 元工资才合理?

解 设甲、乙、丙三人的日工资分别为x,y,z，由题意知

$$\begin{cases}6x=2x+2y+1.5z\\6y=2.5x+2y+2z\\6z=1.5x+2y+2.5z\end{cases}$$

解得$\begin{cases}x=\dfrac{10}{11}z\\y=\dfrac{47}{44}z\end{cases}$.根据个人工资比值分配这 500 元，甲获得$500\times\dfrac{40}{131}$元，乙获得$500\times\dfrac{47}{131}$元，丙获得$500\times\dfrac{44}{131}$元.

第四章　行　列　式

本章介绍行列式的定义、性质及其计算，介绍行列式在解特殊类型线性方程组中的应用.

本章重点　n 阶行列式的定义、性质和计算方法及克拉默法则.

本章难点　行列式的计算.

一、主要内容

（一）行列式概念和性质

1. 行列式定义

设 $\boldsymbol{A}=(a_{ij})_{n\times n}$，则

$$|\boldsymbol{A}|=a_{11}A_{11}+a_{12}A_{12}+\cdots+a_{1n}A_{1n}$$

其中，A_{ij} 表示元素 a_{ij} 的代数余子式.

2. 行列式性质（用于化简行列式）

（1）行列互换（转置），行列式的值不变.

（2）两行（列）互换，行列式变号.

（3）提公因式：行列式的某一行（列）的所有元素都乘以同一个数 k，等于用数 k 乘此行列式.

（4）拆行（列）分配：行列式中如果某一行（列）的元素都是两组数之和，那么这个行列式就等于两个行列式之和. 例如，

$$\begin{vmatrix} a_{11} & \cdots & a_{1n} \\ \vdots & & \vdots \\ b_{i1}+c_{i1} & \cdots & b_{in}+c_{in} \\ \vdots & & \vdots \\ a_{n1} & \cdots & a_{nn} \end{vmatrix}=\begin{vmatrix} a_{11} & \cdots & a_{1n} \\ \vdots & & \vdots \\ b_{i1} & \cdots & b_{in} \\ \vdots & & \vdots \\ a_{n1} & \cdots & a_{nn} \end{vmatrix}+\begin{vmatrix} a_{11} & \cdots & a_{1n} \\ \vdots & & \vdots \\ c_{i1} & \cdots & c_{in} \\ \vdots & & \vdots \\ a_{n1} & \cdots & a_{nn} \end{vmatrix}$$

（5）一行（列）乘 k 加到另一行（列），行列式的值不变.

（6）两行成比例，行列式的值为 0.

（二）重要行列式

（1）上（下）三角（主对角线）行列式的值等于主对角线元素的乘积.

（2）副对角线行列式的值等于副对角线元素的乘积乘 $(-1)^{\frac{n(n-1)}{2}}$.

（3）Laplace 展开式：$\boldsymbol{A}$ 是 m 阶矩阵，$\boldsymbol{B}$ 是 n 阶矩阵，则

$$\begin{vmatrix} \boldsymbol{A} & \boldsymbol{O} \\ * & \boldsymbol{B} \end{vmatrix} = \begin{vmatrix} \boldsymbol{A} & * \\ \boldsymbol{O} & \boldsymbol{B} \end{vmatrix} = |\boldsymbol{A}| \cdot |\boldsymbol{B}|$$

$$\begin{vmatrix} \boldsymbol{O} & \boldsymbol{A} \\ \boldsymbol{B} & * \end{vmatrix} = \begin{vmatrix} * & \boldsymbol{A} \\ \boldsymbol{B} & \boldsymbol{O} \end{vmatrix} = (-1)^{mn} |\boldsymbol{A}| \cdot |\boldsymbol{B}|$$

（4）n 阶（$n \geqslant 2$）范德蒙德行列式：

$$D_n = \begin{vmatrix} 1 & 1 & \cdots & 1 \\ x_1 & x_2 & \cdots & x_n \\ x_1^2 & x_2^2 & \cdots & x_n^2 \\ \vdots & \vdots & & \vdots \\ x_1^{n-1} & x_2^{n-1} & \cdots & x_n^{n-1} \end{vmatrix} = \prod_{1 \leqslant j < i \leqslant n} (x_i - x_j)$$

（5）对角线的元素为 a，其余元素为 b 的行列式的值：

$$\begin{vmatrix} a & b & b & \cdots & b \\ b & a & b & \cdots & b \\ b & b & a & \cdots & b \\ \vdots & \vdots & \vdots & & \vdots \\ b & b & b & \cdots & a \end{vmatrix} = [a + (n-1)b](a-b)^{n-1}$$

（三）按行（列）展开

按行展开定理：

（1）任一行（列）的各元素与其对应的代数余子式乘积之和等于行列式的值.

（2）行列式中某一行（列）各个元素与另一行（列）对应元素的代数余子式乘积之和等于 0.

（四）行列式公式

行列式七大公式（设 $\boldsymbol{A}$，$\boldsymbol{B}$ 均为 n（$n \geqslant 2$）阶方阵，k 为实数）：

（1）$|k\boldsymbol{A}| = k^n |\boldsymbol{A}|$.

（2）$|\boldsymbol{AB}| = |\boldsymbol{A}| \cdot |\boldsymbol{B}|$.

（3）$|\boldsymbol{A}^{\mathrm{T}}| = |\boldsymbol{A}|$.

（4）$|\boldsymbol{A}^{-1}| = |\boldsymbol{A}|^{-1}$（设 $\boldsymbol{A}$ 为 n 阶可逆矩阵）.

（5）$|\boldsymbol{A}^*| = |\boldsymbol{A}|^{n-1}$.

（6）若 $\boldsymbol{A}$ 的特征值为 $\lambda_1, \lambda_2, \cdots, \lambda_n$，则 $|\boldsymbol{A}| = \prod_{i=1}^{n} \lambda_i$（第五章内容）.

（7）若 $\boldsymbol{A}$ 与 $\boldsymbol{B}$ 相似，则 $|\boldsymbol{A}| = |\boldsymbol{B}|$（第五章内容）.

（五）伴随矩阵

1. 伴随矩阵的定义

设 $\boldsymbol{A}=(a_{ij})_{n\times n}$，则 $\boldsymbol{A}^*=\begin{pmatrix} A_{11} & A_{21} & \cdots & A_{n1} \\ A_{12} & A_{22} & \cdots & A_{n2} \\ \vdots & \vdots & & \vdots \\ A_{1n} & A_{2n} & \cdots & A_{nn} \end{pmatrix}$，其中 A_{ij} 为 a_{ij} 的代数余子式.

2. 伴随矩阵的性质（8 条）

设 $\boldsymbol{A}$，$\boldsymbol{B}$ 均为 n（$n\geqslant 2$）阶方阵，k 为实数，则

（1）$\boldsymbol{A}\boldsymbol{A}^*=\boldsymbol{A}^*\boldsymbol{A}=|\boldsymbol{A}|\boldsymbol{E}\rightarrow\boldsymbol{A}^*=|\boldsymbol{A}|\boldsymbol{A}^{-1}$（$\boldsymbol{A}$ 可逆）.

（2）$(k\boldsymbol{A})^*=k^{n-1}\boldsymbol{A}^*$.

（3）$(\boldsymbol{A}\boldsymbol{B})^*=\boldsymbol{B}^*\boldsymbol{A}^*$.

（4）$|\boldsymbol{A}^*|=|\boldsymbol{A}|^{n-1}$.

（5）$(\boldsymbol{A}^{\mathrm{T}})^*=(\boldsymbol{A}^*)^{\mathrm{T}}$.

（6）$(\boldsymbol{A}^{-1})^*=(\boldsymbol{A}^*)^{-1}=\boldsymbol{A}|\boldsymbol{A}|^{-1}$（$\boldsymbol{A}$ 可逆）.

（7）$(\boldsymbol{A}^*)^*=|\boldsymbol{A}|^{n-2}\boldsymbol{A}$（$n>2$）.

（8）$r(\boldsymbol{A}^*)=\begin{cases} n, & r(\boldsymbol{A})=n \\ 1, & r(\boldsymbol{A})=n-1 \\ 0, & r(\boldsymbol{A})<n-1 \end{cases}$.

（六）矩阵的秩

1. 用行列式定义矩阵的秩

矩阵中非零子式的最高阶数为矩阵的秩.

注　（1）$r(\boldsymbol{A})=0$ 意味着 $\boldsymbol{A}$ 的所有元素为 0，即 $\boldsymbol{A}=\boldsymbol{O}$.

（2）设 $\boldsymbol{A}$ 为 n 阶矩阵，则 $r(\boldsymbol{A})=n$（满秩）$\Leftrightarrow|\boldsymbol{A}|\neq 0\Leftrightarrow\boldsymbol{A}$ 可逆；$r(\boldsymbol{A})<n\Leftrightarrow|\boldsymbol{A}|=0\Leftrightarrow\boldsymbol{A}$ 不可逆.

（3）$r(\boldsymbol{A})=r$（$r=1，2，\cdots，n-1$）$\Leftrightarrow$ 存在 r 阶非零子式且所有 $r+1$ 阶子式均为 0.

（4）$r(\boldsymbol{A})=\boldsymbol{A}$ 的行向量组的秩 $=\boldsymbol{A}$ 的列向量组的秩.

2. 秩的性质（7 条）

（1）$\boldsymbol{A}$ 为 $m\times n$ 矩阵，则 $r(\boldsymbol{A})\leqslant\min\{m，n\}$.

（2）$r(\boldsymbol{A}\pm\boldsymbol{B})\leqslant r(\boldsymbol{A})+r(\boldsymbol{B})$.

（3）$r(\boldsymbol{A}\boldsymbol{B})\leqslant\min\{r(\boldsymbol{A})，r(\boldsymbol{B})\}$.

（4）$r(k\boldsymbol{A})=r(\boldsymbol{A})(k\neq 0)$.

（5）$r(\boldsymbol{A})=r(\boldsymbol{A}\boldsymbol{C})$（$\boldsymbol{C}$ 是一个可逆矩阵）.

（6）$r(\boldsymbol{A}) = r(\boldsymbol{A}^{\mathrm{T}}) = r(\boldsymbol{A}^{\mathrm{T}}\boldsymbol{A}) = r(\boldsymbol{A}\boldsymbol{A}^{\mathrm{T}})$.

（7）设 $\boldsymbol{A}$ 是 $m\times n$ 矩阵，$\boldsymbol{B}$ 是 $n\times s$ 矩阵，$\boldsymbol{AB}=\boldsymbol{O}$，则 $r(\boldsymbol{A})+r(\boldsymbol{B})\leqslant n$.

3. 秩的求法

（1）$\boldsymbol{A}$ 为抽象矩阵：由定义或性质求解.

（2）$\boldsymbol{A}$ 为数字矩阵：$\boldsymbol{A}\xrightarrow{\text{初等行变换}}$行阶梯形矩阵，则 $r(\boldsymbol{A})=$ 行阶梯形矩阵的非零行的行数.

（七）克拉默法则

（1）非齐次线性方程组 $\boldsymbol{Ax}=\boldsymbol{b}$，其中 $\boldsymbol{A}=(a_{ij})_{n\times n}$，若 $\boldsymbol{A}$ 的行列式不为 0，那么方程组有唯一解 $x_i=\dfrac{D_i}{D}\ (i=1,2,\cdots,n)$，其中 $D=|\boldsymbol{A}|$，$D_i=\begin{vmatrix} a_{11} & \cdots & a_{1,i-1} & b_1 & a_{1,i+1} & \cdots & a_{1n} \\ \vdots & & \vdots & \vdots & \vdots & & \vdots \\ a_{n1} & \cdots & a_{n,i-1} & b_n & a_{n,i+1} & \cdots & a_{nn} \end{vmatrix}$.

（2）若非齐次线性方程组 $\boldsymbol{Ax}=\boldsymbol{b}$（$\boldsymbol{A}$ 为方阵）无解或有两个不同解，则 $\boldsymbol{A}$ 的行列式必为 0.

（3）若齐次线性方程组 $\boldsymbol{Ax}=\boldsymbol{0}$（$\boldsymbol{A}$ 为方阵）的系数行列式不为 0，则齐次线性方程组只有零解；如果方程组 $\boldsymbol{Ax}=\boldsymbol{0}$ 有非零解，那么必有 $|\boldsymbol{A}|=0$.

二、教学要求

理解 n 阶行列式的定义，熟练掌握行列式的性质、计算方法，掌握克拉默法则.

三、疑难问题解答

1.行列式与矩阵有什么区别？

解 定义不同：矩阵是一个数表，行列式表示一个方阵对应的数.

记号不同：矩阵用 $\boldsymbol{A}=(a_{ij})_{m\times n}$ 表示，$\boldsymbol{A}=(a_{ij})_{n\times n}$ 的行列式用 $|\boldsymbol{A}|$ 表示.

运算规则不同：

（1）常数 k 乘行列式与数 k 乘矩阵的区别.

常数 k 乘行列式是将 k 乘行列式的某一行（列）而不是将 k 乘行列式的所有元素，因而只要行列式中某一行(列)的元素有公因子就可以提到行列式外. 常数 k 乘矩阵是将 k 乘矩阵的每一个元素，因此矩阵中的每一个元素都有公因子，才能将公因子提到矩阵外.

（2）加法法则不同，如

$$\begin{pmatrix} a_1 & c_1 \\ a_2 & c_2 \end{pmatrix}+\begin{pmatrix} b_1 & c_1 \\ b_2 & c_2 \end{pmatrix}=\begin{pmatrix} a_1+b_1 & 2c_1 \\ a_2+b_2 & 2c_2 \end{pmatrix},\quad \begin{vmatrix} a_1 & c_1 \\ a_2 & c_2 \end{vmatrix}+\begin{vmatrix} b_1 & c_1 \\ b_2 & c_2 \end{vmatrix}=\begin{vmatrix} a_1+b_1 & c_1 \\ a_2+b_2 & c_2 \end{vmatrix}$$

（3）两个矩阵 $\boldsymbol{A},\boldsymbol{B}$ 相乘，有条件限制；两个行列式相乘，总可行. $\boldsymbol{AB}\neq\boldsymbol{BA}$，但 $|\boldsymbol{AB}|=|\boldsymbol{BA}|$.

2. 余子式与代数余子式有什么特点?它们之间有什么联系?

解 n 阶行列式 $D=|\boldsymbol{A}|$ 的元素 a_{ij} 的余子式 M_{ij} 和代数余子式 A_{ij} 仅与 a_{ij} 所在的位置有关，而与元素 a_{ij} 所在的行、列的其他元素无关. 它们之间的联系是 $A_{ij}=(-1)^{i+j}M_{ij}$，且当 $i+j$ 为偶数时，两者相同，当 $i+j$ 为奇数时，两者相反.

3. 对于任意矩阵 $\boldsymbol{A}$，都能求 $|\boldsymbol{A}|,\boldsymbol{A}^{\mathrm{T}},\boldsymbol{A}^*,\boldsymbol{A}^{-1}$ 吗?

解 对于任意矩阵 $\boldsymbol{A}$，都有 $\boldsymbol{A}^{\mathrm{T}}$；当 $\boldsymbol{A}$ 为方阵时，才有 $|\boldsymbol{A}|$ 及 $\boldsymbol{A}^*$；当 $\boldsymbol{A}$ 为方阵且可逆时，才能求 $\boldsymbol{A}^{-1}$.

4. 三阶行列式 $\begin{vmatrix} & & a \\ & b & \\ c & & \end{vmatrix}=-abc$，那么四阶行列式 $\begin{vmatrix} & & & a \\ & & b & \\ & c & & \\ d & & & \end{vmatrix}=-abcd$ 为什么就不对呢?

解 对于二阶和三阶行列式，对角线法则可以应用，但是对于四阶及其更高阶的行列式，对角线法则就不适用了，其错误就在于将对角线法则应用到四阶行列式上去了.

按照行列式的定义，按第一行展开得 $-a\begin{vmatrix} & & b \\ & c & \\ d & & \end{vmatrix}$，因此这个行列式应等于 $abcd$.

四、常见错误类型分析

例 1 计算行列式 $D=\begin{vmatrix} a_{11} & a_{12} & ka_{13} \\ ka_{21} & ka_{22} & ka_{23} \\ a_{31} & a_{32} & ka_{33} \end{vmatrix}$.

错误解法 $D=k^2\begin{vmatrix} a_{11} & a_{12} & a_{13} \\ a_{21} & a_{22} & a_{23} \\ a_{31} & a_{32} & a_{33} \end{vmatrix}$

错误分析 行列式某行（列）有公因子时，可将该行（列）的公因子提出.

正确解法 $D=k\begin{vmatrix} a_{11} & a_{12} & ka_{13} \\ a_{21} & a_{22} & a_{23} \\ a_{31} & a_{32} & ka_{33} \end{vmatrix}$，或 $D=k\begin{vmatrix} a_{11} & a_{12} & a_{13} \\ ka_{21} & ka_{22} & a_{23} \\ a_{31} & a_{32} & a_{33} \end{vmatrix}$.

例 2 计算行列式 $D=\begin{vmatrix} ax+by & ay+bz & az+bx \\ ay+bz & az+bx & ax+by \\ az+bx & ax+by & ay+bz \end{vmatrix}$.

错误解法 $D\xlongequal{\text{按}c_1,c_2,c_3\text{拆开}}\begin{vmatrix} ax & ay & az \\ ay & az & ax \\ az & ax & ay \end{vmatrix}+\begin{vmatrix} by & bz & bx \\ bz & bx & by \\ bx & by & bz \end{vmatrix}=a^3\begin{vmatrix} x & y & z \\ y & z & x \\ z & x & y \end{vmatrix}+b^3\begin{vmatrix} y & z & x \\ z & x & y \\ z & y & z \end{vmatrix}$

$$=(a^3+b^3)\begin{vmatrix} x & y & z \\ y & z & x \\ z & x & y \end{vmatrix}$$

错误分析　根据行列式的性质，若行列式某一行（列）的各元素都是两数之和，则可把这个行列式拆成两个行列式之和，每次只拆开一行或一列，而错误解法是同时将三列拆开.

正确解法　$$D=\begin{vmatrix} ax & ay+bz & az+bx \\ ay & az+bx & ax+by \\ az & ax+by & ay+bz \end{vmatrix}+\begin{vmatrix} by & ay+bz & az+bx \\ bz & az+bx & ax+by \\ bx & ax+by & ay+bz \end{vmatrix}$$

$$=\begin{vmatrix} ax & ay & az+bx \\ ay & az & ax+by \\ az & ax & ay+bz \end{vmatrix}+\begin{vmatrix} ax & bz & az+bx \\ ay & bx & ax+by \\ az & by & ay+bz \end{vmatrix}+\begin{vmatrix} by & ay & az+bx \\ bz & az & ax+by \\ bx & ax & ay+bz \end{vmatrix}$$

$$+\begin{vmatrix} by & bz & az+bx \\ bz & bx & ax+by \\ bx & by & ay+bz \end{vmatrix}$$

$$=\begin{vmatrix} ax & ay & az \\ ay & az & ax \\ az & ax & ay \end{vmatrix}+\begin{vmatrix} ax & ay & bx \\ ay & az & by \\ az & ax & bz \end{vmatrix}+\begin{vmatrix} ax & bz & az \\ ay & bx & ax \\ az & by & ay \end{vmatrix}+\begin{vmatrix} ax & bz & bx \\ ay & bx & by \\ az & by & bz \end{vmatrix}$$

$$+\begin{vmatrix} by & ay & az \\ bz & az & ax \\ bx & ax & ay \end{vmatrix}+\begin{vmatrix} by & ay & bx \\ bz & az & by \\ bx & ax & bz \end{vmatrix}+\begin{vmatrix} by & bz & az \\ bz & bx & ax \\ bx & by & ay \end{vmatrix}+\begin{vmatrix} by & bz & bx \\ bz & bx & by \\ bx & by & bz \end{vmatrix}$$

$$=a^3\begin{vmatrix} x & y & z \\ y & z & x \\ z & z & y \end{vmatrix}+0+0+0+0+0+0+b^3\begin{vmatrix} y & z & x \\ z & x & y \\ x & y & z \end{vmatrix}=(a^3+b^3)\begin{vmatrix} x & y & z \\ y & z & x \\ z & x & y \end{vmatrix}$$

例 3　计算行列式

$$D=\begin{vmatrix} x & y & x+y \\ y & x+y & x \\ x+y & x & y \end{vmatrix} \tag{1}$$

错误解法　将第 1，2 行均乘以–1 加到第 3 行上，并且同时把第 1 行及第 3 行乘以–1 后加到第 2 行上，于是得

$$D=\begin{vmatrix} x & y & x+y \\ -2x & 0 & -2y \\ 0 & -2y & -2x \end{vmatrix}=0 \tag{2}$$

错误分析　本解法的错误在于没有在完成上一步的基础上来做下一步，而是全从原来的行列式出发，结果本应将式（2）右端的第 3 行乘以–1 加到式（1）右端的第 2 行上，却仍把式（1）右端的第 3 行乘–1 加到第 2 行上，形成了式（2）中的第 2 行. 为了避免这

样的错误发生，在计算不是十分熟练的情况下，最好步骤写细一些，每一步都在前一步的基础上完成.

正确解法 将第 2，3 行均加到第 1 行，然后提取公因子 $2(x+y)$，于是得

$$D=2(x+y)\begin{vmatrix}1&1&1\\y&x+y&x\\x+y&x&y\end{vmatrix}$$

$$=2(x+y)\begin{vmatrix}1&0&0\\y&x&x-y\\x+y&-y&-x\end{vmatrix}$$

$$=2(x+y)(-x^2+xy-y^2)=-2(x^3+y^3)$$

例 4 计算

$$D=\begin{vmatrix}0&x&y&z\\x&0&z&y\\y&z&0&x\\z&y&x&0\end{vmatrix}$$

错误解法 $D=\begin{vmatrix}0&x\\x&0\end{vmatrix}\begin{vmatrix}0&x\\x&0\end{vmatrix}-\begin{vmatrix}y&z\\z&y\end{vmatrix}\begin{vmatrix}y&z\\z&y\end{vmatrix}$

$=x^4-(y^2-z^2)^2=x^4-y^4-z^4+2y^2z^2$

错误分析 误认为等式$\begin{vmatrix}\boldsymbol{A}&\boldsymbol{B}\\\boldsymbol{C}&\boldsymbol{D}\end{vmatrix}=|\boldsymbol{A}||\boldsymbol{D}|-|\boldsymbol{B}||\boldsymbol{C}|$成立.

正确解法 将第 2，3，4 列均加到第 1 列上，再提公因式 $x+y+z$，于是

$$D=(x+y+z)\begin{vmatrix}1&x&y&z\\1&0&z&y\\1&z&0&x\\1&y&x&0\end{vmatrix}$$

$$=(x+y+z)\begin{vmatrix}0&x-y&y-x&z\\0&-z&z&y-x\\0&z-y&-x&x\\1&y&x&0\end{vmatrix}$$

$$=-(x+y+z)\begin{vmatrix}0&y-x&z\\0&z&y-x\\z-y-x&-x&x\end{vmatrix}$$

$$=(x+y+z)(x+y-z)(y-x+z)(y-x-z)$$

$$=(x+y+z)(x+y-z)(x-y+z)(x-y-z)$$

例 5　计算行列式 $D=\begin{vmatrix}5&1&1&1\\1&5&1&1\\1&1&5&1\\1&1&1&5\end{vmatrix}$.

错误解法

$$\begin{pmatrix}5&1&1&1\\1&5&1&1\\1&1&5&1\\1&1&1&5\end{pmatrix}\xrightarrow{r}\begin{pmatrix}1&1&1&5\\1&5&1&1\\1&1&5&1\\5&1&1&1\end{pmatrix}\xrightarrow{r}\begin{pmatrix}1&1&1&5\\0&4&0&-4\\0&0&4&-4\\0&-4&-4&-24\end{pmatrix}$$

$$\xrightarrow{r}\begin{pmatrix}1&1&1&5\\0&4&0&-4\\0&0&4&-4\\0&0&-4&-28\end{pmatrix}\xrightarrow{r}\begin{pmatrix}1&1&1&5\\0&4&0&-4\\0&0&4&-4\\0&0&0&-32\end{pmatrix}$$

$$D=\begin{vmatrix}1&1&1&5\\0&4&0&-4\\0&0&4&-4\\0&0&0&-32\end{vmatrix}=-512$$

错误分析　每个方阵 $\boldsymbol{A}$ 总可以经过一系列初等行变换变成阶梯形矩阵，而对方阵 $\boldsymbol{A}$ 每作一次初等变换，相应地，行列式的值或者不变，或者相差一个非零的倍数.

正确解法　$D=\begin{vmatrix}8&8&8&8\\1&5&1&1\\1&1&5&1\\1&1&1&5\end{vmatrix}=8\begin{vmatrix}1&1&1&1\\1&5&1&1\\1&1&5&1\\1&1&1&5\end{vmatrix}=8\begin{vmatrix}1&1&1&1\\0&4&0&0\\0&0&4&0\\0&0&0&4\end{vmatrix}=8\times4^3=512$

例 6　计算 n 阶行列式

$$D=\begin{vmatrix}a&&&1\\&a&&\\&&\ddots&\\1&&&a\end{vmatrix}$$

错误解法 1　第 n 列乘以 $-\dfrac{1}{a}$ 加到第 1 列上，则得

$$D=\begin{vmatrix}a-\dfrac{1}{a}&0&\cdots&1\\0&a&\cdots&0\\\vdots&\vdots&&\vdots\\0&0&\cdots&a\end{vmatrix}$$

$$=\left(a-\frac{1}{a}\right)a^{n-1}=a^n-a^{n-2}$$

错误解法 2　按第一行展开，则有

$$D = a^n + (-1)^{n+1}\begin{vmatrix} a & & \\ & \ddots & \\ & & a \end{vmatrix}_{n-2} \qquad (1)$$

$$= a^n + (-1)^{n+1}a^{n-2}$$

错误分析 错误解法 1 中忽略了 $a=0$ 的情况，这种做法只适用于 $a \neq 0$ 的情况. 错误解法 2 在按第 1 行展开过程中有错误，即式（1）右端第 2 项应为

$$(-1)^{n+1}\begin{vmatrix} 0 & a & 0 & \cdots & 0 \\ 0 & 0 & a & \cdots & 0 \\ \vdots & \vdots & \vdots & & \vdots \\ 1 & 0 & 0 & \cdots & a \end{vmatrix}_{n-1}$$

$$= (-1)^{n+1}\cdot(-1)^{n-1+1}\begin{vmatrix} a & & & \\ & a & & \\ & & \ddots & \\ & & & a \end{vmatrix}_{n-2}$$

$$= -a^{n-2}$$

于是 $D = a^n - a^{n-2}$.

正确解法 将第 n 行乘以 $-a$ 加到第 1 行上，得

$$D = \begin{vmatrix} 0 & 0 & 0 & \cdots & 1-a^2 \\ 0 & a & 0 & \cdots & 0 \\ 0 & 0 & a & \cdots & 0 \\ \vdots & \vdots & \vdots & & \vdots \\ 1 & 0 & 0 & \cdots & a \end{vmatrix} = (-1)^{n+1}\begin{vmatrix} 0 & 0 & \cdots & 1-a^2 \\ a & 0 & \cdots & 0 \\ 0 & a & \cdots & 0 \\ \vdots & \vdots & & \vdots \\ 0 & 0 & \cdots & 0 \end{vmatrix}$$

$$= (-1)^{n+1}\cdot(1-a^2)\cdot(-1)^{1+(n-1)}\cdot a^{n-2}$$

$$= -(1-a^2)a^{n-2} = a^n - a^{n-2}$$

例 7 已知 $\boldsymbol{A} = \begin{pmatrix} 1 & 2 \\ -3 & 5 \end{pmatrix}$，求 $\boldsymbol{A}^{-1}$.

错误解法 因为 $|\boldsymbol{A}| = 11 \neq 0$，所以 $\boldsymbol{A}^{-1}$ 存在. $A_{11}=5, A_{12}=-3, A_{21}=2, A_{22}=1$，故有

$$\boldsymbol{A}^{-1} = \frac{\boldsymbol{A}^*}{|\boldsymbol{A}|} = \frac{1}{11}\begin{pmatrix} 5 & -3 \\ 2 & 1 \end{pmatrix}$$

错误分析 ①没有注意代数余子式的符号，从而 A_{12} 及 A_{21} 均相差一个负号，正确的应为 $A_{12}=3, A_{21}=-2$. ②将 $\boldsymbol{A}^*$ 写成了 $(\boldsymbol{A}^*)^{\mathrm{T}}$.

正确解法 $\boldsymbol{A}^* = \begin{pmatrix} A_{11} & A_{21} \\ A_{12} & A_{22} \end{pmatrix} = \begin{pmatrix} 5 & -2 \\ 3 & 1 \end{pmatrix}$， $\boldsymbol{A}^{-1} = \frac{\boldsymbol{A}^*}{|\boldsymbol{A}|} = \frac{1}{11}\begin{pmatrix} 5 & -2 \\ 3 & 1 \end{pmatrix}$

五、第四章　习题 A 答案

1. 单项选择题.

（1）行列式$\begin{vmatrix} 0 & a & b & 0 \\ a & 0 & 0 & b \\ 0 & c & d & 0 \\ c & 0 & 0 & d \end{vmatrix}=$（　　）.

A. $(ad-bc)^2$　　B. $-(ad-bc)^2$　　C. $a^2b^2-b^2c^2$　　D. $b^2c^2-a^2d^2$

解　按第一行展开得

$$\begin{vmatrix} 0 & a & b & 0 \\ a & 0 & 0 & b \\ 0 & c & d & 0 \\ c & 0 & 0 & d \end{vmatrix}=-a\begin{vmatrix} a & 0 & b \\ 0 & d & 0 \\ c & 0 & d \end{vmatrix}+b\begin{vmatrix} a & 0 & b \\ 0 & c & 0 \\ c & 0 & d \end{vmatrix}=-ad\begin{vmatrix} a & b \\ c & d \end{vmatrix}+bc\begin{vmatrix} a & b \\ c & d \end{vmatrix}=-(ad-bc)^2$$

故选 B.

（2）已知 $\boldsymbol{A},\boldsymbol{B}$ 均为 n 阶矩阵，则以下命题中错误的是（　　）

A. $|\boldsymbol{A}+\boldsymbol{B}|=|\boldsymbol{A}|+|\boldsymbol{B}|$　　B. $|\boldsymbol{AB}|=|\boldsymbol{BA}|$

C. 若 $\boldsymbol{AB}=\boldsymbol{O}$ 且 $|\boldsymbol{A}|\neq 0$，则 $\boldsymbol{B}=\boldsymbol{O}$　　D. 若 $|\boldsymbol{A}|\neq 0$，则 $|\boldsymbol{A}^{-1}|=|\boldsymbol{A}|^{-1}$

解　A. 举反例，若 $\boldsymbol{A}=\boldsymbol{B}=\boldsymbol{E}$，则 $|\boldsymbol{A}+\boldsymbol{B}|=2^n, |\boldsymbol{A}|+|\boldsymbol{B}|=2$，故两者不等.

B. $|\boldsymbol{AB}|=|\boldsymbol{BA}|=|\boldsymbol{A}||\boldsymbol{B}|$.

C. 由 $|\boldsymbol{A}|\neq 0$ 知，$\boldsymbol{A}$ 可逆，两边同时乘以 $\boldsymbol{A}^{-1}$，即 $\boldsymbol{B}=\boldsymbol{O}$.

D. 若 $|\boldsymbol{A}|\neq 0$，则 $|\boldsymbol{A}||\boldsymbol{A}^{-1}|=|\boldsymbol{AA}^{-1}|=1$，故 $|\boldsymbol{A}^{-1}|=|\boldsymbol{A}|^{-1}$. 故此题答案为 A.

（3）矩阵 $\boldsymbol{A}=\begin{pmatrix} -1 & -6 \\ 3 & 9 \end{pmatrix}$ 的伴随矩阵为（　　）.

A. $\begin{pmatrix} 9 & 3 \\ -6 & -1 \end{pmatrix}$　　B. $\begin{pmatrix} 9 & 6 \\ -3 & -1 \end{pmatrix}$　　C. $\begin{pmatrix} 9 & 6 \\ 3 & -1 \end{pmatrix}$　　D. $\begin{pmatrix} 9 & -6 \\ -3 & -1 \end{pmatrix}$

解　$\boldsymbol{A}^*=\begin{pmatrix} A_{11} & A_{21} \\ A_{12} & A_{22} \end{pmatrix}=\begin{pmatrix} 9 & 6 \\ -3 & -1 \end{pmatrix}$，故选 B.

（4）已知矩阵 $\boldsymbol{A}$ 的伴随矩阵 $\boldsymbol{A}^*=\begin{pmatrix} 1 & 2 \\ 3 & 4 \end{pmatrix}$，则 $|\boldsymbol{A}|$ 为（　　）

A. -2　　B. -1　　C. 2　　D. 1

解　因为 $\boldsymbol{AA}^*=|\boldsymbol{A}|\boldsymbol{E}$，所以 $|\boldsymbol{AA}^*|=\big||\boldsymbol{A}|\boldsymbol{E}\big|$，从而 $|\boldsymbol{A}||\boldsymbol{A}^*|=|\boldsymbol{A}|^2$，又 $|\boldsymbol{A}|\neq 0$，则 $|\boldsymbol{A}|=|\boldsymbol{A}^*|=-2$. 故选 A.

（5）设 $\boldsymbol{A}$ 是 n 阶可逆矩阵，则以下命题中正确的是（　　）.

A. $|\boldsymbol{A}^*|=|\boldsymbol{A}|^{n-1}$　　B. $|\boldsymbol{A}^*|=|\boldsymbol{A}|$　　C. $|\boldsymbol{A}^*|=|\boldsymbol{A}|^n$　　D. $|\boldsymbol{A}^*|=|\boldsymbol{A}|^{-1}$

解 因为 $AA^* = |A|E$，所以 $|AA^*| = \|A|E|$，从而 $|A||A^*| = |A|^n$，由于 A 是 n 阶可逆矩阵，故 $|A| \neq 0$，这样 $|A^*| = |A|^{n-1}$. 故选 A.

2. 填空题.

（1）若 $\begin{vmatrix} a_{11} & a_{12} & a_{13} \\ a_{21} & a_{22} & a_{23} \\ a_{31} & a_{32} & a_{33} \end{vmatrix} = 3$，则 $\begin{vmatrix} 3a_{21} & 3a_{22} & 3a_{23} \\ 3a_{31} & 3a_{32} & 3a_{33} \\ 3a_{11} & 3a_{12} & 3a_{13} \end{vmatrix} =$ ________.

解 $\begin{vmatrix} 3a_{21} & 3a_{22} & 3a_{23} \\ 3a_{31} & 3a_{32} & 3a_{33} \\ 3a_{11} & 3a_{12} & 3a_{13} \end{vmatrix} = 3^3 \begin{vmatrix} a_{21} & a_{22} & a_{23} \\ a_{31} & a_{32} & a_{33} \\ a_{11} & a_{12} & a_{13} \end{vmatrix} = 3^3 \begin{vmatrix} a_{11} & a_{12} & a_{13} \\ a_{21} & a_{22} & a_{23} \\ a_{31} & a_{32} & a_{33} \end{vmatrix} = 3^4$

（2）已知四阶方阵 A，其第一行元素分别为 2，3，–4，1，它们的余子式的值分别为 2，–3，–1，5，则 $|A| =$ ________.

解 由于 $A_{11} = M_{11}, A_{12} = -M_{12}, A_{13} = M_{13}, A_{14} = -M_{14}$，故

$$\begin{aligned} |A| &= a_{11}A_{11} + a_{12}A_{12} + a_{13}A_{13} + a_{14}A_{14} = a_{11}M_{11} - a_{12}M_{12} + a_{13}M_{13} - a_{14}M_{14} \\ &= 2\times 2 + 3\times 3 + (-4)\times(-1) + 1\times(-5) = 12 \end{aligned}$$

（3）四阶行列式 $\begin{vmatrix} a_1 & 0 & 0 & b_1 \\ 0 & a_2 & b_2 & 0 \\ 0 & b_3 & a_3 & 0 \\ b_4 & 0 & 0 & a_4 \end{vmatrix}$ 的值为________.

解 按第一行展开得

$$\begin{aligned} \begin{vmatrix} a_1 & 0 & 0 & b_1 \\ 0 & a_2 & b_2 & 0 \\ 0 & b_3 & a_3 & 0 \\ b_4 & 0 & 0 & a_4 \end{vmatrix} &= a_1 \begin{vmatrix} a_2 & b_2 & 0 \\ b_3 & a_3 & 0 \\ 0 & 0 & a_4 \end{vmatrix} - b_1 \begin{vmatrix} 0 & a_2 & b_2 \\ 0 & b_3 & a_3 \\ b_4 & 0 & 0 \end{vmatrix} = a_1 a_4 \begin{vmatrix} a_2 & b_2 \\ b_3 & a_3 \end{vmatrix} - b_1 b_4 \begin{vmatrix} a_2 & b_2 \\ b_3 & a_3 \end{vmatrix} \\ &= (a_1a_4 - b_1b_4)(a_2a_3 - b_2b_3) \end{aligned}$$

（4）若 $\begin{vmatrix} a_{11} & a_{12} \\ a_{21} & a_{22} \end{vmatrix} = 4$，则 $\begin{vmatrix} a_{12} & 2a_{11} & 0 \\ a_{22} & 2a_{21} & 0 \\ 0 & -2 & -1 \end{vmatrix} =$ __________.

解 $\begin{vmatrix} a_{12} & 2a_{11} & 0 \\ a_{22} & 2a_{21} & 0 \\ 0 & -2 & -1 \end{vmatrix} = (-1)\begin{vmatrix} a_{12} & 2a_{11} \\ a_{22} & 2a_{21} \end{vmatrix} = (-1)\times 2\begin{vmatrix} a_{12} & a_{11} \\ a_{22} & a_{21} \end{vmatrix} = 2\begin{vmatrix} a_{11} & a_{12} \\ a_{21} & a_{22} \end{vmatrix} = 8$

（5）设 $|A| = \begin{vmatrix} 1 & 2 & -9 & 2 \\ 3 & 2 & -4 & 4 \\ 4 & 2 & 5 & 6 \\ -3 & 2 & 7 & -9 \end{vmatrix}$，则 $A_{14} + A_{24} + A_{34} + A_{44} =$ ________.

解 $A_{14}+A_{24}+A_{34}+A_{44}=\begin{vmatrix}1&2&-9&1\\3&2&-4&1\\4&2&5&1\\-3&2&7&1\end{vmatrix}=0$

（6）$\boldsymbol{A}$ 为五阶方阵，且 $|\boldsymbol{A}|=-2$，则 $||\boldsymbol{A}|\boldsymbol{A}|=$________；$\left||\boldsymbol{A}|\boldsymbol{A}^*\right|=$________.

解 $||\boldsymbol{A}|\boldsymbol{A}|=|\boldsymbol{A}|^5|\boldsymbol{A}|=|\boldsymbol{A}|^6=(-2)^6=64$，$\left||\boldsymbol{A}|\boldsymbol{A}^*\right|=|\boldsymbol{A}|^5|\boldsymbol{A}^*|=|\boldsymbol{A}|^5|\boldsymbol{A}|^{5-1}=|\boldsymbol{A}|^9=-512$

（7）行列式 $\begin{vmatrix}\lambda&-1&0&0\\0&\lambda&-1&0\\0&0&\lambda&-1\\4&3&2&\lambda+1\end{vmatrix}=$________.

解 $\begin{vmatrix}\lambda&-1&0&0\\0&\lambda&-1&0\\0&0&\lambda&-1\\4&3&2&\lambda+1\end{vmatrix}=\lambda\begin{vmatrix}\lambda&-1&0\\0&\lambda&-1\\3&2&\lambda+1\end{vmatrix}-4\begin{vmatrix}-1&0&0\\\lambda&-1&0\\0&\lambda&-1\end{vmatrix}$

$$=\lambda[\lambda^2(\lambda+1)+3+2\lambda]+4=\lambda^4+\lambda^3+2\lambda^2+3\lambda+4$$

（8）设矩阵 $\begin{pmatrix}a&-1&-1\\-1&a&-1\\-1&-1&a\end{pmatrix}$ 与 $\begin{pmatrix}1&1&0\\0&-1&1\\1&0&1\end{pmatrix}$ 等价，则 $a=$________.

解法一 等价的矩阵有相同的秩. 由于 $\begin{vmatrix}1&1&0\\0&-1&1\\1&0&1\end{vmatrix}=0$，$\begin{vmatrix}1&1\\0&-1\end{vmatrix}\neq0$，故 $\begin{pmatrix}1&1&0\\0&-1&1\\1&0&1\end{pmatrix}$ 的秩为 2，$\begin{pmatrix}a&-1&-1\\-1&a&-1\\-1&-1&a\end{pmatrix}$ 的秩也为 2，从而 $\begin{vmatrix}a&-1&-1\\-1&a&-1\\-1&-1&a\end{vmatrix}=(a+1)^2(a-2)=0$，这样 $a=-1$ 或 $a=2$. 当 $a=-1$ 时，$\begin{pmatrix}a&-1&-1\\-1&a&-1\\-1&-1&a\end{pmatrix}$ 的秩为 1，应舍去. 当 $a=2$ 时，由于 $\begin{vmatrix}2&-1\\-1&2\end{vmatrix}\neq0$，故 $\begin{pmatrix}a&-1&-1\\-1&a&-1\\-1&-1&a\end{pmatrix}$ 的秩为 2. 因此，答案为 $a=2$.

解法二 因 $\begin{pmatrix}1&1&0\\0&-1&1\\1&0&1\end{pmatrix}\xrightarrow{r}\begin{pmatrix}1&1&0\\0&-1&1\\0&0&0\end{pmatrix}$ 知 $\begin{pmatrix}1&1&0\\0&-1&1\\1&0&1\end{pmatrix}$ 的秩为 2，两等价矩阵有相同的秩，故 $\begin{pmatrix}a&-1&-1\\-1&a&-1\\-1&-1&a\end{pmatrix}$ 的秩为 2. 又 $\begin{pmatrix}a&-1&-1\\-1&a&-1\\-1&-1&a\end{pmatrix}\xrightarrow{r}\begin{pmatrix}-1&-1&a\\0&a+1&-1-a\\0&0&a^2-a-2\end{pmatrix}$，所以 $a+1\neq0$ 但 $a^2-a-2=0$，故 $a=2$.

3. 计算下列行列式.

(1) $\begin{vmatrix}1&2&2\\2&1&2\\2&2&1\end{vmatrix}$； (2) $\begin{vmatrix}2&1&4&4\\0&2&1&2\\2&5&10&0\\1&1&0&7\end{vmatrix}$

解 (1) $\begin{vmatrix}1&2&2\\2&1&2\\2&2&1\end{vmatrix}=1\begin{vmatrix}1&2\\2&1\end{vmatrix}-2\begin{vmatrix}2&2\\2&1\end{vmatrix}+2\begin{vmatrix}2&1\\2&2\end{vmatrix}=1(1-4)-2(2-4)+2(4-2)=5$

(2) $$\begin{vmatrix}2&1&4&4\\0&2&1&2\\2&5&10&0\\1&1&0&7\end{vmatrix}=-\begin{vmatrix}1&1&0&7\\0&2&1&2\\2&5&10&0\\2&1&4&4\end{vmatrix}=-\begin{vmatrix}1&1&0&7\\0&2&1&2\\0&3&10&-14\\0&-1&4&-10\end{vmatrix}=\begin{vmatrix}1&1&0&7\\0&-1&4&-10\\0&3&10&-14\\0&2&1&2\end{vmatrix}$$

$$=\begin{vmatrix}1&1&0&7\\0&-1&4&-10\\0&0&22&-44\\0&0&9&-18\end{vmatrix}=22\begin{vmatrix}1&1&0&7\\0&-1&4&-10\\0&0&1&-2\\0&0&9&-18\end{vmatrix}$$

$$=22\times9\begin{vmatrix}1&1&0&7\\0&-1&4&-10\\0&0&1&-2\\0&0&1&-2\end{vmatrix}=0$$

4. 证明：

(1) $\begin{vmatrix}b+c&c+a&a+b\\b'+c'&c'+a'&a'+b'\\b''+c''&c''+a''&a''+b''\end{vmatrix}=2\begin{vmatrix}a&b&c\\a'&b'&c'\\a''&b''&c''\end{vmatrix}$；

(2) 设 $bc=a$，则 $\begin{vmatrix}1+a&b&&&\\c&1+a&b&&\\&\ddots&\ddots&\ddots&\\&&c&1+a&b\\&&&c&1+a\end{vmatrix}=1+a+\cdots+a^n$，行列式中未写出的元素都是零.

证 (1) 由于 $\begin{pmatrix}b+c&c+a&a+b\\b'+c'&c'+a'&a'+b'\\b''+c''&c''+a''&a''+b''\end{pmatrix}=\begin{pmatrix}a&b&c\\a'&b'&c'\\a''&b''&c''\end{pmatrix}\begin{pmatrix}0&1&1\\1&0&1\\1&1&0\end{pmatrix}$，故

$$\begin{vmatrix}b+c&c+a&a+b\\b'+c'&c'+a'&a'+b'\\b''+c''&c''+a''&a''+b''\end{vmatrix}=\begin{vmatrix}a&b&c\\a'&b'&c'\\a''&b''&c''\end{vmatrix}\begin{vmatrix}0&1&1\\1&0&1\\1&1&0\end{vmatrix}=2\begin{vmatrix}a&b&c\\a'&b'&c'\\a''&b''&c''\end{vmatrix}$$

（2）$D_n=\begin{vmatrix}1+a & b & 0 & 0 & \cdots & 0 & 0\\ c & 1+a & b & 0 & \cdots & 0 & 0\\ 0 & c & 1+a & b & \cdots & 0 & 0\\ \vdots & \vdots & \vdots & \vdots & & \vdots & \vdots\\ 0 & 0 & 0 & 0 & \cdots & 1+a & b\\ 0 & 0 & 0 & 0 & \cdots & c & 1+a\end{vmatrix}=(1+a)D_{n-1}-c\begin{vmatrix}b & 0 & 0 & \cdots & 0 & 0\\ c & 1+a & b & \cdots & 0 & 0\\ \vdots & \vdots & \vdots & & \vdots & \vdots\\ 0 & 0 & 0 & \cdots & 1+a & b\\ 0 & 0 & 0 & \cdots & c & 1+a\end{vmatrix}_{n-1}$

$=(1+a)D_{n-1}-cbD_{n-2}$

因为$bc=a$，从而$D_n=(1+a)D_{n-1}-aD_{n-2}$，所以

$$D_n-D_{n-1}=a(D_{n-1}-D_{n-2})=\cdots=a^{n-2}(D_2-D_1)=a^n$$

故

$$D_n=D_1+D_2-D_1+\cdots+D_n-D_{n-1}=1+a+\cdots+a^n$$

5. 计算下列n阶行列式.

（1）$\begin{vmatrix}1 & 2 & 3 & \cdots & n\\ 2 & 3 & 4 & \cdots & 1\\ 3 & 4 & 5 & \cdots & 2\\ \vdots & \vdots & \vdots & & \vdots\\ n & 1 & 2 & \cdots & n-1\end{vmatrix}$；　　（2）$\begin{vmatrix}a & b & b & \cdots & b\\ b & a & b & \cdots & b\\ b & b & a & \cdots & b\\ \vdots & \vdots & \vdots & & \vdots\\ b & b & b & \cdots & a\end{vmatrix}$

（3）$\begin{vmatrix}a_1 & b & b & \cdots & b\\ b & a_2 & 0 & \cdots & 0\\ b & 0 & a_3 & \cdots & 0\\ \vdots & \vdots & \vdots & & \vdots\\ b & 0 & 0 & \cdots & a_n\end{vmatrix}$　$\left(\prod_{i=1}^{n}a_i\neq 0\right)$

解（1）$\begin{vmatrix}1 & 2 & 3 & \cdots & n\\ 2 & 3 & 4 & \cdots & 1\\ 3 & 4 & 5 & \cdots & 2\\ \vdots & \vdots & \vdots & & \vdots\\ n & 1 & 2 & \cdots & n-1\end{vmatrix}=\begin{vmatrix}\frac{n(n+1)}{2} & 2 & 3 & \cdots & n\\ \frac{n(n+1)}{2} & 3 & 4 & \cdots & 1\\ \frac{n(n+1)}{2} & 4 & 5 & \cdots & 2\\ \vdots & \vdots & \vdots & & \vdots\\ \frac{n(n+1)}{2} & 1 & 2 & \cdots & n-1\end{vmatrix}=\frac{n(n+1)}{2}\begin{vmatrix}1 & 2 & 3 & \cdots & n\\ 1 & 3 & 4 & \cdots & 1\\ 1 & 4 & 5 & \cdots & 2\\ \vdots & \vdots & \vdots & & \vdots\\ 1 & 1 & 2 & \cdots & n-1\end{vmatrix}$

$$=\frac{n(n+1)}{2}\begin{vmatrix}1 & 2 & 3 & \cdots & n\\ 1 & 3 & 4 & \cdots & 1\\ 1 & 4 & 5 & \cdots & 2\\ \vdots & \vdots & \vdots & & \vdots\\ 1 & n & 1 & \cdots & n-2\\ 0 & 1-n & 1 & \cdots & 1\end{vmatrix}=\cdots=\frac{n(n+1)}{2}\begin{vmatrix}1 & 2 & 3 & \cdots & n\\ 0 & 1 & 1 & \cdots & 1-n\\ 0 & 1 & 1 & \cdots & 1\\ \vdots & \vdots & \vdots & & \vdots\\ 0 & 1-n & 1 & \cdots & 1\end{vmatrix}$$

$$=\frac{n(n+1)}{2}\begin{vmatrix}1 & \cdots & 1 & 1-n\\ 1 & \cdots & 1-n & 1\\ \vdots & & \vdots & \vdots\\ 1-n & \cdots & 1 & 1\end{vmatrix}_{n-1}$$

$$=\frac{n(n+1)}{2}(-1)^{\frac{(n-1)(n-2)}{2}}\begin{vmatrix}1-n & 1 & \cdots & 1\\ 1 & 1-n & \cdots & 1\\ \vdots & \vdots & & \vdots\\ 1 & 1 & \cdots & 1-n\end{vmatrix}$$

$$=\frac{n(n+1)}{2}(-1)^{\frac{(n-1)(n-2)}{2}}\cdot(-1)\begin{vmatrix}1 & 1 & \cdots & 1\\ 1 & 1-n & \cdots & 1\\ \vdots & \vdots & & \vdots\\ 1 & 1 & \cdots & 1-n\end{vmatrix}$$

$$=\frac{n(n+1)}{2}(-1)^{\frac{(n-1)(n-2)}{2}}(-1)(-n)^{n-2}=(-1)^{\frac{n(n-1)}{2}}\frac{n^n+n^{n-1}}{2}$$

（2）$\begin{vmatrix}a & b & b & \cdots & b\\ b & a & b & \cdots & b\\ b & b & a & \cdots & b\\ \vdots & \vdots & \vdots & & \vdots\\ b & b & b & \cdots & a\end{vmatrix}=\begin{vmatrix}a+(n-1)b & b & b & \cdots & b\\ a+(n-1)b & a & b & \cdots & b\\ a+(n-1)b & b & a & \cdots & b\\ \vdots & \vdots & \vdots & & \vdots\\ a+(n-1)b & b & b & \cdots & a\end{vmatrix}=[a+(n-1)b]\begin{vmatrix}1 & b & b & \cdots & b\\ 1 & a & b & \cdots & b\\ 1 & b & a & \cdots & b\\ \vdots & \vdots & \vdots & & \vdots\\ 1 & b & b & \cdots & a\end{vmatrix}$

$$=[a+(n-1)b]\begin{vmatrix}1 & b & b & \cdots & b\\ 0 & a-b & 0 & \cdots & 0\\ 0 & 0 & a-b & \cdots & 0\\ \vdots & \vdots & \vdots & & \vdots\\ 0 & 0 & 0 & \cdots & a-b\end{vmatrix}=[a+(n-1)b](a-b)^{n-1}$$

（3）因为$a_i\neq 0$，将第i列的$-\frac{b}{a_i}$倍加到第一列$(i=2,3,\cdots,n)$得

$$\begin{vmatrix}a_1 & b & b & \cdots & b\\ b & a_2 & 0 & \cdots & 0\\ b & 0 & a_3 & \cdots & 0\\ \vdots & \vdots & \vdots & & \vdots\\ b & 0 & 0 & \cdots & a_n\end{vmatrix}=\begin{vmatrix}a_1-\frac{b^2}{a_2}-\frac{b^2}{a_3}-\cdots-\frac{b^2}{a_n} & b & b & \cdots & b\\ 0 & a_2 & 0 & \cdots & 0\\ 0 & 0 & a_3 & \cdots & 0\\ \vdots & \vdots & \vdots & & \vdots\\ 0 & 0 & 0 & \cdots & a_n\end{vmatrix}$$

$$=\left(a_1-\frac{b^2}{a_2}-\frac{b^2}{a_3}-\cdots-\frac{b^2}{a_n}\right)a_2a_3\cdots a_n$$

6. 证明：n阶行列式$\begin{vmatrix} \cos\alpha & 1 & & & \\ 1 & 2\cos\alpha & 1 & & \\ & \ddots & \ddots & \ddots & \\ & & 1 & 2\cos\alpha & 1 \\ & & & 1 & 2\cos\alpha \end{vmatrix} = \cos n\alpha$.

证　利用数学归纳法证明. 当$n=1$时，结论成立.设结论对于小于n阶的行列式成立，对于n阶行列式，

$$D_n = \begin{vmatrix} \cos\alpha & 1 & 0 & \cdots & 0 & 0 & 0 \\ 1 & 2\cos\alpha & 1 & \cdots & 0 & 0 & 0 \\ 0 & 1 & 2\cos\alpha & \cdots & 0 & 0 & 0 \\ \vdots & \vdots & \vdots & & \vdots & \vdots & \vdots \\ 0 & 0 & 0 & \cdots & 2\cos\alpha & 1 & \\ 0 & 0 & 0 & \cdots & 1 & 2\cos\alpha & 1 \\ 0 & 0 & 0 & \cdots & & 1 & 2\cos\alpha \end{vmatrix}$$

$$= 2\cos\alpha \cdot D_{n-1} + (-1)^{2n-1} \begin{vmatrix} \cos\alpha & 1 & 0 & \cdots & 0 & 0 \\ 1 & 2\cos\alpha & 1 & \cdots & 0 & 0 \\ 0 & 1 & 2\cos\alpha & \cdots & 0 & 0 \\ \vdots & \vdots & \vdots & & \vdots & \vdots \\ 0 & 0 & 0 & \cdots & 2\cos\alpha & 0 \\ 0 & 0 & 0 & \cdots & 1 & 1 \end{vmatrix}_{n-1}$$

$$= 2\cos\alpha \cdot D_{n-1} + (-1)^{2n-1} \cdot 1 \cdot 1 \cdot D_{n-2}$$

$$= 2\cos\alpha \cdot D_{n-1} - D_{n-2}$$

由归纳法得$D_n = 2\cos\alpha \cdot \cos[(n-1)\alpha] - \cos[(n-2)\alpha]$.

又由于

$$\begin{aligned} \cos n\alpha &= \cos[(n-1)\alpha + \alpha] = \cos[(n-1)\alpha]\cos\alpha - \sin[(n-1)\alpha]\sin\alpha \\ &= \cos[(n-1)\alpha]\cos\alpha - \sin[(n-2)\alpha + \alpha]\sin\alpha \\ &= \cos[(n-1)\alpha]\cos\alpha - \{\sin[(n-2)\alpha]\cos\alpha + \cos[(n-2)\alpha]\sin\alpha\}\sin\alpha \\ &= \cos[(n-1)\alpha]\cos\alpha - \sin[(n-2)\alpha]\cos\alpha\sin\alpha - \cos[(n-2)\alpha]\sin^2\alpha \\ &= \cos[(n-1)\alpha]\cos\alpha - \sin[(n-2)\alpha]\cos\alpha\sin\alpha - \cos[(n-2)\alpha](1-\cos^2\alpha) \\ &= \cos[(n-1)\alpha]\cos\alpha - \cos[(n-2)\alpha] - \sin[(n-2)\alpha]\cos\alpha\sin\alpha + \cos[(n-2)\alpha]\cos^2\alpha \\ &= \cos[(n-1)\alpha]\cos\alpha - \cos[(n-2)\alpha] + \cos\alpha\{\cos[(n-2)\alpha]\cos\alpha - \sin[(n-2)\alpha]\sin\alpha\} \\ &= \cos[(n-1)\alpha]\cos\alpha - \cos[(n-2)\alpha] + \cos\alpha\cos[(n-1)\alpha] \\ &= 2\cos[(n-1)\alpha]\cos\alpha - \cos[(n-2)\alpha] \end{aligned}$$

故$D_n = \cos n\alpha$.

7. 求下列矩阵的逆矩阵.

（1）$\begin{pmatrix}1 & 2 & -1\\ 3 & 4 & -2\\ 5 & -4 & 1\end{pmatrix}$；（2）$\begin{pmatrix}a_1 & & & \\ & a_2 & & \\ & & \ddots & \\ & & & a_n\end{pmatrix}$ $(a_1a_2\cdots a_n \neq 0)$

解 （1）$|\boldsymbol{A}|=2$.

$$\boldsymbol{A}^{-1}=\frac{1}{|\boldsymbol{A}|}\boldsymbol{A}^*=\frac{1}{|\boldsymbol{A}|}\begin{pmatrix}A_{11} & A_{21} & A_{31}\\ A_{12} & A_{22} & A_{32}\\ A_{13} & A_{23} & A_{33}\end{pmatrix}=\frac{1}{2}\begin{pmatrix}-4 & 2 & 0\\ -13 & 6 & -1\\ -32 & 14 & -2\end{pmatrix}$$

（2）$|\boldsymbol{A}|=a_1a_2\cdots a_n$.

$$\boldsymbol{A}^{-1}=\frac{1}{|\boldsymbol{A}|}\boldsymbol{A}^*=\frac{1}{|\boldsymbol{A}|}\begin{pmatrix}A_{11} & & & \\ & A_{22} & & \\ & & \ddots & \\ & & & A_{nn}\end{pmatrix}=\begin{pmatrix}\frac{1}{a_1} & & & \\ & \frac{1}{a_2} & & \\ & & \ddots & \\ & & & \frac{1}{a_n}\end{pmatrix}$$

8. 解下列矩阵方程.

（1）$\boldsymbol{X}\begin{pmatrix}2 & 1 & -1\\ 1 & 1 & 1\\ 3 & 2 & 1\end{pmatrix}=\begin{pmatrix}1 & -1 & 3\\ 4 & 3 & 2\\ 2 & -2 & 5\end{pmatrix}$；（2）$\begin{pmatrix}4 & 1\\ 2 & -1\end{pmatrix}\boldsymbol{X}\begin{pmatrix}0 & 2\\ 1 & -1\end{pmatrix}=\begin{pmatrix}1 & 3\\ -1 & 0\end{pmatrix}$

解 （1）设$\boldsymbol{A}=\begin{pmatrix}2 & 1 & -1\\ 1 & 1 & 1\\ 3 & 2 & 1\end{pmatrix}$,$|\boldsymbol{A}|=1$,故$\boldsymbol{A}$可逆,

$$\boldsymbol{A}^{-1}=\frac{1}{|\boldsymbol{A}|}\boldsymbol{A}^*=\frac{1}{|\boldsymbol{A}|}\begin{pmatrix}A_{11} & A_{21} & A_{31}\\ A_{12} & A_{22} & A_{32}\\ A_{13} & A_{23} & A_{33}\end{pmatrix}=\begin{pmatrix}-1 & -3 & 2\\ 2 & 5 & -3\\ -1 & -1 & 1\end{pmatrix}$$

$$\boldsymbol{X}=\begin{pmatrix}1 & -1 & 3\\ 4 & 3 & 2\\ 2 & -2 & 5\end{pmatrix}\boldsymbol{A}^{-1}=\begin{pmatrix}-6 & -11 & 8\\ 0 & 1 & 1\\ -11 & -21 & 15\end{pmatrix}$$

（2）$\begin{pmatrix}4 & 1\\ 2 & -1\end{pmatrix}$与$\begin{pmatrix}0 & 2\\ 1 & -1\end{pmatrix}$均可逆，故有

$$\boldsymbol{X}=\begin{pmatrix}4 & 1\\ 2 & -1\end{pmatrix}^{-1}\begin{pmatrix}1 & 3\\ -1 & 0\end{pmatrix}\begin{pmatrix}0 & 2\\ 1 & -1\end{pmatrix}^{-1}=\frac{1}{-6}\begin{pmatrix}-1 & -1\\ -2 & 4\end{pmatrix}\begin{pmatrix}1 & 3\\ -1 & 0\end{pmatrix}\frac{1}{-2}\begin{pmatrix}-1 & -2\\ -1 & 0\end{pmatrix}=\begin{pmatrix}\frac{1}{4} & 0\\ 1 & 1\end{pmatrix}$$

9. 利用逆矩阵解下列线性方程组.

（1）$\begin{cases}x_1+2x_2+3x_3=1\\ 2x_1+2x_2+5x_3=2\\ 3x_1+5x_2+x_3=3\end{cases}$；（2）$\begin{cases}x_1-x_2+2x_3=1\\ -2x_1-x_2-2x_3=3\\ 4x_1+3x_2+3x_3=-1\end{cases}$

解　(1) 方程组的系数矩阵为 $A=\begin{pmatrix}1&2&3\\2&2&5\\3&5&1\end{pmatrix}$，易求 $|A|=15\neq0$，故 A 可逆，方程组有唯一解，其解为

$$\begin{pmatrix}x_1\\x_2\\x_3\end{pmatrix}=\begin{pmatrix}1&2&3\\2&2&5\\3&5&1\end{pmatrix}^{-1}\begin{pmatrix}1\\2\\3\end{pmatrix}=\frac{1}{15}\begin{pmatrix}-23&13&4\\13&-8&1\\4&1&-2\end{pmatrix}\begin{pmatrix}1\\2\\3\end{pmatrix}=\begin{pmatrix}1\\0\\0\end{pmatrix}$$

(2) 方程组的系数矩阵为 $A=\begin{pmatrix}1&-1&2\\-2&-1&-2\\4&3&3\end{pmatrix}$，易求 $|A|=1\neq0$，故 A 可逆，方程组有唯一解，其解为

$$\begin{pmatrix}x_1\\x_2\\x_3\end{pmatrix}=\begin{pmatrix}1&-1&2\\-2&-1&-2\\4&3&3\end{pmatrix}^{-1}\begin{pmatrix}1\\3\\-1\end{pmatrix}=\begin{pmatrix}3&9&4\\-2&-5&-2\\-2&-7&-3\end{pmatrix}\begin{pmatrix}1\\3\\-1\end{pmatrix}=\begin{pmatrix}26\\-15\\-20\end{pmatrix}$$

10. 已知三阶方阵 A 的逆矩阵为 $A^{-1}=\begin{pmatrix}1&1&1\\1&2&1\\1&1&3\end{pmatrix}$，求其伴随矩阵 A^* 的逆矩阵.

解　$|A^{-1}|=\begin{vmatrix}1&1&1\\1&2&1\\1&1&3\end{vmatrix}=2$,　$A=(A^{-1})^{-1}=\begin{pmatrix}1&1&1\\1&2&1\\1&1&3\end{pmatrix}^{-1}=\begin{pmatrix}\frac{5}{2}&-1&-\frac{1}{2}\\-1&1&0\\-\frac{1}{2}&0&\frac{1}{2}\end{pmatrix}$

又 $AA^*=|A|E$,

$$(A^*)^{-1}=\frac{1}{|A|}A=\frac{1}{|(A^{-1})^{-1}|}(A^{-1})^{-1}$$

$$=|A^{-1}|(A^{-1})^{-1}=\begin{pmatrix}5&-2&-1\\-2&2&0\\-1&0&1\end{pmatrix}$$

11. 设 A 为 n 阶可逆矩阵，且 $A^2=|A|E$，证明：A 的伴随矩阵 $A^*=A$.

证　因为 $AA^*=|A|E$，且已知 $A^2=|A|E$，所以 $AA^*=A^2$. 因为 A 可逆，所以 $A^{-1}(AA^*)=A^{-1}A^2$，从而 $A^*=A$.

12. 设 A 为 n 阶非零方阵，A^* 是 A 的伴随矩阵，若 $A^*=A^{\mathrm{T}}$，证明 A 是可逆矩阵.

证　$AA^*=|A|E$，由于 $A^*=A^{\mathrm{T}}$，故 $AA^{\mathrm{T}}=|A|E$. 若 $|A|=0$，则 $AA^{\mathrm{T}}=O$.

设 $A=(a_{ij})_{n\times n}$，故 $A^{\mathrm{T}}=(a_{ji})_{n\times n}$，则

$$AA^{\mathrm{T}}=\begin{pmatrix} a_{11}^2+a_{12}^2+\cdots+a_{1n}^2 & \times & \cdots & \times \\ \times & a_{21}^2+a_{22}^2+\cdots+a_{2n}^2 & \cdots & \times \\ \vdots & \vdots & & \vdots \\ \times & \times & \cdots & a_{n1}^2+a_{n2}^2+\cdots+a_{nn}^2 \end{pmatrix}=\boldsymbol{O}$$

所以 $a_{ij}=0 \Rightarrow \boldsymbol{A}=\boldsymbol{O}$，矛盾. 故 $|\boldsymbol{A}|\neq 0$，这样 $\boldsymbol{A}$ 可逆.

13. 已知实矩阵 $\boldsymbol{A}=(a_{ij})_{3\times 3}$ 满足条件 $A_{ij}=a_{ij}\ (i,j=1,2,3)$，其中 A_{ij} 是 a_{ij} 的代数余子式，且 $a_{11}\neq 0$，计算 $|\boldsymbol{A}|$.

解 由已知 $A_{ij}=a_{ij}$ 得 $\boldsymbol{A}^*=\boldsymbol{A}^{\mathrm{T}}$，由 12 题可知 $\boldsymbol{A}$ 可逆，从而 $|\boldsymbol{A}|\neq 0$. 这样 $\boldsymbol{A}\boldsymbol{A}^{\mathrm{T}}=|\boldsymbol{A}|\boldsymbol{E} \Rightarrow |\boldsymbol{A}|^2=|\boldsymbol{A}|^3 \Rightarrow |\boldsymbol{A}|=1$.

14. 已知 $\boldsymbol{A}=\begin{pmatrix} 1 & 1 & -1 \\ -1 & 1 & 1 \\ 1 & -1 & 1 \end{pmatrix}$，矩阵 $\boldsymbol{X}$ 满足 $\boldsymbol{A}^*\boldsymbol{X}=\boldsymbol{A}^{-1}+2\boldsymbol{X}$，求矩阵 $\boldsymbol{X}$.

解 由 $\boldsymbol{A}^*\boldsymbol{X}=\boldsymbol{A}^{-1}+2\boldsymbol{X}$ 得 $\boldsymbol{A}\boldsymbol{A}^*\boldsymbol{X}=\boldsymbol{E}+2\boldsymbol{A}\boldsymbol{X}$，故 $(|\boldsymbol{A}|\boldsymbol{E}-2\boldsymbol{A})\boldsymbol{X}=\boldsymbol{E}$. 计算得 $|\boldsymbol{A}|=4$，又由于

$$(4\boldsymbol{E}-2\boldsymbol{A},\boldsymbol{E})=\begin{pmatrix} 2 & -2 & 2 & 1 & 0 & 0 \\ 2 & 2 & -2 & 0 & 1 & 0 \\ -2 & 2 & 2 & 0 & 0 & 1 \end{pmatrix} \xrightarrow{r} \begin{pmatrix} 1 & 0 & 0 & \frac{1}{4} & \frac{1}{4} & 0 \\ 0 & 1 & 0 & 0 & \frac{1}{4} & \frac{1}{4} \\ 0 & 0 & 1 & \frac{1}{4} & 0 & \frac{1}{4} \end{pmatrix}$$

故 $\boldsymbol{X}=\begin{pmatrix} \frac{1}{4} & \frac{1}{4} & 0 \\ 0 & \frac{1}{4} & \frac{1}{4} \\ \frac{1}{4} & 0 & \frac{1}{4} \end{pmatrix}$.

15.求下列矩阵的秩，并求一个最高阶非零子式.

$$\begin{pmatrix} 1 & -1 & 2 & 1 & 0 \\ 2 & -2 & 4 & -2 & 0 \\ 3 & 0 & 6 & -1 & 1 \\ 2 & 1 & 4 & 2 & 1 \end{pmatrix}$$

解 $$\boldsymbol{A}=\begin{pmatrix} 1 & -1 & 2 & 1 & 0 \\ 2 & -2 & 4 & -2 & 0 \\ 3 & 0 & 6 & -1 & 1 \\ 2 & 1 & 4 & 2 & 1 \end{pmatrix} \xrightarrow{r} \begin{pmatrix} 1 & -1 & 2 & 1 & 0 \\ 0 & 3 & 0 & -4 & 1 \\ 0 & 0 & 0 & 1 & 0 \\ 0 & 0 & 0 & 0 & 0 \end{pmatrix}$$

该矩阵的秩为 3，选取矩阵 $\boldsymbol{A}$ 的第 1，2，4 列且计算 $\begin{vmatrix} 1 & -1 & 1 \\ 2 & -2 & -2 \\ 3 & 0 & -1 \end{vmatrix} \neq 0$，故一个最高阶非零子式为 $\begin{vmatrix} 1 & -1 & 1 \\ 2 & -2 & -2 \\ 3 & 0 & -1 \end{vmatrix}$.

16. 用克拉默法则解下列方程组.

$$\begin{cases} 2x_1 + 2x_2 - x_3 + x_4 = 4 \\ 4x_1 + 3x_2 - x_3 + 2x_4 = 6 \\ 8x_1 + 5x_2 - 3x_3 + 4x_4 = 12 \\ 3x_1 + 3x_2 - 2x_3 + 2x_4 = 6 \end{cases}$$

解 $D = \begin{vmatrix} 2 & 2 & -1 & 1 \\ 4 & 3 & -1 & 2 \\ 8 & 5 & -3 & 4 \\ 3 & 3 & -2 & 2 \end{vmatrix} = 2,\quad D_1 = \begin{vmatrix} 4 & 2 & -1 & 1 \\ 6 & 3 & -1 & 2 \\ 12 & 5 & -3 & 4 \\ 6 & 3 & -2 & 2 \end{vmatrix} = 2,\quad D_2 = \begin{vmatrix} 2 & 4 & -1 & 1 \\ 4 & 6 & -1 & 2 \\ 8 & 12 & -3 & 4 \\ 3 & 6 & -2 & 2 \end{vmatrix} = 2$

$$D_3 = \begin{vmatrix} 2 & 2 & 4 & 1 \\ 4 & 3 & 6 & 2 \\ 8 & 5 & 12 & 4 \\ 3 & 3 & 6 & 2 \end{vmatrix} = -2,\quad D_4 = \begin{vmatrix} 2 & 2 & -1 & 4 \\ 4 & 3 & -1 & 6 \\ 8 & 5 & -3 & 12 \\ 3 & 3 & -2 & 6 \end{vmatrix} = -2$$

所以 $x_1 = \dfrac{D_1}{D} = 1, x_2 = \dfrac{D_2}{D} = 1, x_3 = \dfrac{D_3}{D} = -1, x_4 = \dfrac{D_4}{D} = -1$，从而 $\begin{pmatrix} x_1 \\ x_2 \\ x_3 \\ x_4 \end{pmatrix} = \begin{pmatrix} 1 \\ 1 \\ -1 \\ -1 \end{pmatrix}$.

17. 试问 λ, μ 为何值时，齐次线性方程组 $\begin{cases} \lambda x_1 + x_2 + x_3 = 0 \\ x_1 + \mu x_2 + x_3 = 0 \\ x_1 + 2\mu x_2 + x_3 = 0 \end{cases}$ 有非零解？

解 齐次线性方程组 $\begin{cases} \lambda x_1 + x_2 + x_3 = 0 \\ x_1 + \mu x_2 + x_3 = 0 \\ x_1 + 2\mu x_2 + x_3 = 0 \end{cases}$ 有非零解，则系数矩阵的行列式 $\begin{vmatrix} \lambda & 1 & 1 \\ 1 & \mu & 1 \\ 1 & 2\mu & 1 \end{vmatrix} = -\mu(\lambda - 1) = 0$，从而 $\lambda = 1$ 或 $\mu = 0$.

18. 设 $\boldsymbol{A}$ 为 $m \times n$ 矩阵，证明：若 $\boldsymbol{Ax} = \boldsymbol{Ay}$，且 $r(\boldsymbol{A}) = n$，则 $\boldsymbol{x} = \boldsymbol{y}$.

证 由 $\boldsymbol{Ax} = \boldsymbol{Ay}$ 得 $\boldsymbol{A}(\boldsymbol{x} - \boldsymbol{y}) = \boldsymbol{0}$，因 $r(\boldsymbol{A}) = n$，$\boldsymbol{A}(\boldsymbol{x} - \boldsymbol{y}) = \boldsymbol{0}$ 只有零解，故 $\boldsymbol{x} - \boldsymbol{y} = \boldsymbol{0}$，即 $\boldsymbol{x} = \boldsymbol{y}$.

19. 求通过三点 $(1,3)$，$(1,-7)$ 与 $(6,-2)$ 的圆的方程.

解 设圆的方程为

$$a_1(x^2+y^2)+a_2x+a_3y+a_4=0 \tag{1}$$

圆通过三点$(1,3)$，$(1,-7)$与$(6,-2)$，将三点坐标代入方程得方程组

$$\begin{cases}10a_1+a_2+3a_3+a_4=0\\50a_1+a_2+(-7)a_3+a_4=0\\40a_1+6a_2+(-2)a_3+a_4=0\end{cases} \tag{2}$$

合并式（1）和式（2）得方程组

$$\begin{cases}10a_1+a_2+3a_3+a_4=0\\50a_1+a_2+(-7)a_3+a_4=0\\40a_1+6a_2+(-2)a_3+a_4=0\\(x^2+y^2)a_1+xa_2+ya_3+a_4=0\end{cases} \tag{3}$$

这是一个关于a_1,a_2,a_3,a_4的齐次线性方程组，由于a_1,a_2,a_3,a_4不全为零，即方程组（3）有非零解，故此方程组的系数行列式必为零，即$\begin{vmatrix}10&1&3&1\\50&1&-7&1\\40&6&-2&1\\x^2+y^2&x&y&1\end{vmatrix}=0$，计算得$(x-1)^2+(y+2)^2=25$.

20. 利用行列式计算面积.

（1）已知$A(1,2)$，$B(3,3)$，$C(2,-1)$，求$\triangle ABC$的面积.

（2）已知$A(0,0)$，$B(1,4)$，$C(5,3)$，$D(4,1)$，求四边形$ABCD$的面积.

解 （1）根据公式$S=\frac{1}{2}\left\|\begin{matrix}1&x_1&y_1\\1&x_2&y_2\\1&x_3&y_3\end{matrix}\right\|$得$S_{\triangle ABC}=\frac{1}{2}\left\|\begin{matrix}1&1&2\\1&3&3\\1&2&-1\end{matrix}\right\|=\frac{7}{2}$.

（2）$S=S_{\triangle ABC}+S_{\triangle ACD}=\frac{1}{2}\left\|\begin{matrix}1&0&0\\1&1&4\\1&5&3\end{matrix}\right\|+\frac{1}{2}\left\|\begin{matrix}1&0&0\\1&5&3\\1&4&1\end{matrix}\right\|=12$.

21. 设$f(x)=a_0+a_1x+\cdots+a_nx^n$，证明：若$f(x)$有$n+1$个不同的零点，则$f(x)=0$.

证 设$f(x)$有$n+1$个不同的零点$k_1,k_2,\cdots,k_{n+1}$，则

$$\begin{cases}a_0+a_1k_1+\cdots+a_nk_1^n=0\\a_0+a_1k_2+\cdots+a_nk_2^n=0\\\quad\cdots\cdots\\a_0+a_1k_{n+1}+\cdots+a_nk_{n+1}^n=0\end{cases} \tag{1}$$

这是一个关于$a_0,a_1,\cdots,a_n$的齐次线性方程组，若$a_0,a_1,\cdots,a_n$不全为零，即方程组（1）有非零解，此方程组的系数行列式必为零，即$\begin{vmatrix}1&k_1&\cdots&k_1^n\\1&k_2&\cdots&k_2^n\\\vdots&\vdots&&\vdots\\1&k_{n+1}&\cdots&k_{n+1}^n\end{vmatrix}=0$，这是一个范德蒙德行

列式，得 $\prod\limits_{1\leqslant j<i\leqslant n+1}(k_i-k_j)=0$，由于 $k_1,k_2,\cdots,k_{n+1}$ 互不相同，$\prod\limits_{1\leqslant j<i\leqslant n+1}(k_i-k_j)\neq 0$，矛盾. 所以 $a_0,a_1,\cdots,a_n$ 全为零，即 $f(x)=0$.

六、第四章　习题 B 答案

1. 单项选择题.

（1）设 $\boldsymbol{A}$ 为三阶矩阵，$\boldsymbol{A}^*$ 为 $\boldsymbol{A}$ 的伴随矩阵，$\boldsymbol{A}$ 的行列式 $|\boldsymbol{A}|=2$，则 $|-2\boldsymbol{A}^*|=$（　　）.

A. -2^5　　B. -2^3　　C. 2^3　　D. 2^5

解　由于 $|\boldsymbol{A}^*|=|\boldsymbol{A}|^{3-1}$，$|-2\boldsymbol{A}^*|=(-2)^3|\boldsymbol{A}^*|=(-2)^3|\boldsymbol{A}|^2=-32$，故选 A.

（2）设 $\boldsymbol{A}$，$\boldsymbol{B}$ 均为二阶矩阵，$\boldsymbol{A}^*,\boldsymbol{B}^*$ 分别为 $\boldsymbol{A}$，$\boldsymbol{B}$ 的伴随矩阵，若 $|\boldsymbol{A}|=2$，$|\boldsymbol{B}|=3$，则分块矩阵 $\begin{pmatrix}\boldsymbol{O} & \boldsymbol{A}\\ \boldsymbol{B} & \boldsymbol{O}\end{pmatrix}$ 的伴随矩阵为（　　）.

A. $\begin{pmatrix}\boldsymbol{O} & 3\boldsymbol{B}^*\\ 2\boldsymbol{A}^* & \boldsymbol{O}\end{pmatrix}$　　B. $\begin{pmatrix}\boldsymbol{O} & 2\boldsymbol{B}^*\\ 3\boldsymbol{A}^* & \boldsymbol{O}\end{pmatrix}$　　C. $\begin{pmatrix}\boldsymbol{O} & 3\boldsymbol{A}^*\\ 2\boldsymbol{B}^* & \boldsymbol{O}\end{pmatrix}$　　D. $\begin{pmatrix}\boldsymbol{O} & 2\boldsymbol{A}^*\\ 3\boldsymbol{B}^* & \boldsymbol{O}\end{pmatrix}$

解　设 $\boldsymbol{A}=\begin{pmatrix}a_{11} & a_{12}\\ a_{21} & a_{22}\end{pmatrix},\boldsymbol{B}=\begin{pmatrix}b_{11} & b_{12}\\ b_{21} & b_{22}\end{pmatrix}$，因为

$$\begin{pmatrix}\boldsymbol{O} & \boldsymbol{A}\\ \boldsymbol{B} & \boldsymbol{O}\end{pmatrix}=\begin{pmatrix}0 & 0 & a_{11} & a_{12}\\ 0 & 0 & a_{21} & a_{22}\\ b_{11} & b_{12} & 0 & 0\\ b_{21} & b_{22} & 0 & 0\end{pmatrix}\xrightarrow[c_2\leftrightarrow c_4]{c_1\leftrightarrow c_3}\begin{pmatrix}a_{11} & a_{12} & 0 & 0\\ a_{21} & a_{22} & 0 & 0\\ 0 & 0 & b_{11} & b_{12}\\ 0 & 0 & b_{21} & b_{22}\end{pmatrix}$$

所以

$$\begin{vmatrix}\boldsymbol{O} & \boldsymbol{A}\\ \boldsymbol{B} & \boldsymbol{O}\end{vmatrix}=\begin{vmatrix}\boldsymbol{A} & \boldsymbol{O}\\ \boldsymbol{O} & \boldsymbol{B}\end{vmatrix}=|\boldsymbol{A}||\boldsymbol{B}|$$

$$\begin{pmatrix}\boldsymbol{O} & \boldsymbol{A}\\ \boldsymbol{B} & \boldsymbol{O}\end{pmatrix}\begin{pmatrix}\boldsymbol{O} & 2\boldsymbol{B}^*\\ 3\boldsymbol{A}^* & \boldsymbol{O}\end{pmatrix}=\begin{pmatrix}3\boldsymbol{A}\boldsymbol{A}^* & \boldsymbol{O}\\ \boldsymbol{O} & 2\boldsymbol{B}\boldsymbol{B}^*\end{pmatrix}=\begin{pmatrix}3|\boldsymbol{A}|\boldsymbol{E} & \boldsymbol{O}\\ \boldsymbol{O} & 2|\boldsymbol{B}|\boldsymbol{E}\end{pmatrix}=\begin{pmatrix}6\boldsymbol{E} & \boldsymbol{O}\\ \boldsymbol{O} & 6\boldsymbol{E}\end{pmatrix}$$

而 $\begin{pmatrix}\boldsymbol{O} & \boldsymbol{A}\\ \boldsymbol{B} & \boldsymbol{O}\end{pmatrix}\begin{pmatrix}\boldsymbol{O} & \boldsymbol{A}\\ \boldsymbol{B} & \boldsymbol{O}\end{pmatrix}^*=\begin{vmatrix}\boldsymbol{O} & \boldsymbol{A}\\ \boldsymbol{B} & \boldsymbol{O}\end{vmatrix}\begin{pmatrix}\boldsymbol{E} & \boldsymbol{O}\\ \boldsymbol{O} & \boldsymbol{E}\end{pmatrix}=|\boldsymbol{A}||\boldsymbol{B}|\begin{pmatrix}\boldsymbol{E} & \boldsymbol{O}\\ \boldsymbol{O} & \boldsymbol{E}\end{pmatrix}=6\begin{pmatrix}\boldsymbol{E} & \boldsymbol{O}\\ \boldsymbol{O} & \boldsymbol{E}\end{pmatrix}$，所以 $\begin{pmatrix}\boldsymbol{O} & \boldsymbol{A}\\ \boldsymbol{B} & \boldsymbol{O}\end{pmatrix}$ 的伴随矩阵为 $\begin{pmatrix}\boldsymbol{O} & 2\boldsymbol{B}^*\\ 3\boldsymbol{A}^* & \boldsymbol{O}\end{pmatrix}$，即答案为 B.

（3）设 $\boldsymbol{A}$ 为 n（$n\geqslant 2$）阶可逆矩阵，交换 $\boldsymbol{A}$ 的第一行与第二行得矩阵 $\boldsymbol{B}$，$\boldsymbol{A}^*$，$\boldsymbol{B}^*$ 分别为 $\boldsymbol{A}$，$\boldsymbol{B}$ 的伴随矩阵，则（　　）.

A. 交换 $\boldsymbol{A}^*$ 的第一列与第二列得 $\boldsymbol{B}^*$　　B. 交换 $\boldsymbol{A}^*$ 的第一行与第二行得 $\boldsymbol{B}^*$

C. 交换 $\boldsymbol{A}^*$ 的第一列与第二列得 $-\boldsymbol{B}^*$　　D. 交换 $\boldsymbol{A}^*$ 的第一行与第二行得 $-\boldsymbol{B}^*$

解　不妨设 $A=\begin{pmatrix} a & b \\ c & d \end{pmatrix}$，由题意知 $B=\begin{pmatrix} c & d \\ a & b \end{pmatrix}$，从而 $A^*=\begin{pmatrix} d & -b \\ -c & a \end{pmatrix}$，$B^*=\begin{pmatrix} b & -d \\ -a & c \end{pmatrix}$，故正确答案为C.

（4）设矩阵 $A=(a_{ij})_{3\times3}$ 满足 $A^*=A^{\mathrm{T}}$，其中 A^* 为 A 的伴随矩阵，A^{T} 为 A 的转置矩阵. 若 a_{11},a_{12},a_{13} 为三个相等的正数，则 a_{11} 为（　　）.

A. $\dfrac{\sqrt{3}}{3}$　　B. 3　　C. $\dfrac{1}{3}$　　D. $\sqrt{3}$

解　由 $A^*=A^{\mathrm{T}}$ 及 $A\neq O$ 得 A 可逆（见本章习题 A12 题），从而 $AA^{\mathrm{T}}=|A|E$ 两边取行列式得 $|A|^2=|A|^3\Rightarrow|A|=1$. 这样由 $AA^{\mathrm{T}}=E$ 得 $a_{11}^2+a_{12}^2+a_{13}^2=1$. 因为 $a_{11}=a_{12}=a_{13}>0$，所以 $a_{11}=\dfrac{\sqrt{3}}{3}$. 故选 A.

（5）设 A 是 $m\times n$ 矩阵，B 是 $n\times m$ 矩阵，且 $AB=E$，则（　　）.

A. $r(A)=r(B)=m$　　B. $r(A)=m,r(B)=n$

C. $r(A)=n,r(B)=m$　　D. $r(A)=r(B)=n$

解　由于 $AB=E$，根据第二章习题 B9 题知，$m=r(E)=r(AB)\leqslant\min\{r(A),r(B)\}$. 因 A 为 $m\times n$ 矩阵，B 为 $n\times m$ 矩阵，故

$$r(A)\leqslant m,\quad r(B)\leqslant m$$

所以 $r(A)=r(B)=m$. 故选 A.

（6）设 $A=(\alpha_1,\alpha_2,\alpha_3,\alpha_4)$ 是四阶矩阵，A^* 为 A 的伴随矩阵，若 $(1,0,1,0)^{\mathrm{T}}$ 是方程组 $Ax=0$ 的一个基础解系，则 $A^*x=0$ 的基础解系可为（　　）.

A. α_1,α_2　　B. α_1,α_3　　C. $\alpha_1,\alpha_2,\alpha_3$　　D. $\alpha_2,\alpha_3,\alpha_4$

解　因为 $Ax=0$ 的基础解系只含 1 个解向量，故 $r(A)=3$，从而 $|A|=0$，由 $A^*A=AA^*=|A|E$ 知，$A^*A=AA^*=O$. 根据第三章习题 B5 题，$r(A)+r(A^*)\leqslant4$，从而 $r(A^*)\leqslant1$. 由 $r(A)=3$ 及 A^* 的定义知 $r(A^*)\geqslant1$，因此 $r(A^*)=1$. 这样 $A^*x=0$ 的基础解系含三个解向量. 由 $A^*A=O$ 知 A 的列向量均为 $A^*x=0$ 的解向量. 因为 $(1,0,1,0)^{\mathrm{T}}$ 为 $Ax=0$ 的基础解系，令 $A=(\alpha_1,\alpha_2,\alpha_3,\alpha_4)$，所以

$$(\alpha_1,\alpha_2,\alpha_3,\alpha_4)(1,0,1,0)^{\mathrm{T}}=0$$

故 $\alpha_1+\alpha_3=0$. 从 $r(A)=3$ 知 $\alpha_1,\alpha_2,\alpha_4$ 或 $\alpha_2,\alpha_3,\alpha_4$ 线性无关. 故选 D.

（7）设 A，B 为 n 阶矩阵，记 $r(X)$ 为矩阵 X 的秩，$(X，Y)$ 表示分块矩阵，则（　　）.

A. $r(A，AB)=r(A)$　　B. $r(A，BA)=r(A)$

C. $r(A，B)=\max\{r(A)，r(B)\}$　　D. $r(A,B)=r(A^{\mathrm{T}},B^{\mathrm{T}})$

解　$r(A,AB)=r(A(E,B))$，而 $r(E,B)=n$，故 $r(A,AB)=r(A(E,B))=r(A)$，$r(A,BA)=r((E,B)A)$ 无意义，分块矩阵不可乘；$r(A,B)\geqslant\max\{r(A),r(B)\}$；$r(A,B)=r\begin{pmatrix} A^{\mathrm{T}} \\ B^{\mathrm{T}} \end{pmatrix}\neq r(A^{\mathrm{T}},B^{\mathrm{T}})$. 若 $A=\begin{pmatrix} 1 & 0 \\ 0 & 0 \end{pmatrix}$，$B=\begin{pmatrix} 0 & 0 \\ 1 & 0 \end{pmatrix}$，$(A,B)=(A,BA)=\begin{pmatrix} 1 & 0 & 0 & 0 \\ 0 & 0 & 1 & 0 \end{pmatrix}$，

$(\boldsymbol{A}^{\mathrm{T}},\boldsymbol{B}^{\mathrm{T}})=\begin{pmatrix}1&0&0&1\\0&0&0&0\end{pmatrix}$. 显然， $r(\boldsymbol{A},\boldsymbol{BA})\neq r(\boldsymbol{A})$ ， $r(\boldsymbol{A},\boldsymbol{B})\neq r(\boldsymbol{A}^{\mathrm{T}},\boldsymbol{B}^{\mathrm{T}})$ ， $r(\boldsymbol{A},\boldsymbol{B})\neq \max\{r(\boldsymbol{A}),r(\boldsymbol{B})\}$. 故选 A.

2. 填空题.

（1）$\boldsymbol{A}$ 为四阶方阵，且 $|\boldsymbol{A}|=2$，则 $\left|\frac{1}{2}\boldsymbol{A}^*-4\boldsymbol{A}^{-1}\right|=$ ________.

解 由 $\boldsymbol{AA}^*=|\boldsymbol{A}|\boldsymbol{E}=2\boldsymbol{E}$ 得 $\boldsymbol{A}^*=2\boldsymbol{A}^{-1}$，故

$$\left|\frac{1}{2}\boldsymbol{A}^*-4\boldsymbol{A}^{-1}\right|=|\boldsymbol{A}^{-1}-4\boldsymbol{A}^{-1}|=|-3\boldsymbol{A}^{-1}|=(-3)^4|\boldsymbol{A}^{-1}|=(-3)^4\times\frac{1}{2}=\frac{81}{2}$$

（2）设 $\boldsymbol{\alpha}_1,\boldsymbol{\alpha}_2,\boldsymbol{\alpha}_3$ 均为三维列向量，记矩阵 $\boldsymbol{A}=(\boldsymbol{\alpha}_1,\boldsymbol{\alpha}_2,\boldsymbol{\alpha}_3)$， $\boldsymbol{B}=(\boldsymbol{\alpha}_1+\boldsymbol{\alpha}_2+\boldsymbol{\alpha}_3, \boldsymbol{\alpha}_1+2\boldsymbol{\alpha}_2+4\boldsymbol{\alpha}_3,\boldsymbol{\alpha}_1+3\boldsymbol{\alpha}_2+9\boldsymbol{\alpha}_3)$，如果 $|\boldsymbol{A}|=1$，那么 $|\boldsymbol{B}|=$ ________.

解 $\boldsymbol{B}=(\boldsymbol{\alpha}_1+\boldsymbol{\alpha}_2+\boldsymbol{\alpha}_3,\boldsymbol{\alpha}_1+2\boldsymbol{\alpha}_2+4\boldsymbol{\alpha}_3,\boldsymbol{\alpha}_1+3\boldsymbol{\alpha}_2+9\boldsymbol{\alpha}_3)$

$$=(\boldsymbol{\alpha}_1,\boldsymbol{\alpha}_2,\boldsymbol{\alpha}_3)\begin{pmatrix}1&1&1\\1&2&3\\1&4&9\end{pmatrix}$$

所以

$$|\boldsymbol{B}|=|(\boldsymbol{\alpha}_1,\boldsymbol{\alpha}_2,\boldsymbol{\alpha}_3)|\begin{vmatrix}1&1&1\\1&2&3\\1&4&9\end{vmatrix}=1\times2=2$$

（3）设矩阵 $\boldsymbol{A}=\begin{pmatrix}2&1\\-1&2\end{pmatrix}$，$\boldsymbol{E}$ 为二阶单位矩阵，矩阵 $\boldsymbol{B}$ 满足 $\boldsymbol{BA}=\boldsymbol{B}+2\boldsymbol{E}$，则 $|\boldsymbol{B}|=$ ________.

解 由 $\boldsymbol{BA}=\boldsymbol{B}+2\boldsymbol{E}$ 知 $\boldsymbol{BA}-\boldsymbol{B}=2\boldsymbol{E}$，故 $\boldsymbol{B}(\boldsymbol{A}-\boldsymbol{E})=2\boldsymbol{E}$，两边取行列式得 $|\boldsymbol{B}||\boldsymbol{A}-\boldsymbol{E}|=|2\boldsymbol{E}|=4$. 又 $|\boldsymbol{A}-\boldsymbol{E}|=\begin{vmatrix}1&1\\-1&1\end{vmatrix}=2$，这样 $|\boldsymbol{B}|=2$.

（4）设 $\boldsymbol{A}=(a_{ij})_{3\times3}$ 且 $\boldsymbol{A}\neq\boldsymbol{O}$，$A_{ij}$ 为 a_{ij} 的代数余子式，若 $a_{ij}+A_{ij}=0\ (i,j=1,2,3)$，则 $|\boldsymbol{A}|=$ _______.

解 由 $a_{ij}+A_{ij}=0$ 知，$A_{ij}=-a_{ij}$，从而 $\boldsymbol{A}^*=-\boldsymbol{A}^{\mathrm{T}}$. 又 $\boldsymbol{AA}^*=|\boldsymbol{A}|\boldsymbol{E}$，若 $|\boldsymbol{A}|=0$，则 $\boldsymbol{AA}^*=\boldsymbol{O}$，即 $-\boldsymbol{AA}^{\mathrm{T}}=\boldsymbol{O}$，从而 $\boldsymbol{AA}^{\mathrm{T}}=\boldsymbol{O}$. 由 $\boldsymbol{A}=(a_{ij})_{3\times3}$ 得

$$\boldsymbol{AA}^{\mathrm{T}}=\begin{pmatrix}a_{11}^2+a_{12}^2+a_{13}^2&\times&\times\\\times&a_{21}^2+a_{22}^2+a_{23}^2&\times\\\times&\times&a_{31}^2+a_{32}^2+a_{33}^2\end{pmatrix}=\boldsymbol{O}$$

从而 $a_{ij}=0$，故 $\boldsymbol{A}=\boldsymbol{O}$，矛盾，所以 $|\boldsymbol{A}|\neq0$.

$$\boldsymbol{AA}^*=\boldsymbol{A}(-\boldsymbol{A})^{\mathrm{T}}=|\boldsymbol{A}|\boldsymbol{E}$$

$$|\boldsymbol{AA}^*|=|\boldsymbol{A}||-\boldsymbol{A}^{\mathrm{T}}|=|\boldsymbol{A}|^3$$

$$(-1)^3|\boldsymbol{A}||\boldsymbol{A}|=|\boldsymbol{A}|^3$$

由$|\boldsymbol{A}|\neq 0$知，$|\boldsymbol{A}|=-1$.

（5）n阶行列式$\begin{vmatrix} 2 & 0 & \cdots & 0 & 2 \\ -1 & 2 & \cdots & 0 & 2 \\ \vdots & \vdots & & \vdots & \vdots \\ 0 & 0 & \cdots & 2 & 2 \\ 0 & 0 & \cdots & -1 & 2 \end{vmatrix}=$________.

解　设

$$D_n=\begin{vmatrix} 2 & 0 & 0 & \cdots & 0 & 2 \\ -1 & 2 & 0 & \cdots & 0 & 2 \\ 0 & -1 & 2 & \cdots & 0 & 2 \\ \vdots & \vdots & \vdots & & \vdots & \vdots \\ 0 & 0 & 0 & \cdots & 2 & 2 \\ 0 & 0 & 0 & \cdots & -1 & 2 \end{vmatrix}$$

按照第一行展开得

$$\begin{aligned} D_n &= 2D_{n-1}+(-1)^{n+1}\cdot 2\cdot\begin{vmatrix} -1 & 2 & 0 & \cdots & 0 \\ 0 & -1 & 2 & \cdots & 0 \\ 0 & 0 & -1 & \cdots & 0 \\ \vdots & \vdots & \vdots & & 2 \\ 0 & 0 & 0 & \cdots & -1 \end{vmatrix}_{n-1} \\ &= 2D_{n-1}+(-1)^{n+1}\cdot 2\cdot(-1)^{n-1} \\ &= 2D_{n-1}+2=2(2D_{n-2}+2)+2=2^2D_{n-2}+2^2+2 \\ &= 2^n+2^{n-1}+\cdots+2 \\ &= 2^{n+1}-2 \end{aligned}$$

（6）$\boldsymbol{A}=\begin{pmatrix} 1 & 0 & 1 \\ 1 & 1 & 2 \\ 0 & 1 & 1 \end{pmatrix}$,$\boldsymbol{\alpha}_1,\boldsymbol{\alpha}_2,\boldsymbol{\alpha}_3$是三维线性无关的列向量，则$(\boldsymbol{A}\boldsymbol{\alpha}_1,\boldsymbol{A}\boldsymbol{\alpha}_2,\boldsymbol{A}\boldsymbol{\alpha}_3)$的秩为________.

解　$r(\boldsymbol{A}\boldsymbol{\alpha}_1,\boldsymbol{A}\boldsymbol{\alpha}_2,\boldsymbol{A}\boldsymbol{\alpha}_3)=r(\boldsymbol{A}(\boldsymbol{\alpha}_1,\boldsymbol{\alpha}_2,\boldsymbol{\alpha}_3))$，因$\boldsymbol{\alpha}_1,\boldsymbol{\alpha}_2,\boldsymbol{\alpha}_3$是三维线性无关的列向量，故$r(\boldsymbol{\alpha}_1,\boldsymbol{\alpha}_2,\boldsymbol{\alpha}_3)=3$，从而$r(\boldsymbol{A}\boldsymbol{\alpha}_1,\boldsymbol{A}\boldsymbol{\alpha}_2,\boldsymbol{A}\boldsymbol{\alpha}_3)=r(\boldsymbol{A}(\boldsymbol{\alpha}_1,\boldsymbol{\alpha}_2,\boldsymbol{\alpha}_3))=r(\boldsymbol{A})=2$.

3. 已知$\boldsymbol{A}=\begin{pmatrix} 1 & a & 0 & 0 \\ 0 & 1 & a & 0 \\ 0 & 0 & 1 & a \\ a & 0 & 0 & 1 \end{pmatrix}$,$\boldsymbol{\beta}=\begin{pmatrix} 1 \\ -1 \\ 0 \\ 0 \end{pmatrix}$.

（1）计算行列式$|\boldsymbol{A}|$；

（2）当实数 a 为何值时，方程组 $\boldsymbol{Ax}=\boldsymbol{\beta}$ 有无穷多解，并求其通解.

解　（1）$|\boldsymbol{A}|=\begin{vmatrix}1&a&0&0\\0&1&a&0\\0&0&1&a\\a&0&0&1\end{vmatrix}=\begin{vmatrix}1&a&0\\0&1&a\\0&0&1\end{vmatrix}-a\begin{vmatrix}a&0&0\\1&a&0\\0&1&a\end{vmatrix}=1-a^4$

（2）$(\boldsymbol{A},\boldsymbol{\beta})=\begin{pmatrix}1&a&0&0&1\\0&1&a&0&-1\\0&0&1&a&0\\a&0&0&1&0\end{pmatrix}\xrightarrow{r}\begin{pmatrix}1&a&0&0&1\\0&1&a&0&-1\\0&0&1&a&0\\0&0&0&1-a^4&-a-a^2\end{pmatrix}$，故当 $1-a^4=0$ 且 $-a-a^2=0$，即 $a=-1$ 时，方程组 $\boldsymbol{Ax}=\boldsymbol{\beta}$ 有无穷多解.此时，与方程组 $\boldsymbol{Ax}=\boldsymbol{\beta}$ 同解的方程组为

$$\begin{cases}x_1-x_2 & =1\\ \quad x_2-x_3 & =-1\\ \quad\quad x_3-x_4 & =0\end{cases}$$

方程组 $\boldsymbol{Ax}=\boldsymbol{\beta}$ 的通解为 $\boldsymbol{x}=k(1,1,1,1)^{\mathrm{T}}+(0,-1,0,0)^{\mathrm{T}}$，其中 k 为任意常数.

4. 当 λ 取何值时，线性方程组 $\begin{cases}(\lambda+3)x_1+x_2+2x_3=\lambda\\ \lambda x_1+(\lambda-1)x_2+x_3=\lambda\\ 3(\lambda+1)x_1+\lambda x_2+(\lambda+3)x_3=3\end{cases}$ 有唯一解、无解、有无穷多解，当方程组有无穷多解时，求其通解.

解　线性方程组的系数矩阵的行列式为

$$\begin{vmatrix}\lambda+3&1&2\\ \lambda&\lambda-1&1\\ 3(\lambda+1)&\lambda&\lambda+3\end{vmatrix}=\lambda^2(\lambda-1)$$

当 $\lambda\neq 0$ 且 $\lambda\neq 1$ 时，方程组有唯一解.

当 $\lambda=0$ 时，对线性方程组的增广矩阵作初等行变换：

$$\begin{pmatrix}3&1&2&0\\0&-1&1&0\\3&0&3&3\end{pmatrix}\xrightarrow{r}\begin{pmatrix}3&1&2&0\\0&-1&1&0\\0&-1&1&3\end{pmatrix}\xrightarrow{r}\begin{pmatrix}3&1&2&0\\0&-1&1&0\\0&0&0&3\end{pmatrix}$$

由此可得线性方程组无解.

当 $\lambda=1$ 时，对线性方程组的增广矩阵作初等行变换：

$$\begin{pmatrix}4&1&2&1\\1&0&1&1\\6&1&4&3\end{pmatrix}\xrightarrow{r}\begin{pmatrix}1&0&1&1\\0&1&-2&-3\\0&0&0&0\end{pmatrix}$$

此时方程组有无穷多解，通解为

$$\begin{pmatrix} x_1 \\ x_2 \\ x_3 \end{pmatrix} = k\begin{pmatrix} -1 \\ 2 \\ 1 \end{pmatrix} + \begin{pmatrix} 1 \\ -3 \\ 0 \end{pmatrix}$$ （k 为任意常数）

5. 设 $\boldsymbol{A},\boldsymbol{B}$ 均为 $s\times n$ 矩阵，证明 $r(\boldsymbol{A}+\boldsymbol{B})\leqslant r(\boldsymbol{A})+r(\boldsymbol{B})$.

证 令 $\boldsymbol{A}=(\boldsymbol{\alpha}_1,\boldsymbol{\alpha}_2,\cdots,\boldsymbol{\alpha}_n),\boldsymbol{B}=(\boldsymbol{\beta}_1,\boldsymbol{\beta}_2,\cdots,\boldsymbol{\beta}_n)$，则

$$\boldsymbol{A}+\boldsymbol{B}=(\boldsymbol{\alpha}_1+\boldsymbol{\beta}_1,\boldsymbol{\alpha}_2+\boldsymbol{\beta}_2,\cdots,\boldsymbol{\alpha}_n+\boldsymbol{\beta}_n)$$

设 $r(\boldsymbol{A})=r,r(\boldsymbol{B})=t$，且设 $\boldsymbol{\alpha}_{i_1},\boldsymbol{\alpha}_{i_2},\cdots,\boldsymbol{\alpha}_{i_r}$ 为 $\boldsymbol{\alpha}_1,\boldsymbol{\alpha}_2,\cdots,\boldsymbol{\alpha}_n$ 的一个极大线性无关组，$\boldsymbol{\beta}_{j_1},\boldsymbol{\beta}_{j_2},\cdots,\boldsymbol{\beta}_{j_t}$ 为 $\boldsymbol{\beta}_1,\boldsymbol{\beta}_2,\cdots,\boldsymbol{\beta}_n$ 的一个极大线性无关组. 构造向量组

$$\text{（I）}\ \boldsymbol{\alpha}_1+\boldsymbol{\beta}_1,\boldsymbol{\alpha}_2+\boldsymbol{\beta}_2,\cdots,\boldsymbol{\alpha}_n+\boldsymbol{\beta}_n$$

$$\text{（II）}\ \boldsymbol{\alpha}_{i_1},\boldsymbol{\alpha}_{i_2},\cdots,\boldsymbol{\alpha}_{i_r},\boldsymbol{\beta}_{j_1},\boldsymbol{\beta}_{j_2},\cdots,\boldsymbol{\beta}_{j_t}$$

那么向量组（I）可由向量组（II）线性表示. 故 $r(\boldsymbol{A}+\boldsymbol{B})=r(\text{I})\leqslant r(\text{II})\leqslant r+t=r(\boldsymbol{A})+r(\boldsymbol{B})$.

6. 设 $\boldsymbol{A}$ 为 n 阶矩阵，且 $\boldsymbol{A}^2=\boldsymbol{A}$，$\boldsymbol{E}$ 为 n 阶单位矩阵，证明：$r(\boldsymbol{A})+r(\boldsymbol{A}-\boldsymbol{E})=n$.

证 由 $\boldsymbol{A}^2=\boldsymbol{A}$ 得 $\boldsymbol{A}(\boldsymbol{A}-\boldsymbol{E})=\boldsymbol{O}$. 根据第三章习题B3题可知 $r(\boldsymbol{A})+r(\boldsymbol{A}-\boldsymbol{E})\leqslant n$，又 $\boldsymbol{E}=\boldsymbol{E}-\boldsymbol{A}+\boldsymbol{A}$，从而 $r(\boldsymbol{E})\leqslant r(\boldsymbol{A})+r(\boldsymbol{E}-\boldsymbol{A})$，即 $n\leqslant r(\boldsymbol{A})+r(\boldsymbol{E}-\boldsymbol{A})$. 因此，$r(\boldsymbol{A})+r(\boldsymbol{E}-\boldsymbol{A})=n$.

7. 设 $\boldsymbol{A}$ 为 n 阶矩阵，证明：$r(\boldsymbol{A}+\boldsymbol{E})+r(\boldsymbol{E}-\boldsymbol{A})\geqslant n$.

证 $2\boldsymbol{E}=\boldsymbol{E}-\boldsymbol{A}+\boldsymbol{E}+\boldsymbol{A}$，从而 $r(2\boldsymbol{E})\leqslant r(\boldsymbol{E}-\boldsymbol{A})+r(\boldsymbol{E}+\boldsymbol{A})$，即

$$n\leqslant r(\boldsymbol{E}-\boldsymbol{A})+r(\boldsymbol{E}+\boldsymbol{A})$$

8. 已知 $\boldsymbol{A}=\boldsymbol{\alpha}\boldsymbol{\alpha}^{\mathrm{T}}+\boldsymbol{\beta}\boldsymbol{\beta}^{\mathrm{T}}$，其中 $\boldsymbol{\alpha},\boldsymbol{\beta}$ 是三维列向量，$\boldsymbol{\alpha}^{\mathrm{T}}$ 为 $\boldsymbol{\alpha}$ 的转置，$\boldsymbol{\beta}^{\mathrm{T}}$ 为 $\boldsymbol{\beta}$ 的转置. 证明：

（1）$r(\boldsymbol{A})\leqslant 2$；

（2）若 $\boldsymbol{\alpha},\boldsymbol{\beta}$ 线性相关，则 $r(\boldsymbol{A})<2$.

证 （1）$\boldsymbol{\alpha},\boldsymbol{\beta}$ 为三维列向量，则 $r(\boldsymbol{\alpha}\boldsymbol{\alpha}^{\mathrm{T}})\leqslant 1$，$r(\boldsymbol{\beta}\boldsymbol{\beta}^{\mathrm{T}})\leqslant 1$. 由5题知，

$$r(\boldsymbol{A})=r(\boldsymbol{\alpha}\boldsymbol{\alpha}^{\mathrm{T}}+\boldsymbol{\beta}\boldsymbol{\beta}^{\mathrm{T}})\leqslant r(\boldsymbol{\alpha}\boldsymbol{\alpha}^{\mathrm{T}})+r(\boldsymbol{\beta}\boldsymbol{\beta}^{\mathrm{T}})\leqslant 2$$

（2）$\boldsymbol{\alpha},\boldsymbol{\beta}$ 线性相关，不妨设 $\boldsymbol{\beta}=k\boldsymbol{\alpha}$，

$$r(\boldsymbol{A})=r(\boldsymbol{\alpha}\boldsymbol{\alpha}^{\mathrm{T}}+(k\boldsymbol{\alpha})(k\boldsymbol{\alpha})^{\mathrm{T}})=r((1+k^2)\boldsymbol{\alpha}\boldsymbol{\alpha}^{\mathrm{T}})=r(\boldsymbol{\alpha}\boldsymbol{\alpha}^{\mathrm{T}})\leqslant 1<2$$

9. 设 $\boldsymbol{A},\boldsymbol{B},\boldsymbol{C},\boldsymbol{D}$ 都是 n 阶矩阵，且 $|\boldsymbol{A}|\neq 0,\boldsymbol{AC}=\boldsymbol{CA}$，证明 $\begin{vmatrix} \boldsymbol{A} & \boldsymbol{B} \\ \boldsymbol{C} & \boldsymbol{D} \end{vmatrix}=|\boldsymbol{AD}-\boldsymbol{CB}|$.

证 因为

$$\begin{pmatrix} \boldsymbol{E} & \boldsymbol{O} \\ -\boldsymbol{C}\boldsymbol{A}^{-1} & \boldsymbol{E} \end{pmatrix}\begin{pmatrix} \boldsymbol{A} & \boldsymbol{B} \\ \boldsymbol{C} & \boldsymbol{D} \end{pmatrix}=\begin{pmatrix} \boldsymbol{A} & \boldsymbol{B} \\ \boldsymbol{O} & \boldsymbol{D}-\boldsymbol{C}\boldsymbol{A}^{-1}\boldsymbol{B} \end{pmatrix}$$

两边取行列式得

$$\begin{vmatrix} \boldsymbol{E} & \boldsymbol{O} \\ -\boldsymbol{C}\boldsymbol{A}^{-1} & \boldsymbol{E} \end{vmatrix}\begin{vmatrix} \boldsymbol{A} & \boldsymbol{B} \\ \boldsymbol{C} & \boldsymbol{D} \end{vmatrix}=\begin{vmatrix} \boldsymbol{A} & \boldsymbol{B} \\ \boldsymbol{O} & \boldsymbol{D}-\boldsymbol{C}\boldsymbol{A}^{-1}\boldsymbol{B} \end{vmatrix}$$

从而

$$\begin{vmatrix} A & B \\ C & D \end{vmatrix} = |A||D - CA^{-1}B| = |A(D - CA^{-1}B)| = |AD - ACA^{-1}B|$$

$$= |AD - CAA^{-1}B| = |AD - CB|$$

10. 历史上欧拉提出这样一个问题：如何用四面体的六条棱长去表示它的体积？请用线性代数及行列式的知识解决这个问题，并计算棱长为 10 m，15 m，12 m，14 m，13 m，11 m 的四面体形状的花岗岩巨石的体积.

解　建立如图所示的坐标系，设 A, B, C 三点的坐标分别为 (a_1, b_1, c_1)，(a_2, b_2, c_2) 和 (a_3, b_3, c_3)，并设四面体 $O\text{-}ABC$ 的六条棱长分别为 l, m, n, p, q, r. 由立体几何知道，该四面体的体积 V 等于以向量 $\overrightarrow{OA}, \overrightarrow{OB}, \overrightarrow{OC}$ 组成右手系时，以它们为棱的平行六面体的体积 V_6 的 $\frac{1}{6}$，而

$$V_6 = (\overrightarrow{OA} \times \overrightarrow{OB}) \cdot \overrightarrow{OC} = \begin{vmatrix} a_1 & b_1 & c_1 \\ a_2 & b_2 & c_2 \\ a_3 & b_3 & c_3 \end{vmatrix}$$

于是得 $6V = \begin{vmatrix} a_1 & b_1 & c_1 \\ a_2 & b_2 & c_2 \\ a_3 & b_3 & c_3 \end{vmatrix}$.

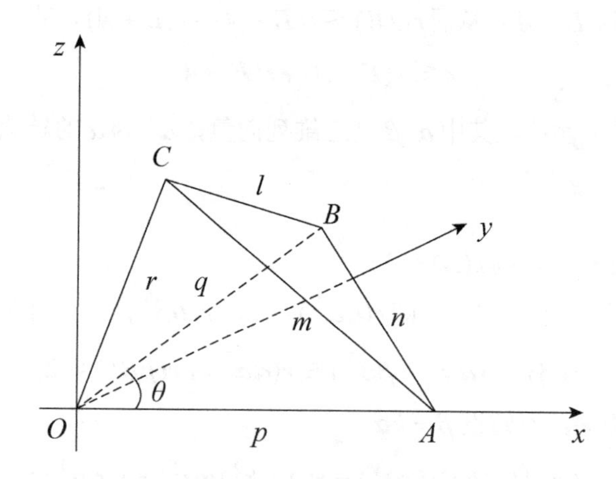

六条棱长已知的四面体

将上式平方，得

$$36V^2 = \begin{vmatrix} a_1 & b_1 & c_1 \\ a_2 & b_2 & c_2 \\ a_3 & b_3 & c_3 \end{vmatrix} \cdot \begin{vmatrix} a_1 & b_1 & c_1 \\ a_2 & b_2 & c_2 \\ a_3 & b_3 & c_3 \end{vmatrix}$$

$$= \begin{vmatrix} a_1^2 + b_1^2 + c_1^2 & a_1a_2 + b_1b_2 + c_1c_2 & a_1a_3 + b_1b_3 + c_1c_3 \\ a_1a_2 + b_1b_2 + c_1c_2 & a_2^2 + b_2^2 + c_2^2 & a_2a_3 + b_2b_3 + c_2c_3 \\ a_1a_3 + b_1b_3 + c_1c_3 & a_2a_3 + b_2b_3 + c_2c_3 & a_3^2 + b_3^2 + c_3^2 \end{vmatrix}$$

根据向量的数量积的坐标表示，有

$$\overrightarrow{OA}\cdot\overrightarrow{OA}=a_1^2+b_1^2+c_1^2,\qquad \overrightarrow{OA}\cdot\overrightarrow{OB}=a_1a_2+b_1b_2+c_1c_2$$

$$\overrightarrow{OA}\cdot\overrightarrow{OC}=a_1a_3+b_1b_3+c_1c_3,\qquad \overrightarrow{OB}\cdot\overrightarrow{OB}=a_2^2+b_2^2+c_2^2$$

$$\overrightarrow{OB}\cdot\overrightarrow{OC}=a_2a_3+b_2b_3+c_2c_3,\qquad \overrightarrow{OC}\cdot\overrightarrow{OC}=a_3^2+b_3^2+c_3^2$$

于是

$$36V^2=\begin{vmatrix}\overrightarrow{OA}\cdot\overrightarrow{OA} & \overrightarrow{OA}\cdot\overrightarrow{OB} & \overrightarrow{OA}\cdot\overrightarrow{OC}\\ \overrightarrow{OA}\cdot\overrightarrow{OB} & \overrightarrow{OB}\cdot\overrightarrow{OB} & \overrightarrow{OB}\cdot\overrightarrow{OC}\\ \overrightarrow{OA}\cdot\overrightarrow{OC} & \overrightarrow{OB}\cdot\overrightarrow{OC} & \overrightarrow{OC}\cdot\overrightarrow{OC}\end{vmatrix}\tag{1}$$

由余弦定理，可得

$$\overrightarrow{OA}\cdot\overrightarrow{OB}=p\cdot q\cdot\cos\theta=\frac{p^2+q^2-n^2}{2}$$

同理可得

$$\overrightarrow{OA}\cdot\overrightarrow{OC}=\frac{p^2+r^2-m^2}{2},\quad \overrightarrow{OB}\cdot\overrightarrow{OC}=\frac{q^2+r^2-l^2}{2}$$

将以上各式代入式（1），得

$$36V^2=\begin{vmatrix}p^2 & \dfrac{p^2+q^2-n^2}{2} & \dfrac{p^2+r^2-m^2}{2}\\ \dfrac{p^2+q^2-n^2}{2} & q^2 & \dfrac{q^2+r^2-l^2}{2}\\ \dfrac{p^2+r^2-m^2}{2} & \dfrac{q^2+r^2-l^2}{2} & r^2\end{vmatrix}\tag{2}$$

这就是欧拉的四面体体积公式.

当$l=10$ m，$m=15$ m，$n=12$ m，$p=14$ m，$q=13$ m，$r=11$ m时，

$$\frac{p^2+q^2-n^2}{2}=110.5,\quad \frac{p^2+r^2-m^2}{2}=46,\quad \frac{q^2+r^2-l^2}{2}=95$$

代入式（1），得

$$36V^2=\begin{vmatrix}196 & 110.5 & 46\\ 110.5 & 169 & 95\\ 46 & 95 & 121\end{vmatrix}=1\,369\,829.75$$

于是

$$V^2\approx 38\,050.83,\quad V\approx 195(\mathrm{m}^3)$$

即花岗岩巨石的体积约为 195 m^3.

11. 一个牧场，12 头牛 4 周吃草$\frac{10}{3}$格尔，21 头牛 9 周吃草 10 格尔，问 24 格尔牧草，多少头牛 18 周吃完（注：格尔——牧场的面积单位，1 格尔约等于 2 500 m^2）？

解　设每头牛每周吃草量为x，每格尔草地每周的生长量（即草的生长量）为y，每格尔草地的原有草量为a，另外设 24 格尔牧草z头牛 18 周吃完，则根据题意得

$$\begin{cases} 12\times 4x=\dfrac{10a}{3}+\dfrac{10}{3}\times 4y \\ 21\times 9x=10a+10\times 9y \\ z\times 18x=24a+24\times 18y \end{cases}$$

其中，(x,y,a)是线性方程组的未知数，化简得

$$\begin{cases} 144x-\ \ 40y-10a=0 \\ 189x-\ \ 90y-10a=0 \\ 18zx-432y-24a=0 \end{cases}$$

根据题意知齐次线性方程组有非零解，故$r(\boldsymbol{A})<3$，即系数行列式

$$\begin{vmatrix} 144 & -40 & -10 \\ 189 & -90 & -10 \\ 18z & -432 & -24 \end{vmatrix}=0$$

计算得$z=36$，所以 24 格尔牧草 36 头牛 18 周吃完.

第五章　矩阵特征值问题及二次型

本章主要讨论矩阵的特征值与特征向量及方阵的对角化，阐述方阵可对角化的充分必要条件及化二次型为标准形的问题，这些内容不仅在线性代数体系中占有重要的地位，而且在其他各科学、经济及工程技术领域有着广泛的应用.

本章重点　方阵的特征值与特征向量、相似矩阵与相似变换、矩阵相似对角化的方法、利用正交矩阵化实对称矩阵为对角矩阵的方法、利用正交变换化实二次型为标准形的方法、二次型的正定性.

本章难点　方阵的特征值和特征向量的性质；构造正交矩阵，将实对称矩阵化为相似对角矩阵；正定二次型的判定方法.

一、主要内容

（一）矩阵的特征值与特征向量

1. 特征值、特征向量的定义

设 $\boldsymbol{A}$ 为 n 阶矩阵，如果存在数 λ 及非零列向量 $\boldsymbol{\alpha}$，使 $\boldsymbol{A\alpha}=\lambda\boldsymbol{\alpha}$，称 $\boldsymbol{\alpha}$ 是矩阵 $\boldsymbol{A}$ 的对应于特征值 λ 的特征向量.

2. 特征多项式、特征方程的定义

$|\lambda\boldsymbol{E}-\boldsymbol{A}|$ 称为矩阵 $\boldsymbol{A}$ 的特征多项式（λ 的 n 次多项式）.

$|\lambda\boldsymbol{E}-\boldsymbol{A}|=0$ 称为矩阵 $\boldsymbol{A}$ 的特征方程（λ 的 n 次方程）.

注　特征方程可以写为 $|\boldsymbol{A}-\lambda\boldsymbol{E}|=0$.

3. 重要结论

（1）若 $\boldsymbol{\alpha}$ 为齐次方程 $\boldsymbol{Ax}=\boldsymbol{0}$ 的非零解，则 $\boldsymbol{A\alpha}=0\boldsymbol{\alpha}$，即 $\boldsymbol{\alpha}$ 为矩阵 $\boldsymbol{A}$ 的对应于特征值 $\lambda=0$ 的特征向量.

（2）$\boldsymbol{A}$ 的各行元素和为 k，则 $(1,1,\cdots,1)^{\mathrm{T}}$ 为对应于特征值 k 的特征向量.

（3）上（下）三角矩阵或主对角矩阵的特征值为主对角线各元素.

4. 特征方程法

（1）解特征方程 $|\lambda\boldsymbol{E}-\boldsymbol{A}|=0$，得矩阵 $\boldsymbol{A}$ 的 n 个特征值 $\lambda_1,\lambda_2,\cdots,\lambda_n$.

注　在复数范围内，λ 的 n 次方程必须有 n 个根（可有多重根，写作 $\lambda_1=\lambda_2=\cdots=\lambda_s=$ 复数，不能省略）.

（2）解齐次方程$(\lambda_i \boldsymbol{E}-\boldsymbol{A})\boldsymbol{x}=\mathbf{0}$，得对应于特征值$\lambda_i$的线性无关的特征向量，即其基础解系.

5. 总结（特征值与特征向量的求法）

（1）$\boldsymbol{A}$为抽象的：由定义或性质凑.
（2）$\boldsymbol{A}$为数字的：由特征方程法求解.

6. 性质

（1）对应于不同特征值的特征向量线性无关；
（2）k_i重特征值λ_i最多有k_i个线性无关的特征向量，即

$$1 \leqslant n-r(\lambda_i \boldsymbol{E}-\boldsymbol{A}) \leqslant k_i$$

（3）设$\boldsymbol{A}=(a_{ij})_{n\times n}$的特征值为$\lambda_1,\lambda_2,\cdots,\lambda_n$，则

$$|\boldsymbol{A}|=\lambda_1\lambda_2\cdots\lambda_n,\quad a_{11}+a_{22}+\cdots+a_{nn}=\lambda_1+\lambda_2+\cdots+\lambda_n$$

（4）若 $r(\boldsymbol{A})=1$，即$\boldsymbol{A}=\boldsymbol{\alpha\beta}^{\mathrm{T}}$，其中$\boldsymbol{\alpha},\boldsymbol{\beta}$均为 n 维非零列向量，则 $\boldsymbol{A}$ 的特征值为$\lambda_1=a_{11}+a_{22}+\cdots+a_{nn}=\boldsymbol{\alpha}^{\mathrm{T}}\boldsymbol{\beta}=\boldsymbol{\beta}^{\mathrm{T}}\boldsymbol{\alpha},\lambda_2=\lambda_3=\cdots=\lambda_n=0$.

（5）设$\boldsymbol{\alpha}$是矩阵 $\boldsymbol{A}$ 的对应于特征值λ的特征向量，则下表给出了相关矩阵的特征值及对应的特征向量.

$\boldsymbol{A}$	$f(\boldsymbol{A})$	$\boldsymbol{A}^{\mathrm{T}}$	$\boldsymbol{A}^{-1}$($\boldsymbol{A}$可逆)	$\boldsymbol{A}^*$($\boldsymbol{A}$可逆)	$\boldsymbol{P}^{-1}\boldsymbol{AP}$（相似）
λ	$f(\lambda)$	λ	$\frac{1}{\lambda}$	$\vert\boldsymbol{A}\vert\frac{1}{\lambda}$	λ
$\boldsymbol{\alpha}$	$\boldsymbol{\alpha}$	—	$\boldsymbol{\alpha}$	$\boldsymbol{\alpha}$	$\boldsymbol{P}^{-1}\boldsymbol{\alpha}$

（二）相似矩阵

1. 相似矩阵的定义

设$\boldsymbol{A}$，$\boldsymbol{B}$均为n阶矩阵，如果存在可逆矩阵$\boldsymbol{P}$，使$\boldsymbol{B}=\boldsymbol{P}^{-1}\boldsymbol{AP}$，称$\boldsymbol{A}$与$\boldsymbol{B}$相似.

2. 相似矩阵的性质

（1）若$\boldsymbol{A}$与$\boldsymbol{B}$相似，则$f(\boldsymbol{A})$与$f(\boldsymbol{B})$相似.
（2）若$\boldsymbol{A}$与$\boldsymbol{B}$相似，$\boldsymbol{B}$与$\boldsymbol{C}$相似，则$\boldsymbol{A}$与$\boldsymbol{C}$相似.
（3）相似矩阵有相同的行列式、秩、特征多项式、特征方程、特征值、迹（即主对角线元素之和）.

推广：若 $\boldsymbol{A}$ 与 $\boldsymbol{B}$ 相似，则 $\boldsymbol{A}^{\mathrm{T}}$ 与 $\boldsymbol{B}^{\mathrm{T}}$ 相似，$\boldsymbol{A}^{-1}$ 与 $\boldsymbol{B}^{-1}$ 相似，$\boldsymbol{A}^{*}$ 与 $\boldsymbol{B}^{*}$ 也相似.

（三）矩阵的相似对角化

1. 相似对角化定义

如果 $\boldsymbol{A}$ 与对角矩阵相似，即存在可逆矩阵 $\boldsymbol{P}$，使 $\boldsymbol{P}^{-1}\boldsymbol{AP}=\begin{pmatrix}\lambda_1 & 0 & \cdots & 0\\ 0 & \lambda_2 & \cdots & 0\\ \vdots & \vdots & & \vdots\\ 0 & 0 & \cdots & \lambda_n\end{pmatrix}$，称 $\boldsymbol{A}$ 可相似对角化.

注 设 $\boldsymbol{P}=(\boldsymbol{\alpha}_1,\boldsymbol{\alpha}_2,\cdots,\boldsymbol{\alpha}_n)$，则 $\boldsymbol{A\alpha}_i=\lambda_i\boldsymbol{\alpha}_i$（$\boldsymbol{\alpha}_i\neq\boldsymbol{0}$），由于 $\boldsymbol{P}$ 可逆，故 $\boldsymbol{P}$ 的每一列均为矩阵 $\boldsymbol{A}$ 的对应于特征值 λ_i 的特征向量.

2. 相似对角化的充分必要条件

（1）n 阶矩阵 $\boldsymbol{A}$ 有 n 个线性无关的特征向量.
（2）n 阶矩阵 $\boldsymbol{A}$ 的 k 重特征值有 k 个线性无关的特征向量.

3. 相似对角化的充分条件

（1）n 阶矩阵 $\boldsymbol{A}$ 有 n 个不同的特征值（不同特征值的特征向量线性无关）.
（2）$\boldsymbol{A}$ 为实对称矩阵.

4. 重要结论

（1）若 $\boldsymbol{A}$ 可相似对角化，则 $r(\boldsymbol{A})$ 为非零特征值的个数，$n-r(\boldsymbol{A})$ 为零特征值的个数.
（2）若 $\boldsymbol{A}$ 不可相似对角化，$r(\boldsymbol{A})$ 不一定为非零特征值的个数.

（四）实对称矩阵

1. 正交矩阵的定义

$\boldsymbol{A}$ 为 n 阶矩阵，$\boldsymbol{AA}^{\mathrm{T}}=\boldsymbol{E}\Leftrightarrow\boldsymbol{A}^{-1}=\boldsymbol{A}^{\mathrm{T}}\Leftrightarrow\boldsymbol{A}^{\mathrm{T}}\boldsymbol{A}=\boldsymbol{E}\Rightarrow|\boldsymbol{A}|=\pm1$.

2. 实对称矩阵的性质

（1）特征值全为实数.
（2）不同特征值的特征向量正交.
（3）$\boldsymbol{A}$ 可相似对角化，即存在可逆矩阵 $\boldsymbol{P}$，使 $\boldsymbol{P}^{-1}\boldsymbol{AP}=\boldsymbol{\Lambda}$.
（4）$\boldsymbol{A}$ 可正交相似对角化，即存在正交矩阵 $\boldsymbol{Q}$，使 $\boldsymbol{Q}^{-1}\boldsymbol{AQ}=\boldsymbol{Q}^{\mathrm{T}}\boldsymbol{AQ}=\boldsymbol{\Lambda}$.

（五）二次型及其标准形

1. 二次型

（1）一般形式：

$$f(x_1,x_2,\cdots,x_n)=a_{11}x_1^2+2a_{12}x_1x_2+2a_{13}x_1x_3+\cdots+2a_{1n}x_1x_n$$
$$+a_{22}x_2^2+2a_{23}x_2x_3+\cdots+2a_{2n}x_2x_n+\cdots+a_{nn}x_n^2$$

（2）矩阵形式（常用）：$\boldsymbol{x}^{\mathrm{T}}\boldsymbol{A}\boldsymbol{x}$，其中 $\boldsymbol{A}$ 为对称矩阵.

2. 标准形

如果二次型只含平方项，即 $f(x_1, x_2, \cdots, x_n)=d_1x_1^2+d_2x_2^2+\cdots+d_nx_n^2$，这样的二次型称为标准形.

3. 二次型化为标准形的方法

1）配方法

通过可逆线性变换 $\boldsymbol{x}=\boldsymbol{C}\boldsymbol{y}$（$\boldsymbol{C}$可逆），将二次型化为标准形.其中，可逆线性变换及标准形通过先配方再换元得到.

2）正交变换法

通过正交变换 $\boldsymbol{x}=\boldsymbol{Q}\boldsymbol{y}$，将二次型化为标准形 $\lambda_1y_1^2+\lambda_2y_2^2+\cdots+\lambda_ny_n^2$，其中，$\lambda_1,\lambda_2,\cdots,\lambda_n$ 是 $\boldsymbol{A}$ 的 n 个特征值，$\boldsymbol{Q}$ 为正交矩阵.

注 正交矩阵 $\boldsymbol{Q}$ 不唯一，其列 $\boldsymbol{q}_i$ 与 λ_i 对应即可.

（六）惯性定理及规范形

1. 定义

正惯性指数：标准形中正平方项的个数称为正惯性指数，记为 p.

负惯性指数：标准形中负平方项的个数称为负惯性指数，记为 q.

规范形：$f=z_1^2+z_2^2+\cdots+z_p^2-z_{p+1}^2-z_{p+2}^2-\cdots-z_{p+q}^2$ 称为二次型的规范形.

2. 惯性定理

二次型无论选取怎样的可逆线性变换化为标准形，其正、负惯性指数不变.

注 （1）因为正、负惯性指数不变，所以规范形唯一.

（2）p = 正特征值的个数，q = 负特征值的个数，$p+q$ = 非零特征值的个数 = $r(\boldsymbol{A})$.

（七）合同矩阵

1. 定义

$\boldsymbol{A}$，$\boldsymbol{B}$均为n阶实对称矩阵，若存在可逆矩阵$\boldsymbol{C}$，使$\boldsymbol{B}=\boldsymbol{C}^{\mathrm{T}}\boldsymbol{A}\boldsymbol{C}$，称$\boldsymbol{A}$与$\boldsymbol{B}$合同.

2. 总结（n阶实对称矩阵$\boldsymbol{A}$，$\boldsymbol{B}$的关系）

（1）$\boldsymbol{A}$，$\boldsymbol{B}$相似（$\boldsymbol{B}=\boldsymbol{P}^{-1}\boldsymbol{A}\boldsymbol{P}$）$\Leftrightarrow$相同的特征值.

（2）$\boldsymbol{A}$，$\boldsymbol{B}$合同（$\boldsymbol{B}=\boldsymbol{C}^{\mathrm{T}}\boldsymbol{A}\boldsymbol{C}$）$\Leftrightarrow$相同的正、负惯性指数$\Leftrightarrow$相同的正、负特征值的个数.

（3）$\boldsymbol{A}$，$\boldsymbol{B}$等价（$\boldsymbol{B}=\boldsymbol{P}\boldsymbol{A}\boldsymbol{Q}$）$\Leftrightarrow r(\boldsymbol{A})=r(\boldsymbol{B})$.

注　实对称矩阵相似必合同，合同必等价.

（八）正定二次型与正定矩阵

1. 正定的定义

二次型$\boldsymbol{x}^{\mathrm{T}}\boldsymbol{A}\boldsymbol{x}$，如果对任意的$\boldsymbol{x}\neq\boldsymbol{0}$，恒有$\boldsymbol{x}^{\mathrm{T}}\boldsymbol{A}\boldsymbol{x}>0$，则称二次型正定，并称实对称矩阵$\boldsymbol{A}$是正定矩阵.

2. n元二次型$\boldsymbol{x}^{\mathrm{T}}\boldsymbol{A}\boldsymbol{x}$正定的充分必要条件

（1）$\boldsymbol{A}$的正惯性指数为n.

（2）$\boldsymbol{A}$与单位矩阵$\boldsymbol{E}$合同，即存在可逆矩阵$\boldsymbol{C}$，使$\boldsymbol{A}=\boldsymbol{C}^{\mathrm{T}}\boldsymbol{C}$或$\boldsymbol{C}^{\mathrm{T}}\boldsymbol{A}\boldsymbol{C}=\boldsymbol{E}$.

（3）$\boldsymbol{A}$的特征值均大于0.

（4）$\boldsymbol{A}$的顺序主子式均大于0（k阶顺序主子式为前k行前k列的行列式）.

3. n元二次型$\boldsymbol{x}^{\mathrm{T}}\boldsymbol{A}\boldsymbol{x}$正定的必要条件

（1）$a_{ii}>0$.

（2）$|\boldsymbol{A}|>0$.

4. 重要结论

（1）若$\boldsymbol{A}$是正定矩阵，则$k\boldsymbol{A}$（$k>0$），$\boldsymbol{A}^k$，$\boldsymbol{A}^{\mathrm{T}}$，$\boldsymbol{A}^{-1}$，$\boldsymbol{A}^*$正定.

（2）若$\boldsymbol{A},\boldsymbol{B}$均为正定矩阵，则$\boldsymbol{A}+\boldsymbol{B}$正定.

5. 总结（二次型$\boldsymbol{x}^{\mathrm{T}}\boldsymbol{A}\boldsymbol{x}$正定的判定）

（1）$\boldsymbol{A}$为数字的：顺序主子式均大于0.

（2）$\boldsymbol{A}$ 为抽象的：①证 $\boldsymbol{A}$ 为实对称矩阵，即 $\boldsymbol{A}^{\mathrm{T}}=\boldsymbol{A}$；②由定义或特征值判定.

二、教学要求

熟练掌握和理解矩阵的特征值与特征向量的概念及性质，会求矩阵的特征值与特征向量，理解相似矩阵的概念和性质，掌握矩阵可相似对角化的充分必要条件，能够熟练掌握求相似变换矩阵的方法并化矩阵为相似对角矩阵，掌握正交矩阵的概念及性质，理解实对称矩阵的特征值与特征向量的性质，熟练掌握用正交矩阵化实对称矩阵为对角矩阵的方法，掌握二次型、二次型的标准形、二次型的秩、正定二次型的概念，能熟练写出二次型的矩阵表示，会用配方法、初等变换法化二次型为标准形，熟练掌握用正交变换化二次型为标准形的方法，掌握二次型正定性的判定方法及正定矩阵的概念.

三、疑难问题解答

1. 求矩阵的特征值和特征向量时，应注意哪些问题？

解 （1）矩阵 $\boldsymbol{A}$ 的特征方程是 $|\lambda\boldsymbol{E}-\boldsymbol{A}|=0$，即 $\begin{vmatrix}\lambda-a_{11} & -a_{12} & \cdots & -a_{1n}\\ -a_{21} & \lambda-a_{22} & \cdots & -a_{2n}\\ \vdots & \vdots & & \vdots\\ -a_{n1} & -a_{n2} & \cdots & \lambda-a_{nn}\end{vmatrix}=0$，

不要写成 $\begin{vmatrix}\lambda-a_{11} & a_{12} & \cdots & a_{1n}\\ a_{21} & \lambda-a_{22} & \cdots & a_{2n}\\ \vdots & \vdots & & \vdots\\ a_{n1} & a_{n2} & \cdots & \lambda-a_{nn}\end{vmatrix}=0$ 或 $\begin{vmatrix}\lambda-a_{11} & \lambda-a_{12} & \cdots & \lambda-a_{1n}\\ \lambda-a_{21} & \lambda-a_{22} & \cdots & \lambda-a_{2n}\\ \vdots & \vdots & & \vdots\\ \lambda-a_{n1} & \lambda-a_{n2} & \cdots & \lambda-a_{nn}\end{vmatrix}=0$.

（2）n 阶矩阵 $\boldsymbol{A}$ 在复数域范围内恰有 n 个特征值 $\lambda_1,\lambda_2,\cdots,\lambda_n$，对每个 λ_i，解齐次方程 $(\lambda_i\boldsymbol{E}-\boldsymbol{A})\boldsymbol{x}=\boldsymbol{0}$，得对应于特征值 λ_i 的线性无关的特征向量 $\boldsymbol{p}_1,\boldsymbol{p}_2,\cdots,\boldsymbol{p}_s$，即齐次方程 $(\lambda_i\boldsymbol{E}-\boldsymbol{A})\boldsymbol{x}=\boldsymbol{0}$ 的一个基础解系. 注意齐次方程 $(\lambda_i\boldsymbol{E}-\boldsymbol{A})\boldsymbol{x}=\boldsymbol{0}$ 不要写成 $|\lambda_i\boldsymbol{E}-\boldsymbol{A}|\boldsymbol{x}=\boldsymbol{0}$，对应于特征值 λ_i 的全部特征向量应为 $k_1\boldsymbol{p}_1+k_2\boldsymbol{p}_2+\cdots+k_s\boldsymbol{p}_s$，其中 $k_1,k_2,\cdots,k_s$ 不全为零，不要说 $k_1,k_2,\cdots,k_s$ 都不为零. 注意零向量不能作为特征向量.

2. 若 n 阶矩阵 $\boldsymbol{A}$ 与对角矩阵 $\begin{pmatrix}\lambda_1 & 0 & \cdots & 0\\ 0 & \lambda_2 & \cdots & 0\\ \vdots & \vdots & & \vdots\\ 0 & 0 & \cdots & \lambda_n\end{pmatrix}$ 相似，则可逆矩阵 $\boldsymbol{P}$ 的各列与对角矩阵的主对角线上的元素有什么关系？

解 可逆矩阵 $\boldsymbol{P}$ 的各列向量的顺序与对角矩阵的主对角线上的元素 $\lambda_1,\lambda_2,\cdots,\lambda_n$ 相对应，即 $\boldsymbol{A}\boldsymbol{p}_i=\lambda_i\boldsymbol{p}_i\ (i=1,2,\cdots,n)$.

3. 若矩阵 $\boldsymbol{A}$ 与零矩阵相似，则 $\boldsymbol{A}$ 的特征值为 0，问其逆命题正确吗？

解　不正确. 若 $\boldsymbol{A}$ 的特征值为0，则 $\boldsymbol{A}$ 与零矩阵不一定相似，如 $\boldsymbol{A}=\begin{pmatrix}0&1\\0&0\end{pmatrix}$.

4. 将二次型化为标准形时，应注意哪些问题？

解　（1）二次型的矩阵一定是对称矩阵.

（2）将二次型化为标准形所施行的线性变换是把变量 $x_1,x_2,\cdots,x_n$ 变为变量 $y_1,y_2,\cdots,y_n$ 的线性变换 $\boldsymbol{x}=\boldsymbol{P}\boldsymbol{y}$，而不是 $\boldsymbol{y}=\boldsymbol{P}\boldsymbol{x}$，切勿把变换矩阵 $\boldsymbol{P}$ 写错.

（3）施行的线性变换一定是可逆的线性变换，即要求 $\boldsymbol{P}$ 为可逆矩阵.

四、常见错误类型分析

例 1　求矩阵 $\boldsymbol{A}=\begin{pmatrix}1&-2&2\\-2&-2&4\\2&4&-2\end{pmatrix}$ 的特征值和特征向量.

错误解法　$\boldsymbol{A}$ 的特征多项式为

$$|\lambda\boldsymbol{E}-\boldsymbol{A}|=\begin{pmatrix}\lambda-1&2&-2\\2&\lambda+2&-4\\-2&-4&\lambda+2\end{pmatrix}=(\lambda-2)^2(\lambda+7)$$

所以 $\boldsymbol{A}$ 的特征值为 $\lambda_1=\lambda_2=2,\lambda_3=-7$.

当 $\lambda_1=\lambda_2=2$ 时，解方程 $(2\boldsymbol{E}-\boldsymbol{A})\boldsymbol{x}=\boldsymbol{0}$，由

$$2\boldsymbol{E}-\boldsymbol{A}=\begin{pmatrix}1&2&-2\\2&4&-4\\-2&-4&4\end{pmatrix}\xrightarrow{r}\begin{pmatrix}1&2&-2\\0&0&0\\0&0&0\end{pmatrix}$$

得基础解系

$$\boldsymbol{p}_1=\begin{pmatrix}-2\\1\\0\end{pmatrix},\quad \boldsymbol{p}_2=\begin{pmatrix}2\\0\\1\end{pmatrix}$$

当 $\lambda_3=-7$ 时，解方程 $(-7\boldsymbol{E}-\boldsymbol{A})\boldsymbol{x}=\boldsymbol{0}$，由

$$-7\boldsymbol{E}-\boldsymbol{A}=\begin{pmatrix}-8&2&-2\\2&-5&-4\\-2&-4&-5\end{pmatrix}\xrightarrow{r}\begin{pmatrix}1&0&\frac{1}{2}\\0&1&1\\0&0&0\end{pmatrix}$$

得基础解系

$$\boldsymbol{p}_3=\begin{pmatrix}-1\\-2\\2\end{pmatrix}$$

故 $\boldsymbol{A}$ 的所有特征向量为 $k_1\boldsymbol{p}_1+k_2\boldsymbol{p}_2+k_3\boldsymbol{p}_3$（$k_1,k_2,k_3$ 不同时为 0）.

错误分析　有两个错误：第一，$\boldsymbol{A}$ 的特征多项式为行列式 $|\lambda\boldsymbol{E}-\boldsymbol{A}|$，写成了矩阵 $\begin{pmatrix}\lambda-1 & 2 & -2\\ 2 & \lambda+2 & -4\\ -2 & -4 & \lambda+2\end{pmatrix}$；第二，$\boldsymbol{A}$ 的特征向量必须是对应于某一个特征值而言的，这里把 $\boldsymbol{A}$ 的对应于 $\lambda_1=\lambda_2=2$ 及 $\lambda_3=-7$ 的特征向量的全部线性组合视为 $\boldsymbol{A}$ 的全部特征向量，这是不对的. 事实上，$k_1\boldsymbol{p}_1+k_2\boldsymbol{p}_2+k_3\boldsymbol{p}_3=\begin{pmatrix}-2k_1+2k_2-k_3\\ k_1-2k_3\\ k_2+2k_3\end{pmatrix}$，如果它是对应于 $\lambda_1=\lambda_2=2$ 的特征向量，那么必须有

$$\begin{pmatrix}1 & -2 & 2\\ -2 & -2 & 4\\ 2 & 4 & -2\end{pmatrix}\begin{pmatrix}-2k_1+2k_2-k_3\\ k_1-2k_3\\ k_2+2k_3\end{pmatrix}=2\begin{pmatrix}-2k_1+2k_2-k_3\\ k_1-2k_3\\ k_2+2k_3\end{pmatrix}$$

解得 $k_3=0$，k_1,k_2 不同时为 0. 如果它是对应于 $\lambda_3=-7$ 的特征向量，那么必须有

$$\begin{pmatrix}1 & -2 & 2\\ -2 & -2 & 4\\ 2 & 4 & -2\end{pmatrix}\begin{pmatrix}-2k_1+2k_2-k_3\\ k_1-2k_3\\ k_2+2k_3\end{pmatrix}=-7\begin{pmatrix}-2k_1+2k_2-k_3\\ k_1-2k_3\\ k_2+2k_3\end{pmatrix}$$

解得 $k_1=k_2=0$，$k_3\neq 0$. 当 k_1,k_2,k_3 不满足上述条件时，$k_1\boldsymbol{p}_1+k_2\boldsymbol{p}_2+k_3\boldsymbol{p}_3$ 既不是对应于 $\lambda_1=\lambda_2=2$ 的特征向量，也不是对应于 $\lambda_3=-7$ 的特征向量.

正确解法　$\boldsymbol{A}$ 的特征多项式为

$$|\lambda\boldsymbol{E}-\boldsymbol{A}|=\begin{vmatrix}\lambda-1 & 2 & -2\\ 2 & \lambda+2 & -4\\ -2 & -4 & \lambda+2\end{vmatrix}=(\lambda-2)^2(\lambda+7)$$

所以 $\boldsymbol{A}$ 的特征值为 $\lambda_1=\lambda_2=2,\lambda_3=-7$.

当 $\lambda_1=\lambda_2=2$ 时，解方程 $(2\boldsymbol{E}-\boldsymbol{A})\boldsymbol{x}=\boldsymbol{0}$，得基础解系 $\boldsymbol{p}_1=\begin{pmatrix}-2\\ 1\\ 0\end{pmatrix},\boldsymbol{p}_2=\begin{pmatrix}2\\ 0\\ 1\end{pmatrix}$，所以对应于 $\lambda_1=\lambda_2=2$ 的全部特征向量为 $k_1\boldsymbol{p}_1+k_2\boldsymbol{p}_2$（$k_1,k_2$ 不同时为 0）.

当 $\lambda_3=-7$ 时，解方程 $(-7\boldsymbol{E}-\boldsymbol{A})\boldsymbol{x}=\boldsymbol{0}$，得基础解系 $\boldsymbol{p}_3=\begin{pmatrix}-1\\ -2\\ 2\end{pmatrix}$，故对应于 $\lambda_3=-7$ 的全部特征向量为 $k_3\boldsymbol{p}_3(k_3\neq 0)$.

例 2　求矩阵 $\boldsymbol{A}=\begin{pmatrix}-1 & 1 & 0\\ -4 & 3 & 0\\ 1 & 0 & 2\end{pmatrix}$ 的特征值和特征向量.

错误解法　$\boldsymbol{A}$ 的特征多项式为

$$|\lambda \boldsymbol{E}-\boldsymbol{A}|=\begin{vmatrix}\lambda+1 & -1 & 0\\ 4 & \lambda-3 & 0\\ -1 & 0 & \lambda-2\end{vmatrix}=(\lambda-1)^2(\lambda-2)$$

所以 $\boldsymbol{A}$ 的特征值为 $\lambda_1=\lambda_2=1,\lambda_3=2$.

当 $\lambda_1=\lambda_2=1$ 时，解方程 $|\boldsymbol{E}-\boldsymbol{A}|\boldsymbol{x}=\boldsymbol{0}$，由

$$\boldsymbol{E}-\boldsymbol{A}=\begin{pmatrix}2 & -1 & 0\\ 4 & -2 & 0\\ -1 & 0 & -1\end{pmatrix}\xrightarrow{r}\begin{pmatrix}1 & 0 & 1\\ 0 & 1 & 2\\ 0 & 0 & 0\end{pmatrix}$$

得基础解系 $\boldsymbol{p}_1=\begin{pmatrix}-1\\ -2\\ 1\end{pmatrix}$，所以对应于 $\lambda_1=\lambda_2=1$ 的全部特征向量为 $k_1\boldsymbol{p}_1(k_1\neq 0)$.

当 $\lambda_3=2$ 时，解方程 $|2\boldsymbol{E}-\boldsymbol{A}|\boldsymbol{x}=\boldsymbol{0}$，由

$$2\boldsymbol{E}-\boldsymbol{A}=\begin{pmatrix}3 & -1 & 0\\ 4 & -1 & 0\\ -1 & 0 & 0\end{pmatrix}\xrightarrow{r}\begin{pmatrix}1 & 0 & 0\\ 0 & 1 & 0\\ 0 & 0 & 0\end{pmatrix}$$

得基础解系 $\boldsymbol{p}_2=\begin{pmatrix}0\\ 0\\ 0\end{pmatrix}$，故 $\boldsymbol{A}$ 的所有的特征向量为 $k_2\boldsymbol{p}_2$.

错误分析　有两个错误：第一，当 $\lambda_1=\lambda_2=1$ 时，解方程 $|\boldsymbol{E}-\boldsymbol{A}|\boldsymbol{x}=\boldsymbol{0}$ 及当 $\lambda_3=2$ 时，解方程 $|2\boldsymbol{E}-\boldsymbol{A}|\boldsymbol{x}=\boldsymbol{0}$ 都是错误的，由特征值与特征向量的定义应为 $(\boldsymbol{E}-\boldsymbol{A})\boldsymbol{x}=\boldsymbol{0}$ 和 $(2\boldsymbol{E}-\boldsymbol{A})\boldsymbol{x}=\boldsymbol{0}$；第二，当 $\lambda_3=2$ 时，零向量也不能作为特征向量.

正确解法　$\boldsymbol{A}$ 的特征多项式为

$$|\lambda \boldsymbol{E}-\boldsymbol{A}|=\begin{vmatrix}\lambda+1 & -1 & 0\\ 4 & \lambda-3 & 0\\ -1 & 0 & \lambda-2\end{vmatrix}=(\lambda-1)^2(\lambda-2)$$

所以 $\boldsymbol{A}$ 的特征值为 $\lambda_1=\lambda_2=1,\lambda_3=2$.

当 $\lambda_1=\lambda_2=1$ 时，解方程 $(\boldsymbol{E}-\boldsymbol{A})\boldsymbol{x}=\boldsymbol{0}$，由

$$\boldsymbol{E}-\boldsymbol{A}=\begin{pmatrix}2 & -1 & 0\\ 4 & -2 & 0\\ -1 & 0 & -1\end{pmatrix}\xrightarrow{r}\begin{pmatrix}1 & 0 & 1\\ 0 & 1 & 2\\ 0 & 0 & 0\end{pmatrix}$$

得基础解系 $\boldsymbol{p}_1=\begin{pmatrix}-1\\ -2\\ 1\end{pmatrix}$，所以对应于 $\lambda_1=\lambda_2=1$ 的全部特征向量为 $k_1\boldsymbol{p}_1(k_1\neq 0)$.

当 $\lambda_3=2$ 时，解方程 $(2\boldsymbol{E}-\boldsymbol{A})\boldsymbol{x}=\boldsymbol{0}$，由

$$2E-A=\begin{pmatrix}3&-1&0\\4&-1&0\\-1&0&0\end{pmatrix}\xrightarrow{r}\begin{pmatrix}1&0&0\\0&1&0\\0&0&0\end{pmatrix}$$

得基础解系 $p_2=\begin{pmatrix}0\\0\\1\end{pmatrix}$，故 A 的对应于 $\lambda_3=2$ 的全部特征向量为 $k_2p_2\ (k_2\neq 0)$.

例 3　将二次型 $f=x_1^2+2x_2^2+2x_1x_2+4x_2x_3+4x_3^2$ 化为标准形.

错误解法　利用配方法得

$$f=(x_1^2+2x_1x_2+x_2^2)+(x_2^2+4x_2x_3+4x_3^2)=(x_1+x_2)^2+(x_2+2x_3)^2$$

设 $\begin{cases}y_1=x_1+x_2\\y_2=x_2+2x_3\\y_3=0\end{cases}$，则 $f=x_1^2+2x_2^2+2x_1x_2+4x_2x_3+4x_3^2$ 的标准形为 $y_1^2+y_2^2$，变换矩阵为 $P=\begin{pmatrix}1&1&0\\0&1&2\\0&0&0\end{pmatrix}$.

错误分析　$\begin{cases}y_1=x_1+x_2\\y_2=x_2+2x_3\\y_3=0\end{cases}$ 是不可逆的线性变换，不符合要求，此外，求可逆的线性变换时，要用 y_1,y_2,y_3 来表示 x_1,x_2,x_3.

正确解法　利用配方法得

$$f=(x_1^2+2x_1x_2+x_2^2)+(x_2^2+4x_2x_3+4x_3^2)=(x_1+x_2)^2+(x_2+2x_3)^2$$

设 $\begin{cases}y_1=x_1+x_2\\y_2=x_2+2x_3\\y_3=x_3\end{cases}$，从而 $\begin{cases}x_1=y_1-y_2+2y_3\\x_2=y_2-2y_3\\x_3=y_3\end{cases}$，则 $f=x_1^2+2x_2^2+2x_1x_2+4x_2x_3+4x_3^2$ 的标准形为 $y_1^2+y_2^2$，所用的可逆变换矩阵为 $P=\begin{pmatrix}1&-1&2\\0&1&-2\\0&0&1\end{pmatrix}$.

例 4　如果把任意的 $x_1\neq 0,x_2\neq 0,\cdots,x_n\neq 0$ 代入二次型 $f(x_1,x_2,\cdots,x_n)$ 都有 $f>0$，试问 f 是否是正定的？

错误解法　f 是正定的. 因为根据定义，对任意的 $x_1\neq 0,x_2\neq 0,\cdots,x_n\neq 0$，恒有 $f>0$，则 f 为正定的. 题设所给的条件显然满足 $x_1\neq 0,x_2\neq 0,\cdots,x_n\neq 0$，而且 $x_1,x_2,\cdots,x_n$ 为任意的.

错误分析　错误解法中认为 f 肯定是正定的，这是不对的. 产生这种错误的原因在于把集合 $F=\{\boldsymbol{x}=(x_1,x_2,\cdots,x_n)^{\mathrm T}\mid x_1,x_2,\cdots,x_n\text{不全为零}\}$ 与集合 $G=\{\boldsymbol{x}=(x_1,x_2,\cdots,x_n)^{\mathrm T}\mid x_i\neq 0,i=1,2,\cdots,n\}$ 之间的关系搞错了，没有认识到 $G\subseteq F$,从而把“$x_1\neq 0,x_2\neq 0,\cdots,x_n\neq 0$ 代入二次型恒大于零是 f 为正定的必要条件”误认为是“充分条件”.

正确解法　本题的正确解答为 f 不一定为正定的.因为题设中只给出了每一个分量都不是零时，恒有 $f(x_1,x_2,\cdots,x_n)>0$，而不能肯定各分量不全为零时恒有 $f(x_1,x_2,\cdots,x_n)>0$，因而不能保证对任意的 $\boldsymbol{x}=(x_1,x_2,\cdots,x_n)^{\mathrm{T}}\neq\boldsymbol{0}$ 恒有 $f>0$. 例如，

$$f(x_1,x_2,x_3)=x_1^2+x_3^2$$

当 $x_1\neq0,x_2\neq0,x_3\neq0$ 时，显然有 $f>0$，但是，当 $x_1=x_3=0,x_2\neq0$ 时，都有 $f=0$，从而 f 不是正定的.

五、第五章　习题 A 答案

1. 单项选择题.

（1）设三阶矩阵 $\boldsymbol{A}$ 有特征值 $1,-1,2$，则下列矩阵中行列式不为零的矩阵是（　　）.

A. $\boldsymbol{E}-\boldsymbol{A}$　　B. $\boldsymbol{E}+\boldsymbol{A}$　　C. $2\boldsymbol{E}-\boldsymbol{A}$　　D. $2\boldsymbol{E}+\boldsymbol{A}$

解　由特征方程知 $|\lambda\boldsymbol{E}-\boldsymbol{A}|=0$，所以 $|\boldsymbol{E}-\boldsymbol{A}|=0$，$|-\boldsymbol{E}-\boldsymbol{A}|=-|\boldsymbol{E}+\boldsymbol{A}|=0$ 及 $|2\boldsymbol{E}-\boldsymbol{A}|=0$，故选 D.

（2）设矩阵 $\boldsymbol{A}=\begin{pmatrix}0&1&0&0\\1&0&0&0\\0&0&k&1\\0&0&1&2\end{pmatrix}$，已知 $\boldsymbol{A}$ 的一个特征值为 3，则 k 为（　　）.

A. 0　　B. 2　　C. 3　　D. 4

解　因为 $|\lambda\boldsymbol{E}-\boldsymbol{A}|=0$，所以 $|3\boldsymbol{E}-\boldsymbol{A}|=0$，即 $\begin{vmatrix}3&-1&0&0\\-1&3&0&0\\0&0&3-k&-1\\0&0&-1&1\end{vmatrix}=0$，从而 $k-2=0$，得 $k=2$，故选 B.

（3）设 $\lambda=2$ 是矩阵 $\boldsymbol{A}$ 的一个特征值，则 $\frac{1}{3}\boldsymbol{A}^2-\boldsymbol{E}$ 有一个特征值等于（　　）.

A. $\frac{4}{3}$　　B. $\frac{1}{3}$　　C. $-\frac{1}{3}$　　D. $\frac{2}{3}$

解　因为 $\lambda=2$ 是矩阵 $\boldsymbol{A}$ 的一个特征值，所以 $\frac{1}{3}\boldsymbol{A}^2-\boldsymbol{E}$ 有一个特征值为 $\frac{1}{3}\times2^2-1=\frac{1}{3}$，故选 B.

（4）已知三阶矩阵 $\boldsymbol{A}$ 的特征值 $\lambda_1=0,\lambda_2=1,\lambda_3=-1$，其对应的特征向量分别是 $\boldsymbol{\xi}_1,\boldsymbol{\xi}_2,\boldsymbol{\xi}_3$. 令 $\boldsymbol{P}=(\boldsymbol{\xi}_1,\boldsymbol{\xi}_2,\boldsymbol{\xi}_3)$，则 $\boldsymbol{P}^{-1}\boldsymbol{A}\boldsymbol{P}=$（　　）.

A. $\begin{pmatrix}0&0&0\\0&1&0\\0&0&-1\end{pmatrix}$　　B. $\begin{pmatrix}-1&0&0\\0&0&0\\0&0&1\end{pmatrix}$　　C. $\begin{pmatrix}-1&0&0\\0&1&0\\0&0&0\end{pmatrix}$　　D. $\begin{pmatrix}1&0&0\\0&-1&0\\0&0&0\end{pmatrix}$

解　由已知得 $\boldsymbol{A}\boldsymbol{\xi}_1=0\boldsymbol{\xi}_1,\boldsymbol{A}\boldsymbol{\xi}_2=\boldsymbol{\xi}_2,\boldsymbol{A}\boldsymbol{\xi}_3=(-1)\boldsymbol{\xi}_3$，故

$$A(\xi_1,\xi_2,\xi_3)=(0\xi_1,\xi_2,-1\xi_3)=(\xi_1,\xi_2,\xi_3)\begin{pmatrix}0&&\\&1&\\&&-1\end{pmatrix}$$

因 ξ_1,ξ_2,ξ_3 分别对应不同的特征值，故线性无关，从而矩阵 (ξ_1,ξ_2,ξ_3) 可逆，这样 $(\xi_1,\xi_2,\xi_3)^{-1}A(\xi_1,\xi_2,\xi_3)=\begin{pmatrix}0&&\\&1&\\&&-1\end{pmatrix}$，故选 A.

（5）n 阶矩阵 $\boldsymbol{A}$ 具有 n 个不同的特征值是 $\boldsymbol{A}$ 与对角矩阵相似的（　　）.

A. 充分但不必要条件　　B. 既不充分也不必要条件

C. 充分必要条件　　D. 必要但不充分条件

解　因 n 阶矩阵 $\boldsymbol{A}$ 具有 n 个不同的特征值，故对应这 n 个不同的特征值的特征向量线性无关，从而 $\boldsymbol{A}$ 与对角矩阵相似. 反过来，n 阶单位矩阵显然与对角矩阵相似，但具有 n 个相同的特征值. 故选 A.

（6）设 $\boldsymbol{A}$ 是 n 阶对称矩阵，$\boldsymbol{P}$ 是 n 阶可逆矩阵. 已知 n 维列向量 $\boldsymbol{\alpha}$ 是 $\boldsymbol{A}$ 的对应于特征值 λ 的特征向量，则矩阵 $(\boldsymbol{P}^{-1}\boldsymbol{AP})^{\mathrm{T}}$ 的对应于特征值 λ 的特征向量是（　　）.

A. $\boldsymbol{P}^{-1}\boldsymbol{\alpha}$　　B. $\boldsymbol{P}^{\mathrm{T}}\boldsymbol{\alpha}$　　C. $\boldsymbol{P\alpha}$　　D. $(\boldsymbol{P}^{-1})^{\mathrm{T}}\boldsymbol{\alpha}$

解　已知 $\boldsymbol{A\alpha}=\lambda\boldsymbol{\alpha}$，$(\boldsymbol{P}^{-1}\boldsymbol{AP})^{\mathrm{T}}=\boldsymbol{P}^{\mathrm{T}}\boldsymbol{A}^{\mathrm{T}}(\boldsymbol{P}^{-1})^{\mathrm{T}}=\boldsymbol{P}^{\mathrm{T}}\boldsymbol{A}(\boldsymbol{P}^{\mathrm{T}})^{-1}$，故

$$(\boldsymbol{P}^{-1}\boldsymbol{AP})^{\mathrm{T}}(\boldsymbol{P}^{\mathrm{T}}\boldsymbol{\alpha})=\boldsymbol{P}^{\mathrm{T}}\boldsymbol{A}(\boldsymbol{P}^{\mathrm{T}})^{-1}(\boldsymbol{P}^{\mathrm{T}}\boldsymbol{\alpha})=\boldsymbol{P}^{\mathrm{T}}\boldsymbol{A\alpha}=\lambda\boldsymbol{P}^{\mathrm{T}}\boldsymbol{\alpha}$$

故选 B.

（7）二次型 $f(x_1,x_2,x_3)=(x_1+x_2)^2$ 的矩阵为（　　）.

A. $\begin{pmatrix}1&2\\0&1\end{pmatrix}$　　B. $\begin{pmatrix}1&2&0\\0&1&0\\0&0&0\end{pmatrix}$　　C. $\begin{pmatrix}1&0&0\\0&0&0\\0&0&0\end{pmatrix}$　　D. $\begin{pmatrix}1&1&0\\1&1&0\\0&0&0\end{pmatrix}$

解　二次型 $f(x_1,x_2,x_3)=(x_1+x_2)^2=x_1^2+2x_1x_2+x_2^2+0x_3^2+0x_1x_3+0x_2x_3$，故选 D.

（8）设 $\boldsymbol{A},\boldsymbol{B}$ 都是 n 阶对称矩阵，则 $\boldsymbol{A},\boldsymbol{B}$ 合同的充分必要条件是（　　）.

A. $\boldsymbol{A},\boldsymbol{B}$ 的秩相同　　B. $\boldsymbol{A},\boldsymbol{B}$ 都合同于对角矩阵

C. $\boldsymbol{A},\boldsymbol{B}$ 的全部特征值相同　　D. $\boldsymbol{A},\boldsymbol{B}$ 的正、负惯性指数相同

解　$\boldsymbol{A},\boldsymbol{B}$ 合同的充分必要条件是它们对应的二次型有相同的规范形，从而 $\boldsymbol{A},\boldsymbol{B}$ 的正、负惯性指数相同，故选 D.

（9）与矩阵 $\begin{pmatrix}1&2&0\\2&1&0\\0&0&1\end{pmatrix}$ 合同的矩阵为（　　）.

A. $\begin{pmatrix}1&0&0\\0&1&0\\0&0&1\end{pmatrix}$　　B. $\begin{pmatrix}1&0&0\\0&1&0\\0&0&-1\end{pmatrix}$　　C. $\begin{pmatrix}1&0&0\\0&-1&0\\0&0&-1\end{pmatrix}$　　D. $\begin{pmatrix}-1&0&0\\0&-1&0\\0&0&-1\end{pmatrix}$

解　矩阵$\begin{pmatrix}1&2&0\\2&1&0\\0&0&1\end{pmatrix}$的特征值为$\lambda_1=-1,\lambda_2=1,\lambda_3=3$，故二次型$f(x_1,x_2,x_3)=\boldsymbol{x}^{\mathrm{T}}\boldsymbol{A}\boldsymbol{x}$的正惯性指数为2，负惯性指数为1，故B正确.

（10）设二阶对称矩阵$\boldsymbol{A}$的特征值$\lambda_1=-1,\lambda_2=1$，其对应的特征向量分别是$\boldsymbol{\xi}_1=\begin{pmatrix}0\\1\end{pmatrix},\boldsymbol{\xi}_2=\begin{pmatrix}1\\a\end{pmatrix}$，则$a$是（　　）.

A. 0　　B. 1　　C. −1　　D. 2

解　对称矩阵$\boldsymbol{A}$的对应于不同特征值的特征向量正交，故$\boldsymbol{\xi}_1,\boldsymbol{\xi}_2$正交，从而$a=0$，故选A.

2. 填空题.

（1）设$\boldsymbol{\alpha}=\begin{pmatrix}1\\1\end{pmatrix}$是$\boldsymbol{A}=\begin{pmatrix}a&2\\0&b\end{pmatrix}$的对应于特征值$\lambda=3$的特征向量，则$a=$____，$b=$____.

解　因为$\boldsymbol{\alpha}=\begin{pmatrix}1\\1\end{pmatrix}$是$\boldsymbol{A}=\begin{pmatrix}a&2\\0&b\end{pmatrix}$的对应于特征值$\lambda=3$的特征向量，所以$\boldsymbol{A\alpha}=\lambda\boldsymbol{\alpha}$，即$\begin{pmatrix}a&2\\0&b\end{pmatrix}\begin{pmatrix}1\\1\end{pmatrix}=3\begin{pmatrix}1\\1\end{pmatrix}$，则$\begin{pmatrix}a+2\\b\end{pmatrix}=\begin{pmatrix}3\\3\end{pmatrix}$，故$a=1,b=3$.

（2）设三阶矩阵$\boldsymbol{A}$的特征值为$1,-1,2$，则$\boldsymbol{A}+3\boldsymbol{E}$的特征值是________，$|\boldsymbol{A}+3\boldsymbol{E}|=$________.

解　三阶矩阵$\boldsymbol{A}$的特征值为$1,-1,2$，则$\boldsymbol{A}+3\boldsymbol{E}$的特征值分别是$1+3=4,-1+3=2,2+3=5,|\boldsymbol{A}+3\boldsymbol{E}|=4\times2\times5=40$.

（3）设$\boldsymbol{A}$相似于$\begin{pmatrix}1&0&0\\0&-1&0\\0&0&1\end{pmatrix}$，则$\boldsymbol{A}^2=$__________.

解　因$\boldsymbol{A}$相似于$\begin{pmatrix}1&0&0\\0&-1&0\\0&0&1\end{pmatrix}$，故存在可逆矩阵$\boldsymbol{P}$，使$\boldsymbol{P}^{-1}\boldsymbol{AP}=\begin{pmatrix}1&0&0\\0&-1&0\\0&0&1\end{pmatrix}$，从而

$$\boldsymbol{A}=\boldsymbol{P}\begin{pmatrix}1&0&0\\0&-1&0\\0&0&1\end{pmatrix}\boldsymbol{P}^{-1},\quad \boldsymbol{A}^2=\boldsymbol{P}\begin{pmatrix}1&0&0\\0&-1&0\\0&0&1\end{pmatrix}^2\boldsymbol{P}^{-1}=\begin{pmatrix}1&0&0\\0&1&0\\0&0&1\end{pmatrix}$$

（4）已知矩阵$\boldsymbol{A}=\begin{pmatrix}1&a\\0&1\end{pmatrix}$相似于对角矩阵，则$a=$________.

解　矩阵$\boldsymbol{A}=\begin{pmatrix}1&a\\0&1\end{pmatrix}$的特征值为$\lambda_1=\lambda_2=1$，$\boldsymbol{A}$只能相似于对角矩阵$\boldsymbol{E}$，故存在可逆矩阵$\boldsymbol{P}$，使$\boldsymbol{P}^{-1}\boldsymbol{AP}=\boldsymbol{E}$，从而$\boldsymbol{A}=\boldsymbol{E}$，故$a=0$.

（5）矩阵$\begin{pmatrix}1&-1&2\\-1&1&1\\2&1&2\end{pmatrix}$所对应的二次型为________.

解 矩阵$\begin{pmatrix} 1 & -1 & 2 \\ -1 & 1 & 1 \\ 2 & 1 & 2 \end{pmatrix}$所对应的二次型为

$$f(x_1,x_2,x_3)=(x_1,x_2,x_3)\begin{pmatrix} 1 & -1 & 2 \\ -1 & 1 & 1 \\ 2 & 1 & 2 \end{pmatrix}\begin{pmatrix} x_1 \\ x_2 \\ x_3 \end{pmatrix}=x_1^2+x_2^2+2x_3^2-2x_1x_2+4x_1x_3+2x_2x_3$$

（6）二次型$f(x_1,x_2,x_3)=(x_1,x_2,x_3)\begin{pmatrix} 1 & 2 & 3 \\ 0 & 1 & 2 \\ 1 & 0 & 3 \end{pmatrix}\begin{pmatrix} x_1 \\ x_2 \\ x_3 \end{pmatrix}$所对应的矩阵为________.

解 二次型为$f(x_1,x_2,x_3)=x_1^2+x_2^2+3x_3^2+2x_1x_2+4x_1x_3+2x_2x_3$，故所对应的矩阵为

$$\begin{pmatrix} 1 & 1 & 2 \\ 1 & 1 & 1 \\ 2 & 1 & 3 \end{pmatrix}$$

（7）二次型$f(x_1,x_2,x_3)=x_1^2-3x_2^2-2x_1x_2+2x_1x_3-6x_2x_3$的秩为________，正惯性指数是________.

解 二次型的矩阵是$\boldsymbol{A}=\begin{pmatrix} 1 & -1 & 1 \\ -1 & -3 & -3 \\ 1 & -3 & 0 \end{pmatrix}$,$|\lambda\boldsymbol{E}-\boldsymbol{A}|=\lambda(\lambda^2+2\lambda-14)$，$\boldsymbol{A}$的特征值有一个为0，另两个一正一负，故二次型$f(x_1,x_2,x_3)$的秩为2，正惯性指数是1.

（8）若二次型$f(x_1,x_2,x_3)=2x_1^2+x_2^2+x_3^2+2x_1x_2+tx_2x_3$是正定的，则$t$的取值范围是________.

解 二次型的矩阵是$\boldsymbol{A}=\begin{pmatrix} 2 & 1 & 0 \\ 1 & 1 & \frac{t}{2} \\ 0 & \frac{t}{2} & 1 \end{pmatrix}$，因二次型$f(x_1,x_2,x_3)$是正定的，故$\boldsymbol{A}$的各阶顺序主子式均大于0，即$2>0,\begin{vmatrix} 2 & 1 \\ 1 & 1 \end{vmatrix}>0,|\boldsymbol{A}|>0$，从而$1-\frac{t^2}{2}>0$，即$-\sqrt{2}<t<\sqrt{2}$.

3. 求下列矩阵的特征值和特征向量.

（1）$\begin{pmatrix} 1 & 2 & 3 \\ 2 & 1 & 3 \\ 3 & 3 & 6 \end{pmatrix}$； （2）$\begin{pmatrix} -1 & 1 & 0 \\ -4 & 3 & 0 \\ 1 & 0 & 2 \end{pmatrix}$

解 （1）$\boldsymbol{A}$的特征多项式为

$$|\lambda\boldsymbol{E}-\boldsymbol{A}|=\begin{vmatrix} \lambda-1 & -2 & -3 \\ -2 & \lambda-1 & -3 \\ -3 & -3 & \lambda-6 \end{vmatrix}=\lambda(\lambda-9)(\lambda+1)$$

所以 $\boldsymbol{A}$ 的特征值为 $\lambda_1=0,\lambda_2=9,\lambda_3=-1$.

当 $\lambda_1=0$ 时，解方程 $(0\boldsymbol{E}-\boldsymbol{A})\boldsymbol{x}=\boldsymbol{0}$，由

$$0\boldsymbol{E}-\boldsymbol{A}=\begin{pmatrix}-1&-2&-3\\-2&-1&-3\\-3&-3&-6\end{pmatrix}\xrightarrow{r}\begin{pmatrix}1&0&1\\0&1&1\\0&0&0\end{pmatrix}$$

得基础解系 $\boldsymbol{p}_1=\begin{pmatrix}-1\\-1\\1\end{pmatrix}$，所以对应于 $\lambda_1=0$ 的全部特征向量为 $k_1\boldsymbol{p}_1\ (k_1\neq 0)$.

当 $\lambda_2=9$ 时，解方程 $(9\boldsymbol{E}-\boldsymbol{A})\boldsymbol{x}=\boldsymbol{0}$，由

$$9\boldsymbol{E}-\boldsymbol{A}=\begin{pmatrix}8&-2&-3\\-2&8&-3\\-3&-3&3\end{pmatrix}\xrightarrow{r}\begin{pmatrix}1&0&-\frac{1}{2}\\0&1&-\frac{1}{2}\\0&0&0\end{pmatrix}$$

得基础解系 $\boldsymbol{p}_2=\begin{pmatrix}1\\1\\2\end{pmatrix}$，故对应于 $\lambda_2=9$ 的全部特征向量为 $k_2\boldsymbol{p}_2\ (k_2\neq 0)$.

当 $\lambda_3=-1$ 时，解方程 $(-\boldsymbol{E}-\boldsymbol{A})\boldsymbol{x}=\boldsymbol{0}$，由

$$-\boldsymbol{E}-\boldsymbol{A}=\begin{pmatrix}-2&-2&-3\\-2&-2&-3\\-3&-3&-7\end{pmatrix}\xrightarrow{r}\begin{pmatrix}1&1&0\\0&0&1\\0&0&0\end{pmatrix}$$

得基础解系 $\boldsymbol{p}_3=\begin{pmatrix}-1\\1\\0\end{pmatrix}$，故对应于 $\lambda_3=-1$ 的全部特征向量为 $k_3\boldsymbol{p}_3\ (k_3\neq 0)$.

（2）$\boldsymbol{A}$ 的特征多项式为

$$|\lambda\boldsymbol{E}-\boldsymbol{A}|=\begin{vmatrix}\lambda+1&-1&0\\4&\lambda-3&0\\-1&0&\lambda-2\end{vmatrix}=(\lambda-2)(\lambda-1)^2$$

所以 $\boldsymbol{A}$ 的特征值为 $\lambda_1=2,\lambda_2=\lambda_3=1$.

当 $\lambda_1=2$ 时，解方程 $(2\boldsymbol{E}-\boldsymbol{A})\boldsymbol{x}=\boldsymbol{0}$，由

$$2\boldsymbol{E}-\boldsymbol{A}=\begin{pmatrix}3&-1&0\\4&-1&0\\-1&0&0\end{pmatrix}\xrightarrow{r}\begin{pmatrix}1&0&0\\0&1&0\\0&0&0\end{pmatrix}$$

得基础解系 $\boldsymbol{p}_1=\begin{pmatrix}0\\0\\1\end{pmatrix}$，所以对应于 $\lambda_1=2$ 的全部特征向量为 $k_1\boldsymbol{p}_1\ (k_1\neq 0)$.

当$\lambda_2=\lambda_3=1$时，解方程$(\boldsymbol{E}-\boldsymbol{A})\boldsymbol{x}=\boldsymbol{0}$，由

$$\boldsymbol{E}-\boldsymbol{A}=\begin{pmatrix}2&-1&0\\4&-2&0\\-1&0&-1\end{pmatrix}\xrightarrow{r}\begin{pmatrix}1&0&1\\0&1&2\\0&0&0\end{pmatrix}$$

得基础解系$\boldsymbol{p}_2=\begin{pmatrix}1\\2\\-1\end{pmatrix}$，故对应于$\lambda_2=\lambda_3=1$的全部特征向量为$k_2\boldsymbol{p}_2\ (k_2\neq0)$.

4. 设λ_1和λ_2是矩阵$\boldsymbol{A}$的两个不同的特征值，对应的特征向量依次为$\boldsymbol{p}_1$和$\boldsymbol{p}_2$，证明$\boldsymbol{p}_1+\boldsymbol{p}_2$不是$\boldsymbol{A}$的特征向量.

证　用反证法，设$\boldsymbol{p}_1+\boldsymbol{p}_2$是矩阵$\boldsymbol{A}$的对应于特征值$\lambda$的特征向量，即$\boldsymbol{A}(\boldsymbol{p}_1+\boldsymbol{p}_2)=\lambda(\boldsymbol{p}_1+\boldsymbol{p}_2)$，从而$\boldsymbol{A}\boldsymbol{p}_1+\boldsymbol{A}\boldsymbol{p}_2=\lambda\boldsymbol{p}_1+\lambda\boldsymbol{p}_2,\lambda_1\boldsymbol{p}_1+\lambda_2\boldsymbol{p}_2=\lambda\boldsymbol{p}_1+\lambda\boldsymbol{p}_2$，即$(\lambda_1-\lambda)\boldsymbol{p}_1+(\lambda_2-\lambda)\boldsymbol{p}_2=\boldsymbol{0}$. 由于$\boldsymbol{p}_1$和$\boldsymbol{p}_2$分别是$\boldsymbol{A}$的对应于两个不同特征值的特征向量，$\boldsymbol{p}_1$，$\boldsymbol{p}_2$线性无关，从而$\lambda_1-\lambda=0,\lambda_2-\lambda=0$，故$\lambda_1=\lambda,\lambda_2=\lambda$，矛盾，所以$\boldsymbol{p}_1+\boldsymbol{p}_2$不是$\boldsymbol{A}$的特征向量.

5. 证明：若λ是矩阵$\boldsymbol{A}$的特征值，则

（1）λ^m是$\boldsymbol{A}^m$的特征值（m是任意正整数）;

（2）当$\boldsymbol{A}$可逆时，λ^{-1}是$\boldsymbol{A}^{-1}$的特征值.

证　（1）设$\boldsymbol{\alpha}$是矩阵$\boldsymbol{A}$的对应于特征值λ的特征向量，即$\boldsymbol{A}\boldsymbol{\alpha}=\lambda\boldsymbol{\alpha}$，从而

$$\boldsymbol{A}^2\boldsymbol{\alpha}=\boldsymbol{A}(\boldsymbol{A}\boldsymbol{\alpha})=\boldsymbol{A}(\lambda\boldsymbol{\alpha})=\lambda(\boldsymbol{A}\boldsymbol{\alpha})=\lambda^2\boldsymbol{\alpha},\quad\cdots,\quad\boldsymbol{A}^m\boldsymbol{\alpha}=\lambda^m\boldsymbol{\alpha}$$

（2）当$\boldsymbol{A}$可逆时，矩阵$\boldsymbol{A}$的特征值$\lambda\neq0$. 由$\boldsymbol{A}\boldsymbol{\alpha}=\lambda\boldsymbol{\alpha}$得$\boldsymbol{\alpha}=\boldsymbol{A}^{-1}(\boldsymbol{A}\boldsymbol{\alpha})=\boldsymbol{A}^{-1}(\lambda\boldsymbol{\alpha})=\lambda\boldsymbol{A}^{-1}\boldsymbol{\alpha}$，从而$\boldsymbol{A}^{-1}\boldsymbol{\alpha}=\dfrac{1}{\lambda}\boldsymbol{\alpha}$，故$\lambda^{-1}$是$\boldsymbol{A}^{-1}$的特征值.

6. 设矩阵$\boldsymbol{A}=\begin{pmatrix}1&-1&2\\0&2&1\\0&0&-1\end{pmatrix}$，求：

（1）$\boldsymbol{A}$及$2\boldsymbol{A}^3+\boldsymbol{A}-5\boldsymbol{E}$的特征值；（2）$\boldsymbol{E}+\boldsymbol{A}^{-1}$的特征值.

解　（1）$\boldsymbol{A}$为上三角矩阵，其特征值为主对角线上元素，即$\boldsymbol{A}$的特征值是$\lambda_1=1,\lambda_2=2,\lambda_3=-1$. 设$f(\lambda)=2\lambda^3+\lambda-5$，$f(\boldsymbol{A})=2\boldsymbol{A}^3+\boldsymbol{A}-5\boldsymbol{E}$的特征值分别为$f(1)=-2$，$f(2)=13$，$f(-1)=-8$.

（2）$\boldsymbol{A}^{-1}$的特征值为1，$\dfrac{1}{2}$，-1，则$\boldsymbol{E}+\boldsymbol{A}^{-1}$的特征值为$1+1=2,1+\dfrac{1}{2}=\dfrac{3}{2},1+(-1)=0$.

7. 设$\boldsymbol{A}$为n阶矩阵，证明$\boldsymbol{A}^{\mathrm{T}}$与$\boldsymbol{A}$的特征值相同.

证　因$|\lambda\boldsymbol{E}-\boldsymbol{A}|=|(\lambda\boldsymbol{E}-\boldsymbol{A})^{\mathrm{T}}|=|\lambda\boldsymbol{E}-\boldsymbol{A}^{\mathrm{T}}|$，故$\boldsymbol{A}^{\mathrm{T}}$与$\boldsymbol{A}$的特征值相同.

8. 设三阶对称矩阵$\boldsymbol{A}$的特征值为1，2，3，求$|\boldsymbol{A}^3-5\boldsymbol{A}^2+7\boldsymbol{A}|$.

解　$\boldsymbol{A}^3-5\boldsymbol{A}^2+7\boldsymbol{A}$的特征值分别是

$$1^3-5\times1^2+7\times1=3,\quad 2^3-5\times2^2+7\times2=2,\quad 3^3-5\times3^2+7\times3=3$$

故$|\boldsymbol{A}^3-5\boldsymbol{A}^2+7\boldsymbol{A}|=3\times2\times3=18$.

9. 已知$\boldsymbol{\alpha}=\begin{pmatrix}1\\1\\-1\end{pmatrix}$为三阶矩阵$\boldsymbol{A}=\begin{pmatrix}2&-1&2\\5&a&3\\-1&b&-2\end{pmatrix}$的一个特征向量.

（1）求参数a,b的值及特征向量$\boldsymbol{\alpha}$所对应的特征值；

（2）问$\boldsymbol{A}$能不能相似于对角矩阵？并说明理由.

解（1）设$\boldsymbol{\alpha}$为三阶矩阵$\boldsymbol{A}$的对应于特征值λ的一个特征向量，即

$$\begin{pmatrix}2&-1&2\\5&a&3\\-1&b&-2\end{pmatrix}\begin{pmatrix}1\\1\\-1\end{pmatrix}=\lambda\begin{pmatrix}1\\1\\-1\end{pmatrix}$$

从而$\begin{pmatrix}-1\\a+2\\b+1\end{pmatrix}=\begin{pmatrix}\lambda\\\lambda\\-\lambda\end{pmatrix}$，得$a=-3,b=0,\lambda=-1$.

（2）$\boldsymbol{A}=\begin{pmatrix}2&-1&2\\5&-3&3\\-1&0&-2\end{pmatrix}$，$|\lambda\boldsymbol{E}-\boldsymbol{A}|=\begin{vmatrix}\lambda-2&1&-2\\-5&\lambda+3&-3\\1&0&\lambda+2\end{vmatrix}=(\lambda+1)^3$，所以$\boldsymbol{A}$的特征值为$\lambda_1=\lambda_2=\lambda_3=-1$.

当$\lambda_1=\lambda_2=\lambda_3=-1$时，解方程$(-\boldsymbol{E}-\boldsymbol{A})\boldsymbol{x}=\boldsymbol{0}$，由

$$-\boldsymbol{E}-\boldsymbol{A}=\begin{pmatrix}-3&1&-2\\-5&2&-3\\1&0&1\end{pmatrix}\xrightarrow{r}\begin{pmatrix}1&0&1\\0&1&1\\0&0&0\end{pmatrix}$$

得基础解系$\boldsymbol{p}_1=\begin{pmatrix}1\\1\\-1\end{pmatrix}$. 故$\boldsymbol{A}$不能相似于对角矩阵.

10. 设方阵$\boldsymbol{A}=\begin{pmatrix}1&-2&-4\\-2&x&-2\\-4&-2&1\end{pmatrix}$与$\boldsymbol{\Lambda}=\begin{pmatrix}5&0&0\\0&y&0\\0&0&-4\end{pmatrix}$相似，求$x,y$.

解 根据相似矩阵有相同的特征值得$\boldsymbol{A}$的特征值为$5,y,-4$，所以$1+x+1=5+y-4$，且$|\boldsymbol{A}|=5\times y\times(-4)$，又$|\boldsymbol{A}|=-5(3x+8)$，解得$x=4,y=5$.

11. 设方阵$\boldsymbol{A}=\begin{pmatrix}0&0&1\\1&1&x\\1&0&0\end{pmatrix}$，问$x$为何值时，矩阵$\boldsymbol{A}$能对角化？

解 $|\lambda\boldsymbol{E}-\boldsymbol{A}|=\begin{vmatrix}\lambda&0&-1\\-1&\lambda-1&-x\\-1&0&\lambda\end{vmatrix}=(\lambda-1)^2(\lambda+1)$，得$\lambda_1=\lambda_2=1,\lambda_3=-1$.

对应单根$\lambda_3=-1$，可求得线性无关的特征向量恰有 1 个，故矩阵$\boldsymbol{A}$可对角化的充分必要条件是对应重根$\lambda_1=\lambda_2=1$，有 2 个线性无关的特征向量，即方程$(\boldsymbol{E}-\boldsymbol{A})\boldsymbol{x}=\boldsymbol{0}$有 2 个线性无关的解，故系数矩阵$\boldsymbol{E}-\boldsymbol{A}$的秩为 1，由

$$E-A=\begin{pmatrix}1&0&-1\\-1&0&-x\\-1&0&1\end{pmatrix}\xrightarrow{r}\begin{pmatrix}1&0&-1\\0&0&-x-1\\0&0&0\end{pmatrix}$$

知，要使$r(E-A)=1$，$x=-1$.

12. 设三阶方阵A的特征值为$\lambda_1=1,\lambda_2=0,\lambda_3=-1$，对应的特征向量依次为

$$p_1=\begin{pmatrix}1\\2\\2\end{pmatrix},\quad p_2=\begin{pmatrix}2\\-2\\1\end{pmatrix},\quad p_3=\begin{pmatrix}-2\\-1\\2\end{pmatrix}$$

求A.

解　$Ap_1=p_1,Ap_2=0p_2,Ap_3=-p_3$，从而$A(p_1,p_2,p_3)=(p_1,p_2,p_3)\begin{pmatrix}1&0&0\\0&0&0\\0&0&-1\end{pmatrix}$. 由于$p_1,p_2,p_3$线性无关，故矩阵$(p_1,p_2,p_3)$可逆，从而

$$A=(p_1,p_2,p_3)\begin{pmatrix}1&0&0\\0&0&0\\0&0&-1\end{pmatrix}(p_1,p_2,p_3)^{-1}$$

$$=\begin{pmatrix}1&2&-2\\2&-2&-1\\2&1&2\end{pmatrix}\begin{pmatrix}1&0&0\\0&0&0\\0&0&-1\end{pmatrix}\begin{pmatrix}1&2&-2\\2&-2&-1\\2&1&2\end{pmatrix}^{-1}=\begin{pmatrix}1&2&-2\\2&-2&-1\\2&1&2\end{pmatrix}\begin{pmatrix}1&0&0\\0&0&0\\0&0&-1\end{pmatrix}\cdot\frac{1}{9}\begin{pmatrix}1&2&2\\2&-2&1\\-2&-1&2\end{pmatrix}$$

$$=\frac{1}{3}\begin{pmatrix}-1&0&2\\0&1&2\\2&2&0\end{pmatrix}$$

13. 判断下列矩阵是否为正交矩阵.

（1）$\begin{pmatrix}1&-\frac{1}{2}&\frac{1}{3}\\-\frac{1}{2}&1&\frac{1}{2}\\\frac{1}{3}&\frac{1}{2}&-1\end{pmatrix}$；　（2）$\begin{pmatrix}\frac{1}{9}&-\frac{8}{9}&-\frac{4}{9}\\-\frac{8}{9}&\frac{1}{9}&-\frac{4}{9}\\-\frac{4}{9}&-\frac{4}{9}&\frac{7}{9}\end{pmatrix}$

解　（1）不是正交矩阵，因为它的第一列不是单位向量.

（2）是正交矩阵，因为它的每一列都是单位向量，且不同列正交.

14. 设1,1,−1是三阶对称矩阵A的三个特征值，$\alpha_1=\begin{pmatrix}1\\1\\1\end{pmatrix},\alpha_2=\begin{pmatrix}2\\2\\1\end{pmatrix}$是$A$的对应于特征值1的特征向量，求$A$的对应于特征值−1的特征向量，并求$A$.

解　设A的对应于特征值−1的特征向量为$\alpha_3=\begin{pmatrix}x_1\\x_2\\x_3\end{pmatrix}$，因$A$是三阶对称矩阵，故对应

于不同特征值的特征向量正交，因此$\boldsymbol{\alpha}_3$与$\boldsymbol{\alpha}_1,\boldsymbol{\alpha}_2$正交，即$\begin{cases} x_1 + x_2 + x_3 = 0 \\ 2x_1 + 2x_2 + x_3 = 0 \end{cases}$，得基础解系为$\boldsymbol{\alpha}_3 = \begin{pmatrix} 1 \\ -1 \\ 0 \end{pmatrix}$. 这样$\boldsymbol{A}\boldsymbol{\alpha}_1 = \boldsymbol{\alpha}_1, \boldsymbol{A}\boldsymbol{\alpha}_2 = \boldsymbol{\alpha}_2, \boldsymbol{A}\boldsymbol{\alpha}_3 = -\boldsymbol{\alpha}_3$，从而

$$\boldsymbol{A}(\boldsymbol{\alpha}_1,\boldsymbol{\alpha}_2,\boldsymbol{\alpha}_3) = (\boldsymbol{\alpha}_1,\boldsymbol{\alpha}_2,\boldsymbol{\alpha}_3)\begin{pmatrix} 1 & 0 & 0 \\ 0 & 1 & 0 \\ 0 & 0 & -1 \end{pmatrix}$$

故对应于特征值-1的所有特征向量为$k\begin{pmatrix} 1 \\ -1 \\ 0 \end{pmatrix}\ (k \neq 0)$. 因$\boldsymbol{\alpha}_1,\boldsymbol{\alpha}_2,\boldsymbol{\alpha}_3$线性无关，故

$$\boldsymbol{A} = (\boldsymbol{\alpha}_1,\boldsymbol{\alpha}_2,\boldsymbol{\alpha}_3)\begin{pmatrix} 1 & 0 & 0 \\ 0 & 1 & 0 \\ 0 & 0 & -1 \end{pmatrix}(\boldsymbol{\alpha}_1,\boldsymbol{\alpha}_2,\boldsymbol{\alpha}_3)^{-1}$$

$$= \begin{pmatrix} 1 & 2 & 1 \\ 1 & 2 & -1 \\ 1 & 1 & 0 \end{pmatrix}\begin{pmatrix} 1 & 0 & 0 \\ 0 & 1 & 0 \\ 0 & 0 & -1 \end{pmatrix}\begin{pmatrix} 1 & 2 & 1 \\ 1 & 2 & -1 \\ 1 & 1 & 0 \end{pmatrix}^{-1} = \begin{pmatrix} 0 & 1 & 0 \\ 1 & 0 & 0 \\ 0 & 0 & 1 \end{pmatrix}$$

15. 设三阶对称矩阵$\boldsymbol{A}$的特征值为$6,3,3$，与特征值6对应的特征向量为$\boldsymbol{p}_1 = (1,1,1)^{\mathrm{T}}$，求$\boldsymbol{A}$.

解　设$\boldsymbol{A}$的对应于特征值3的特征向量为$\boldsymbol{p} = \begin{pmatrix} x_1 \\ x_2 \\ x_3 \end{pmatrix}$，因$\boldsymbol{A}$是三阶对称矩阵，故对应于不同特征值的特征向量正交，即$\boldsymbol{p}$与$\boldsymbol{p}_1 = (1,1,1)^{\mathrm{T}}$正交，$x_1 + x_2 + x_3 = 0$，得基础解系为

$\boldsymbol{p}_2 = \begin{pmatrix} 1 \\ -1 \\ 0 \end{pmatrix}, \boldsymbol{p}_3 = \begin{pmatrix} 1 \\ 0 \\ -1 \end{pmatrix}$. 这样$\boldsymbol{A}\boldsymbol{p}_1 = 6\boldsymbol{p}_1, \boldsymbol{A}\boldsymbol{p}_2 = 3\boldsymbol{p}_2, \boldsymbol{A}\boldsymbol{p}_3 = 3\boldsymbol{p}_3$，从而

$$\boldsymbol{A}(\boldsymbol{p}_1,\boldsymbol{p}_2,\boldsymbol{p}_3) = (\boldsymbol{p}_1,\boldsymbol{p}_2,\boldsymbol{p}_3)\begin{pmatrix} 6 & 0 & 0 \\ 0 & 3 & 0 \\ 0 & 0 & 3 \end{pmatrix}$$

因$\boldsymbol{p}_1,\boldsymbol{p}_2,\boldsymbol{p}_3$线性无关，故

$$\boldsymbol{A} = (\boldsymbol{p}_1,\boldsymbol{p}_2,\boldsymbol{p}_3)\begin{pmatrix} 6 & 0 & 0 \\ 0 & 3 & 0 \\ 0 & 0 & 3 \end{pmatrix}(\boldsymbol{p}_1,\boldsymbol{p}_2,\boldsymbol{p}_3)^{-1}$$

$$= \begin{pmatrix} 1 & 1 & 1 \\ 1 & -1 & 0 \\ 1 & 0 & -1 \end{pmatrix}\begin{pmatrix} 6 & 0 & 0 \\ 0 & 3 & 0 \\ 0 & 0 & 3 \end{pmatrix}\begin{pmatrix} 1 & 1 & 1 \\ 1 & -1 & 0 \\ 1 & 0 & -1 \end{pmatrix}^{-1} = \begin{pmatrix} 4 & 1 & 1 \\ 1 & 4 & 1 \\ 1 & 1 & 4 \end{pmatrix}$$

16. 试求一个正交的相似变换矩阵，将下列对称矩阵化为对角矩阵.

（1）$\begin{pmatrix} 2 & -2 & 0 \\ -2 & 1 & -2 \\ 0 & -2 & 0 \end{pmatrix}$；（2）$\begin{pmatrix} 2 & 2 & -2 \\ 2 & 5 & -4 \\ -2 & -4 & 5 \end{pmatrix}$

解　（1）$|\lambda \boldsymbol{E}-\boldsymbol{A}|=\begin{vmatrix} \lambda-2 & 2 & 0 \\ 2 & \lambda-1 & 2 \\ 0 & 2 & \lambda \end{vmatrix}=(\lambda+2)(\lambda-1)(\lambda-4)$，故 $\boldsymbol{A}$ 的特征值为 $\lambda_1=-2,\lambda_2=1,\lambda_3=4$.

当 $\lambda_1=-2$ 时，解方程 $(-2\boldsymbol{E}-\boldsymbol{A})\boldsymbol{x}=\boldsymbol{0}$，则对应于$-2$ 的特征向量为 $\boldsymbol{p}_1=(1,2,2)^{\mathrm{T}}$.

当 $\lambda_2=1$ 时，解方程 $(\boldsymbol{E}-\boldsymbol{A})\boldsymbol{x}=\boldsymbol{0}$，则对应于 1 的特征向量为 $\boldsymbol{p}_2=(2,1,-2)^{\mathrm{T}}$.

当 $\lambda_3=4$ 时，解方程 $(4\boldsymbol{E}-\boldsymbol{A})\boldsymbol{x}=\boldsymbol{0}$，则对应于 4 的特征向量为 $\boldsymbol{p}_3=(2,-2,1)^{\mathrm{T}}$.

因 $\boldsymbol{p}_1,\boldsymbol{p}_2,\boldsymbol{p}_3$ 两两正交，故只需将它们单位化得 $\boldsymbol{\gamma}_1=\frac{1}{3}(1,2,2)^{\mathrm{T}},\boldsymbol{\gamma}_2=\frac{1}{3}(2,1,-2)^{\mathrm{T}}$, $\boldsymbol{\gamma}_3=\frac{1}{3}(2,-2,1)^{\mathrm{T}}$.

令 $\boldsymbol{Q}=(\boldsymbol{\gamma}_1,\boldsymbol{\gamma}_2,\boldsymbol{\gamma}_3)$，则 $\boldsymbol{Q}$ 为正交矩阵，且 $\boldsymbol{Q}^{-1}\boldsymbol{A}\boldsymbol{Q}=\begin{pmatrix} -2 & 0 & 0 \\ 0 & 1 & 0 \\ 0 & 0 & 4 \end{pmatrix}$ 为对角矩阵.

（2）$|\lambda \boldsymbol{E}-\boldsymbol{A}|=\begin{vmatrix} \lambda-2 & -2 & 2 \\ -2 & \lambda-5 & 4 \\ 2 & 4 & \lambda-5 \end{vmatrix}=(\lambda-1)^2(\lambda-10)$，故 $\boldsymbol{A}$ 的特征值为 $\lambda_1=\lambda_2=1$, $\lambda_3=10$.

当 $\lambda_1=\lambda_2=1$ 时，解方程 $(\boldsymbol{E}-\boldsymbol{A})\boldsymbol{x}=\boldsymbol{0}$，则对应于 1 的特征向量为 $\boldsymbol{p}_1=(-2,1,0)^{\mathrm{T}}$, $\boldsymbol{p}_2=(2,0,1)^{\mathrm{T}}$.

当 $\lambda_3=10$ 时，解方程 $(10\boldsymbol{E}-\boldsymbol{A})\boldsymbol{x}=\boldsymbol{0}$，则对应于 10 的特征向量为 $\boldsymbol{p}_3=(-1,-2,2)^{\mathrm{T}}$.

将 $\boldsymbol{p}_1,\boldsymbol{p}_2$ 正交化，令 $\boldsymbol{q}_1=\boldsymbol{p}_1=(-2,1,0)^{\mathrm{T}},\boldsymbol{q}_2=\boldsymbol{p}_2-\frac{\langle \boldsymbol{p}_2,\boldsymbol{q}_1\rangle}{\langle \boldsymbol{q}_1,\boldsymbol{q}_1\rangle}\boldsymbol{q}_1=\left(\frac{2}{5},\frac{4}{5},1\right)^{\mathrm{T}}$，再将 $\boldsymbol{q}_1,\boldsymbol{q}_2,\boldsymbol{p}_3$ 单位化得 $\boldsymbol{\gamma}_1=\frac{1}{\sqrt{5}}(-2,1,0)^{\mathrm{T}},\boldsymbol{\gamma}_2=\left(\frac{2\sqrt{5}}{15},\frac{4\sqrt{5}}{15},\frac{\sqrt{5}}{3}\right)^{\mathrm{T}},\boldsymbol{\gamma}_3=\frac{1}{3}(-1,-2,2)^{\mathrm{T}}$.

令 $\boldsymbol{Q}=(\boldsymbol{\gamma}_1,\boldsymbol{\gamma}_2,\boldsymbol{\gamma}_3)$，则 $\boldsymbol{Q}$ 为正交矩阵，且 $\boldsymbol{Q}^{-1}\boldsymbol{A}\boldsymbol{Q}=\begin{pmatrix} 1 & 0 & 0 \\ 0 & 1 & 0 \\ 0 & 0 & 10 \end{pmatrix}$ 为对角矩阵.

17. 设 $\boldsymbol{A}=\begin{pmatrix} 3 & -2 \\ -2 & 3 \end{pmatrix}$，求 $\varphi(\boldsymbol{A})=\boldsymbol{A}^{10}-5\boldsymbol{A}^9$.

解　$|\lambda \boldsymbol{E}-\boldsymbol{A}|=\begin{vmatrix} \lambda-3 & 2 \\ 2 & \lambda-3 \end{vmatrix}=(\lambda-1)(\lambda-5)$

故 $\boldsymbol{A}$ 的特征值为 $\lambda_1=1,\lambda_2=5$.

当 $\lambda_1=1$ 时，解方程 $(\boldsymbol{E}-\boldsymbol{A})\boldsymbol{x}=\boldsymbol{0}$，则对应于 1 的特征向量为 $\boldsymbol{p}_1=(1,1)^{\mathrm{T}}$.

当 $\lambda_2=5$ 时，解方程 $(5\boldsymbol{E}-\boldsymbol{A})\boldsymbol{x}=\boldsymbol{0}$，则对应于 5 的特征向量为 $\boldsymbol{p}_2=(1,-1)^{\mathrm{T}}$.

令 $\boldsymbol{P}=(\boldsymbol{p}_1,\boldsymbol{p}_2)$，则 $\boldsymbol{P}$ 为可逆矩阵，且 $\boldsymbol{P}^{-1}\boldsymbol{A}\boldsymbol{P}=\begin{pmatrix}1&0\\0&5\end{pmatrix}$，从而 $\boldsymbol{A}=\boldsymbol{P}\begin{pmatrix}1&0\\0&5\end{pmatrix}\boldsymbol{P}^{-1}$，故

$$\varphi(\boldsymbol{A})=\boldsymbol{A}^{10}-5\boldsymbol{A}^9=\boldsymbol{P}\left[\begin{pmatrix}1&0\\0&5\end{pmatrix}^{10}-5\begin{pmatrix}1&0\\0&5\end{pmatrix}^{9}\right]\boldsymbol{P}^{-1}=-2\begin{pmatrix}1&1\\1&1\end{pmatrix}$$

18. 用矩阵记号表示下列二次型.

（1）$f=x^2+4xy+4y^2+2xz+z^2+4yz$；

（2）$f=x^2+y^2-7z^2-2xy-4xz-4yz$；

（3）$f=x_1^2+x_2^2+x_3^2+x_4^2-2x_1x_2+4x_1x_3-2x_1x_4+6x_2x_3-4x_2x_4$.

解　（1）$f=(x,y,z)\begin{pmatrix}1&2&1\\2&4&2\\1&2&1\end{pmatrix}\begin{pmatrix}x\\y\\z\end{pmatrix}$.

（2）$f=(x,y,z)\begin{pmatrix}1&-1&-2\\-1&1&-2\\-2&-2&-7\end{pmatrix}\begin{pmatrix}x\\y\\z\end{pmatrix}$.

（3）$f=(x_1,x_2,x_3,x_4)\begin{pmatrix}1&-1&2&-1\\-1&1&3&-2\\2&3&1&0\\-1&-2&0&1\end{pmatrix}\begin{pmatrix}x_1\\x_2\\x_3\\x_4\end{pmatrix}$.

19. 求一个正交变换将二次型 $f=2x_1^2+3x_2^2+3x_3^2+4x_2x_3$ 化成标准形.

解　二次型的矩阵为 $\boldsymbol{A}=\begin{pmatrix}2&0&0\\0&3&2\\0&2&3\end{pmatrix}$，

$$|\lambda\boldsymbol{E}-\boldsymbol{A}|=\begin{vmatrix}\lambda-2&0&0\\0&\lambda-3&-2\\0&-2&\lambda-3\end{vmatrix}=(\lambda-2)(\lambda-5)(\lambda-1)$$

故 $\boldsymbol{A}$ 的特征值为 $\lambda_1=2,\lambda_2=5,\lambda_3=1$.

当 $\lambda_1=2$ 时，解方程 $(2\boldsymbol{E}-\boldsymbol{A})\boldsymbol{x}=\boldsymbol{0}$，则对应于 2 的特征向量为 $\boldsymbol{p}_1=(1,0,0)^{\mathrm{T}}$.

当 $\lambda_2=5$ 时，解方程 $(5\boldsymbol{E}-\boldsymbol{A})\boldsymbol{x}=\boldsymbol{0}$，则对应于 5 的特征向量为 $\boldsymbol{p}_2=(0,1,1)^{\mathrm{T}}$.

当 $\lambda_3=1$ 时，解方程 $(\boldsymbol{E}-\boldsymbol{A})\boldsymbol{x}=\boldsymbol{0}$，则对应于 1 的特征向量为 $\boldsymbol{p}_3=(0,1,-1)^{\mathrm{T}}$.

因 $\boldsymbol{p}_1,\boldsymbol{p}_2,\boldsymbol{p}_3$ 两两正交，故只需将它们单位化，得 $\boldsymbol{\gamma}_1=\begin{pmatrix}1\\0\\0\end{pmatrix},\boldsymbol{\gamma}_2=\dfrac{\sqrt{2}}{2}\begin{pmatrix}0\\1\\1\end{pmatrix},\boldsymbol{\gamma}_3=\dfrac{\sqrt{2}}{2}\begin{pmatrix}0\\1\\-1\end{pmatrix}$.

令 $\boldsymbol{Q}=(\boldsymbol{\gamma}_1,\boldsymbol{\gamma}_2,\boldsymbol{\gamma}_3)$，则 $\boldsymbol{Q}$ 为正交矩阵，且 $\boldsymbol{Q}^{-1}\boldsymbol{A}\boldsymbol{Q}=\begin{pmatrix}2&0&0\\0&5&0\\0&0&1\end{pmatrix}$ 为对角矩阵. 令 $\boldsymbol{x}=\boldsymbol{Q}\boldsymbol{y}$，$\boldsymbol{y}=(y_1,y_2,y_3)^{\mathrm{T}}$，则 $f=2y_1^2+5y_2^2+y_3^2$.

20. 下列哪些矩阵是合同的？

（1）$\begin{pmatrix}1&1\\1&1\end{pmatrix}$；（2）$\begin{pmatrix}1&0\\0&1\end{pmatrix}$；（3）$\begin{pmatrix}1&0\\0&-1\end{pmatrix}$

（4）$\begin{pmatrix}1&0\\0&0\end{pmatrix}$；（5）$\begin{pmatrix}0&0\\0&2\end{pmatrix}$；（6）$\begin{pmatrix}1&1\\0&1\end{pmatrix}$

解 两对称矩阵合同的充分必要条件是它们的正惯性指数相同，负惯性指数也相同. 分别求出上述矩阵的特征值. 矩阵（1）的特征值为 2，0；矩阵（2）的特征值为 1，1；矩阵（3）的特征值为 1，−1；矩阵（4）的特征值为 1，0；矩阵（5）的特征值为 0，2；矩阵（6）的特征值为 1，1.可知矩阵（2）是对称的，矩阵（6）不是对称的，矩阵（2）与矩阵（6）不合同，而矩阵（1）、（4）、（5）是对称的，它们是合同的.

21. 判断下列二次型是否正定.

（1）$f(x_1,x_2,x_3)=-2x_1^2-6x_2^2-4x_3^2+2x_1x_2+2x_1x_3$；

（2）$f(x_1,x_2,x_3)=x_1^2+3x_2^2+9x_3^2+19x_4^2-2x_1x_2+4x_1x_3+2x_1x_4-6x_2x_4-12x_3x_4$.

解 （1）二次型的矩阵 $\boldsymbol{A}=\begin{pmatrix}-2&1&1\\1&-6&0\\1&0&-4\end{pmatrix}$，$\boldsymbol{A}$ 的奇数阶顺序主子式全小于零，偶数阶顺序主子式全大于零，故此二次型是负定的.

（2）二次型的矩阵 $\boldsymbol{A}=\begin{pmatrix}1&-1&2&1\\-1&3&0&-3\\2&0&9&-6\\1&-3&-6&19\end{pmatrix}$，$\boldsymbol{A}$ 的所有阶顺序主子式为

$$1>0,\quad \begin{vmatrix}1&-1\\-1&3\end{vmatrix}=2>0,\quad \begin{vmatrix}1&-1&2\\-1&3&0\\2&0&9\end{vmatrix}=6>0,\quad \begin{vmatrix}1&-1&2&1\\-1&3&0&-3\\2&0&9&-6\\1&-3&-6&19\end{vmatrix}=24>0$$

故此二次型是正定的.

22. 已知二次型 $f(x_1,x_2,x_3)=2x_1^2+3x_2^2+3x_3^2+2ax_2x_3\ (a>0)$ 通过正交变换化为标准形 $f(x_1,x_2,x_3)=y_1^2+2y_2^2+5y_3^2$，求参数 a 及所用的正交变换矩阵.

解 设 $f(x_1,x_2,x_3)=2x_1^2+3x_2^2+3x_3^2+2ax_2x_3\ (a>0)$ 且 f 对应的矩阵为 $\boldsymbol{A}$，则 $\boldsymbol{A}=\begin{pmatrix}2&0&0\\0&3&a\\0&a&3\end{pmatrix}$，$f(x_1,x_2,x_3)=y_1^2+2y_2^2+5y_3^2$ 对应的矩阵为 $\boldsymbol{B}$，则 $\boldsymbol{B}=\begin{pmatrix}1&0&0\\0&2&0\\0&0&5\end{pmatrix}$. 因 $\boldsymbol{A}$ 与

$\boldsymbol{B}$ 相似，故 $\boldsymbol{A}$ 与 $\boldsymbol{B}$ 有相同的特征值 $\lambda_1=1,\lambda_2=2,\lambda_3=5$，则 $|\boldsymbol{A}|=1\times2\times5$，求得 $a=2$，故

$$\boldsymbol{A}=\begin{pmatrix}2&0&0\\0&3&2\\0&2&3\end{pmatrix}$$

当 $\lambda_1=1$ 时，解方程 $(\boldsymbol{E}-\boldsymbol{A})\boldsymbol{x}=\boldsymbol{0}$，则对应于 1 的特征向量为 $\boldsymbol{p}_1=(0,1,-1)^{\mathrm{T}}$.

当 $\lambda_2=2$ 时，解方程 $(2\boldsymbol{E}-\boldsymbol{A})\boldsymbol{x}=\boldsymbol{0}$，则对应于 2 的特征向量为 $\boldsymbol{p}_2=(1,0,0)^{\mathrm{T}}$.

当 $\lambda_3=5$ 时，解方程 $(5\boldsymbol{E}-\boldsymbol{A})\boldsymbol{x}=\boldsymbol{0}$，则对应于 5 的特征向量为 $\boldsymbol{p}_3=(0,1,1)^{\mathrm{T}}$.

因 $\boldsymbol{p}_1,\boldsymbol{p}_2,\boldsymbol{p}_3$ 两两正交，故只需将它们单位化，得 $\boldsymbol{\gamma}_1=\dfrac{\sqrt{2}}{2}\begin{pmatrix}0\\1\\-1\end{pmatrix},\boldsymbol{\gamma}_2=\begin{pmatrix}1\\0\\0\end{pmatrix},\boldsymbol{\gamma}_3=\dfrac{\sqrt{2}}{2}\begin{pmatrix}0\\1\\1\end{pmatrix}$.

令 $\boldsymbol{P}=(\boldsymbol{\gamma}_1,\boldsymbol{\gamma}_2,\boldsymbol{\gamma}_3)=\begin{pmatrix}0&1&0\\\dfrac{1}{\sqrt{2}}&0&\dfrac{1}{\sqrt{2}}\\-\dfrac{1}{\sqrt{2}}&0&\dfrac{1}{\sqrt{2}}\end{pmatrix}$，则 $\boldsymbol{P}^{-1}\boldsymbol{AP}=\begin{pmatrix}1&0&0\\0&2&0\\0&0&5\end{pmatrix}$，令 $\boldsymbol{x}=\boldsymbol{Py}$，则 $f(x_1,x_2,x_3)=y_1^2+2y_2^2+5y_3^2$，$\boldsymbol{P}$ 为所求的正交变换矩阵.

六、第五章　习题 B 答案

1. 单项选择题.

(1) 设 λ_1,λ_2 是矩阵 $\boldsymbol{A}$ 的两个不同的特征值，对应的特征向量分别为 $\boldsymbol{\alpha}_1,\boldsymbol{\alpha}_2$，则 $\boldsymbol{\alpha}_1$，$\boldsymbol{A}(\boldsymbol{\alpha}_1+\boldsymbol{\alpha}_2)$ 线性无关的充分必要条件是（　　）.

A. $\lambda_1\neq0$　　B. $\lambda_2\neq0$　　C. $\lambda_1=0$　　D. $\lambda_2=0$

解　已知 $\boldsymbol{A\alpha}_1=\lambda_1\boldsymbol{\alpha}_1,\boldsymbol{A\alpha}_2=\lambda_2\boldsymbol{\alpha}_2,\lambda_1\neq\lambda_2$，则 $\boldsymbol{\alpha}_1,\boldsymbol{\alpha}_2$ 线性无关. 又

$$\boldsymbol{A}(\boldsymbol{\alpha}_1+\boldsymbol{\alpha}_2)=\boldsymbol{A\alpha}_1+\boldsymbol{A\alpha}_2=\lambda_1\boldsymbol{\alpha}_1+\lambda_2\boldsymbol{\alpha}_2$$

令 $k_1\boldsymbol{\alpha}_1+k_2\boldsymbol{A}(\boldsymbol{\alpha}_1+\boldsymbol{\alpha}_2)=\boldsymbol{0}$，则 $k_1\boldsymbol{\alpha}_1+k_2(\lambda_1\boldsymbol{\alpha}_1+\lambda_2\boldsymbol{\alpha}_2)=\boldsymbol{0}$，整理得 $(k_1+k_2\lambda_1)\boldsymbol{\alpha}_1+k_2\lambda_2\boldsymbol{\alpha}_2=\boldsymbol{0}$，从而 $\begin{cases}k_1+k_2\lambda_1=0\\k_2\lambda_2=0\end{cases}$. 当 $\lambda_2\neq0$ 时，$k_2=0$，从而 $k_1=0$，故 $\boldsymbol{\alpha}_1,\boldsymbol{A}(\boldsymbol{\alpha}_1+\boldsymbol{\alpha}_2)$ 线性无关. 反过来，若 $\boldsymbol{\alpha}_1,\boldsymbol{A}(\boldsymbol{\alpha}_1+\boldsymbol{\alpha}_2)$ 线性无关，即 $\boldsymbol{\alpha}_1,\lambda_1\boldsymbol{\alpha}_1+\lambda_2\boldsymbol{\alpha}_2$ 线性无关. 若 $\lambda_2=0$，则 $\boldsymbol{\alpha}_1,\lambda_1\boldsymbol{\alpha}_1+0\boldsymbol{\alpha}_2$ 线性相关，矛盾，因此 $\lambda_2\neq0$. 故选 B.

(2) 设 $\boldsymbol{A}$ 是四阶对称矩阵，且 $\boldsymbol{A}^2+\boldsymbol{A}=\boldsymbol{O}$，若 $r(\boldsymbol{A})=3$，则 $\boldsymbol{A}$ 相似于（　　）.

A. $\begin{pmatrix}1&0&0&0\\0&1&0&0\\0&0&1&0\\0&0&0&0\end{pmatrix}$　　B. $\begin{pmatrix}1&0&0&0\\0&1&0&0\\0&0&-1&0\\0&0&0&0\end{pmatrix}$

C. $\begin{pmatrix} 1 & 0 & 0 & 0 \\ 0 & 1 & 0 & 0 \\ 0 & 0 & -1 & 0 \\ 0 & 0 & 0 & 0 \end{pmatrix}$　　D. $\begin{pmatrix} -1 & 0 & 0 & 0 \\ 0 & -1 & 0 & 0 \\ 0 & 0 & -1 & 0 \\ 0 & 0 & 0 & 0 \end{pmatrix}$

解　$\boldsymbol{A}$ 是对称矩阵且 $r(\boldsymbol{A})=3$，故存在可逆矩阵 $\boldsymbol{P}$，使

$$\boldsymbol{P}^{-1}\boldsymbol{A}\boldsymbol{P}=\begin{pmatrix} \lambda_1 & & & \\ & \lambda_2 & & \\ & & \lambda_3 & \\ & & & 0 \end{pmatrix} \quad (\lambda_i \neq 0, i=1,2,3)$$

从而 $\boldsymbol{P}^{-1}\boldsymbol{A}^2\boldsymbol{P}=\begin{pmatrix} \lambda_1^2 & & & \\ & \lambda_2^2 & & \\ & & \lambda_3^2 & \\ & & & 0 \end{pmatrix}$，故

$$\boldsymbol{P}^{-1}(\boldsymbol{A}+\boldsymbol{A}^2)\boldsymbol{P}=\begin{pmatrix} \lambda_1+\lambda_1^2 & & & \\ & \lambda_2+\lambda_2^2 & & \\ & & \lambda_3+\lambda_3^2 & \\ & & & 0 \end{pmatrix}$$

因 $\boldsymbol{A}^2+\boldsymbol{A}=\boldsymbol{O}$，故 $\lambda_i+\lambda_i^2=0$，这样 $\lambda_i=-1\ (i=1,2,3)$．故选 D.

（3）矩阵 $\begin{pmatrix} 1 & a & 1 \\ a & b & a \\ 1 & a & 1 \end{pmatrix}$ 与矩阵 $\begin{pmatrix} 2 & 0 & 0 \\ 0 & b & 0 \\ 0 & 0 & 0 \end{pmatrix}$ 相似的充分必要条件是（　　）.

A. $a=0,b=2$　　B. $a=0,b$ 为任意常数

C. $a=2,b=0$　　D. $a=2,b$ 为任意常数

解　$\begin{pmatrix} 2 & 0 & 0 \\ 0 & b & 0 \\ 0 & 0 & 0 \end{pmatrix}$ 的特征值是 $2,b,0$．两矩阵相似，故矩阵 $\begin{pmatrix} 1 & a & 1 \\ a & b & a \\ 1 & a & 1 \end{pmatrix}$ 的特征值也是 $2,b,0$．而

$$|\lambda\boldsymbol{E}-\boldsymbol{A}|=\begin{vmatrix} \lambda-1 & -a & -1 \\ -a & \lambda-b & -a \\ -1 & -a & \lambda-1 \end{vmatrix}=\lambda[\lambda^2-(2+b)\lambda+2b-2a^2]$$

将 $\lambda=2$ 代入上式得 $-4a^2=0$，故 $a=0$．将 $\lambda=b$ 代入上式得

$$b[b^2-(2+b)b+2b-2a^2]=0$$

对任意的b均成立. 反之，当$a=0$，b为任意常数时，$\begin{pmatrix}1 & a & 1\\ a & b & a\\ 1 & a & 1\end{pmatrix}=\begin{pmatrix}1 & 0 & 1\\ 0 & b & 0\\ 1 & 0 & 1\end{pmatrix}$，其特征值是2，$b$，0. 对对称矩阵而言，具有相同特征值的两个矩阵必相似. 故选B.

（4）设n阶可逆矩阵$\boldsymbol{A}$与$\boldsymbol{B}$相似，则下列结论错误的是（　　）.

A. $\boldsymbol{A}^{\mathrm{T}}$与$\boldsymbol{B}^{\mathrm{T}}$相似　　B. $\boldsymbol{A}^{-1}$与$\boldsymbol{B}^{-1}$相似

C. $\boldsymbol{A}+\boldsymbol{A}^{-1}$与$\boldsymbol{B}+\boldsymbol{B}^{-1}$相似　　D. $\boldsymbol{A}+\boldsymbol{A}^{\mathrm{T}}$与$\boldsymbol{B}+\boldsymbol{B}^{\mathrm{T}}$相似

解　由$\boldsymbol{A},\boldsymbol{B}$可逆且相似知，存在可逆矩阵$\boldsymbol{P}$，使$\boldsymbol{P}^{-1}\boldsymbol{A}\boldsymbol{P}=\boldsymbol{B}$，从而$(\boldsymbol{P}^{-1}\boldsymbol{A}\boldsymbol{P})^{\mathrm{T}}=\boldsymbol{B}^{\mathrm{T}}$，$(\boldsymbol{P}^{-1}\boldsymbol{A}\boldsymbol{P})^{-1}=\boldsymbol{B}^{-1}$，即$\boldsymbol{P}^{\mathrm{T}}\boldsymbol{A}^{\mathrm{T}}(\boldsymbol{P}^{\mathrm{T}})^{-1}=\boldsymbol{B}^{\mathrm{T}},\boldsymbol{P}^{-1}\boldsymbol{A}^{-1}\boldsymbol{P}=\boldsymbol{B}^{-1}$，说明$\boldsymbol{A}^{\mathrm{T}}$与$\boldsymbol{B}^{\mathrm{T}}$相似，$\boldsymbol{A}^{-1}$与$\boldsymbol{B}^{-1}$相似. 由$\boldsymbol{P}^{-1}(\boldsymbol{A}+\boldsymbol{A}^{-1})\boldsymbol{P}=\boldsymbol{B}^{-1}+\boldsymbol{B}$知$\boldsymbol{A}+\boldsymbol{A}^{-1}$与$\boldsymbol{B}^{-1}+\boldsymbol{B}$也相似，故结论错误的是D.

（5）设$\boldsymbol{A},\boldsymbol{P}$均为三阶矩阵，$\boldsymbol{P}^{\mathrm{T}}$为$\boldsymbol{P}$的转置矩阵，且$\boldsymbol{P}^{\mathrm{T}}\boldsymbol{A}\boldsymbol{P}=\begin{pmatrix}1 & 0 & 0\\ 0 & 1 & 0\\ 0 & 0 & 2\end{pmatrix}$，若$\boldsymbol{P}=(\boldsymbol{\alpha}_1,\boldsymbol{\alpha}_2,\boldsymbol{\alpha}_3),\boldsymbol{Q}=(\boldsymbol{\alpha}_1+\boldsymbol{\alpha}_2,\boldsymbol{\alpha}_2,\boldsymbol{\alpha}_3)$，则$\boldsymbol{Q}^{\mathrm{T}}\boldsymbol{A}\boldsymbol{Q}$为（　　）.

A. $\begin{pmatrix}2 & 1 & 0\\ 1 & 1 & 0\\ 0 & 0 & 2\end{pmatrix}$　　B. $\begin{pmatrix}1 & 1 & 0\\ 1 & 2 & 0\\ 0 & 0 & 2\end{pmatrix}$　　C. $\begin{pmatrix}2 & 0 & 0\\ 0 & 1 & 0\\ 0 & 0 & 2\end{pmatrix}$　　D. $\begin{pmatrix}1 & 0 & 0\\ 0 & 2 & 0\\ 0 & 0 & 2\end{pmatrix}$

解　因

$$\boldsymbol{Q}=(\boldsymbol{\alpha}_1+\boldsymbol{\alpha}_2,\boldsymbol{\alpha}_2,\boldsymbol{\alpha}_3)=(\boldsymbol{\alpha}_1,\boldsymbol{\alpha}_2,\boldsymbol{\alpha}_3)\begin{pmatrix}1 & 0 & 0\\ 1 & 1 & 0\\ 0 & 0 & 1\end{pmatrix}=\boldsymbol{P}\begin{pmatrix}1 & 0 & 0\\ 1 & 1 & 0\\ 0 & 0 & 1\end{pmatrix}$$

故

$$\begin{aligned}\boldsymbol{Q}^{\mathrm{T}}\boldsymbol{A}\boldsymbol{Q}&=\begin{pmatrix}1 & 0 & 0\\ 1 & 1 & 0\\ 0 & 0 & 1\end{pmatrix}^{\mathrm{T}}\boldsymbol{P}^{\mathrm{T}}\boldsymbol{A}\boldsymbol{P}\begin{pmatrix}1 & 0 & 0\\ 1 & 1 & 0\\ 0 & 0 & 1\end{pmatrix}=\begin{pmatrix}1 & 0 & 0\\ 1 & 1 & 0\\ 0 & 0 & 1\end{pmatrix}^{\mathrm{T}}\begin{pmatrix}1 & 0 & 0\\ 0 & 1 & 0\\ 0 & 0 & 2\end{pmatrix}\begin{pmatrix}1 & 0 & 0\\ 1 & 1 & 0\\ 0 & 0 & 1\end{pmatrix}\\&=\begin{pmatrix}2 & 1 & 0\\ 1 & 1 & 0\\ 0 & 0 & 2\end{pmatrix}\end{aligned}$$

故选A.

（6）设$\boldsymbol{A}=\begin{pmatrix}1 & 2\\ 2 & 1\end{pmatrix}$，则在实数域上与$\boldsymbol{A}$合同的矩阵为（　　）.

A. $\begin{pmatrix}-2 & 1\\ 1 & -2\end{pmatrix}$　　B. $\begin{pmatrix}2 & -1\\ -1 & 2\end{pmatrix}$　　C. $\begin{pmatrix}2 & 1\\ 1 & 2\end{pmatrix}$　　D. $\begin{pmatrix}1 & -2\\ -2 & 1\end{pmatrix}$

解　与 $\boldsymbol{A}$ 合同的矩阵要求正、负惯性指数与 $\boldsymbol{A}$ 的相同，$\boldsymbol{A}$ 的特征值为 $\lambda_1=-1,\lambda_2=3$，$\begin{pmatrix}-2&1\\1&-2\end{pmatrix}$ 的特征值为 $\lambda_1=-1,\lambda_2=-3$，$\begin{pmatrix}2&-1\\-1&2\end{pmatrix}$ 的特征值为 $\lambda_1=1,\lambda_2=3$，$\begin{pmatrix}2&1\\1&2\end{pmatrix}$ 的特征值为 $\lambda_1=1,\lambda_2=3$，$\begin{pmatrix}1&-2\\-2&1\end{pmatrix}$ 的特征值为 $\lambda_1=-1,\lambda_2=3$，只有 D 符合条件.

（7）设二次型 $f(x_1,x_2,x_3)$ 在正交变换 $\boldsymbol{x}=\boldsymbol{P}\boldsymbol{y}$ 下的标准形为 $2y_1^2+y_2^2-y_3^2$，其中 $\boldsymbol{P}=(\boldsymbol{e}_1,\boldsymbol{e}_2,\boldsymbol{e}_3)$，若 $\boldsymbol{Q}=(\boldsymbol{e}_1,-\boldsymbol{e}_3,\boldsymbol{e}_2)$，则 $f(x_1,x_2,x_3)$ 在正交变换 $\boldsymbol{x}=\boldsymbol{Q}\boldsymbol{y}$ 下的标准形为（　　）.

A. $2y_1^2-y_2^2+y_3^2$　　B. $2y_1^2+y_2^2-y_3^2$　　C. $2y_1^2-y_2^2-y_3^2$　　D. $2y_1^2-y_2^2-y_3^2$

解　设二次型的矩阵为 $\boldsymbol{A}$，则由题意知 $\boldsymbol{P}^{\mathrm{T}}\boldsymbol{A}\boldsymbol{P}=\begin{pmatrix}2&&\\&1&\\&&-1\end{pmatrix}$. 又 $\boldsymbol{Q}=(\boldsymbol{e}_1,-\boldsymbol{e}_3,\boldsymbol{e}_2)=(\boldsymbol{e}_1,\boldsymbol{e}_2,\boldsymbol{e}_3)\begin{pmatrix}1&0&0\\0&0&1\\0&-1&0\end{pmatrix}$，则

$$\boldsymbol{Q}^{\mathrm{T}}\boldsymbol{A}\boldsymbol{Q}=\begin{pmatrix}1&0&0\\0&0&1\\0&-1&0\end{pmatrix}^{\mathrm{T}}\boldsymbol{P}^{\mathrm{T}}\boldsymbol{A}\boldsymbol{P}\begin{pmatrix}1&0&0\\0&0&1\\0&-1&0\end{pmatrix}=\begin{pmatrix}1&0&0\\0&0&-1\\0&1&0\end{pmatrix}\begin{pmatrix}2&&\\&1&\\&&-1\end{pmatrix}\begin{pmatrix}1&0&0\\0&0&1\\0&-1&0\end{pmatrix}=\begin{pmatrix}2&&\\&-1&\\&&1\end{pmatrix}$$

故 $f(x_1,x_2,x_3)$ 在 $\boldsymbol{x}=\boldsymbol{Q}\boldsymbol{y}$ 下的标准形为 A.

（8）设二次型 $f(x_1,x_2,x_3)=x_1^2+x_2^2+x_3^2+4x_1x_2+4x_1x_3+4x_2x_4$，则 $f(x_1,x_2,x_3)=2$ 在空间直角坐标系下表示的二次曲面为（　　）.

A. 单叶双曲面　　B. 双叶双曲面　　C. 椭球面　　D.柱面

解　二次型的矩阵为 $\boldsymbol{A}=\begin{pmatrix}1&2&2\\2&1&2\\2&2&1\end{pmatrix}$，$\boldsymbol{A}$ 的特征值为 $\lambda_1=\lambda_2=-1,\lambda_3=5$. 设与 $\lambda_1=\lambda_2=-1$ 对应的特征向量为 $\boldsymbol{\alpha}_1,\boldsymbol{\alpha}_2$，与 $\lambda_3=5$ 对应的特征向量为 $\boldsymbol{\alpha}_3$，令 $\boldsymbol{P}=(\boldsymbol{\alpha}_1,\boldsymbol{\alpha}_2,\boldsymbol{\alpha}_3)$，则 $\boldsymbol{P}^{-1}\boldsymbol{A}\boldsymbol{P}=\begin{pmatrix}-1&&\\&-1&\\&&5\end{pmatrix}$.

作线性变换 $\boldsymbol{x}=\boldsymbol{P}\boldsymbol{y}$，则

$$f(x_1,x_2,x_3)=\boldsymbol{y}^{\mathrm{T}}\boldsymbol{P}^{-1}\boldsymbol{A}\boldsymbol{P}\boldsymbol{y}=\boldsymbol{y}^{\mathrm{T}}\begin{pmatrix}-1&&\\&-1&\\&&5\end{pmatrix}\boldsymbol{y}=-y_1^2-y_2^2+5y_3^2$$

$f(x_1,x_2,x_3)=2$ 变为 $-y_1^2-y_2^2+5y_3^2=2$，这是双叶双曲面，故选 B.

（9）设二次型 $f(x_1,x_2,x_3)=a(x_1^2+x_2^2+x_3^2)+2x_1x_2+2x_1x_3+2x_2x_3$ 的正、负惯性指数分别为 1，2，则（　　）.

A. $a>1$　　B. $a<-2$　　C. $-2<a<1$　　D. $a=1$ 或 $a=-2$

解　二次型的矩阵为$\boldsymbol{A}=\begin{pmatrix} a & 1 & 1 \\ 1 & a & 1 \\ 1 & 1 & a \end{pmatrix}$，

$$|\lambda\boldsymbol{E}-\boldsymbol{A}|=\begin{vmatrix} \lambda-a & -1 & -1 \\ -1 & \lambda-a & -1 \\ -1 & -1 & \lambda-a \end{vmatrix}=(\lambda-a-2)(\lambda-a+1)^2$$

则$\lambda_1=a+2,\lambda_2=\lambda_3=a-1$，根据二次型$f(x_1,x_2,x_3)$的正、负惯性指数分别为1，2，得$a+2>0$且$a-1<0$，即$-2<a<1$. 故选C.

（10）设n阶矩阵$\boldsymbol{A},\boldsymbol{B}$满足$r(\boldsymbol{A})+r(\boldsymbol{B})<n$，则（　　）.

A. $\boldsymbol{A}$与$\boldsymbol{B}$无公共的特征值

B. $\boldsymbol{A}$与$\boldsymbol{B}$无公共的特征向量

C. $\boldsymbol{A}$与$\boldsymbol{B}$有公共的特征值和公共的特征向量

D. $\boldsymbol{A}$与$\boldsymbol{B}$有公共的特征值，但不一定有公共的特征向量

解　因为$r(\boldsymbol{A})+r(\boldsymbol{B})<n$，所以$r(\boldsymbol{A})<n,r(\boldsymbol{B})<n$，故$|\boldsymbol{A}|=0,|\boldsymbol{B}|=0$，$\boldsymbol{A},\boldsymbol{B}$有公共的特征值0. $\begin{pmatrix}\boldsymbol{A}\\ \boldsymbol{B}\end{pmatrix}$为$2n\times n$矩阵，将$\begin{pmatrix}\boldsymbol{A}\\ \boldsymbol{B}\end{pmatrix}$按行分块为$\begin{pmatrix}\boldsymbol{\alpha}_1^{\mathrm{T}}\\ \boldsymbol{\alpha}_2^{\mathrm{T}}\\ \vdots\\ \boldsymbol{\alpha}_n^{\mathrm{T}}\\ \boldsymbol{\beta}_1^{\mathrm{T}}\\ \boldsymbol{\beta}_2^{\mathrm{T}}\\ \vdots\\ \boldsymbol{\beta}_n^{\mathrm{T}}\end{pmatrix}$，作初等行变换得$\begin{pmatrix}\boldsymbol{\alpha}_1'^{\mathrm{T}}\\ \boldsymbol{\alpha}_2'^{\mathrm{T}}\\ \vdots\\ \boldsymbol{\alpha}_r'^{\mathrm{T}}\\ \boldsymbol{0}^{\mathrm{T}}\\ \vdots\\ \boldsymbol{0}^{\mathrm{T}}\\ \boldsymbol{\beta}_1'^{\mathrm{T}}\\ \boldsymbol{\beta}_2'^{\mathrm{T}}\\ \vdots\\ \boldsymbol{\beta}_t'^{\mathrm{T}}\\ \boldsymbol{0}^{\mathrm{T}}\\ \vdots\\ \boldsymbol{0}^{\mathrm{T}}\end{pmatrix}$，其中$\boldsymbol{\alpha}_1'^{\mathrm{T}},\boldsymbol{\alpha}_2'^{\mathrm{T}},\cdots,\boldsymbol{\alpha}_r'^{\mathrm{T}}$为$\boldsymbol{A}$的行最简形矩阵的非零行，$\boldsymbol{\beta}_1'^{\mathrm{T}},\boldsymbol{\beta}_2'^{\mathrm{T}},\cdots,\boldsymbol{\beta}_t'^{\mathrm{T}}$为$\boldsymbol{B}$的行最简形矩阵的非零行，其秩$\leqslant r+t$. 因此，$r\begin{pmatrix}\boldsymbol{A}\\ \boldsymbol{B}\end{pmatrix}\leqslant r(\boldsymbol{A})+r(\boldsymbol{B})<n$，故齐次线性方程组$\begin{pmatrix}\boldsymbol{A}\\ \boldsymbol{B}\end{pmatrix}\boldsymbol{x}=\boldsymbol{0}$有非零解，其非零解就是$\boldsymbol{A}$与$\boldsymbol{B}$公共的特征向量. 故此题选C.

（11）下列矩阵中，与矩阵$\begin{pmatrix} 1 & 1 & 0 \\ 0 & 1 & 1 \\ 0 & 0 & 1 \end{pmatrix}$相似的为（　　）.

A. $\begin{pmatrix}1&1&-1\\0&1&1\\0&0&1\end{pmatrix}$ B. $\begin{pmatrix}1&0&-1\\0&1&1\\0&0&1\end{pmatrix}$ C. $\begin{pmatrix}1&1&-1\\0&1&0\\0&0&1\end{pmatrix}$ D. $\begin{pmatrix}1&0&-1\\0&1&0\\0&0&1\end{pmatrix}$

解 以上矩阵的特征值都是 1，1，1. 根据结论：两矩阵相似的充分必要条件是特征矩阵 $\lambda\boldsymbol{E}-\boldsymbol{A}$ 与 $\lambda\boldsymbol{E}-\boldsymbol{B}$ 等价. 只有 A 满足这一条件，故选 A.

2. 填空题.

（1）若三维向量 $\boldsymbol{\alpha},\boldsymbol{\beta}$ 满足 $\boldsymbol{\alpha}^{\mathrm{T}}\boldsymbol{\beta}=2$，其中 $\boldsymbol{\alpha}^{\mathrm{T}}$ 为 $\boldsymbol{\alpha}$ 的转置，则矩阵 $\boldsymbol{\beta}\boldsymbol{\alpha}^{\mathrm{T}}$ 的非零特征值为________.

解 首先证明 $\boldsymbol{AB}$ 与 $\boldsymbol{BA}$ 有相同的非零特征值.

设 $\boldsymbol{ABx}=\lambda_0\boldsymbol{x}$，其中 $\lambda_0\neq 0,\boldsymbol{x}\neq\boldsymbol{0}$，则 $\boldsymbol{B}(\boldsymbol{ABx})=\boldsymbol{B}(\lambda_0\boldsymbol{x})=\lambda_0\boldsymbol{Bx}\Rightarrow\boldsymbol{BA}(\boldsymbol{Bx})=\lambda_0(\boldsymbol{Bx})$.

因为 $\lambda_0\neq 0$，$\boldsymbol{x}\neq\boldsymbol{0}$，所以 $\lambda_0\boldsymbol{x}\neq\boldsymbol{0}$. 若 $\boldsymbol{Bx}=\boldsymbol{0}$，则与 $\boldsymbol{A}(\boldsymbol{Bx})=\lambda_0\boldsymbol{x}$ 矛盾，故 $\boldsymbol{Bx}\neq\boldsymbol{0}$. 这样 $\boldsymbol{Bx}$ 为 $\boldsymbol{BA}$ 的一个对应于特征值 λ_0 的特征向量.

反过来，设 $\boldsymbol{BAy}=\lambda_0\boldsymbol{y}$, 其中 $\lambda_0\neq 0,\boldsymbol{y}\neq\boldsymbol{0}\Rightarrow\boldsymbol{ABAy}=\lambda_0\boldsymbol{Ay}$. 同样地，可证 $\boldsymbol{Ay}$ 为 $\boldsymbol{AB}$ 的一个对应于特征值 λ_0 的特征向量，故得证.

因 $\boldsymbol{\alpha}^{\mathrm{T}}\boldsymbol{\beta}=2$，其特征值为 2，故 $\boldsymbol{\beta}\boldsymbol{\alpha}^{\mathrm{T}}$ 的非零特征值与 $\boldsymbol{\alpha}^{\mathrm{T}}\boldsymbol{\beta}$ 的非零特征值相同，也为 2. 本题答案为 2.

（2）设 $\boldsymbol{\alpha}$ 为三维单位向量，则矩阵 $\boldsymbol{E}-\boldsymbol{\alpha}\boldsymbol{\alpha}^{\mathrm{T}}$ 的秩为________.

解 因为 $\boldsymbol{\alpha}^{\mathrm{T}}\boldsymbol{\alpha}=1$，由（1）题可知 $\boldsymbol{\alpha}\boldsymbol{\alpha}^{\mathrm{T}}$ 的非零特征值为 $\lambda=1$. 由于 $r(\boldsymbol{\alpha}\boldsymbol{\alpha}^{\mathrm{T}})=1$，故齐次线性方程组 $(\boldsymbol{\alpha}\boldsymbol{\alpha}^{\mathrm{T}})\boldsymbol{x}=\boldsymbol{0}$ 的基础解系含 2 个解向量，即 $\boldsymbol{\alpha}\boldsymbol{\alpha}^{\mathrm{T}}$ 的对应于特征值 0 的线性无关的特征向量有 2 个. 因此，$\boldsymbol{\alpha}\boldsymbol{\alpha}^{\mathrm{T}}$ 的零特征值是 2 重，即 $\boldsymbol{\alpha}^{\mathrm{T}}\boldsymbol{\alpha}$ 的特征值为 1，0，0，从而 $\boldsymbol{E}-\boldsymbol{\alpha}\boldsymbol{\alpha}^{\mathrm{T}}$ 的特征值为 0，1，1. 这说明 $r(\boldsymbol{E}-\boldsymbol{\alpha}\boldsymbol{\alpha}^{\mathrm{T}})=2$.

（3）设三阶矩阵 $\boldsymbol{A}$ 的特征值为 1，2，2，则 $|4\boldsymbol{A}^{-1}-\boldsymbol{E}|=$________.

解 $\boldsymbol{A}$ 的特征值为 1，2，2，则 $\boldsymbol{A}^{-1}$ 的特征值为 $1,\frac{1}{2},\frac{1}{2}$，$4\boldsymbol{A}^{-1}-\boldsymbol{E}$ 的特征值为 $4\times 1-1=3,4\times\frac{1}{2}-1=1,4\times\frac{1}{2}-1=1$，故 $|4\boldsymbol{A}^{-1}-\boldsymbol{E}|=3$.

（4）二阶矩阵 $\boldsymbol{A}$ 有两个不同特征值，$\boldsymbol{\alpha}_1,\boldsymbol{\alpha}_2$ 是 $\boldsymbol{A}$ 的线性无关的特征向量，$\boldsymbol{A}^2(\boldsymbol{\alpha}_1+\boldsymbol{\alpha}_2)=\boldsymbol{\alpha}_1+\boldsymbol{\alpha}_2$，则 $|\boldsymbol{A}|=$________.

解 设 $\boldsymbol{A}$ 有两个不同特征值 λ_1,λ_2，且 $\boldsymbol{A}\boldsymbol{\alpha}_1=\lambda_1\boldsymbol{\alpha}_1,\boldsymbol{A}\boldsymbol{\alpha}_2=\lambda_2\boldsymbol{\alpha}_2$，则 $\boldsymbol{A}^2(\boldsymbol{\alpha}_1+\boldsymbol{\alpha}_2)=\boldsymbol{A}^2\boldsymbol{\alpha}_1+\boldsymbol{A}^2\boldsymbol{\alpha}_2=\lambda_1^2\boldsymbol{\alpha}_1+\lambda_2^2\boldsymbol{\alpha}_2=\boldsymbol{\alpha}_1+\boldsymbol{\alpha}_2$，从而 $(\lambda_1^2-1)\boldsymbol{\alpha}_1+(\lambda_2^2-1)\boldsymbol{\alpha}_2=\boldsymbol{0}$. 因 $\boldsymbol{\alpha}_1,\boldsymbol{\alpha}_2$ 线性无关，故 $\lambda_1^2-1=0,\lambda_2^2-1=0$，所以 $\lambda_1=1,\lambda_2=-1$ 或 $\lambda_1=-1,\lambda_2=1$，这样 $|\boldsymbol{A}|=-1$.

（5）设 $\boldsymbol{A}$ 为二阶矩阵，$\boldsymbol{\alpha}_1,\boldsymbol{\alpha}_2$ 为线性无关的二维列向量，$\boldsymbol{A}\boldsymbol{\alpha}_1=\boldsymbol{0},\boldsymbol{A}\boldsymbol{\alpha}_2=2\boldsymbol{\alpha}_1+\boldsymbol{\alpha}_2$，则 $\boldsymbol{A}$ 的非零特征值为________.

解 由 $\boldsymbol{A}\boldsymbol{\alpha}_1=\boldsymbol{0},\boldsymbol{A}\boldsymbol{\alpha}_2=2\boldsymbol{\alpha}_1+\boldsymbol{\alpha}_2$ 知 $(\boldsymbol{A}\boldsymbol{\alpha}_1,\boldsymbol{A}\boldsymbol{\alpha}_2)=(\boldsymbol{\alpha}_1,\boldsymbol{\alpha}_2)\begin{pmatrix}0&2\\0&1\end{pmatrix}$. 由于 $\boldsymbol{\alpha}_1,\boldsymbol{\alpha}_2$ 线性无关，

故$(\boldsymbol{\alpha}_1,\boldsymbol{\alpha}_2)$可逆，从而$(\boldsymbol{\alpha}_1,\boldsymbol{\alpha}_2)^{-1}\boldsymbol{A}(\boldsymbol{\alpha}_1,\boldsymbol{\alpha}_2)=\begin{pmatrix}0&2\\0&1\end{pmatrix}$. 而相似矩阵有相同的特征值，因为$\begin{pmatrix}0&2\\0&1\end{pmatrix}$的特征值为$\lambda_1=0,\lambda_2=1$，这样$\boldsymbol{A}$的非零特征值为1.

（6）设$\boldsymbol{A}$为三阶矩阵，$\boldsymbol{\alpha}_1,\boldsymbol{\alpha}_2,\boldsymbol{\alpha}_3$是线性无关的向量组，若$\boldsymbol{A}\boldsymbol{\alpha}_1=2\boldsymbol{\alpha}_1+\boldsymbol{\alpha}_2+\boldsymbol{\alpha}_3$，$\boldsymbol{A}\boldsymbol{\alpha}_2=\boldsymbol{\alpha}_2+2\boldsymbol{\alpha}_3,\boldsymbol{A}\boldsymbol{\alpha}_3=-\boldsymbol{\alpha}_2+\boldsymbol{\alpha}_3$，则$\boldsymbol{A}$的实特征值为________，$|\boldsymbol{A}|=$________.

解　$\boldsymbol{A}(\boldsymbol{\alpha}_1,\boldsymbol{\alpha}_2,\boldsymbol{\alpha}_3)=(\boldsymbol{\alpha}_1,\boldsymbol{\alpha}_2,\boldsymbol{\alpha}_3)\begin{pmatrix}2&0&0\\1&1&-1\\1&2&1\end{pmatrix}$，因$\boldsymbol{\alpha}_1,\boldsymbol{\alpha}_2,\boldsymbol{\alpha}_3$是线性无关的向量组，故$(\boldsymbol{\alpha}_1,\boldsymbol{\alpha}_2,\boldsymbol{\alpha}_3)$可逆，从而$(\boldsymbol{\alpha}_1,\boldsymbol{\alpha}_2,\boldsymbol{\alpha}_3)^{-1}\boldsymbol{A}(\boldsymbol{\alpha}_1,\boldsymbol{\alpha}_2,\boldsymbol{\alpha}_3)=\begin{pmatrix}2&0&0\\1&1&-1\\1&2&1\end{pmatrix}$，而$\begin{pmatrix}2&0&0\\1&1&-1\\1&2&1\end{pmatrix}$有特征值2，$1\pm\sqrt{2}\mathrm{i}$，故$\boldsymbol{A}$的实特征值为2. $|\boldsymbol{A}|=\begin{vmatrix}2&0&0\\1&1&-1\\1&2&1\end{vmatrix}=6$.

（7）设二次型$f(x_1,x_2,x_3)=x_1^2-x_2^2+2ax_1x_3+4x_2x_3$的负惯性指数是1，则$a$的取值范围为________.

解　$f(x_1,x_2,x_3)=(x_1+ax_3)^2-(x_2-2x_3)^2+(4-a^2)x_3^2$. 因二次型的负惯性指数是1，故$4-a^2\geqslant 0$，从而$-2\leqslant a\leqslant 2$.

（8）若二次曲面的方程$x^2+3y^2+z^2+2axy+2xz+2yz=4$经正交变换化为$y_1^2+4z_1^2=4$，则$a=$________.

解　设$\boldsymbol{A}=\begin{pmatrix}1&a&1\\a&3&1\\1&1&1\end{pmatrix}$，二次曲面的方程$x^2+3y^2+z^2+2axy+2xz+2yz=4$变形为$(x,y,z)\begin{pmatrix}1&a&1\\a&3&1\\1&1&1\end{pmatrix}\begin{pmatrix}x\\y\\z\end{pmatrix}=4$. 二次曲面经正交变换化为$y_1^2+4z_1^2=4$，说明$\boldsymbol{A}$正交相似于$\begin{pmatrix}0&&\\&1&\\&&4\end{pmatrix}$，故$\boldsymbol{A}$的特征值为$\lambda_1=0,\lambda_2=1,\lambda_3=4$，由于$|\boldsymbol{A}|=\lambda_1\lambda_2\lambda_3=0$，故$\begin{vmatrix}1&a&1\\a&3&1\\1&1&1\end{vmatrix}=0$，从而得$(1-a)^2=0$，故$a=1$.

3. 设三阶矩阵$\boldsymbol{A}=(\boldsymbol{\alpha}_1,\boldsymbol{\alpha}_2,\boldsymbol{\alpha}_3)$有三个不同的特征值，且$\boldsymbol{\alpha}_3=\boldsymbol{\alpha}_1+2\boldsymbol{\alpha}_2$.

（1）证明$r(\boldsymbol{A})=2$；

（2）若$\boldsymbol{\beta}=\boldsymbol{\alpha}_1+\boldsymbol{\alpha}_2+\boldsymbol{\alpha}_3$，求方程组$\boldsymbol{A}\boldsymbol{x}=\boldsymbol{\beta}$的通解.

解　(1) 因 $\boldsymbol{\alpha}_3=\boldsymbol{\alpha}_1+2\boldsymbol{\alpha}_2$，故 $\boldsymbol{\alpha}_1+2\boldsymbol{\alpha}_2-\boldsymbol{\alpha}_3=\mathbf{0}$，从而 $(\boldsymbol{\alpha}_1,\boldsymbol{\alpha}_2,\boldsymbol{\alpha}_3)\begin{pmatrix}1\\2\\-1\end{pmatrix}=\mathbf{0}$，故 $\lambda_1=0$ 是 $\boldsymbol{A}$ 的特征值. 又三阶矩阵 $\boldsymbol{A}$ 有三个不同的特征值，故 $\lambda_1=0$ 是单根，且 $\boldsymbol{A}$ 一定能相似对角化，$r(\boldsymbol{A})=2$.

(2) 由 (1) 知 $\boldsymbol{Ax}=\mathbf{0}$ 的通解为 $k\begin{pmatrix}1\\2\\-1\end{pmatrix}$. 因 $\boldsymbol{\beta}=\boldsymbol{\alpha}_1+\boldsymbol{\alpha}_2+\boldsymbol{\alpha}_3$，故 $\boldsymbol{\beta}=(\boldsymbol{\alpha}_1,\boldsymbol{\alpha}_2,\boldsymbol{\alpha}_3)\begin{pmatrix}1\\1\\1\end{pmatrix}$，$\begin{pmatrix}1\\1\\1\end{pmatrix}$ 为 $\boldsymbol{Ax}=\boldsymbol{\beta}$ 的一个特解，所以方程组 $\boldsymbol{Ax}=\boldsymbol{\beta}$ 的通解为 $k\begin{pmatrix}1\\2\\-1\end{pmatrix}+\begin{pmatrix}1\\1\\1\end{pmatrix}$，其中 k 为任意常数.

4. 设向量 $\boldsymbol{\beta}=(1,1,2)^{\mathrm{T}}$ 是矩阵 $\boldsymbol{A}=\begin{pmatrix}1&a&-1\\1&1&-1\\0&4&b\end{pmatrix}$ 的特征向量.

(1) 求 a,b 的值；

(2) 求方程组 $\boldsymbol{A}^2\boldsymbol{x}=\boldsymbol{\beta}$ 的通解.

解　(1) 因 $\boldsymbol{\beta}$ 是对应于 $\boldsymbol{A}$ 的特征值 λ 的特征向量，由 $\boldsymbol{A\beta}=\lambda\boldsymbol{\beta}$ 得 $a=1,b=-2,\lambda=0$.

(2) $\boldsymbol{A}=\begin{pmatrix}1&1&-1\\1&1&-1\\0&4&-2\end{pmatrix},\boldsymbol{A}^2=\begin{pmatrix}2&-2&0\\2&-2&0\\4&-4&0\end{pmatrix}$，$\boldsymbol{A}^2\boldsymbol{x}=\mathbf{0}$ 的通解为 $\boldsymbol{x}=k_1(1,1,0)^{\mathrm{T}}+k_2(0,0,1)^{\mathrm{T}}$.

由 $(\boldsymbol{A}^2,\boldsymbol{\beta})=\begin{pmatrix}2&-2&0&1\\2&-2&0&1\\4&-4&0&2\end{pmatrix}\xrightarrow{r}\begin{pmatrix}2&-2&0&1\\0&0&0&0\\0&0&0&0\end{pmatrix}$ 知 $\boldsymbol{A}^2\boldsymbol{x}=\boldsymbol{\beta}$ 的一个特解为 $\boldsymbol{\eta}=\left(\frac{1}{2},0,0\right)^{\mathrm{T}}$，故方程组 $\boldsymbol{A}^2\boldsymbol{x}=\boldsymbol{\beta}$ 的通解为 $\boldsymbol{x}=k_1(1,1,0)^{\mathrm{T}}+k_2(0,0,1)^{\mathrm{T}}+\left(\frac{1}{2},0,0\right)^{\mathrm{T}}$，其中 k_1,k_2 为任意常数.

5. 设矩阵 $\boldsymbol{A}=\begin{pmatrix}0&2&-3\\-1&3&-3\\1&-2&a\end{pmatrix}$ 相似于矩阵 $\boldsymbol{B}=\begin{pmatrix}1&-2&0\\0&b&0\\0&3&1\end{pmatrix}$.

(1) 求 a,b 的值；

(2) 求可逆矩阵 $\boldsymbol{P}$，使 $\boldsymbol{P}^{-1}\boldsymbol{AP}$ 为对角矩阵.

解　(1) 因 $\boldsymbol{A}$ 与 $\boldsymbol{B}$ 相似，故特征值相同，且 $0+3+a=1+b+1$，又 $|\boldsymbol{A}|=|\boldsymbol{B}|$，即 $\begin{vmatrix}0&2&-3\\-1&3&-3\\1&-2&a\end{vmatrix}=\begin{vmatrix}1&-2&0\\0&b&0\\0&3&1\end{vmatrix}$，所以 $\begin{cases}a-b=-1\\2a-b=3\end{cases}\Rightarrow\begin{cases}a=4\\b=5\end{cases}$.

（2）$\boldsymbol{B}=\begin{pmatrix}1&-2&0\\0&5&0\\0&3&1\end{pmatrix}$，计算$\boldsymbol{B}$的特征值

$$|\lambda\boldsymbol{E}-\boldsymbol{B}|=\begin{vmatrix}\lambda-1&2&0\\0&\lambda-5&0\\0&-3&\lambda-1\end{vmatrix}=(\lambda-1)^2(\lambda-5)$$

故$\boldsymbol{B}$的特征值为$\lambda_1=\lambda_2=1,\lambda_3=5$.

当$\lambda_1=\lambda_2=1$时，解方程$(\boldsymbol{E}-\boldsymbol{A})\boldsymbol{x}=\boldsymbol{0}$，得$\boldsymbol{P}_1=\begin{pmatrix}2\\1\\0\end{pmatrix},\boldsymbol{P}_2=\begin{pmatrix}-3\\0\\1\end{pmatrix}$.

当$\lambda_3=5$时，解方程$(5\boldsymbol{E}-\boldsymbol{A})\boldsymbol{x}=\boldsymbol{0}$，得$\boldsymbol{P}_3=\begin{pmatrix}1\\1\\-1\end{pmatrix}$.

令$\boldsymbol{P}=(\boldsymbol{P}_1,\boldsymbol{P}_2,\boldsymbol{P}_3)=\begin{pmatrix}2&-3&1\\1&0&1\\0&1&-1\end{pmatrix}$，则$\boldsymbol{P}^{-1}\boldsymbol{AP}=\begin{pmatrix}1&&\\&1&\\&&5\end{pmatrix}$.

6. 设$\boldsymbol{A}$是三阶对称矩阵，$r(\boldsymbol{A})=2$且$\boldsymbol{A}\begin{pmatrix}1&1\\0&0\\-1&1\end{pmatrix}=\begin{pmatrix}-1&1\\0&0\\1&1\end{pmatrix}$.

（1）求$\boldsymbol{A}$的特征值和特征向量；

（2）求$\boldsymbol{A}$.

解　（1）令$\boldsymbol{\alpha}_1=\begin{pmatrix}1\\0\\-1\end{pmatrix},\boldsymbol{\alpha}_2=\begin{pmatrix}1\\0\\1\end{pmatrix}$，从等式$\boldsymbol{A}\begin{pmatrix}1&1\\0&0\\-1&1\end{pmatrix}=\begin{pmatrix}-1&1\\0&0\\1&1\end{pmatrix}$知$\boldsymbol{A\alpha}_1=-\boldsymbol{\alpha}_1,\boldsymbol{A\alpha}_2=\boldsymbol{\alpha}_2$，故$\boldsymbol{A}$有特征值$\lambda_1=-1,\lambda_2=1$，对应的特征向量为$\boldsymbol{\alpha}_1,\boldsymbol{\alpha}_2$，因$r(\boldsymbol{A})=2<3$，故$|\boldsymbol{A}|=0$，因此$\boldsymbol{A}$有特征值$\lambda_3=0$．令$\boldsymbol{\alpha}_3=\begin{pmatrix}x_1\\x_2\\x_3\end{pmatrix}$为$\boldsymbol{A}$的对应于$\lambda_3=0$的特征向量，因$\boldsymbol{A}$对称，故$\langle\boldsymbol{\alpha}_1,\boldsymbol{\alpha}_3\rangle=0,\langle\boldsymbol{\alpha}_2,\boldsymbol{\alpha}_3\rangle=0$，即$\begin{cases}x_1-x_3=0\\x_1+x_3=0\end{cases}$，解得$\boldsymbol{\alpha}_3=\begin{pmatrix}0\\1\\0\end{pmatrix}$. 因此，$\boldsymbol{A}$的对应于特征值$\lambda_1=-1$的所有特征向量为$k_1\begin{pmatrix}1\\0\\-1\end{pmatrix}$ $(k_1\neq0)$；对应于特征值$\lambda_2=1$的所有特征向量为$k_2\begin{pmatrix}1\\0\\1\end{pmatrix}$ $(k_2\neq0)$；对应于特征值$\lambda_3=0$的所有特征向量为$k_3\begin{pmatrix}0\\1\\0\end{pmatrix}$ $(k_3\neq0)$.

（2）将$\boldsymbol{\alpha}_1,\boldsymbol{\alpha}_2,\boldsymbol{\alpha}_3$单位化得$\boldsymbol{\gamma}_1=\frac{1}{\sqrt{2}}\begin{pmatrix}1\\0\\-1\end{pmatrix},\boldsymbol{\gamma}_2=\frac{1}{\sqrt{2}}\begin{pmatrix}1\\0\\1\end{pmatrix},\boldsymbol{\gamma}_3=\begin{pmatrix}0\\1\\0\end{pmatrix}$，令$\boldsymbol{Q}=(\gamma_1,\gamma_2,\gamma_3)$，则

$\boldsymbol{Q}^{\mathrm{T}}\boldsymbol{A}\boldsymbol{Q}=\begin{pmatrix}-1&&\\&1&\\&&0\end{pmatrix}$，于是$\boldsymbol{A}=\boldsymbol{Q}\begin{pmatrix}-1&&\\&1&\\&&0\end{pmatrix}\boldsymbol{Q}^{\mathrm{T}}=\begin{pmatrix}&&1\\&0&\\1&&\end{pmatrix}$.

7. 证明：n阶矩阵$\begin{pmatrix}1&1&\cdots&1\\1&1&\cdots&1\\\vdots&\vdots&&\vdots\\1&1&\cdots&1\end{pmatrix}$与$\begin{pmatrix}0&\cdots&0&1\\0&\cdots&0&2\\\vdots&&\vdots&\vdots\\0&\cdots&0&n\end{pmatrix}$相似.

证　已知$\boldsymbol{A}=\begin{pmatrix}1\\1\\\vdots\\1\end{pmatrix}(1,1,\cdots,1)$,则$\boldsymbol{A}$的特征值为$n,0(n-1\text{重})$，由于$r(\boldsymbol{A})=1$，故$\boldsymbol{Ax}=\boldsymbol{0}$的基础解系有$n-1$个解向量. 对应于$\lambda=n$的特征向量为$\begin{pmatrix}1\\1\\\vdots\\1\end{pmatrix}$，故$\boldsymbol{A}$相似于对角矩阵$\begin{pmatrix}n&&&\\&0&&\\&&\ddots&\\&&&0\end{pmatrix}$.

由$\boldsymbol{B}=\begin{pmatrix}1\\2\\\vdots\\n\end{pmatrix}(0,0,\cdots,1)$，$\boldsymbol{B}$的特征值为$n,0(n-1\text{重})$，对应于$\lambda=0$有$n-1$个线性无关的特征向量，故$\boldsymbol{B}$相似于对角矩阵$\begin{pmatrix}n&&&\\&0&&\\&&\ddots&\\&&&0\end{pmatrix}$. 由相似关系的传递性知$\boldsymbol{A}$相似于$\boldsymbol{B}$.

8. 已知$\boldsymbol{A}=\begin{pmatrix}1&0&1\\0&1&1\\-1&0&a\\0&a&-1\end{pmatrix}$，二次型$f(x_1,x_2,x_3)=\boldsymbol{x}^{\mathrm{T}}(\boldsymbol{A}^{\mathrm{T}}\boldsymbol{A})\boldsymbol{x}$的秩为 2.

（1）求a的值；

（2）求正交变换$\boldsymbol{x}=\boldsymbol{Q}\boldsymbol{y}$，将$f$化为标准形.

解 （1）$A^{\mathrm{T}}A=\begin{pmatrix}2&0&1-a\\0&1+a^2&1-a\\1-a&1-a&3+a^2\end{pmatrix}$，由于$r(A^{\mathrm{T}}A)=2$，故$|A^{\mathrm{T}}A|=0$，又$|A^{\mathrm{T}}A|=(a^2+3)(a+1)^2$，故$a=-1$．

（2）当$a=-1$时，$A^{\mathrm{T}}A=\begin{pmatrix}2&0&2\\0&2&2\\2&2&4\end{pmatrix}$，$|\lambda E-A^{\mathrm{T}}A|=\lambda(\lambda-2)(\lambda-6)$，故$\lambda_1=0,\lambda_2=2,\lambda_3=6$．

当$\lambda_1=0$时，解方程$(0E-A^{\mathrm{T}}A)x=\mathbf{0}$，得$\alpha_1=\begin{pmatrix}1\\1\\-1\end{pmatrix}$．

当$\lambda_2=2$时，解方程$(2E-A^{\mathrm{T}}A)x=\mathbf{0}$，得$\alpha_2=\begin{pmatrix}1\\-1\\0\end{pmatrix}$．

当$\lambda_3=6$时，解方程$(6E-A^{\mathrm{T}}A)x=\mathbf{0}$，得$\alpha_3=\begin{pmatrix}1\\1\\2\end{pmatrix}$．

令$\gamma_1=\dfrac{\sqrt{3}}{3}\begin{pmatrix}1\\1\\-1\end{pmatrix},\gamma_2=\dfrac{\sqrt{2}}{2}\begin{pmatrix}1\\-1\\0\end{pmatrix},\gamma_3=\dfrac{\sqrt{6}}{6}\begin{pmatrix}1\\1\\2\end{pmatrix}$，再令$Q=(\gamma_1,\gamma_2,\gamma_3)$，则$Q$是正交矩阵，且

$$Q^{\mathrm{T}}A^{\mathrm{T}}AQ=\begin{pmatrix}0&&\\&2&\\&&6\end{pmatrix}$$

作正交变换，令$x=Qy$，则$f=x^{\mathrm{T}}A^{\mathrm{T}}Ax=y^{\mathrm{T}}Q^{\mathrm{T}}A^{\mathrm{T}}AQy=2y_2^2+6y_3^2$．

9. 设二次型$f(x_1,x_2,x_3)=2(a_1x_1+a_2x_2+a_3x_3)^2+(b_1x_1+b_2x_2+b_3x_3)^2$，记$\alpha=\begin{pmatrix}a_1\\a_2\\a_3\end{pmatrix}$，$\beta=\begin{pmatrix}b_1\\b_2\\b_3\end{pmatrix}$．

（1）证明二次型f对应的矩阵为$2\alpha\alpha^{\mathrm{T}}+\beta\beta^{\mathrm{T}}$；

（2）若α,β正交且为单位向量，证明f在正交变换下的标准形为$2y_1^2+y_2^2$．

证 （1）$f(x_1,x_2,x_3)=2(x_1,x_2,x_3)\begin{pmatrix}a_1\\a_2\\a_3\end{pmatrix}(a_1,a_2,a_3)\begin{pmatrix}x_1\\x_2\\x_3\end{pmatrix}+(x_1,x_2,x_3)\begin{pmatrix}b_1\\b_2\\b_3\end{pmatrix}(b_1,b_2,b_3)\begin{pmatrix}x_1\\x_2\\x_3\end{pmatrix}$

$$=(x_1,x_2,x_3)(2\boldsymbol{\alpha\alpha}^{\mathrm{T}}+\boldsymbol{\beta\beta}^{\mathrm{T}})\begin{pmatrix}x_1\\x_2\\x_3\end{pmatrix}$$

$$=\boldsymbol{x}^{\mathrm{T}}\boldsymbol{A}\boldsymbol{x}$$

其中，$\boldsymbol{A}=2\boldsymbol{\alpha\alpha}^{\mathrm{T}}+\boldsymbol{\beta\beta}^{\mathrm{T}}$，所以二次型对应的矩阵为$2\boldsymbol{\alpha\alpha}^{\mathrm{T}}+\boldsymbol{\beta\beta}^{\mathrm{T}}$.

（2）由于$\boldsymbol{A}=2\boldsymbol{\alpha\alpha}^{\mathrm{T}}+\boldsymbol{\beta\beta}^{\mathrm{T}}$，$\boldsymbol{\alpha}$与$\boldsymbol{\beta}$正交，故$\boldsymbol{\alpha}^{\mathrm{T}}\boldsymbol{\beta}=0$，$\boldsymbol{\alpha}$，$\boldsymbol{\beta}$为单位向量，故$\boldsymbol{\alpha}^{\mathrm{T}}\boldsymbol{\alpha}=1$，$\boldsymbol{\beta\beta}^{\mathrm{T}}=1$. 由于

$$\boldsymbol{A\alpha}=(2\boldsymbol{\alpha\alpha}^{\mathrm{T}}+\boldsymbol{\beta\beta}^{\mathrm{T}})\boldsymbol{\alpha}=2\boldsymbol{\alpha},\quad \boldsymbol{A\beta}=(2\boldsymbol{\alpha\alpha}^{\mathrm{T}}+\boldsymbol{\beta\beta}^{\mathrm{T}})\boldsymbol{\beta}=\boldsymbol{\beta}$$

$\boldsymbol{A}$有特征值$\lambda_1=2,\lambda_2=1$.

因为$r(\boldsymbol{A})=r(2\boldsymbol{\alpha\alpha}^{\mathrm{T}}+\boldsymbol{\beta\beta}^{\mathrm{T}})\leqslant r(2\boldsymbol{\alpha\alpha}^{\mathrm{T}})+r(\boldsymbol{\beta\beta}^{\mathrm{T}})=r(\boldsymbol{\alpha\alpha}^{\mathrm{T}})+r(\boldsymbol{\beta\beta}^{\mathrm{T}})=1+1=2$，所以$|\boldsymbol{A}|=0$，故$\lambda_3=0$. 因此，$f$在正交变换下的标准形为$2y_1^2+y_2^2$.

10. 设二次型$f(x_1,x_2,x_3)=\boldsymbol{x}^{\mathrm{T}}\boldsymbol{A}\boldsymbol{x}$在正交变换$\boldsymbol{x}=\boldsymbol{Q}\boldsymbol{y}$下的标准形为$y_1^2+y_2^2$，且$\boldsymbol{Q}$的第三列为$\left(\frac{\sqrt{2}}{2},0,\frac{\sqrt{2}}{2}\right)^{\mathrm{T}}$.

（1）求$\boldsymbol{A}$；

（2）证明$\boldsymbol{A}+\boldsymbol{E}$为正定矩阵.

解　（1）由题意知$\boldsymbol{x}^{\mathrm{T}}\boldsymbol{A}\boldsymbol{x}=\boldsymbol{y}^{\mathrm{T}}\boldsymbol{Q}^{\mathrm{T}}\boldsymbol{A}\boldsymbol{Q}\boldsymbol{y}=y_1^2+y_2^2=(y_1,y_2,y_3)\begin{pmatrix}1&&\\&1&\\&&0\end{pmatrix}\begin{pmatrix}y_1\\y_2\\y_3\end{pmatrix}$，故$\boldsymbol{Q}^{\mathrm{T}}\boldsymbol{A}\boldsymbol{Q}=\begin{pmatrix}1&&\\&1&\\&&0\end{pmatrix}$. 由于$\boldsymbol{Q}$的第三列为$\left(\frac{\sqrt{2}}{2},0,\frac{\sqrt{2}}{2}\right)^{\mathrm{T}}$，$\boldsymbol{Q}$是正交矩阵，其第二列与第三列正交，且均为单位向量，故$\frac{\sqrt{2}}{2}x_1+0x_2+\frac{\sqrt{2}}{2}x_3=0$，得$\boldsymbol{p}_1=\begin{pmatrix}-1\\0\\1\end{pmatrix},\boldsymbol{p}_2=\begin{pmatrix}0\\1\\0\end{pmatrix}$. 将$\boldsymbol{p}_1$，$\boldsymbol{p}_2$单位化得$\boldsymbol{q}_1=\begin{pmatrix}-\frac{\sqrt{2}}{2}\\0\\\frac{\sqrt{2}}{2}\end{pmatrix},\boldsymbol{q}_2=\begin{pmatrix}0\\1\\0\end{pmatrix}$，这样$\boldsymbol{Q}=\begin{pmatrix}-\frac{\sqrt{2}}{2}&0&\frac{\sqrt{2}}{2}\\0&1&0\\\frac{\sqrt{2}}{2}&0&\frac{\sqrt{2}}{2}\end{pmatrix}$，从而

$$\boldsymbol{A}=\boldsymbol{Q}\begin{pmatrix}1&&\\&1&\\&&0\end{pmatrix}\boldsymbol{Q}^{\mathrm{T}}=\begin{pmatrix}\frac{1}{2}&0&-\frac{1}{2}\\0&1&0\\-\frac{1}{2}&0&\frac{1}{2}\end{pmatrix}$$

（2）因$\boldsymbol{A}$的特征值为1，1，0，故$\boldsymbol{A}+\boldsymbol{E}$的特征值为2，2，1，均大于0，故$\boldsymbol{A}+\boldsymbol{E}$正定.

11. 证明：二次型 $f=\boldsymbol{x}^{\mathrm{T}}\boldsymbol{A}\boldsymbol{x}$ 在 $\|\boldsymbol{x}\|=1$ 时的最大值为矩阵 $\boldsymbol{A}$ 的最大特征值.

证　设 $\boldsymbol{A}$ 的特征值为 $\lambda_1,\lambda_2,\cdots,\lambda_n$，$\boldsymbol{A}$ 是对称矩阵，其特征值均为实数，按大小排列为 $\lambda_1\leqslant\lambda_2\leqslant\cdots\leqslant\lambda_n$，则存在正交矩阵 $\boldsymbol{Q}$，使 $\boldsymbol{Q}^{\mathrm{T}}\boldsymbol{A}\boldsymbol{Q}=\begin{pmatrix}\lambda_1 & & \\ & \ddots & \\ & & \lambda_n\end{pmatrix}$. 作正交变换 $\boldsymbol{x}=\boldsymbol{Q}\boldsymbol{y}$，使

$$f=\boldsymbol{x}^{\mathrm{T}}\boldsymbol{A}\boldsymbol{x}=\boldsymbol{y}^{\mathrm{T}}(\boldsymbol{Q}^{\mathrm{T}}\boldsymbol{A}\boldsymbol{Q})\boldsymbol{y}=\lambda_1y_1^2+\lambda_2y_2^2+\cdots+\lambda_ny_n^2$$

因

$$\lambda_1(y_1^2+y_2^2+\cdots+y_n^2)\leqslant\lambda_1y_1^2+\lambda_2y_2^2+\cdots+\lambda_ny_n^2\leqslant\lambda_n(y_1^2+y_2^2+\cdots+y_n^2)$$

但 $\boldsymbol{x}^{\mathrm{T}}\boldsymbol{x}=(\boldsymbol{Q}\boldsymbol{y})^{\mathrm{T}}(\boldsymbol{Q}\boldsymbol{y})=\boldsymbol{y}^{\mathrm{T}}\boldsymbol{y}=\|\boldsymbol{y}\|^2=1$，故 $f=\boldsymbol{x}^{\mathrm{T}}\boldsymbol{A}\boldsymbol{x}\leqslant\lambda_n$.

设 $\boldsymbol{A}$ 的对应于特征值 λ_n 的单位向量为 $\boldsymbol{\alpha}_n$，即 $\boldsymbol{A}\boldsymbol{\alpha}_n=\lambda_n\boldsymbol{\alpha}_n$，故 $\boldsymbol{\alpha}_n^{\mathrm{T}}\boldsymbol{A}\boldsymbol{\alpha}_n=\boldsymbol{\alpha}_n^{\mathrm{T}}(\lambda_n\boldsymbol{\alpha}_n)=\lambda_n\boldsymbol{\alpha}_n^{\mathrm{T}}\boldsymbol{\alpha}_n=\lambda_n$. 这样 $f=\boldsymbol{x}^{\mathrm{T}}\boldsymbol{A}\boldsymbol{x}$ 在 $\|\boldsymbol{x}\|=1$ 时的最大值为 $\boldsymbol{A}$ 的最大特征值 λ_n.

12. 设 $\boldsymbol{U}$ 为可逆矩阵，$\boldsymbol{A}=\boldsymbol{U}^{\mathrm{T}}\boldsymbol{U}$，证明 $f=\boldsymbol{x}^{\mathrm{T}}\boldsymbol{A}\boldsymbol{x}$ 为正定二次型.

证　对任意非零向量 $\boldsymbol{x}$，因 $\boldsymbol{U}$ 为可逆矩阵，故 $\boldsymbol{U}\boldsymbol{x}\neq\boldsymbol{0}$，则 $\boldsymbol{x}^{\mathrm{T}}\boldsymbol{A}\boldsymbol{x}=\boldsymbol{x}^{\mathrm{T}}\boldsymbol{U}^{\mathrm{T}}\boldsymbol{U}\boldsymbol{x}=(\boldsymbol{U}\boldsymbol{x})^{\mathrm{T}}(\boldsymbol{U}\boldsymbol{x})>0$，从而 $f=\boldsymbol{x}^{\mathrm{T}}\boldsymbol{A}\boldsymbol{x}$ 为正定二次型.

13. 设对称矩阵 $\boldsymbol{A}$ 为正定矩阵，证明：存在可逆矩阵 $\boldsymbol{U}$，使 $\boldsymbol{A}=\boldsymbol{U}^{\mathrm{T}}\boldsymbol{U}$.

证　因对称矩阵 $\boldsymbol{A}$ 为正定的，故存在正交矩阵 $\boldsymbol{Q}$，使 $\boldsymbol{Q}^{\mathrm{T}}\boldsymbol{A}\boldsymbol{Q}=\begin{pmatrix}\lambda_1 & & \\ & \ddots & \\ & & \lambda_n\end{pmatrix}$，其中 $\lambda_i>0\ (i=1,2,\cdots,n)$，于是

$$\boldsymbol{A}=\boldsymbol{Q}\begin{pmatrix}\lambda_1 & & \\ & \ddots & \\ & & \lambda_n\end{pmatrix}\boldsymbol{Q}^{\mathrm{T}}=\boldsymbol{Q}\begin{pmatrix}\sqrt{\lambda_1} & & \\ & \ddots & \\ & & \sqrt{\lambda_n}\end{pmatrix}\begin{pmatrix}\sqrt{\lambda_1} & & \\ & \ddots & \\ & & \sqrt{\lambda_n}\end{pmatrix}\boldsymbol{Q}^{\mathrm{T}}$$

令 $\boldsymbol{U}=\begin{pmatrix}\sqrt{\lambda_1} & & \\ & \ddots & \\ & & \sqrt{\lambda_n}\end{pmatrix}\boldsymbol{Q}^{\mathrm{T}}$，则矩阵 $\boldsymbol{U}$ 是可逆的，且 $\boldsymbol{A}=\boldsymbol{U}^{\mathrm{T}}\boldsymbol{U}$.

14. 设四阶方阵 $\boldsymbol{A}$ 满足条件：$|3\boldsymbol{E}+\boldsymbol{A}|=0,\boldsymbol{A}\boldsymbol{A}^{\mathrm{T}}=2\boldsymbol{E},|\boldsymbol{A}|<0$，求 $\boldsymbol{A}^*$ 的一个特征值.

解　因 $|3\boldsymbol{E}+\boldsymbol{A}|=0$，故 $(-1)^4|-3\boldsymbol{E}-\boldsymbol{A}|=0$，这样 $|-3\boldsymbol{E}-\boldsymbol{A}|=0$，$\boldsymbol{A}$ 有一个特征值为 -3. 又 $\boldsymbol{A}\boldsymbol{A}^{\mathrm{T}}=2\boldsymbol{E}$，则 $|\boldsymbol{A}\boldsymbol{A}^{\mathrm{T}}|=|2\boldsymbol{E}|$，$|\boldsymbol{A}|^2=16$，由于 $|\boldsymbol{A}|<0$，$|\boldsymbol{A}|=-4$. 由 $\boldsymbol{A}^*\boldsymbol{A}=|\boldsymbol{A}|\boldsymbol{E}$ 知，$\boldsymbol{A}^*=-4\boldsymbol{A}^{-1}$，这样 $\boldsymbol{A}^*$ 有一个特征值为 $(-4)\times\dfrac{1}{-3}=\dfrac{4}{3}$.

15. 设 n 阶对称矩阵 $\boldsymbol{A}$ 满足 $\boldsymbol{A}^2=\boldsymbol{A}$，且 $\boldsymbol{A}$ 的秩为 r，试求行列式 $|2\boldsymbol{E}-\boldsymbol{A}|$ 的值.

解　对称矩阵 $\boldsymbol{A}$ 存在正交矩阵 $\boldsymbol{P}$，使

$$P^{-1}AP=\begin{pmatrix}\lambda_1 & & & & & \\ & \ddots & & & & \\ & & \lambda_r & & & \\ & & & 0 & & \\ & & & & \ddots & \\ & & & & & 0\end{pmatrix}\ (\lambda_i\neq 0),\quad P^{-1}A^2P=\begin{pmatrix}\lambda_1^2 & & & & & \\ & \ddots & & & & \\ & & \lambda_r^2 & & & \\ & & & 0 & & \\ & & & & \ddots & \\ & & & & & 0\end{pmatrix}$$

由于 $A^2=A$，故 $\begin{pmatrix}\lambda_1^2 & & & & & \\ & \ddots & & & & \\ & & \lambda_r^2 & & & \\ & & & 0 & & \\ & & & & \ddots & \\ & & & & & 0\end{pmatrix}=\begin{pmatrix}\lambda_1 & & & & & \\ & \ddots & & & & \\ & & \lambda_r & & & \\ & & & 0 & & \\ & & & & \ddots & \\ & & & & & 0\end{pmatrix}$. 由于 $\lambda_i\neq 0$，故 $\lambda_i=1$，从而 $A=P\begin{pmatrix}1 & & & & & \\ & \ddots & & & & \\ & & 1 & & & \\ & & & 0 & & \\ & & & & \ddots & \\ & & & & & 0\end{pmatrix}P^{-1}$，$A$ 的特征值为 1（r 重），0（$n-r$ 重），故 $2E-A$ 的特征值为 1（r 重），2（$n-r$ 重），从而 $|2E-A|=2^{n-r}$.

16. 求一正交变换，将二次型 $f(x_1,x_2,x_3)=5x_1^2+5x_2^2+3x_3^2-2x_1x_2+6x_1x_3-6x_3x_3$ 化为标准形，并指出 $f(x_1,x_2,x_3)=1$ 表示何种二次曲面.

解　此二次型的矩阵为 $A=\begin{pmatrix}5 & -1 & 3\\ -1 & 5 & -3\\ 3 & -3 & 3\end{pmatrix}$,

$$|\lambda E-A|=\begin{vmatrix}\lambda-5 & 1 & -3\\ 1 & \lambda-5 & 3\\ -3 & 3 & \lambda-3\end{vmatrix}=\lambda(\lambda-4)(\lambda-9)$$

故 A 的特征值为 $\lambda_1=0,\lambda_2=4,\lambda_3=9$.

当 $\lambda_1=0$ 时，解方程 $(0E-A)x=0$，得 $\alpha_1=\begin{pmatrix}-1\\ 1\\ 2\end{pmatrix}$.

当 $\lambda_2=4$ 时，解方程 $(4E-A)x=0$，得 $\alpha_2=\begin{pmatrix}1\\ 1\\ 0\end{pmatrix}$.

当$\lambda_3=9$时，解方程$(9\boldsymbol{E}-\boldsymbol{A})\boldsymbol{x}=\boldsymbol{0}$，得$\boldsymbol{\alpha}_3=\begin{pmatrix}1\\-1\\1\end{pmatrix}$.

令$\boldsymbol{\gamma}_1=\dfrac{\sqrt{6}}{6}\begin{pmatrix}-1\\1\\2\end{pmatrix},\boldsymbol{\gamma}_2=\dfrac{\sqrt{2}}{2}\begin{pmatrix}1\\1\\0\end{pmatrix},\boldsymbol{\gamma}_3=\dfrac{\sqrt{3}}{3}\begin{pmatrix}1\\-1\\1\end{pmatrix}$，再令$\boldsymbol{Q}=(\boldsymbol{\gamma}_1,\boldsymbol{\gamma}_2,\boldsymbol{\gamma}_3)$，则$\boldsymbol{Q}$是正交矩阵，且

$$\boldsymbol{Q}^{\mathrm{T}}\boldsymbol{A}\boldsymbol{Q}=\begin{pmatrix}0&&\\&4&\\&&9\end{pmatrix}$$

作正交变换，令$\boldsymbol{x}=\boldsymbol{Q}\boldsymbol{y}$，则$f=\boldsymbol{x}^{\mathrm{T}}\boldsymbol{A}\boldsymbol{x}=\boldsymbol{y}^{\mathrm{T}}\boldsymbol{Q}^{\mathrm{T}}\boldsymbol{A}\boldsymbol{Q}\boldsymbol{y}=4y_2^2+9y_3^2$. $f(x_1,x_2,x_3)=1$表示椭圆柱面.

17. 设$\boldsymbol{A},\boldsymbol{B}$分别为$m$阶、$n$阶正定矩阵，试判定分块矩阵$\boldsymbol{C}=\begin{pmatrix}\boldsymbol{A}&\boldsymbol{O}\\\boldsymbol{O}&\boldsymbol{B}\end{pmatrix}$是否为正定矩阵.

解　因$\boldsymbol{A},\boldsymbol{B}$分别为$m$阶、$n$阶正定矩阵，故$\boldsymbol{C}$是对称的，则对于任意$\boldsymbol{x}\in\mathbf{R}^{m+n},\boldsymbol{x}\neq\boldsymbol{0}$，令$\boldsymbol{x}=\begin{pmatrix}\boldsymbol{\alpha}\\\boldsymbol{\beta}\end{pmatrix},\boldsymbol{\alpha}\in\mathbf{R}^m,\boldsymbol{\beta}\in\mathbf{R}^n$，且至少有一个不是零向量，从而

$$\boldsymbol{x}^{\mathrm{T}}\boldsymbol{C}\boldsymbol{x}=\begin{pmatrix}\boldsymbol{\alpha}\\\boldsymbol{\beta}\end{pmatrix}^{\mathrm{T}}\begin{pmatrix}\boldsymbol{A}&\boldsymbol{O}\\\boldsymbol{O}&\boldsymbol{B}\end{pmatrix}\begin{pmatrix}\boldsymbol{\alpha}\\\boldsymbol{\beta}\end{pmatrix}=\boldsymbol{\alpha}^{\mathrm{T}}\boldsymbol{A}\boldsymbol{\alpha}+\boldsymbol{\beta}^{\mathrm{T}}\boldsymbol{B}\boldsymbol{\beta}>0$$

因此分块矩阵$\boldsymbol{C}=\begin{pmatrix}\boldsymbol{A}&\boldsymbol{O}\\\boldsymbol{O}&\boldsymbol{B}\end{pmatrix}$是正定的.

18. 已知二次型$f(x_1,x_2,x_3)=(1-a)x_1^2+(1-a)x_2^2+2x_3^2+2(1+a)x_1x_2$的秩为2.

（1）求a的值；

（2）求正交变换$\boldsymbol{x}=\boldsymbol{Q}\boldsymbol{y}$，把$f(x_1,x_2,x_3)$化成标准形；

（3）求方程$f(x_1,x_2,x_3)=0$的解.

解　（1）此二次型的矩阵为$\boldsymbol{A}=\begin{pmatrix}1-a&1+a&0\\1+a&1-a&0\\0&0&2\end{pmatrix}$.因二次型$f(x_1,x_2,x_3)=(1-a)x_1^2+(1-a)x_2^2+2x_3^2+2(1+a)x_1x_2$的秩为2，故$\boldsymbol{A}$的秩为2，从而$|\boldsymbol{A}|=0$，这样$a=0$.

（2）$\boldsymbol{A}=\begin{pmatrix}1&1&0\\1&1&0\\0&0&2\end{pmatrix}$，$|\lambda\boldsymbol{E}-\boldsymbol{A}|=\begin{vmatrix}\lambda-1&-1&0\\-1&\lambda-1&0\\0&0&\lambda-2\end{vmatrix}=\lambda(\lambda-2)^2$，故$\boldsymbol{A}$的特征值为$\lambda_1=0,\lambda_2=\lambda_3=2$.

当$\lambda_1=0$时，解方程$(0\boldsymbol{E}-\boldsymbol{A})\boldsymbol{x}=\boldsymbol{0}$，得$\boldsymbol{\alpha}_1=\begin{pmatrix}-1\\1\\0\end{pmatrix}$.

当$\lambda_2=\lambda_3=2$时，解方程$(2\boldsymbol{E}-\boldsymbol{A})\boldsymbol{x}=\boldsymbol{0}$，得$\boldsymbol{\alpha}_2=\begin{pmatrix}1\\1\\0\end{pmatrix},\boldsymbol{\alpha}_3=\begin{pmatrix}0\\0\\1\end{pmatrix}$.

令$\boldsymbol{\gamma}_1=\dfrac{\sqrt{2}}{2}\begin{pmatrix}-1\\1\\0\end{pmatrix},\boldsymbol{\gamma}_2=\dfrac{\sqrt{2}}{2}\begin{pmatrix}1\\1\\0\end{pmatrix},\boldsymbol{\gamma}_3=\begin{pmatrix}0\\0\\1\end{pmatrix}$，再令$\boldsymbol{Q}=(\boldsymbol{\gamma}_1,\boldsymbol{\gamma}_2,\boldsymbol{\gamma}_3)=\begin{pmatrix}-\dfrac{\sqrt{2}}{2}&\dfrac{\sqrt{2}}{2}&0\\\dfrac{\sqrt{2}}{2}&\dfrac{\sqrt{2}}{2}&0\\0&0&1\end{pmatrix}$，则$\boldsymbol{Q}$是正交矩阵，且

$$\boldsymbol{Q}^{\mathrm{T}}\boldsymbol{A}\boldsymbol{Q}=\begin{pmatrix}0&&\\&2&\\&&2\end{pmatrix}$$

作正交变换，令$\boldsymbol{x}=\boldsymbol{Q}\boldsymbol{y}$，则$f=\boldsymbol{x}^{\mathrm{T}}\boldsymbol{A}\boldsymbol{x}=\boldsymbol{y}^{\mathrm{T}}\boldsymbol{Q}^{\mathrm{T}}\boldsymbol{A}\boldsymbol{Q}\boldsymbol{y}=2y_2^2+2y_3^2$.

（3）由$f=2y_2^2+2y_3^2=0$得$y_1=k(k为任意常数),y_2=0,y_3=0$，从而所求的解为$\boldsymbol{x}=\boldsymbol{Q}\boldsymbol{y}=(\boldsymbol{\gamma}_1,\boldsymbol{\gamma}_2,\boldsymbol{\gamma}_3)\begin{pmatrix}k\\0\\0\end{pmatrix}=k\boldsymbol{\gamma}_1=\begin{pmatrix}c\\-c\\0\end{pmatrix}$，其中$c$为任意常数.

19. 设$\boldsymbol{D}=\begin{pmatrix}\boldsymbol{A}&\boldsymbol{C}\\\boldsymbol{C}^{\mathrm{T}}&\boldsymbol{B}\end{pmatrix}$为正定矩阵，其中$\boldsymbol{A},\boldsymbol{B}$分别为$m$阶、$n$阶对称矩阵，$\boldsymbol{C}$为$m\times n$矩阵.

（1）计算$\boldsymbol{P}^{\mathrm{T}}\boldsymbol{D}\boldsymbol{P}$，其中$\boldsymbol{P}=\begin{pmatrix}\boldsymbol{E}_m&-\boldsymbol{A}^{-1}\boldsymbol{C}\\\boldsymbol{O}&\boldsymbol{E}_n\end{pmatrix}$；

（2）利用（1）的结果判断矩阵$\boldsymbol{B}-\boldsymbol{C}^{\mathrm{T}}\boldsymbol{A}^{-1}\boldsymbol{C}$是否为正定矩阵，并证明你的结论.

解 （1）$\boldsymbol{P}^{\mathrm{T}}\boldsymbol{D}\boldsymbol{P}=\begin{pmatrix}\boldsymbol{E}_m&\boldsymbol{O}\\-\boldsymbol{C}^{\mathrm{T}}\boldsymbol{A}^{-1}&\boldsymbol{E}_n\end{pmatrix}\begin{pmatrix}\boldsymbol{A}&\boldsymbol{C}\\\boldsymbol{C}^{\mathrm{T}}&\boldsymbol{B}\end{pmatrix}\begin{pmatrix}\boldsymbol{E}_m&-\boldsymbol{A}^{-1}\boldsymbol{C}\\\boldsymbol{O}&\boldsymbol{E}_n\end{pmatrix}=\begin{pmatrix}\boldsymbol{A}&\boldsymbol{O}\\\boldsymbol{O}&\boldsymbol{B}-\boldsymbol{C}^{\mathrm{T}}\boldsymbol{A}^{-1}\boldsymbol{C}\end{pmatrix}$

（2）因$\boldsymbol{P}$可逆，故由$\boldsymbol{D}$正定知$\boldsymbol{P}^{\mathrm{T}}\boldsymbol{D}\boldsymbol{P}$正定，这样$\boldsymbol{P}^{\mathrm{T}}\boldsymbol{D}\boldsymbol{P}$的特征值均大于0.因为

$$|\lambda\boldsymbol{E}-\boldsymbol{P}^{\mathrm{T}}\boldsymbol{D}\boldsymbol{P}|=\begin{vmatrix}\lambda\boldsymbol{E}-\boldsymbol{A}&\boldsymbol{O}\\\boldsymbol{O}&\lambda\boldsymbol{E}-(\boldsymbol{B}-\boldsymbol{C}^{\mathrm{T}}\boldsymbol{A}^{-1}\boldsymbol{C})\end{vmatrix}=|\lambda\boldsymbol{E}-\boldsymbol{A}||\lambda\boldsymbol{E}-(\boldsymbol{B}-\boldsymbol{C}^{\mathrm{T}}\boldsymbol{A}^{-1}\boldsymbol{C})|=0$$

所以$|\lambda\boldsymbol{E}-\boldsymbol{A}|=0$，$|\lambda\boldsymbol{E}-(\boldsymbol{B}-\boldsymbol{C}^{\mathrm{T}}\boldsymbol{A}^{-1}\boldsymbol{C})|=0$，因此$\boldsymbol{B}-\boldsymbol{C}^{\mathrm{T}}\boldsymbol{A}^{-1}\boldsymbol{C}$的特征值大于0，故$\boldsymbol{B}-\boldsymbol{C}^{\mathrm{T}}\boldsymbol{A}^{-1}\boldsymbol{C}$正定.

20. 设$\boldsymbol{A}$为三阶矩阵，$\boldsymbol{\alpha}_1,\boldsymbol{\alpha}_2,\boldsymbol{\alpha}_3$是线性无关的三维列向量，且满足

$$\boldsymbol{A}\boldsymbol{\alpha}_1=\boldsymbol{\alpha}_1+\boldsymbol{\alpha}_2+\boldsymbol{\alpha}_3,\quad \boldsymbol{A}\boldsymbol{\alpha}_2=2\boldsymbol{\alpha}_2+\boldsymbol{\alpha}_3,\quad \boldsymbol{A}\boldsymbol{\alpha}_3=2\boldsymbol{\alpha}_2+3\boldsymbol{\alpha}_3$$

（1）求矩阵$\boldsymbol{B}$，使$\boldsymbol{A}(\boldsymbol{\alpha}_1,\boldsymbol{\alpha}_2,\boldsymbol{\alpha}_3)=(\boldsymbol{\alpha}_1,\boldsymbol{\alpha}_2,\boldsymbol{\alpha}_3)\boldsymbol{B}$；

（2）求矩阵$\boldsymbol{A}$的特征值；

（3）求可逆矩阵 $\boldsymbol{P}$，使 $\boldsymbol{P}^{-1}\boldsymbol{AP}$ 为对角矩阵.

解　（1）$\boldsymbol{A}(\boldsymbol{\alpha}_1,\boldsymbol{\alpha}_2,\boldsymbol{\alpha}_3)=(\boldsymbol{\alpha}_1,\boldsymbol{\alpha}_2,\boldsymbol{\alpha}_3)\begin{pmatrix}1&0&0\\1&2&2\\1&1&3\end{pmatrix}$，故 $\boldsymbol{B}=\begin{pmatrix}1&0&0\\1&2&2\\1&1&3\end{pmatrix}$.

（2）由于 $\boldsymbol{\alpha}_1,\boldsymbol{\alpha}_2,\boldsymbol{\alpha}_3$ 为线性无关的三维列向量，故矩阵 $(\boldsymbol{\alpha}_1,\boldsymbol{\alpha}_2,\boldsymbol{\alpha}_3)$ 可逆，$(\boldsymbol{\alpha}_1,\boldsymbol{\alpha}_2,\boldsymbol{\alpha}_3)^{-1}\boldsymbol{A}(\boldsymbol{\alpha}_1,\boldsymbol{\alpha}_2,\boldsymbol{\alpha}_3)=\boldsymbol{B}$. 计算 $\boldsymbol{B}$ 的特征值

$$|\lambda\boldsymbol{E}-\boldsymbol{B}|=\begin{vmatrix}\lambda-1&0&0\\-1&\lambda-2&-2\\-1&-1&\lambda-3\end{vmatrix}=(\lambda-1)^2(\lambda-4)=0$$

$\lambda_1=\lambda_2=1,\lambda_3=4$，从而 $\boldsymbol{A}$ 的特征值也为 $\lambda_1=\lambda_2=1,\lambda_3=4$.

（3）对于 $\boldsymbol{B}$，当 $\lambda_1=\lambda_2=1$ 时，求对应的特征向量，解方程 $(\boldsymbol{E}-\boldsymbol{B})\boldsymbol{x}=\boldsymbol{0}$，得基础解系

$$\boldsymbol{\beta}_1=\begin{pmatrix}-1\\1\\0\end{pmatrix},\quad \boldsymbol{\beta}_2=\begin{pmatrix}-2\\0\\1\end{pmatrix}$$

当 $\lambda_3=4$ 时，解方程 $(4\boldsymbol{E}-\boldsymbol{B})\boldsymbol{x}=\boldsymbol{0}$，得基础解系 $\boldsymbol{\beta}_3=\begin{pmatrix}0\\1\\1\end{pmatrix}$.

故 $(\boldsymbol{\beta}_1,\boldsymbol{\beta}_2,\boldsymbol{\beta}_3)^{-1}\boldsymbol{B}(\boldsymbol{\beta}_1,\boldsymbol{\beta}_2,\boldsymbol{\beta}_3)=\begin{pmatrix}1&&\\&1&\\&&4\end{pmatrix}$，这样

$$(\boldsymbol{\beta}_1,\boldsymbol{\beta}_2,\boldsymbol{\beta}_3)^{-1}(\boldsymbol{\alpha}_1,\boldsymbol{\alpha}_2,\boldsymbol{\alpha}_3)^{-1}\boldsymbol{A}(\boldsymbol{\alpha}_1,\boldsymbol{\alpha}_2,\boldsymbol{\alpha}_3)(\boldsymbol{\beta}_1,\boldsymbol{\beta}_2,\boldsymbol{\beta}_3)=\begin{pmatrix}1&&\\&1&\\&&4\end{pmatrix}$$

因此所求的可逆矩阵为 $\boldsymbol{P}=(\boldsymbol{\alpha}_1,\boldsymbol{\alpha}_2,\boldsymbol{\alpha}_3)\begin{pmatrix}-1&-2&0\\1&0&1\\0&1&1\end{pmatrix}=(-\boldsymbol{\alpha}_1+\boldsymbol{\alpha}_2,-2\boldsymbol{\alpha}_1+\boldsymbol{\alpha}_3,\boldsymbol{\alpha}_2+\boldsymbol{\alpha}_3)$，使

$$\boldsymbol{P}^{-1}\boldsymbol{AP}=\begin{pmatrix}1&&\\&1&\\&&4\end{pmatrix}$$

21. 设三阶对称矩阵 $\boldsymbol{A}$ 的各行元素之和均为 3，向量 $\boldsymbol{\alpha}_1=(-1,2,-1)^{\mathrm{T}}$，$\boldsymbol{\alpha}_2=(0,-1,1)^{\mathrm{T}}$ 是线性方程组 $\boldsymbol{Ax}=\boldsymbol{0}$ 的两个解.

（1）求 $\boldsymbol{A}$ 的特征值与特征向量；

（2）求正交矩阵 $\boldsymbol{Q}$ 和对角矩阵 $\boldsymbol{\Lambda}$，使 $\boldsymbol{Q}^{\mathrm{T}}\boldsymbol{AQ}=\boldsymbol{\Lambda}$；

（3）求 $\boldsymbol{A}$ 及 $\left(\boldsymbol{A}-\frac{3}{2}\boldsymbol{E}\right)^6$，其中 $\boldsymbol{E}$ 为三阶单位矩阵.

解 （1）$\boldsymbol{A}\begin{pmatrix}1\\1\\1\end{pmatrix}=\begin{pmatrix}3\\3\\3\end{pmatrix}$，故 $\boldsymbol{A}$ 有特征值 3，对应的特征向量为 $\boldsymbol{\alpha}=\begin{pmatrix}1\\1\\1\end{pmatrix}$.

由于 $\boldsymbol{A\alpha}_1=\boldsymbol{0}=0\boldsymbol{\alpha}_1,\boldsymbol{A\alpha}_2=\boldsymbol{0}=0\boldsymbol{\alpha}_2$，故 $\boldsymbol{A}$ 有特征值 0，对应的特征向量为

$$\boldsymbol{\alpha}_1=\begin{pmatrix}-1\\2\\-1\end{pmatrix},\quad \boldsymbol{\alpha}_2=\begin{pmatrix}0\\-1\\1\end{pmatrix}.$$

（2）将 $\boldsymbol{\alpha}_1,\boldsymbol{\alpha}_2$ 正交化，得 $\boldsymbol{\beta}_1=\boldsymbol{\alpha}_2,\boldsymbol{\beta}_2=\boldsymbol{\alpha}_1-\frac{\langle\boldsymbol{\alpha}_1,\boldsymbol{\beta}_1\rangle}{\langle\boldsymbol{\beta}_1,\boldsymbol{\beta}_1\rangle}\boldsymbol{\beta}_1=\begin{pmatrix}-1\\ \frac{1}{2}\\ \frac{1}{2}\end{pmatrix}$，再将 $\boldsymbol{\alpha},\boldsymbol{\beta}_1,\boldsymbol{\beta}_2$ 单位化，

得 $\boldsymbol{\gamma}=\frac{\sqrt{3}}{3}\begin{pmatrix}1\\1\\1\end{pmatrix},\boldsymbol{\gamma}_1=\frac{\sqrt{2}}{2}\begin{pmatrix}0\\-1\\1\end{pmatrix},\boldsymbol{\gamma}_2=\frac{\sqrt{6}}{6}\begin{pmatrix}-2\\1\\1\end{pmatrix}$.

令 $\boldsymbol{Q}=\begin{pmatrix}\frac{\sqrt{3}}{3} & 0 & -\frac{\sqrt{6}}{3}\\ \frac{\sqrt{3}}{3} & -\frac{\sqrt{2}}{2} & \frac{\sqrt{6}}{6}\\ \frac{\sqrt{3}}{3} & \frac{\sqrt{2}}{2} & \frac{\sqrt{6}}{6}\end{pmatrix}$，则 $\boldsymbol{\Lambda}=\boldsymbol{Q}^{-1}\boldsymbol{AQ}=\boldsymbol{Q}^{\mathrm{T}}\boldsymbol{AQ}=\begin{pmatrix}3 & & \\ & 0 & \\ & & 0\end{pmatrix}$.

（3）由 $\boldsymbol{Q}^{\mathrm{T}}\boldsymbol{AQ}=\begin{pmatrix}3 & & \\ & 0 & \\ & & 0\end{pmatrix}$ 得 $\boldsymbol{A}=\begin{pmatrix}1&1&1\\1&1&1\\1&1&1\end{pmatrix}$.

$$\left(\boldsymbol{A}-\frac{3}{2}\boldsymbol{E}\right)^6=\left[\boldsymbol{Q}\begin{pmatrix}3 & & \\ & 0 & \\ & & 0\end{pmatrix}\boldsymbol{Q}^{-1}-\boldsymbol{Q}\left(\frac{3}{2}\boldsymbol{E}\right)\boldsymbol{Q}^{-1}\right]^6=\boldsymbol{Q}\left[\begin{pmatrix}3 & & \\ & 0 & \\ & & 0\end{pmatrix}-\frac{3}{2}\boldsymbol{E}\right]^6\boldsymbol{Q}^{-1}=\frac{729}{64}\boldsymbol{E}$$

22. 设三阶对称矩阵 $\boldsymbol{A}$ 的特征值 $\lambda_1=1,\lambda_2=2,\lambda_3=-2$，且 $\boldsymbol{\alpha}_1=(1,-1,1)^{\mathrm{T}}$ 是 $\boldsymbol{A}$ 的对应于 λ_1 的一个特征向量. 记 $\boldsymbol{B}=\boldsymbol{A}^5-4\boldsymbol{A}^3+\boldsymbol{E}$，其中 $\boldsymbol{E}$ 为三阶单位矩阵.

（1）验证 $\boldsymbol{\alpha}_1$ 是矩阵 $\boldsymbol{B}$ 的特征向量，并求 $\boldsymbol{B}$ 的全部特征值与特征向量；

（2）求矩阵 $\boldsymbol{B}$.

解 （1）由 $\boldsymbol{A}$ 对称知 $\boldsymbol{B}=\boldsymbol{A}^5-4\boldsymbol{A}^3+\boldsymbol{E}$ 也对称，

$$\boldsymbol{B\alpha}_1=(\boldsymbol{A}^5-4\boldsymbol{A}^3+\boldsymbol{E})\boldsymbol{\alpha}_1=\boldsymbol{A}^5\boldsymbol{\alpha}_1-4\boldsymbol{A}^3\boldsymbol{\alpha}_1+\boldsymbol{\alpha}_1=\boldsymbol{\alpha}_1-4\boldsymbol{\alpha}_1+\boldsymbol{\alpha}_1=-2\boldsymbol{\alpha}_1$$

已知 A 的三个特征值分别为 $\lambda_1=1,\lambda_2=2,\lambda_3=-2$，由于 $B=A^5-4A^3+E$，故 B 的全部特征值分别为 $f(1)=-2,f(2)=1,f(-2)=1$，其中 $f(x)=x^5-4x^3+1$，即 B 的全部特征值为−2，1，1.对应于−2 的全部特征向量为 $k_1\boldsymbol{\alpha}_1$ $(k_1\neq 0)$. 设 B 的对应于 1 的特征向量为 $(x_1,x_2,x_3)^{\mathrm{T}}$，因 $-2\neq 1$，故 $(x_1,x_2,x_3)^{\mathrm{T}}$ 与 $\boldsymbol{\alpha}_1$ 正交，得 $x_1-x_2+x_3=0$，解得

$$\boldsymbol{\alpha}_2=\begin{pmatrix}1\\1\\0\end{pmatrix},\boldsymbol{\alpha}_3=\begin{pmatrix}-1\\0\\1\end{pmatrix},$$

故 B 的对应于特征值 1 的全部特征向量为 $k_2\boldsymbol{\alpha}_2+k_3\boldsymbol{\alpha}_3$ $(k_2,k_3\text{不全为}0)$.

（2）由于 $B\boldsymbol{\alpha}_1=-2\boldsymbol{\alpha}_1,B\boldsymbol{\alpha}_2=\boldsymbol{\alpha}_2,B\boldsymbol{\alpha}_3=\boldsymbol{\alpha}_3$，故令 $P=(\boldsymbol{\alpha}_1,\boldsymbol{\alpha}_2,\boldsymbol{\alpha}_3)$，则

$$P^{-1}BP=\begin{pmatrix}-2&&\\&1&\\&&1\end{pmatrix}$$

于是

$$B=P\begin{pmatrix}-2&&\\&1&\\&&1\end{pmatrix}P^{-1}=\begin{pmatrix}1&1&-1\\-1&1&0\\1&0&1\end{pmatrix}\begin{pmatrix}-2&&\\&1&\\&&1\end{pmatrix}\begin{pmatrix}1&1&-1\\-1&1&0\\1&0&1\end{pmatrix}^{-1}=\begin{pmatrix}0&1&-1\\1&0&1\\-1&1&0\end{pmatrix}$$

23. 设二次型 $f(x_1,x_2,x_3)=ax_1^2+ax_2^2+(a-1)x_3^2+2x_1x_3-2x_2x_3$.

（1）求二次型 f 的矩阵的所有特征值;

（2）若二次型 f 的规范形为 $y_1^2+y_2^2$，求 a 的值.

解　（1）二次型的矩阵为 $A=\begin{pmatrix}a&0&1\\0&a&-1\\1&-1&a-1\end{pmatrix}$,

$$|\lambda E-A|=\begin{vmatrix}\lambda-a&0&-1\\0&\lambda-a&1\\-1&1&\lambda-a+1\end{vmatrix}=(\lambda-a)(\lambda-a+2)(\lambda-a-1)$$

即 A 的特征值为 $\lambda_1=a,\lambda_2=a-2,\lambda_3=a+1$.

（2）若 f 的规范形为 $y_1^2+y_2^2$，说明 A 有两个特征值为正，一个为 0. 故只有当 $a=2$ 时，三个特征值为 0，2，3，这时二次型的规范形为 $y_1^2+y_2^2$.

24. 设 A 为三阶矩阵，$\boldsymbol{\alpha}_1,\boldsymbol{\alpha}_2$ 分别为 A 的对应于特征值 −1,1 的特征向量，向量 $\boldsymbol{\alpha}_3$ 满足 $A\boldsymbol{\alpha}_3=\boldsymbol{\alpha}_2+\boldsymbol{\alpha}_3$.

（1）证明 $\boldsymbol{\alpha}_1,\boldsymbol{\alpha}_2,\boldsymbol{\alpha}_3$ 线性无关;

（2）令 $P=(\boldsymbol{\alpha}_1,\boldsymbol{\alpha}_2,\boldsymbol{\alpha}_3)$，求 $P^{-1}AP$.

解　（1）令

$$k_1\boldsymbol{\alpha}_1+k_2\boldsymbol{\alpha}_2+k_3\boldsymbol{\alpha}_3=\mathbf{0} \tag{1}$$

则 $\boldsymbol{A}(k_1\boldsymbol{\alpha}_1+k_2\boldsymbol{\alpha}_2+k_3\boldsymbol{\alpha}_3)=\boldsymbol{A0}=\boldsymbol{0}$，即 $k_1\boldsymbol{A}\boldsymbol{\alpha}_1+k_2\boldsymbol{A}\boldsymbol{\alpha}_2+k_3\boldsymbol{A}\boldsymbol{\alpha}_3=\boldsymbol{0}$. 由题设可知 $\boldsymbol{A}\boldsymbol{\alpha}_1=-\boldsymbol{\alpha}_1$, $\boldsymbol{A}\boldsymbol{\alpha}_2=\boldsymbol{\alpha}_2, \boldsymbol{A}\boldsymbol{\alpha}_3=\boldsymbol{\alpha}_2+\boldsymbol{\alpha}_3$，故 $-k_1\boldsymbol{\alpha}_1+k_2\boldsymbol{\alpha}_2+k_3(\boldsymbol{\alpha}_2+\boldsymbol{\alpha}_3)=\boldsymbol{0}$，整理得

$$-k_1\boldsymbol{\alpha}_1+(k_2+k_3)\boldsymbol{\alpha}_2+k_3\boldsymbol{\alpha}_3=\boldsymbol{0} \tag{2}$$

式（1）减去式（2）得 $2k_1\boldsymbol{\alpha}_1-k_3\boldsymbol{\alpha}_2=\boldsymbol{0}$. 因为 $\boldsymbol{\alpha}_1,\boldsymbol{\alpha}_2$ 对应于不同的特征值，故 $\boldsymbol{\alpha}_1,\boldsymbol{\alpha}_2$ 线性无关，所以 $k_1=k_3=0$，代入式（1）可得 $k_2=0$，这样 $\boldsymbol{\alpha}_1,\boldsymbol{\alpha}_2,\boldsymbol{\alpha}_3$ 线性无关.

（2）由（1）可知 $\boldsymbol{\alpha}_1,\boldsymbol{\alpha}_2,\boldsymbol{\alpha}_3$ 线性无关，故 $\boldsymbol{P}=(\boldsymbol{\alpha}_1,\boldsymbol{\alpha}_2,\boldsymbol{\alpha}_3)$ 可逆，且 $\boldsymbol{A}(\boldsymbol{\alpha}_1,\boldsymbol{\alpha}_2,\boldsymbol{\alpha}_3)=(\boldsymbol{\alpha}_1,\boldsymbol{\alpha}_2,\boldsymbol{\alpha}_3)\begin{pmatrix}-1&0&0\\0&1&1\\0&0&1\end{pmatrix}$，从而 $\boldsymbol{P}^{-1}\boldsymbol{A}\boldsymbol{P}=\begin{pmatrix}-1&0&0\\0&1&1\\0&0&1\end{pmatrix}$.

25. 已知矩阵 $\boldsymbol{A}=\begin{pmatrix}0&-1&1\\2&-3&0\\0&0&0\end{pmatrix}$.

（1）求 $\boldsymbol{A}^{99}$；

（2）设三阶矩阵 $\boldsymbol{B}=(\boldsymbol{\alpha}_1,\boldsymbol{\alpha}_2,\boldsymbol{\alpha}_3)$ 满足 $\boldsymbol{B}^2=\boldsymbol{B}\boldsymbol{A}$，记 $\boldsymbol{B}^{100}=(\boldsymbol{\beta}_1,\boldsymbol{\beta}_2,\boldsymbol{\beta}_3)$，将 $\boldsymbol{\beta}_1,\boldsymbol{\beta}_2,\boldsymbol{\beta}_3$ 分别表示为 $\boldsymbol{\alpha}_1,\boldsymbol{\alpha}_2,\boldsymbol{\alpha}_3$ 的线性组合.

解（1）首先求 $\boldsymbol{A}$ 的特征值. 由 $|\lambda\boldsymbol{E}-\boldsymbol{A}|=\lambda(\lambda+1)(\lambda+2)=0$，得 $\lambda_1=0,\lambda_2=-1,\lambda_3=-2$.

当 $\lambda_1=0$ 时，解方程 $(0\boldsymbol{E}-\boldsymbol{A})\boldsymbol{x}=\boldsymbol{0}$，得 $\boldsymbol{p}_1=\begin{pmatrix}3\\2\\2\end{pmatrix}$；当 $\lambda_2=-1$ 时，解方程 $(-\boldsymbol{E}-\boldsymbol{A})\boldsymbol{x}=\boldsymbol{0}$，得 $\boldsymbol{p}_2=\begin{pmatrix}1\\1\\0\end{pmatrix}$；当 $\lambda_3=-2$ 时，解方程 $(-2\boldsymbol{E}-\boldsymbol{A})\boldsymbol{x}=\boldsymbol{0}$，得 $\boldsymbol{p}_3=\begin{pmatrix}1\\2\\0\end{pmatrix}$.

故令 $\boldsymbol{P}=(\boldsymbol{p}_1,\boldsymbol{p}_2,\boldsymbol{p}_3)$，则 $\boldsymbol{P}^{-1}\boldsymbol{A}\boldsymbol{P}=\begin{pmatrix}0&&\\&-1&\\&&-2\end{pmatrix}$，从而

$$\boldsymbol{A}=\boldsymbol{P}\begin{pmatrix}0&&\\&-1&\\&&-2\end{pmatrix}\boldsymbol{P}^{-1},\quad \boldsymbol{A}^{99}=\boldsymbol{P}\begin{pmatrix}0&&\\&-1&\\&&-2\end{pmatrix}^{99}\boldsymbol{P}^{-1}=\begin{pmatrix}-2+2^{99}&1-2^{99}&2-2^{98}\\-2+2^{100}&1-2^{100}&2-2^{99}\\0&0&0\end{pmatrix}$$

（2）$\boldsymbol{B}^3=\boldsymbol{B}(\boldsymbol{B}\boldsymbol{A})=\boldsymbol{B}^2\boldsymbol{A}=(\boldsymbol{B}\boldsymbol{A})\boldsymbol{A}=\boldsymbol{B}\boldsymbol{A}^2$

$\boldsymbol{B}^4=\boldsymbol{B}(\boldsymbol{B}^3)=\boldsymbol{B}(\boldsymbol{B}^2\boldsymbol{A})=\boldsymbol{B}^2\boldsymbol{A}^2=(\boldsymbol{B}\boldsymbol{A})\boldsymbol{A}^2=\boldsymbol{B}\boldsymbol{A}^3$

……

$\boldsymbol{B}^{100}=\boldsymbol{B}\boldsymbol{A}^{99}$

记 $\boldsymbol{B}=(\boldsymbol{\alpha}_1,\boldsymbol{\alpha}_2,\boldsymbol{\alpha}_3),\boldsymbol{B}^{100}=(\boldsymbol{\beta}_1,\boldsymbol{\beta}_2,\boldsymbol{\beta}_3)$，这样

$$B^{100}=(\boldsymbol{\beta}_1,\boldsymbol{\beta}_2,\boldsymbol{\beta}_3)=BA^{99}=(\boldsymbol{\alpha}_1,\boldsymbol{\alpha}_2,\boldsymbol{\alpha}_3)\begin{pmatrix}-2+2^{99} & 1-2^{99} & 2-2^{98}\\ -2+2^{100} & 1-2^{100} & 2-2^{99}\\ 0 & 0 & 0\end{pmatrix}$$

从而

$$\boldsymbol{\beta}_1=(-2+2^{99})\boldsymbol{\alpha}_1+(-2+2^{100})\boldsymbol{\alpha}_2,\quad \boldsymbol{\beta}_2=(1-2^{99})\boldsymbol{\alpha}_1+(1-2^{100})\boldsymbol{\alpha}_2,\quad \boldsymbol{\beta}_3=(2-2^{98})\boldsymbol{\alpha}_1+(2-2^{99})\boldsymbol{\alpha}_2$$

26. 设实二次型 $f(x_1,x_2,x_3)=(x_1-x_2+x_3)^2+(x_2+x_3)^2+(x_1+ax_3)^2$，其中 a 是参数.

（1）求 $f(x_1,x_2,x_3)=0$ 的解；

（2）求 $f(x_1,x_2,x_3)$ 的规范形.

解　（1）因 $f(x_1,x_2,x_3)=0$，故 $\begin{cases}x_1-x_2+x_3=0\\ x_2+x_3=0\\ x_1+ax_3=0\end{cases}$，其系数矩阵

$$A=\begin{pmatrix}1 & -1 & 1\\ 0 & 1 & 1\\ 1 & 0 & a\end{pmatrix}\xrightarrow{r}\begin{pmatrix}1 & -1 & 1\\ 0 & 1 & 1\\ 0 & 0 & a-2\end{pmatrix}$$

当 $a=2$ 时，$r(A)=2<3$，$f(x_1,x_2,x_3)=0$ 有非零解，通解为 $\boldsymbol{x}=k\begin{pmatrix}2\\ 1\\ -1\end{pmatrix}\ (k\in\mathbf{R})$.

当 $a\neq 2$ 时，$r(A)=3$，$f(x_1,x_2,x_3)=0$ 只有零解，即 $x_1=x_2=x_3=0$.

（2）由（1）可得：当 $a\neq 2$ 时，二次型 $f(x_1,x_2,x_3)$ 为正定的，所以规范形为 $y_1^2+y_2^2+y_3^2$. 当 $a=2$ 时，$f(x_1,x_2,x_3)=2x_1^2+2x_2^2+6x_3^2-2x_1x_2+6x_1x_3$，此二次型的矩阵为

$$B=\begin{pmatrix}2 & -1 & 3\\ -1 & 2 & 0\\ 3 & 0 & 6\end{pmatrix}$$

由 $|\lambda E-B|=\lambda(\lambda^2-10\lambda+18)$ 得特征值 $\lambda_1=0,\lambda_2=5+\sqrt{7}>0,\lambda_3=5-\sqrt{7}>0$，所以规范形为 $z_1^2+z_2^2$.

27. 设二次型 $f(x_1,x_2,x_3)=2x_1^2-x_2^2+ax_3^2+2x_1x_2-8x_1x_3+2x_2x_3$ 在正交变换 $\boldsymbol{x}=Q\boldsymbol{y}$ 下的标准形为 $\lambda_1y_1^2+\lambda_2y_2^2$，求 a 的值及正交矩阵 Q.

解　此二次型的矩阵为 $A=\begin{pmatrix}2 & 1 & -4\\ 1 & -1 & 1\\ -4 & 1 & a\end{pmatrix}$. 因二次型在正交变换下的标准形为 $\lambda_1y_1^2+\lambda_2y_2^2$，故 A 有特征值 0，从而 $|A|=0$，这样 $a=2$. 又

$$|\lambda E-A|=\begin{vmatrix}\lambda-2 & -1 & 4\\ -1 & \lambda+1 & -1\\ 4 & -1 & \lambda-2\end{vmatrix}=(\lambda+3)(\lambda-6)\lambda$$

故 $\boldsymbol{A}$ 的特征值为 $\lambda_1=-3,\lambda_2=6,\lambda_3=0$.

当 $\lambda_1=-3$ 时，解方程 $(-3\boldsymbol{E}-\boldsymbol{A})\boldsymbol{x}=\boldsymbol{0}$，得 $\boldsymbol{\alpha}_1=\begin{pmatrix}1\\-1\\1\end{pmatrix}$.

当 $\lambda_2=6$ 时，解方程 $(6\boldsymbol{E}-\boldsymbol{A})\boldsymbol{x}=\boldsymbol{0}$，得 $\boldsymbol{\alpha}_2=\begin{pmatrix}-1\\0\\1\end{pmatrix}$.

当 $\lambda_3=0$ 时，解方程 $(0\boldsymbol{E}-\boldsymbol{A})\boldsymbol{x}=\boldsymbol{0}$，得 $\boldsymbol{\alpha}_3=\begin{pmatrix}1\\2\\1\end{pmatrix}$.

因 $\boldsymbol{\alpha}_1,\boldsymbol{\alpha}_2,\boldsymbol{\alpha}_3$ 对应于不同的特征值，已经正交，只需单位化. 令

$$\boldsymbol{\gamma}_1=\frac{\sqrt{3}}{3}\begin{pmatrix}1\\-1\\1\end{pmatrix},\quad \boldsymbol{\gamma}_2=\frac{\sqrt{2}}{2}\begin{pmatrix}-1\\0\\1\end{pmatrix},\quad \boldsymbol{\gamma}_3=\frac{\sqrt{6}}{6}\begin{pmatrix}1\\2\\1\end{pmatrix}$$

所求的正交矩阵为

$$\boldsymbol{Q}=(\boldsymbol{\gamma}_1,\boldsymbol{\gamma}_2,\boldsymbol{\gamma}_3)=\begin{pmatrix}\frac{\sqrt{3}}{3} & -\frac{\sqrt{2}}{2} & \frac{\sqrt{6}}{6}\\ -\frac{\sqrt{3}}{3} & 0 & \frac{\sqrt{6}}{3}\\ \frac{\sqrt{3}}{3} & \frac{\sqrt{2}}{2} & \frac{\sqrt{6}}{6}\end{pmatrix}$$

则

$$\boldsymbol{Q}^{-1}\boldsymbol{A}\boldsymbol{Q}=\begin{pmatrix}-3 & & \\ & 6 & \\ & & 0\end{pmatrix}$$

二次型

$$f(x_1,x_2,x_3)=2x_1^2-x_2^2+ax_3^2+2x_1x_2-8x_1x_3+2x_2x_3$$

在正交变换 $\boldsymbol{x}=\boldsymbol{Q}\boldsymbol{y}$ 下的标准形为 $f=-3y_1^2+6y_2^2$.

28. 设某城市共有 30 万人从事农、工、商工作，假定这个总人数在若干年内保持不变，而社会调查表明：

（1）在这 30 万就业人员中，目前约有 15 万人从事农业，9 万人从事工业，而有 6 万人经商；

（2）在从农人员中，每年约有 20%改为从工，10%改为经商；

（3）在从工人员中，每年约有 20%改为从农，10%改为经商；

（4）在经商人员中，每年约有 10%改为从农，10%改为从工.

现预测 1，2 年后从事各业人员的人数，以及经过多年之后，从事各业人员总数的发展趋势.

解　用三维向量 $\boldsymbol{x}^{(i)}$ 表示第 i 年后，从事这三种职业的人员总数，则已知

$$\boldsymbol{x}^{(0)}=\begin{pmatrix}15\\9\\6\end{pmatrix},\quad \boldsymbol{x}^{(i)}=\begin{pmatrix}x_1^{(i)}\\x_2^{(i)}\\x_3^{(i)}\end{pmatrix}$$

据社会调查

$$\begin{cases}0.7\times15+0.2\times9+0.1\times6=x_1^{(1)}=12.9\\0.2\times15+0.7\times9+0.1\times6=x_2^{(1)}=\ 9.9\\0.1\times15+0.1\times9+0.8\times6=x_3^{(1)}=\ 7.2\end{cases}$$

写成矩阵形式:

$$\boldsymbol{A}\boldsymbol{x}^{(0)}=\boldsymbol{x}^{(1)}$$

其中,

$$\boldsymbol{A}=\begin{pmatrix}0.7&0.2&0.1\\0.2&0.7&0.1\\0.1&0.1&0.8\end{pmatrix},\quad \boldsymbol{x}^{(1)}=\begin{pmatrix}12.9\\9.9\\7.2\end{pmatrix}$$

同样可知

$$\boldsymbol{x}^{(2)}=\boldsymbol{A}\boldsymbol{x}^{(1)}=\boldsymbol{A}^2\boldsymbol{x}^{(0)}=\begin{pmatrix}11.73\\10.23\\8.04\end{pmatrix}$$

经若干年后，设 n 年后，则

$$\boldsymbol{x}^{(n)}=\boldsymbol{A}\boldsymbol{x}^{(n-1)}=\boldsymbol{A}^n\boldsymbol{x}^{(0)}$$

要计算 $\boldsymbol{A}^n$，则可将 $\boldsymbol{A}$ 对角化（$\boldsymbol{A}$ 对称，必可对角化）.

也可这样分析. 因 $\boldsymbol{A}$ 的各行元素之和均为 1，故 $\boldsymbol{A}$ 有特征值 $\lambda_1=1$，以及对应的特征向量

$$\boldsymbol{p}_1=\begin{pmatrix}1\\1\\1\end{pmatrix}$$

再把另两个特征值求出，由 $|\lambda\boldsymbol{E}-\boldsymbol{A}|=0$ 知，$\lambda_2=0.7,\lambda_3=0.5$. 求出相应的特征向量 $\boldsymbol{p}_2,\boldsymbol{p}_3$，并把这三个特征向量单位化（因已正交，只要单位化即可），记为 $\boldsymbol{q}_1,\boldsymbol{q}_2,\boldsymbol{q}_3$，则得正交矩阵 $\boldsymbol{Q}$ 为

$$\boldsymbol{Q}=(\boldsymbol{q}_1,\boldsymbol{q}_2,\boldsymbol{q}_3)$$

从而

$$\boldsymbol{A}=\boldsymbol{Q}\boldsymbol{\Lambda}\boldsymbol{Q}^{-1},\quad \boldsymbol{A}^n=\boldsymbol{Q}\boldsymbol{\Lambda}^n\boldsymbol{Q}^{-1}$$

这里

$$\boldsymbol{\Lambda}=\begin{pmatrix}1 & & \\ & 0.7 & \\ & & 0.5\end{pmatrix}$$

因此，

$$\lim_{n\to\infty}\boldsymbol{A}^n=\lim_{n\to\infty}\boldsymbol{Q}\boldsymbol{\Lambda}^n\boldsymbol{Q}^{-1}=\boldsymbol{Q}\begin{pmatrix}1 & & \\ & 0 & \\ & & 0\end{pmatrix}\boldsymbol{Q}^{-1}$$

$\boldsymbol{x}^{(n)}$将趋于一个确定的向量$\boldsymbol{x}^*$. 因$\boldsymbol{x}^{(n-1)}$也必趋于$\boldsymbol{x}^*$，故由$\boldsymbol{x}^{(n)}=\boldsymbol{A}\boldsymbol{x}^{(n-1)}$知，$\boldsymbol{x}^*$必满足

$$\boldsymbol{x}^*=\boldsymbol{A}\boldsymbol{x}^*$$

所以$\boldsymbol{x}^*$是矩阵$\boldsymbol{A}$的对应于特征值$\lambda_1=1$的一个特征向量，故知

$$\boldsymbol{x}^*=t\begin{pmatrix}1\\1\\1\end{pmatrix}=\begin{pmatrix}t\\t\\t\end{pmatrix}$$

由$t+t+t=30$知，$t=10$，即照此规律转移，n年以后，从事这三种职业的人数将趋于相等，均为10万人.

29. 金融机构为保证现金充分支付，设立一笔总额5 400万的基金，分开放置在位于A城和B城的两家公司，基金在平时可以使用，但每周末结算时必须确保总额仍为5 400万. 经过相当长的一段时期的现金流动，发现每过一周，各公司的支付基金在流通过程中多数还留在自己的公司内，而A城公司有10%支付基金流动到B城公司，B城公司则有12%支付基金流动到A城公司. 起初A城公司基金为2 600万，B城公司基金为2 800万. 按此规律，两公司支付基金数额变化趋势如何？如果金融专家认为每个公司的支付基金不能少于2 200万，那么是否需要在必要时调动基金？

解 设第$k+1$周末结算时，A城公司、B城公司的支付基金数分别为a_{k+1}，b_{k+1}（单位：万元），则有$a_0=2\,600, b_0=2\,800$，

$$\begin{cases}a_{k+1}=0.9a_k+0.12b_k\\ b_{k+1}=0.1a_k+0.88b_k\end{cases}$$

原问题转化为：

（1）把a_{k+1},b_{k+1}表示成k的函数，并确定$\lim\limits_{k\to+\infty}a_k$和$\lim\limits_{k\to+\infty}b_k$；

（2）看$\lim\limits_{k\to+\infty}a_k$和$\lim\limits_{k\to+\infty}b_k$是否小于2200.

由$\begin{cases}a_{k+1}=0.9a_k+0.12b_k\\ b_{k+1}=0.1a_k+0.88b_k\end{cases}$可得

$$\begin{pmatrix}a_{k+1}\\b_{k+1}\end{pmatrix}=\begin{pmatrix}0.9 & 0.12\\0.1 & 0.88\end{pmatrix}\begin{pmatrix}a_k\\b_k\end{pmatrix}=\begin{pmatrix}0.9 & 0.12\\0.1 & 0.88\end{pmatrix}^2\begin{pmatrix}a_{k-1}\\b_{k-1}\end{pmatrix}=\cdots=\begin{pmatrix}0.9 & 0.12\\0.1 & 0.88\end{pmatrix}^{k+1}\begin{pmatrix}a_0\\b_0\end{pmatrix}$$

令$\boldsymbol{A}=\begin{pmatrix}0.9 & 0.12\\0.1 & 0.88\end{pmatrix}$，则$\begin{pmatrix}a_{k+1}\\b_{k+1}\end{pmatrix}=\boldsymbol{A}^{k+1}\begin{pmatrix}a_0\\b_0\end{pmatrix}=\boldsymbol{A}^{k+1}\begin{pmatrix}2\,600\\2\,800\end{pmatrix}$. 为了计算$\boldsymbol{A}^{k+1}\begin{pmatrix}2\,600\\2\,800\end{pmatrix}$，对

于矩阵 $\boldsymbol{A}$，求可逆矩阵 $\boldsymbol{P}=\begin{pmatrix}0.7\,682 & -1\\ 0.6\,402 & 1\end{pmatrix}$，使 $\boldsymbol{P}^{-1}\boldsymbol{A}\boldsymbol{P}=\begin{pmatrix}1 & 0\\ 0 & 0.78\end{pmatrix}$，从而

$$\boldsymbol{A}=\boldsymbol{P}\begin{pmatrix}1 & 0\\ 0 & 0.78\end{pmatrix}\boldsymbol{P}^{-1}$$

$$\boldsymbol{A}^{k+1}=\boldsymbol{P}\begin{pmatrix}1 & 0\\ 0 & 0.78^{k+1}\end{pmatrix}\boldsymbol{P}^{-1}$$

$$\begin{pmatrix}a_{k+1}\\ b_{k+1}\end{pmatrix}=\boldsymbol{A}^{k+1}\begin{pmatrix}2\,600\\ 2\,800\end{pmatrix}=\boldsymbol{P}\begin{pmatrix}1 & 0\\ 0 & 0.78^{k+1}\end{pmatrix}\boldsymbol{P}^{-1}\begin{pmatrix}2\,600\\ 2\,800\end{pmatrix}$$

故 $\begin{pmatrix}a_{k+1}\\ b_{k+1}\end{pmatrix}=\begin{pmatrix}\dfrac{32\,400}{11}-\dfrac{3\,800}{11}\cdot\left(\dfrac{39}{50}\right)^{k+1}\\ \dfrac{27\,000}{11}+\dfrac{3\,800}{11}\cdot\left(\dfrac{39}{50}\right)^{k+1}\end{pmatrix}$，其中 $\dfrac{39}{50}<1$.

可见 $\{a_k\}$ 单调递增，$\{b_k\}$ 单调递减，而且 $\lim\limits_{k\to+\infty}a_k=\dfrac{32\,400}{11},\lim\limits_{k\to+\infty}b_k=\dfrac{27\,000}{11}$，而 $\dfrac{32\,400}{11}\approx 2\,945.5,\dfrac{27\,000}{11}\approx 2\,454.5$，两者都大于 2 200，所以不需要调动基金.

30. 有两家公司 R 和 S 经营同类产品，它们相互竞争. 每年 R 公司保有 $\dfrac{1}{4}$ 的顾客，而 $\dfrac{3}{4}$ 的顾客转移到 S 公司；每年 S 公司保有 $\dfrac{2}{3}$ 的顾客，而 $\dfrac{1}{3}$ 的顾客转移到 R 公司. 当产品开始制造时 R 公司占有 $\dfrac{3}{5}$ 的市场份额，而 S 公司占有 $\dfrac{2}{5}$ 的市场份额，问 2 年后，两家公司占有的市场份额变化怎样？5 年后又怎样？是否有一组初始市场份额分配数据使以后每年市场份额分配额定不变？

解　根据两家公司每年顾客转移的数据资料，形成以下转移矩阵：

$$\boldsymbol{A}=\begin{pmatrix}\dfrac{1}{4} & \dfrac{1}{3}\\ \dfrac{3}{4} & \dfrac{2}{3}\end{pmatrix}$$

由市场的初始分配数据可得如下向量：

$$\boldsymbol{X}_0=\begin{pmatrix}\dfrac{3}{5}\\ \dfrac{2}{5}\end{pmatrix}$$

所以 1 年后，市场分配为

$$\boldsymbol{X}_1=\boldsymbol{A}\boldsymbol{X}_0=\begin{pmatrix}\dfrac{1}{4} & \dfrac{1}{3}\\ \dfrac{3}{4} & \dfrac{2}{3}\end{pmatrix}\begin{pmatrix}\dfrac{3}{5}\\ \dfrac{2}{5}\end{pmatrix}=\begin{pmatrix}0.2833\\ 0.7167\end{pmatrix}$$

2 年后，市场分配为

$$X_2 = AX_1 = A^2 X_0 = \begin{pmatrix} 0.3097 \\ 0.6903 \end{pmatrix}$$

以向量 X_n 记第 n 年后市场分配的份额，则

$$X_n = AX_{n-1} = A^n X_0 \quad (n = 1, 2, \cdots)$$

经计算得 $X_2 = \begin{pmatrix} 0.309\ 7 \\ 0.690\ 3 \end{pmatrix}, X_5 = \begin{pmatrix} 0.307\ 7 \\ 0.692\ 3 \end{pmatrix}, X_{10} = \begin{pmatrix} 0.307\ 7 \\ 0.692\ 3 \end{pmatrix}$.

由此得下表：

时间	R 公司的市场份额/%	S 公司的市场份额/%
2 年后	31	69
5 年后	31	69
10 年后	31	69

设数据 a 和 b 为 R 公司与 S 公司的初始市场份额，则有 $a+b=1$，为了使以后每年的市场分配不变，根据顾客数量转移的规律，有

$$\begin{pmatrix} \frac{1}{4} & \frac{1}{3} \\ \frac{3}{4} & \frac{2}{3} \end{pmatrix} \begin{pmatrix} a \\ b \end{pmatrix} = \begin{pmatrix} a \\ b \end{pmatrix}$$

即

$$\begin{pmatrix} -\frac{3}{4} & \frac{1}{3} \\ \frac{3}{4} & -\frac{1}{3} \end{pmatrix} \begin{pmatrix} a \\ b \end{pmatrix} = \mathbf{0}$$

解得 $a = \frac{4}{13}, b = \frac{9}{13}$.

31. 证明斐波那契数列：$0,1,1,2,3,5,8,13,21,\cdots$ 的通项公式为

$$a_n = \frac{1}{\sqrt{5}} \left[\left(\frac{1+\sqrt{5}}{2} \right)^n - \left(\frac{1-\sqrt{5}}{2} \right)^n \right]$$

证　斐波那契数列的通项 $\{a_n\}$ 满足 $a_n = a_{n-1} + a_{n-2}$，其中 $a_0 = 0, a_1 = 1$. 由此得

$$\begin{pmatrix} a_n \\ a_{n-1} \end{pmatrix} = \begin{pmatrix} 1 & 1 \\ 1 & 0 \end{pmatrix} \begin{pmatrix} a_{n-1} \\ a_{n-2} \end{pmatrix} = \begin{pmatrix} 1 & 1 \\ 1 & 0 \end{pmatrix} \begin{pmatrix} 1 & 1 \\ 1 & 0 \end{pmatrix} \begin{pmatrix} a_{n-2} \\ a_{n-3} \end{pmatrix} = \cdots = \begin{pmatrix} 1 & 1 \\ 1 & 0 \end{pmatrix}^{n-1} \begin{pmatrix} a_1 \\ a_0 \end{pmatrix} = \begin{pmatrix} 1 & 1 \\ 1 & 0 \end{pmatrix}^{n-1} \begin{pmatrix} 1 \\ 0 \end{pmatrix}$$

令 $A = \begin{pmatrix} 1 & 1 \\ 1 & 0 \end{pmatrix}, |\lambda E - A| = \begin{vmatrix} \lambda - 1 & -1 \\ -1 & \lambda \end{vmatrix} = \lambda^2 - \lambda - 1 = 0$，解得 $\lambda_1 = \frac{1+\sqrt{5}}{2}, \lambda_2 = \frac{1-\sqrt{5}}{2}$.

当$\lambda_1=\dfrac{1+\sqrt{5}}{2}$时，解方程$(\lambda_1\boldsymbol{E}-\boldsymbol{A})\boldsymbol{x}=\boldsymbol{0}$，得$\boldsymbol{p}_1=\begin{pmatrix}\dfrac{1+\sqrt{5}}{2}\\1\end{pmatrix}$.

当$\lambda_2=\dfrac{1-\sqrt{5}}{2}$时，解方程$(\lambda_2\boldsymbol{E}-\boldsymbol{A})\boldsymbol{x}=\boldsymbol{0}$，得$\boldsymbol{p}_2=\begin{pmatrix}1\\-\dfrac{1+\sqrt{5}}{2}\end{pmatrix}$.

令$\boldsymbol{P}=(\boldsymbol{p}_1,\boldsymbol{p}_2)=\begin{pmatrix}\dfrac{1+\sqrt{5}}{2} & 1\\ 1 & -\dfrac{1+\sqrt{5}}{2}\end{pmatrix}$，则$\boldsymbol{P}^{-1}\boldsymbol{A}\boldsymbol{P}=\begin{pmatrix}\dfrac{1+\sqrt{5}}{2} & 0\\ 0 & \dfrac{1-\sqrt{5}}{2}\end{pmatrix}$.

$$\boldsymbol{A}^{n-1}=\boldsymbol{P}\begin{pmatrix}\left(\dfrac{1+\sqrt{5}}{2}\right)^{n-1} & 0\\ 0 & \left(\dfrac{1-\sqrt{5}}{2}\right)^{n-1}\end{pmatrix}\boldsymbol{P}^{-1}，则$$

$$\boldsymbol{A}^{n-1}=\begin{pmatrix}\dfrac{1}{\sqrt{5}}\left[\left(\dfrac{1+\sqrt{5}}{2}\right)^{n}-\left(\dfrac{1-\sqrt{5}}{2}\right)^{n}\right] & -\dfrac{1}{\sqrt{5}}\left[\dfrac{1-\sqrt{5}}{2}\left(\dfrac{1+\sqrt{5}}{2}\right)^{n}+\left(\dfrac{1-\sqrt{5}}{2}\right)^{n-1}\right]\\ \dfrac{1}{\sqrt{5}}\left[\left(\dfrac{1+\sqrt{5}}{2}\right)^{n-1}-\left(\dfrac{1-\sqrt{5}}{2}\right)^{n-1}\right] & -\left(\dfrac{1+\sqrt{5}}{2}\right)^{n-2}+\dfrac{1}{\sqrt{5}}\dfrac{1+\sqrt{5}}{2}\left(\dfrac{1-\sqrt{5}}{2}\right)^{n}\end{pmatrix}$$

由于$\begin{pmatrix}a_n\\a_{n-1}\end{pmatrix}=\boldsymbol{A}^{n-1}\begin{pmatrix}1\\0\end{pmatrix}$，故$a_n=\dfrac{1}{\sqrt{5}}\left[\left(\dfrac{1+\sqrt{5}}{2}\right)^{n}-\left(\dfrac{1-\sqrt{5}}{2}\right)^{n}\right]$.

自测题（一）

一、选择题（每小题3分，共30分）.

1. 若方程组 $\boldsymbol{Ax}=\boldsymbol{b}$ 有非零解，则方程组 $\boldsymbol{Ax}=\boldsymbol{0}$ 必（　　）.

A. 有唯一解　　B. 没有唯一解　　C. 有无穷多解　　D. 没有无穷多解

2. 若 $\boldsymbol{A},\boldsymbol{B}$ 都是 n 阶可逆矩阵，则下列结论不一定正确的是（　　）.

A. $(\boldsymbol{AB})^{\mathrm{T}}=\boldsymbol{B}^{\mathrm{T}}\boldsymbol{A}^{\mathrm{T}}$　　B. $(\boldsymbol{AB})^{-1}=\boldsymbol{B}^{-1}\boldsymbol{A}^{-1}$

C. $(\boldsymbol{AB})^{*}=\boldsymbol{B}^{*}\boldsymbol{A}^{*}$　　D. $(\boldsymbol{AB})^{2}=\boldsymbol{B}^{2}\boldsymbol{A}^{2}$

3. 已知 n 维向量组 $\boldsymbol{\alpha}_1,\boldsymbol{\alpha}_2,\cdots,\boldsymbol{\alpha}_m\ (m>n)$，则（　　）.

A. $\boldsymbol{\alpha}_1,\boldsymbol{\alpha}_2,\cdots,\boldsymbol{\alpha}_m$ 一定线性相关　　B. $\boldsymbol{\alpha}_1,\boldsymbol{\alpha}_2,\cdots,\boldsymbol{\alpha}_m$ 可能相关，也可能无关

C. $\boldsymbol{\alpha}_1,\boldsymbol{\alpha}_2,\cdots,\boldsymbol{\alpha}_m$ 一定线性无关　　D. 以上均不对

4. 已知 $\boldsymbol{A}=(a_{ij})_{n\times n}$，$\boldsymbol{B}=(b_{ij})_{n\times n}$，$|\boldsymbol{A}|=a$，$|\boldsymbol{B}|=b\neq 0$．如果 $\boldsymbol{C}=(c_{ij})_{n\times n}$，其中 $c_{ij}=\sum_{k=1}^{n}a_{ik}b_{kj}$，则 $|\boldsymbol{C}|=$（　　）.

A. $a+b$　　B. $a-b$　　C. ab　　D. $\dfrac{a}{b}$

5. 已知 a,b,c,d 互不相同，则如下方阵的秩为（　　）.

$$\begin{pmatrix} 1 & 1 & 1 & 1 \\ a+2 & b+2 & c+2 & d+2 \\ (a+2)^2 & (b+2)^2 & (c+2)^2 & (d+2)^2 \\ (a+2)^3 & (b+2)^3 & (c+2)^3 & (d+2)^3 \end{pmatrix}$$

A. 1　　B. 2　　C. 3　　D. 4

6. 设 $\boldsymbol{A}$ 为三阶方阵，$\boldsymbol{A}^*$ 为 $\boldsymbol{A}$ 的伴随矩阵，$|\boldsymbol{A}|=-2$，则 $\left|\dfrac{1}{2}\boldsymbol{A}^*-3\boldsymbol{A}^{-1}\right|$ 等于（　　）.

A. –32　　B. –2　　C. 32　　D. 2

7. 设两个 n 阶矩阵 $\boldsymbol{A}$ 与 $\boldsymbol{B}$ 相似，以下结论不成立的是（　　）.

A. $\boldsymbol{A}$ 与 $\boldsymbol{B}$ 有相同的特征值　　B. $\boldsymbol{A}$ 与 $\boldsymbol{B}$ 有相同的特征向量

C. 若 $\boldsymbol{A}$ 可对角化，则 $\boldsymbol{B}$ 一定可对角化　　D. $r(\boldsymbol{A})=r(\boldsymbol{B})$

8. $\boldsymbol{A}$ 与 $\boldsymbol{B}$ 均为 n 阶矩阵，且 $(\boldsymbol{A}+\boldsymbol{B})(\boldsymbol{A}-\boldsymbol{B})=\boldsymbol{A}^2-\boldsymbol{B}^2$，则必有（　　）.

A. $\boldsymbol{B}=\boldsymbol{E}$　　B. $\boldsymbol{A}=\boldsymbol{E}$　　C. $\boldsymbol{A}=\boldsymbol{B}$　　D. $\boldsymbol{AB}=\boldsymbol{BA}$

9. 设矩阵 $\boldsymbol{A}=\begin{pmatrix} 1 & 1 & 1 \\ 1 & 2 & 1 \\ 2 & 3 & \lambda+1 \end{pmatrix}$ 的秩为2，则 $\lambda=$（　　）.

A. 2　　B. 1　　C. 0　　D. –1

10. 二次型 $f(x_1,x_2,x_3)=x_1^2+3x_2^2-4x_3^2+6x_1x_2+10x_2x_3$ 的矩阵是（　　）.

A. $\begin{pmatrix}1&3&5\\3&3&0\\5&0&-4\end{pmatrix}$　　B. $\begin{pmatrix}1&6&0\\0&3&10\\0&0&-4\end{pmatrix}$　　C. $\begin{pmatrix}1&3&0\\3&3&5\\0&5&-4\end{pmatrix}$　　D. $\begin{pmatrix}1&6&0\\6&3&10\\0&10&-4\end{pmatrix}$

二、填空题（每小题 2 分，共 10 分）.

1. 若三阶矩阵 $\boldsymbol{A}$ 的特征值分别为$1,2,2$，则$|4\boldsymbol{A}^{-1}-\boldsymbol{E}|=$________.

2. $\boldsymbol{A}$ 为n阶矩阵，且$\boldsymbol{A}^2+2\boldsymbol{A}-7\boldsymbol{E}=\boldsymbol{O}$，则$(\boldsymbol{A}+3\boldsymbol{E})^{-1}=$________.

3. 设矩阵 $\boldsymbol{A}=\begin{pmatrix}2&1\\-1&2\end{pmatrix}$,$\boldsymbol{E}$ 为二阶单位矩阵，若矩阵 $\boldsymbol{A}$，$\boldsymbol{B}$ 满足 $\boldsymbol{A}=\boldsymbol{B}+2\boldsymbol{E}$，则

$\boldsymbol{B}=$________.

4. 已知$D=\begin{vmatrix}1&1&1&1\\-1&-2&3&4\\0&4&6&7\\51&52&53&54\end{vmatrix}$，则 $A_{41}+A_{42}+A_{43}+A_{44}=$________.

5. 行列式$\begin{vmatrix}1&2&3\\2&3&0\\3&0&0\end{vmatrix}=$________.

三、计算题（每小题 6 分，共 12 分）.

1. 计算行列式（6 分）.

$$D=\begin{vmatrix}5&1&1&1\\1&5&1&1\\1&1&5&1\\1&1&1&5\end{vmatrix}$$

2. 已知 $\boldsymbol{X}=\boldsymbol{AX}+\boldsymbol{B}$，其中 $\boldsymbol{A}=\begin{pmatrix}0&1&0\\-1&1&1\\-1&0&-1\end{pmatrix}$,$\boldsymbol{B}=\begin{pmatrix}1&-1\\2&0\\5&-3\end{pmatrix}$，求矩阵 $\boldsymbol{X}$（6 分）.

四、（共 15 分） 判断下面的方程组是否有解，若有解，求其解.

$$\begin{cases} 2x_1 - 2x_2 + x_3 - x_4 + x_5 = 2 \\ x_1 - 4x_2 + 2x_3 - 2x_4 + 3x_5 = 3 \\ 4x_1 - 10x_2 + 2x_3 - 5x_4 + 7x_5 = 8 \\ x_1 + 2x_2 - x_3 + x_4 - 2x_5 = -1 \end{cases}$$

五、（共 15 分） 已知向量组

$$\boldsymbol{\alpha}_1 = \begin{pmatrix} 1 \\ -1 \\ 2 \\ 4 \end{pmatrix}, \quad \boldsymbol{\alpha}_2 = \begin{pmatrix} 0 \\ 3 \\ 1 \\ 2 \end{pmatrix}, \quad \boldsymbol{\alpha}_3 = \begin{pmatrix} 3 \\ 0 \\ 7 \\ 14 \end{pmatrix}, \quad \boldsymbol{\alpha}_4 = \begin{pmatrix} 1 \\ -1 \\ 2 \\ 0 \end{pmatrix}, \quad \boldsymbol{\alpha}_5 = \begin{pmatrix} 2 \\ 1 \\ 5 \\ 6 \end{pmatrix}$$

（1）求该向量组的秩（5 分）;

（2）求该向量组的一个极大线性无关组（5 分）;

（3）将其余向量用此极大线性无关组线性表示（5 分）.

六、（每小题 6 分，共 18 分） 已知 $\boldsymbol{A} = \begin{pmatrix} 1 & 0 & 0 \\ a & 1 & 0 \\ 2 & 3 & 0 \end{pmatrix}$ 与对角矩阵相似.

（1）求 a 的值;

（2）求 $\boldsymbol{A}$ 的特征值和特征向量;

（3）求 $\boldsymbol{A}^{10}$.

自 测 题（二）

一、单项选择题（每小题 2 分，共 14 分）.

1. 下列矩阵中是行最简形矩阵的是（　　）.

A. $\begin{pmatrix} 0 & 1 & 0 & 1 \\ 0 & 0 & 1 & 1 \\ 0 & 0 & 0 & 0 \end{pmatrix}$　　B. $\begin{pmatrix} 0 & 1 & 0 & 1 \\ 0 & 0 & 2 & 1 \\ 0 & 0 & 0 & 0 \end{pmatrix}$

C. $\begin{pmatrix} 0 & 1 & 1 & 1 \\ 0 & 0 & 1 & 1 \\ 0 & 0 & 0 & 0 \end{pmatrix}$　　D. $\begin{pmatrix} 0 & 1 & 0 & 1 \\ 0 & 1 & 0 & 1 \\ 0 & 0 & 0 & 0 \end{pmatrix}$

2. 设 $\boldsymbol{A}$ 为 $m\times n$ 矩阵，非齐次线性方程组 $\boldsymbol{Ax}=\boldsymbol{b}$ 对应的齐次线性方程组为 $\boldsymbol{Ax}=\boldsymbol{0}$，则下述结论中不正确的是（　　）.

A. 若 $m=n$ 且 $|\boldsymbol{A}|\neq 0$，则 $\boldsymbol{Ax}=\boldsymbol{b}$ 及 $\boldsymbol{Ax}=\boldsymbol{0}$ 都仅有唯一解

B. 若 $\boldsymbol{A}$ 的秩是 m，则两个方程组都有解

C. $\boldsymbol{Ax}=\boldsymbol{b}$ 的解集不构成 $\mathbf{R}^n$ 的子空间，而 $\boldsymbol{Ax}=\boldsymbol{0}$ 的解集构成 $\mathbf{R}^n$ 的子空间

D. 若 $\boldsymbol{Ax}=\boldsymbol{0}$ 有无穷多解，则 $\boldsymbol{Ax}=\boldsymbol{b}$ 一定有解

3. 若 $\boldsymbol{A}$ 是任意 n 阶矩阵，$\boldsymbol{E}$ 是 n 阶单位矩阵，则下列结论不一定正确的是（　　）.

A. $\boldsymbol{A}\boldsymbol{A}^*=\boldsymbol{A}^*\boldsymbol{A}$　　B. $\boldsymbol{A}^{\mathrm{T}}\boldsymbol{A}=\boldsymbol{A}\boldsymbol{A}^{\mathrm{T}}$

C. $(\boldsymbol{A}+\boldsymbol{E})(\boldsymbol{A}-\boldsymbol{E})=(\boldsymbol{A}-\boldsymbol{E})(\boldsymbol{A}+\boldsymbol{E})$　　D. $\boldsymbol{A}^m\boldsymbol{A}^n=\boldsymbol{A}^n\boldsymbol{A}^m$

4. 已知三维向量组 $\boldsymbol{\alpha}_1=(1,2,3)^{\mathrm{T}},\boldsymbol{\alpha}_2=(1,0,-2)^{\mathrm{T}},\boldsymbol{\alpha}_3=(2,1,5)^{\mathrm{T}},\boldsymbol{\alpha}_4=(k,1,7)^{\mathrm{T}}$，则（　　）.

A. $\boldsymbol{\alpha}_1,\boldsymbol{\alpha}_2,\boldsymbol{\alpha}_3,\boldsymbol{\alpha}_4$ 一定线性无关　　B. $\boldsymbol{\alpha}_1,\boldsymbol{\alpha}_2,\boldsymbol{\alpha}_3,\boldsymbol{\alpha}_4$ 可能相关，也可能无关

C. $\boldsymbol{\alpha}_1,\boldsymbol{\alpha}_2,\boldsymbol{\alpha}_3,\boldsymbol{\alpha}_4$ 一定线性相关　　D. 以上均不对

5. 设矩阵 $\boldsymbol{A}=\begin{pmatrix} 1 & 0 \\ 0 & 1 \end{pmatrix},\boldsymbol{B}=\begin{pmatrix} 1 & 0 \\ 1 & 1 \end{pmatrix}$，则 $\boldsymbol{A}$ 与 $\boldsymbol{B}$ 的关系是（　　）.

A. 等价且相似　　B. 等价但不相似　　C. 不等价但相似　　D. 不等价也不相似

6. 设两个 n 阶矩阵 $\boldsymbol{A}$ 与 $\boldsymbol{B}$ 等价，以下结论成立的是（　　）.

A. $\boldsymbol{A}$ 与 $\boldsymbol{B}$ 有相同的特征值　　B. $\boldsymbol{A}$ 的列向量组与 $\boldsymbol{B}$ 的列向量组等价

C. $|\boldsymbol{A}|=|\boldsymbol{B}|$　　D. $r(\boldsymbol{A})=r(\boldsymbol{B})$

7. 设 $\boldsymbol{A}$ 是对称矩阵，$\boldsymbol{C}$ 是可逆矩阵，$\boldsymbol{B}=\boldsymbol{C}^{\mathrm{T}}\boldsymbol{A}\boldsymbol{C}$，则（　　）.

A. $\boldsymbol{A}$ 与 $\boldsymbol{B}$ 有相同的特征值　　B. $\boldsymbol{A}$ 与 $\boldsymbol{B}$ 相似

C. $\boldsymbol{A}$ 与 $\boldsymbol{B}$ 的行列式相等　　D. $\boldsymbol{A}$ 与 $\boldsymbol{B}$ 合同

二、填空题（每小题 2 分，共 16 分）.

1. 设 $\begin{pmatrix} 1 & 2 \\ -1 & b \end{pmatrix}=\begin{pmatrix} a-b & b+1 \\ -1 & a-1 \end{pmatrix}$，则 $a=$________，$b=$________.

2. 已知多项式 $f(x)=a_m x^m + a_{m-1}x^{m-1}+\cdots+a_1 x+a_0$，$\boldsymbol{A}$ 是 n 阶方阵，则 $f(\boldsymbol{A})=$________.

3. 若向量组 $\boldsymbol{\alpha}_1,\boldsymbol{\alpha}_2,\boldsymbol{\alpha}_3$ 能由向量组 $\boldsymbol{\beta}_1,\boldsymbol{\beta}_2,\boldsymbol{\beta}_3$ 线性表示，则向量组 $\boldsymbol{\alpha}_1,\boldsymbol{\alpha}_2,\boldsymbol{\alpha}_3$ 的秩________向量组 $\boldsymbol{\beta}_1,\boldsymbol{\beta}_2,\boldsymbol{\beta}_3$ 的秩.

4. 设 $\boldsymbol{A}$ 为 $m\times n$ 矩阵，$\boldsymbol{W}$ 是齐次线性方程组 $\boldsymbol{Ax}=\boldsymbol{0}$ 的解空间，则 $\boldsymbol{W}$ 的维数 $\dim\boldsymbol{W}$ 与 $\boldsymbol{A}$ 的秩 $r(\boldsymbol{A})$ 及 n 三者之间的关系为____________.

5. 已知 $\boldsymbol{A}=\begin{pmatrix}\cos\alpha & -\sin\alpha\\ \sin\alpha & \cos\alpha\end{pmatrix}$，则 $\boldsymbol{A}$ 的伴随矩阵 $\boldsymbol{A}^*=$__________，且 $\boldsymbol{AA}^*=$__________.

6. 如果在矩阵 $\boldsymbol{A}$ 中有一个 r 阶子式不等于 0，且__________，则矩阵 $\boldsymbol{A}$ 的秩为 r.

7. 设 n 阶方阵 $\boldsymbol{A}=(a_{ij})_{n\times n}$ 的特征值为 $\lambda_1,\lambda_2,\cdots,\lambda_n$，则 $\lambda_1\lambda_2\cdots\lambda_n=$__________，$\lambda_1+\lambda_2+\cdots+\lambda_n=$________.

8. n 阶矩阵 $\boldsymbol{A}$ 能对角化的充分必要条件是____________.

三、计算题（共 8 分）.

设 $\boldsymbol{A}=\begin{pmatrix}1 & 1 & 1\\ 1 & 1 & -1\\ 1 & -1 & 1\end{pmatrix}$，$\boldsymbol{b}=\begin{pmatrix}1\\ 0\\ 1\end{pmatrix}$，求：（1）$\boldsymbol{b}^{\mathrm{T}}\boldsymbol{Ab}$；（2）$|\boldsymbol{A}|$.

四、解方程（共 20 分）.

1. 求方程组 $\begin{pmatrix}1 & 1 & 1 & 1\\ 0 & 1 & 2 & 2\\ 0 & -1 & -2 & -2\\ 3 & 2 & 1 & 1\end{pmatrix}\boldsymbol{X}=\begin{pmatrix}0\\ 1\\ -1\\ -1\end{pmatrix}$ 的通解（12 分）.

2. 解矩阵方程 $\boldsymbol{X}\begin{pmatrix}2 & 1 & -1\\ 2 & 1 & 0\\ 1 & -1 & 1\end{pmatrix}=\begin{pmatrix}1 & -1 & 3\\ 4 & 3 & 2\end{pmatrix}$（8 分）.

五、**(10 分)** 设四维向量组为 $\boldsymbol{\alpha}_1=(1+a,1,1,1)^{\mathrm{T}},\boldsymbol{\alpha}_2=(2,-8,2,2)^{\mathrm{T}},\boldsymbol{\alpha}_3=(3,3,-7,3)^{\mathrm{T}}$， $\boldsymbol{\alpha}_4=(4,4,4,-6)^{\mathrm{T}}$，问 a 为何值时，$\boldsymbol{\alpha}_1,\boldsymbol{\alpha}_2,\boldsymbol{\alpha}_3,\boldsymbol{\alpha}_4$ 线性相关？当 $\boldsymbol{\alpha}_1,\boldsymbol{\alpha}_2,\boldsymbol{\alpha}_3,\boldsymbol{\alpha}_4$ 线性相关时，求该向量组的一个极大线性无关组，并将其余向量用极大线性无关组线性表示.

六、**(10 分)** 设四元非齐次线性方程组 $\boldsymbol{Ax}=\boldsymbol{b}$ 的系数矩阵 $\boldsymbol{A}$ 的秩为 2，$\boldsymbol{\alpha}_1,\boldsymbol{\alpha}_2,\boldsymbol{\alpha}_3$ 是它的三个解向量，且 $\boldsymbol{\alpha}_1=\left(\frac{1}{2},0,\frac{1}{2},0\right)^{\mathrm{T}},\boldsymbol{\alpha}_2=\left(-\frac{1}{2},-1,\frac{1}{2},0\right)^{\mathrm{T}},\boldsymbol{\alpha}_3=\left(-\frac{1}{2},0,-\frac{3}{2},-1\right)^{\mathrm{T}}$，求该方程组的通解.

七、**(6 分)** 证明：设 λ_1,λ_2 是矩阵 $\boldsymbol{A}$ 的两个不同的特征值，对应的特征向量分别为 $\boldsymbol{\alpha}_1$，$\boldsymbol{\alpha}_2$，则向量组 $\boldsymbol{\alpha}_1$，$\boldsymbol{A}(\boldsymbol{\alpha}_1+\boldsymbol{\alpha}_2)$ 线性无关的充分必要条件是 $\lambda_2\neq 0$.

八、**(16 分)** 已知二次型 $f=x_1^2+x_2^2+2x_3^2+2x_1x_2$.

(1) 写出二次型的矩阵 $\boldsymbol{A}$；

(2) 求矩阵 $\boldsymbol{A}$ 的特征值与特征向量；

(3) 求一个正交变换将二次型 $f=x_1^2+x_2^2+2x_3^2+2x_1x_2$ 化成标准形.

自测题（三）

一、单项选择题（每小题 2 分，共 14 分）．

1. 若 $\boldsymbol{A}$，$\boldsymbol{B}$，$\boldsymbol{C}$ 是任意 n 阶矩阵，$\boldsymbol{O}$ 是 n 阶零矩阵，λ 为实数，则下列结论不一定正确的是（　　）．

A. 若 $\boldsymbol{AB}=\boldsymbol{AC}$ 且 $\boldsymbol{A}\neq\boldsymbol{O}$，则 $\boldsymbol{B}=\boldsymbol{C}$　　B. 若 $\lambda\boldsymbol{A}=\boldsymbol{O}$ 且 $\lambda\neq 0$，则 $\boldsymbol{A}=\boldsymbol{O}$

C. 若 $|\boldsymbol{AB}|=|\boldsymbol{AC}|$ 且 $|\boldsymbol{A}|\neq 0$，则 $|\boldsymbol{B}|=|\boldsymbol{C}|$　　D. 若 $|\lambda\boldsymbol{A}|=0$ 且 $\lambda\neq 0$，则 $|\boldsymbol{A}|=0$

2. 向量组 $\boldsymbol{\alpha}_1=(1,1,1,1)^{\mathrm{T}},\boldsymbol{\alpha}_2=(2,2,2,2)^{\mathrm{T}},\boldsymbol{\alpha}_3=(3,3,3,3)^{\mathrm{T}},\boldsymbol{\alpha}_4=(4,4,4,-6)^{\mathrm{T}}$ 的一个极大线性无关组为（　　）．

A. $\boldsymbol{\alpha}_1,\boldsymbol{\alpha}_2,\boldsymbol{\alpha}_3,\boldsymbol{\alpha}_4$　　B. $\boldsymbol{\alpha}_1,\boldsymbol{\alpha}_2,\boldsymbol{\alpha}_3$　　C. $\boldsymbol{\alpha}_3,\boldsymbol{\alpha}_4$　　D. $\boldsymbol{\alpha}_1,\boldsymbol{\alpha}_2$

3. 设三阶矩阵 $\boldsymbol{A}$ 的一个特征值为 -3，则 $-\boldsymbol{A}^2$ 必有一个特征值为（　　）．

A. 3　　B. -3　　C. -9　　D. 9

4. 设矩阵 $\boldsymbol{A}=\begin{pmatrix}1 & 0\\ 0 & -2\end{pmatrix},\boldsymbol{B}=\begin{pmatrix}1 & 0\\ 0 & -1\end{pmatrix}$，则 $\boldsymbol{A}$ 与 $\boldsymbol{B}$ 的关系是（　　）．

A. 等价且相似　　B. 等价但不相似　　C. 不等价但相似　　D. 不等价也不相似

5. 设 $\boldsymbol{\alpha}$ 是非齐次线性方程组 $\boldsymbol{Ax}=\boldsymbol{b}$ 的解，$\boldsymbol{\beta}$ 是 $\boldsymbol{Ax}=\boldsymbol{b}$ 对应的齐次线性方程组 $\boldsymbol{Ax}=\boldsymbol{0}$ 的解，则以下结论正确的是（　　）．

A. $\boldsymbol{\alpha}+\boldsymbol{\beta}$ 是 $\boldsymbol{Ax}=\boldsymbol{0}$ 的解　　B. $\boldsymbol{\alpha}+\boldsymbol{\beta}$ 是 $\boldsymbol{Ax}=\boldsymbol{b}$ 的解

C. $\boldsymbol{\beta}-\boldsymbol{\alpha}$ 是 $\boldsymbol{Ax}=\boldsymbol{b}$ 的解　　D. $\boldsymbol{\alpha}-\boldsymbol{\beta}$ 是 $\boldsymbol{Ax}=\boldsymbol{0}$ 的解

6. 设 $\boldsymbol{A}$ 为 $m\times n$ 矩阵，$\boldsymbol{b}$ 为 m 维列向量，非齐次线性方程组 $\boldsymbol{Ax}=\boldsymbol{b}$ 对应的齐次线性方程组为 $\boldsymbol{Ax}=\boldsymbol{0}$，则下述结论中不正确的是（　　）．

A. 若 $m=n$ 且 $|\boldsymbol{A}|\neq 0$，则 $\boldsymbol{Ax}=\boldsymbol{b}$ 及 $\boldsymbol{Ax}=\boldsymbol{0}$ 都仅有唯一解

B. 若 $\boldsymbol{A}$ 的秩是 m，则两个方程组都有解

C. 若 $\boldsymbol{Ax}=\boldsymbol{b}$ 有唯一解，则 $\boldsymbol{Ax}=\boldsymbol{0}$ 有唯一解

D. 若 $\boldsymbol{Ax}=\boldsymbol{0}$ 有唯一解，则 $\boldsymbol{Ax}=\boldsymbol{b}$ 有唯一解

7. 下列矩阵中是正定矩阵的为（　　）．

A. $\begin{pmatrix}2 & 3\\ 3 & 4\end{pmatrix}$　　B. $\begin{pmatrix}3 & 4\\ 2 & -6\end{pmatrix}$　　C. $\begin{pmatrix}1 & 0 & 0\\ 0 & 2 & 3\\ 0 & 3 & 5\end{pmatrix}$　　D. $\begin{pmatrix}1 & 1 & 1\\ 1 & 2 & 0\\ 1 & 0 & 2\end{pmatrix}$

二、填空题（每小题 2 分，共 16 分）．

1. 设 $\boldsymbol{A}=\begin{pmatrix}1 & 1 & 1\\ 0 & 1 & 1\\ 0 & 1 & a+1\end{pmatrix}$ 的秩为 2，则 $a=$________．

2. 若矩阵 $\boldsymbol{A}$，$\boldsymbol{B}$ 均为可逆方阵，则 $\begin{pmatrix} \boldsymbol{A} & \\ & \boldsymbol{B} \end{pmatrix}$ 的逆为________.

3. 将三阶矩阵 $\boldsymbol{A}$ 的第一行的 -2 倍加到第二行得单位矩阵 $\boldsymbol{E}$，则 $\boldsymbol{A}=$________.

4. 与 $\boldsymbol{\alpha}=(1,1,1)^{\mathrm{T}},\boldsymbol{\beta}=(1,1,-1)^{\mathrm{T}}$ 都正交的单位向量为 $\boldsymbol{\gamma}=$________.

5. 齐次线性方程 $x_1+x_2+x_3=0$ 的一个基础解系为________.

6. 设 $\begin{vmatrix} a_{11} & a_{12} & a_{13} \\ a_{21} & a_{22} & a_{23} \\ a_{31} & a_{32} & a_{33} \end{vmatrix}=3$，则 $\begin{vmatrix} 3a_{21} & 3a_{22} & 3a_{23} \\ 3a_{31} & 3a_{32} & 3a_{33} \\ 3a_{11} & 3a_{12} & 3a_{13} \end{vmatrix}=$________.

7. 若矩阵 $\boldsymbol{A}=\begin{pmatrix} \frac{\sqrt{2}}{2} & a \\ \frac{\sqrt{2}}{2} & \frac{\sqrt{2}}{2} \end{pmatrix}$ 为正交矩阵，则 $a=$________.

8. 设实二次型的秩为 4，正惯性指数为 3，则其规范形为________.

三、计算题（每小题 6 分，共 18 分）.

1. 已知 $\boldsymbol{b}=(1,0,1)^{\mathrm{T}}$，计算 $\boldsymbol{b}^{\mathrm{T}}\boldsymbol{b}$ 和 $\boldsymbol{b}\boldsymbol{b}^{\mathrm{T}}$.

2. 已知 $\boldsymbol{A}=\begin{pmatrix} 1 & 1 \\ 0 & 2 \end{pmatrix}, g(x)=x^2-2x+1$，求 $g(\boldsymbol{A})$.

3. 已知 $\boldsymbol{A}=\begin{pmatrix} 3 & 4 & 0 & 0 \\ 4 & -3 & 0 & 0 \\ 0 & 0 & 1 & 1 \\ 0 & 0 & 2 & 4 \end{pmatrix}$，计算行列式 $|\boldsymbol{A}|$.

四、解下列矩阵方程（每小题 7 分，共 14 分）.

1. $\begin{pmatrix} 1 & 2 & 3 \\ 2 & 5 & 4 \\ 1 & 2 & 1 \end{pmatrix}\boldsymbol{X}=\begin{pmatrix} 1 & 0 \\ 1 & 1 \\ 1 & 0 \end{pmatrix}$.

2. 已知 $\boldsymbol{A}=\begin{pmatrix} 2 & 0 \\ 0 & \frac{1}{2} \end{pmatrix}$，$\boldsymbol{AX}+\boldsymbol{E}=\boldsymbol{A}^*+\boldsymbol{X}$，其中 $\boldsymbol{A}^*$ 表示 $\boldsymbol{A}$ 的伴随矩阵.

五、（12 分） 设四维向量组为

$$\boldsymbol{\alpha}_1=(1+a,1,1,1)^{\mathrm{T}},\quad \boldsymbol{\alpha}_2=(2,-8,2,2)^{\mathrm{T}},\quad \boldsymbol{\alpha}_3=(3,3,-7,3)^{\mathrm{T}},\quad \boldsymbol{\alpha}_4=(4,4,4,-6)^{\mathrm{T}}$$

（1）a 为何值时，$\boldsymbol{\alpha}_4$ 不能由 $\boldsymbol{\alpha}_1,\boldsymbol{\alpha}_2,\boldsymbol{\alpha}_3$ 线性表示；

（2）a 为何值时，$\boldsymbol{\alpha}_4$ 能由 $\boldsymbol{\alpha}_1,\boldsymbol{\alpha}_2,\boldsymbol{\alpha}_3$ 线性表示，并求出表达式.

六、（14 分） 设 $\boldsymbol{A}=\begin{pmatrix} \lambda & 1 & 1 \\ 0 & \lambda-1 & 0 \\ 1 & 1 & \lambda \end{pmatrix}$，$\boldsymbol{b}=\begin{pmatrix} -2 \\ 1 \\ 1 \end{pmatrix}$，已知线性方程组 $\boldsymbol{Ax}=\boldsymbol{b}$ 有两个不同的解.

（1）求 λ 的值；

（2）求线性方程组 $\boldsymbol{Ax}=\boldsymbol{b}$ 的通解.

七、（12 分） 已知 $\boldsymbol{A}$ 为二阶对称矩阵，$\boldsymbol{A}$ 的秩为 1，且 $\boldsymbol{A}\begin{pmatrix} 1 \\ -1 \end{pmatrix}=\begin{pmatrix} -1 \\ 1 \end{pmatrix}$.

（1）问 $\begin{pmatrix} 1 \\ -1 \end{pmatrix}$ 是 $\boldsymbol{A}$ 的对应于特征值 -1 的特征向量吗？为什么？

（2）求矩阵 $\boldsymbol{A}$ 的其他特征值及对应的特征向量；

（3）求矩阵 $\boldsymbol{A}$.

自 测 题（四）

一、选择题（每小题 2 分，共 16 分）.

1. 以下列矩阵为增广矩阵的线性方程组有唯一解的是（　　）.

A. $\begin{pmatrix} 1 & 1 & 0 & 1 \\ 0 & 0 & 1 & 1 \\ 0 & 0 & 0 & 0 \end{pmatrix}$　　B. $\begin{pmatrix} 1 & 1 & 0 & 1 \\ 0 & 0 & 2 & 1 \\ 0 & 0 & 0 & 1 \end{pmatrix}$

C. $\begin{pmatrix} 1 & 1 & 1 & 1 \\ 0 & 1 & 1 & 1 \\ 0 & 0 & 1 & 0 \end{pmatrix}$　　D. $\begin{pmatrix} 1 & 1 & 0 & 1 \\ 0 & 1 & 0 & 1 \\ 0 & 0 & 0 & 0 \end{pmatrix}$

2. 已知 $\boldsymbol{A}=\begin{pmatrix} 1 & 1 & 1 \\ 0 & 1 & 0 \\ 2 & 3 & a+1 \end{pmatrix}$ 的秩为 2，则 $a=$（　　）.

A. 2　　B. 1　　C. 0　　D. -1

3. 设 $\boldsymbol{A}$ 是 n 阶可逆矩阵，λ 为不等于零的实数，则下列结论不一定正确的是（　　）.

A. $\boldsymbol{A}^{-1}=\dfrac{\boldsymbol{A}^*}{|\boldsymbol{A}|}$　　B. $|\boldsymbol{A}^{-1}|=\dfrac{1}{|\boldsymbol{A}|}$　　C. $(\boldsymbol{A}^{-1})^{\mathrm{T}}=(\boldsymbol{A}^{\mathrm{T}})^{-1}$　　D. $(\lambda\boldsymbol{A})^{-1}=\lambda\boldsymbol{A}^{-1}$

4. 设 $\boldsymbol{A}$ 为三阶矩阵，将 $\boldsymbol{A}$ 的第二列加到第一列得矩阵 $\boldsymbol{B}$，再交换 $\boldsymbol{B}$ 的第二行与第三行得单位矩阵，记 $\boldsymbol{P}_1=\begin{pmatrix} 1 & 0 & 0 \\ 1 & 1 & 0 \\ 0 & 0 & 1 \end{pmatrix}, \boldsymbol{P}_2=\begin{pmatrix} 1 & 0 & 0 \\ 0 & 0 & 1 \\ 0 & 1 & 0 \end{pmatrix}$，则 $\boldsymbol{A}=$（　　）.

A. $\boldsymbol{P}_1\boldsymbol{P}_2$　　B. $\boldsymbol{P}_1^{-1}\boldsymbol{P}_2$　　C. $\boldsymbol{P}_2\boldsymbol{P}_1$　　D. $\boldsymbol{P}_2\boldsymbol{P}_1^{-1}$

5. 设 $\boldsymbol{\alpha}_1,\boldsymbol{\alpha}_2,\boldsymbol{\alpha}_3$ 均为三维向量，则向量组 $\boldsymbol{\alpha}_1+\boldsymbol{\alpha}_3,\boldsymbol{\alpha}_2+\boldsymbol{\alpha}_3$ 线性无关是向量组 $\boldsymbol{\alpha}_1,\boldsymbol{\alpha}_2,\boldsymbol{\alpha}_3$ 线性无关的（　　）.

A. 充分但非必要条件　　B. 既不充分也不必要条件

C. 充分必要条件　　D. 必要但非充分条件

6. 设 $\begin{vmatrix} a_{11} & a_{12} & a_{13} \\ a_{21} & a_{22} & a_{23} \\ a_{31} & a_{32} & a_{33} \end{vmatrix}=3$，则 $\begin{vmatrix} 2a_{21} & 2a_{22} & 2a_{23} \\ 2a_{11} & 2a_{12} & 2a_{13} \\ 2a_{31} & 2a_{32} & 2a_{33} \end{vmatrix}=$（　　）.

A. 6　　B. -6　　C. 24　　D. -24

7. 设 $\boldsymbol{A}$ 为 $n\times n$ 矩阵，则 $|\boldsymbol{A}|=0$ 是齐次线性方程组 $\boldsymbol{Ax}=\boldsymbol{0}$ 有非零解的（　　）.

A. 充分但非必要条件　　B. 既不充分也不必要条件

C. 充分必要条件　　D. 必要但非充分条件

8. 设$A=\begin{pmatrix}2 & -1\\ -1 & 2\end{pmatrix}, B=\begin{pmatrix}1 & 0\\ 0 & 1\end{pmatrix}$，则在实数域上$A$与$B$的关系是（　　）.

A. 合同且相似　　B. 合同但不相似

C. 不合同但相似　　D. 既不合同也不相似

二、填空题（每小题 2 分，共 14 分）.

1. 设$\begin{pmatrix}1 & 2\\ -1 & b\end{pmatrix}=\begin{pmatrix}a-b & b+1\\ -1 & a-1\end{pmatrix}$，则$a=$________，$b=$________.

2. 甲、乙、丙三人各从图书馆借来一本小说，他们约定读完后互相交换．这三本书的厚度及他们三人的阅读速度都差不多，因此三人总是同时交换书．经过两次交换后，他们都读完了这三本书．已知：①甲最后读的书是乙读的第二本；②乙最后读的书是丙读的第二本．设甲、乙、丙三个人最后读的书分别为a,b,c，请补齐这三个人阅读顺序矩阵的元素$\begin{pmatrix} & & \\ & a & b\\ a & b & c\end{pmatrix}$.

3. 已知四阶行列式$D=\begin{vmatrix}-2 & 0 & 1 & 0\\ 12 & 1 & 0 & 0\\ 0 & 0 & 2 & 0\\ 3 & 4 & 7 & -6\end{vmatrix}$，$A_{ij}$为行列式$D$的元素的代数余子式，则$A_{41}+2A_{42}+3A_{43}+4A_{44}=$________.

4. 设$\boldsymbol{\alpha}_1,\boldsymbol{\alpha}_2,\boldsymbol{\alpha}_3$是三维向量空间$\mathbf{R}^3$的一组基，则由基$\boldsymbol{\alpha}_1,\boldsymbol{\alpha}_2,\boldsymbol{\alpha}_3$到基$\boldsymbol{\alpha}_1,\frac{1}{2}\boldsymbol{\alpha}_2,\frac{1}{3}\boldsymbol{\alpha}_3$的过渡矩阵为________.

5. 设矩阵$A=(a_{ij})_{4\times 5}$的秩为 3，则齐次线性方程组$Ax=\mathbf{0}$的基础解系所含解向量的个数为________.

6. 设三阶矩阵A的特征值为$1,2,2$，则$|A^{-1}|=$________.

7. 若二次型$f(x_1,x_2)=x_1^2+2x_1x_2+tx_2^2$正定，则$t$的取值范围是________.

三、计算题（每小题 7 分，共 14 分）.

1. $A=\begin{pmatrix}1 & 0 & 0\\ 0 & -1 & 0\\ 0 & 0 & 2\end{pmatrix}$，计算$E-2A+A^2$.

2. 计算下列行列式.

$$\begin{vmatrix}1 & 2 & 3 & 4\\ 2 & 3 & 4 & 1\\ 3 & 4 & 1 & 2\\ 4 & 1 & 2 & 3\end{vmatrix}$$

四、(16 分)设 $\boldsymbol{A}=\begin{pmatrix}1 & a\\1 & 0\end{pmatrix},\boldsymbol{B}=\begin{pmatrix}0 & 1\\1 & b\end{pmatrix}$，当 a,b 为何值时，存在矩阵 $\boldsymbol{C}$，使 $\boldsymbol{AC}-\boldsymbol{CA}=\boldsymbol{B}$，并求矩阵 $\boldsymbol{C}$.

五、(12 分) 求向量组 $\boldsymbol{\alpha}_1=(1,1,2,-1)^{\mathrm{T}},\boldsymbol{\alpha}_2=(1,2,1,1)^{\mathrm{T}},\boldsymbol{\alpha}_3=(1,4,-1,5)^{\mathrm{T}},\boldsymbol{\alpha}_4=(1,0,4,-1)^{\mathrm{T}}$，$\boldsymbol{\alpha}_5=(2,5,0,2)^{\mathrm{T}}$ 的一个极大线性无关组，并将其余向量用极大线性无关组线性表示.

六、(12 分) 设非齐次线性方程组 $\boldsymbol{Ax}=\boldsymbol{b}$ 的系数矩阵 $\boldsymbol{A}$ 的秩为 2，$\boldsymbol{\alpha}_1,\boldsymbol{\alpha}_2$ 是它的两个解向量，且 $\boldsymbol{\alpha}_1+\boldsymbol{\alpha}_2=(1,3,0)^{\mathrm{T}}$，$2\boldsymbol{\alpha}_1+3\boldsymbol{\alpha}_2=(2,5,1)^{\mathrm{T}}$，求该方程组的通解.

七、(16 分) 已知 $\boldsymbol{A}=\begin{pmatrix}5 & -4 & -2\\-4 & 5 & 2\\-2 & 2 & 2\end{pmatrix},\boldsymbol{\xi}_1=\begin{pmatrix}-2\\2\\1\end{pmatrix},\boldsymbol{\xi}_2=\begin{pmatrix}1\\1\\0\end{pmatrix}$.

(1) 验证 $\boldsymbol{\xi}_1$ 和 $\boldsymbol{\xi}_2$ 是 $\boldsymbol{A}$ 的特征向量；

(2) 求正交矩阵 $\boldsymbol{P}$，使 $\boldsymbol{P}^{-1}\boldsymbol{AP}$ 为对角矩阵.

自 测 题（五）

一、单项选择题（每小题 2 分，共 16 分）.

1. 齐次线性方程组 $\boldsymbol{Ax}=\boldsymbol{0}$ 有非零解的充分必要条件为（　　）.

A. $\boldsymbol{A}$ 的行向量组线性相关　　B. $\boldsymbol{A}$ 的列向量组线性相关

C. $\boldsymbol{A}$ 的行向量组中有一个为零向量　　D. $\boldsymbol{A}$ 为方阵且其行列式为零

2. 设三维向量 $\boldsymbol{\alpha}=\left(\frac{1}{2},0,\frac{1}{2}\right)$，矩阵 $\boldsymbol{A}=\boldsymbol{E}-\boldsymbol{\alpha}^{\mathrm{T}}\boldsymbol{\alpha},\boldsymbol{B}=\boldsymbol{E}+2\boldsymbol{\alpha}^{\mathrm{T}}\boldsymbol{\alpha}$，其中 $\boldsymbol{E}$ 为三阶单位矩阵，则 $\boldsymbol{AB}=$（　　）.

A. 0　　B. -1　　C. $\boldsymbol{E}$　　D. $\boldsymbol{E}+\boldsymbol{\alpha}^{\mathrm{T}}\boldsymbol{\alpha}$

3. 设 $\boldsymbol{A}$ 为三阶矩阵，将 $\boldsymbol{A}$ 的第二行加到第一行得矩阵 $\boldsymbol{B}$，再将 $\boldsymbol{B}$ 的第一列的 -1 倍加到第二列得矩阵 $\boldsymbol{C}$，记矩阵 $\boldsymbol{P}=\begin{pmatrix}1&1&0\\0&1&0\\0&0&1\end{pmatrix}$，则（　　）.

A. $\boldsymbol{C}=\boldsymbol{P}^{-1}\boldsymbol{AP}$　　B. $\boldsymbol{C}=\boldsymbol{PAP}^{-1}$　　C. $\boldsymbol{C}=\boldsymbol{P}^{\mathrm{T}}\boldsymbol{AP}$　　D. $\boldsymbol{C}=\boldsymbol{PAP}^{\mathrm{T}}$

4. 设 $\boldsymbol{\alpha}_1=(a_1,a_2,a_3)^{\mathrm{T}},\boldsymbol{\alpha}_2=(b_1,b_2,b_3)^{\mathrm{T}},\boldsymbol{\alpha}_3=(c_1,c_2,c_3)^{\mathrm{T}}$，则三条直线 $a_1x+b_1y+c_1=0$，$a_2x+b_2y+c_2=0$，$a_3x+b_3y+c_3=0$（其中 $a_i^2+b_i^2\neq 0,i=1,2,3$）交于一点的充分必要条件是（　　）.

A. $\boldsymbol{\alpha}_1,\boldsymbol{\alpha}_2,\boldsymbol{\alpha}_3$ 线性相关　　B. $\boldsymbol{\alpha}_1,\boldsymbol{\alpha}_2,\boldsymbol{\alpha}_3$ 线性无关

C. $r(\boldsymbol{\alpha}_1,\boldsymbol{\alpha}_2,\boldsymbol{\alpha}_3)=r(\boldsymbol{\alpha}_1,\boldsymbol{\alpha}_2)$　　D. $\boldsymbol{\alpha}_1,\boldsymbol{\alpha}_2,\boldsymbol{\alpha}_3$ 线性相关且 $\boldsymbol{\alpha}_1,\boldsymbol{\alpha}_2$ 线性无关

5. 设向量 $\boldsymbol{\alpha}=(1,-1,2)^{\mathrm{T}}$，则向量 $\boldsymbol{\alpha}$ 的长度 $\|\boldsymbol{\alpha}\|$ 等于（　　）.

A. 2　　B. 4　　C. 6　　D. $\sqrt{6}$

6. 设 $\boldsymbol{A}$ 为三阶矩阵，$|\boldsymbol{A}|=0$ 的充分必要条件是（　　）.

A. $\boldsymbol{A}$ 的秩为 3　　B. $\boldsymbol{A}$ 的行向量组线性相关

C. $\boldsymbol{A}$ 中有两列对应成比例　　D. $\boldsymbol{A}$ 中有两行对应成比例

7. 设 $\boldsymbol{A},\boldsymbol{B}$ 是 n 阶矩阵，则下列结论成立的是（　　）.

A. $\boldsymbol{AB}=\boldsymbol{O}$ 的充分必要条件是 $\boldsymbol{A}=\boldsymbol{O}$ 且 $\boldsymbol{B}=\boldsymbol{O}$

B. $|\boldsymbol{A}|=0$ 的充分必要条件是 $\boldsymbol{A}=\boldsymbol{O}$

C. $|\boldsymbol{AB}|=0$ 的充分必要条件是 $|\boldsymbol{A}|=0$ 或 $|\boldsymbol{B}|=0$

D. $\boldsymbol{A}=\boldsymbol{E}$ 的充分必要条件是 $|\boldsymbol{A}|=1$

8. 设 $\boldsymbol{A}$ 是正交矩阵，则下列结论错误的是（　　）.

A. $|\boldsymbol{A}|=1$

B. $|\boldsymbol{A}|^2=1$

C. $\boldsymbol{A}^{-1}=\boldsymbol{A}^{\mathrm{T}}$

D. $\boldsymbol{A}$ 的行（列）向量组是正交的单位向量组

二、填空题（每小题 2 分，共 14 分）.

1. 若矩阵 $\boldsymbol{A}=\begin{pmatrix}1 & a\\ a & 1\end{pmatrix}$ 的秩为 1，则常数 $a=$________.

2. 已知 $\boldsymbol{\alpha}=(a_1,a_2)^{\mathrm{T}}$ 为二维向量，$\boldsymbol{\alpha}\boldsymbol{\alpha}^{\mathrm{T}}=\begin{pmatrix}1 & -2\\ -2 & 4\end{pmatrix}$，则 $\boldsymbol{\alpha}^{\mathrm{T}}\boldsymbol{\alpha}=$________.

3. 设 $\boldsymbol{\alpha}_1,\boldsymbol{\alpha}_2$ 是线性方程组 $\boldsymbol{Ax}=\boldsymbol{0}$ 的一个基础解系，则向量组 $\boldsymbol{\beta}_1=\boldsymbol{\alpha}_1+t_1\boldsymbol{\alpha}_2$，$\boldsymbol{\beta}_2=\boldsymbol{\alpha}_2+t_2\boldsymbol{\alpha}_1$ 也可作为 $\boldsymbol{Ax}=\boldsymbol{0}$ 的一个基础解系的充分必要条件是常数 t_1,t_2 满足条件________.

4. 已知 $D=\begin{vmatrix}1 & 0 & 1\\ 2 & -2 & 2\\ 4 & 5 & 6\end{vmatrix}$，则第三行各元素余子式之和为________.

5. 设三阶实对称矩阵 $\boldsymbol{A}$ 的特征值为 $\lambda_1=\lambda_2=2,\lambda_3=-1,\boldsymbol{\alpha}_1=(1,2,3)^{\mathrm{T}},\boldsymbol{\alpha}_2=(2,3,4)^{\mathrm{T}}$ 均为 $\boldsymbol{A}$ 的对应于特征值 2 的特征向量，则 $\boldsymbol{A}$ 的对应于特征值 -1 的所有特征向量为________.

6. 设 $\boldsymbol{A}=(a_{ij})_{3\times3}$ 相似于对角矩阵 $\begin{pmatrix}3 & 0 & 0\\ 0 & 3 & 0\\ 0 & 0 & 0\end{pmatrix}$，则 $r(3\boldsymbol{E}-\boldsymbol{A})=$________.

7. 已知二次型 $f(x_1,x_2,x_3)=5x_1^2+5x_2^2+tx_3^2-2x_1x_2+6x_1x_3-6x_2x_3$ 的秩为 2，则参数 $t=$________.

三、(15 分) 已知方阵 $\boldsymbol{A}=(a_{ij})_{3\times3}$ 的第一行元素分别为 $a_{11}=1,a_{12}=2,a_{13}=-1$，且知 $\boldsymbol{A}^*=\begin{pmatrix}-7 & -4 & 9\\ 5 & 3 & -7\\ 4 & 2 & -5\end{pmatrix}$.求：(1) $(\boldsymbol{A}^*)^{-1}$；(2) $|\boldsymbol{A}^*|$；(3) $|\boldsymbol{A}|$；(4) $\boldsymbol{A}$.

四、(15 分) 已知 $a_1+a_2+2a_3+4a_4=3,3a_1+a_2+6a_3+2a_4=3$，$-a_1+2a_2-2a_3+a_4=1$，试求 $2a_1+3a_2+4a_3+a_4$ 的值.

五、(10 分) 设向量组为 $\boldsymbol{\alpha}_1=(1,-1,2,4)^{\mathrm{T}},\boldsymbol{\alpha}_2=(0,3,1,2)^{\mathrm{T}},\boldsymbol{\alpha}_3=(3,0,7,14)^{\mathrm{T}}$， $\boldsymbol{\alpha}_4=(1,-1,2,0)^{\mathrm{T}},\boldsymbol{\alpha}_5=(2,1,5,6)^{\mathrm{T}}$.

(1) 证明 $\boldsymbol{\alpha}_1,\boldsymbol{\alpha}_2$ 线性无关；

(2) 把 $\boldsymbol{\alpha}_1,\boldsymbol{\alpha}_2$ 扩充成一个极大线性无关组.

六、(15 分) 设四元齐次线性方程组 (A) 为 $\begin{cases} x_1+x_2+x_3+2x_4=0 \\ x_1-x_2+3x_3+2x_4=0, \\ 6x_1-x_2+x_3+4x_4=0 \end{cases}$ 且另一个四元齐次线性方程组 (B) 的一个基础解系为 $\boldsymbol{\beta}_1=(1+a,1,1,1)^{\mathrm{T}},\boldsymbol{\beta}_2=(2,2+a,2,2)^{\mathrm{T}},\boldsymbol{\beta}_3=(3,3,3+a,3)^{\mathrm{T}}$.

(1) 求方程组 (A) 的一个基础解系；

(2) 若方程组 (A) 的解都是方程组 (B) 的解，求 a 的值.

七、(15 分) 已知 $\boldsymbol{A}=\begin{pmatrix} 1 & b & 0 \\ -2 & a & 0 \\ 0 & 0 & 3 \end{pmatrix}$ 的特征值为 $\lambda_1=\lambda_2=3,\lambda_3=0$.

(1) 求 a,b 的值；

(2) $\boldsymbol{A}$ 是否可以对角化？若可以，求可逆矩阵 $\boldsymbol{P}$，使 $\boldsymbol{P}^{-1}\boldsymbol{A}\boldsymbol{P}$ 为对角矩阵.

自 测 题 （六）

一、单项选择题（每小题 2 分，共 16 分）.

1. 以下列矩阵为增广矩阵的线性方程组有无穷多解的是（　　）.

A. $\begin{pmatrix} 1 & 0 & 0 & 0 \\ 0 & 1 & 0 & 0 \\ 0 & 0 & 1 & 0 \end{pmatrix}$　B. $\begin{pmatrix} 1 & 0 & 0 & 0 \\ 0 & 1 & 0 & 0 \\ 0 & 0 & 0 & 1 \end{pmatrix}$　C. $\begin{pmatrix} 1 & 0 & 0 & 0 \\ 0 & 0 & 1 & 0 \\ 0 & 0 & 1 & 0 \end{pmatrix}$　D. $\begin{pmatrix} 1 & 0 & 0 & 0 \\ 1 & 0 & 0 & 1 \\ 0 & 0 & 0 & 0 \end{pmatrix}$

2. 已知 $\boldsymbol{A}=\begin{pmatrix} 1 & 0 & 0 \\ 0 & 2 & 0 \\ 0 & 0 & 3 \end{pmatrix}$，下列矩阵是 $\boldsymbol{A}$ 的逆矩阵的是（　　）.

A. $\begin{pmatrix} 1 & 0 & 1 \\ 0 & 2 & 0 \\ 0 & 0 & 1 \end{pmatrix}$　B. $\begin{pmatrix} 2 & 0 & 0 \\ 0 & 1 & 0 \\ 0 & 0 & 3 \end{pmatrix}$　C. $\begin{pmatrix} 3 & 0 & 0 \\ 0 & 2 & 0 \\ 0 & 0 & 1 \end{pmatrix}$　D. $\begin{pmatrix} 1 & 0 & 0 \\ 0 & \frac{1}{2} & 0 \\ 0 & 0 & \frac{1}{3} \end{pmatrix}$

3. 设三阶矩阵 $\boldsymbol{A}=(\boldsymbol{\alpha}_1,\boldsymbol{\alpha}_2,\boldsymbol{\alpha}_3)$，其中 $\boldsymbol{\alpha}_i$ 为三维列向量 $(i=1,2,3)$，矩阵 $\boldsymbol{B}=(\boldsymbol{\alpha}_2,\boldsymbol{\alpha}_3,\boldsymbol{\alpha}_1)$，$\boldsymbol{P}_1=\begin{pmatrix} 0 & 1 & 0 \\ 1 & 0 & 0 \\ 0 & 0 & 1 \end{pmatrix},\boldsymbol{P}_2=\begin{pmatrix} 1 & 0 & 0 \\ 0 & 0 & 1 \\ 0 & 1 & 0 \end{pmatrix}$，则必有（　　）.

A. $\boldsymbol{B}=\boldsymbol{A}\boldsymbol{P}_1\boldsymbol{P}_2$　B. $\boldsymbol{B}=\boldsymbol{A}\boldsymbol{P}_2\boldsymbol{P}_1$　C. $\boldsymbol{B}=\boldsymbol{P}_1\boldsymbol{P}_2\boldsymbol{A}$　D. $\boldsymbol{B}=\boldsymbol{P}_2\boldsymbol{P}_1\boldsymbol{A}$

4. 设 $\boldsymbol{A}$ 为 n 阶非零矩阵且 $r(\boldsymbol{A})=r<n$，则下列结论错误的是（　　）.

A. 齐次线性方程组 $\boldsymbol{Ax}=\boldsymbol{0}$ 有非零解

B. $\boldsymbol{A}$ 的行向量组线性相关，列向量组线性无关

C. $\boldsymbol{A}$ 中必有不等于零的 r 阶子式，且所有 $r+1$ 阶子式全为零

D. $\boldsymbol{A}$ 必有一个特征值为 0

5. 设 $\boldsymbol{\alpha},\boldsymbol{\beta},\boldsymbol{\gamma}_2,\boldsymbol{\gamma}_3,\boldsymbol{\gamma}_4$ 都是四维向量，$\boldsymbol{A}=(\boldsymbol{\alpha},\boldsymbol{\gamma}_2,\boldsymbol{\gamma}_3,\boldsymbol{\gamma}_4),\boldsymbol{B}=(\boldsymbol{\beta},\boldsymbol{\gamma}_2,\boldsymbol{\gamma}_3,\boldsymbol{\gamma}_4)$，且 $\boldsymbol{A},\boldsymbol{B}$ 的行列式分别为 $|\boldsymbol{A}|=4,|\boldsymbol{B}|=1$，则 $\boldsymbol{A}+\boldsymbol{B}$ 的行列式 $|\boldsymbol{A}+\boldsymbol{B}|$ 为（　　）.

A. 5　B. 8　C. 10　D. 40

6. 已知 $\boldsymbol{A},\boldsymbol{B}$ 均为 n 阶矩阵，则以下命题中错误的是（　　）.

A. $|\boldsymbol{A}+\boldsymbol{B}|=|\boldsymbol{A}|+|\boldsymbol{B}|$　B. $|\boldsymbol{AB}|=|\boldsymbol{BA}|$

C. 若 $\boldsymbol{AB}=\boldsymbol{O}$ 且 $|\boldsymbol{A}|\neq 0$，则 $\boldsymbol{B}=\boldsymbol{O}$　D. 若 $|\boldsymbol{A}|\neq 0$，则 $|\boldsymbol{A}^{-1}|=|\boldsymbol{A}|^{-1}$

7. 已知三阶矩阵 $\boldsymbol{A}$ 的特征值为 1，2，3，则 $\boldsymbol{A}^*$ 必相似于对角矩阵（　　）.

A. $\begin{pmatrix}1&0&0\\0&2&0\\0&0&3\end{pmatrix}$　　B. $\begin{pmatrix}6&0&0\\0&3&0\\0&0&2\end{pmatrix}$　　C. $\begin{pmatrix}1&0&0\\0&1&0\\0&0&1\end{pmatrix}$　　D. $\begin{pmatrix}1&0&0\\0&\frac{1}{2}&0\\0&0&\frac{1}{3}\end{pmatrix}$

8. 设$\boldsymbol{A}$为三阶对称矩阵，二次型$f=\boldsymbol{x}^{\mathrm{T}}\boldsymbol{A}\boldsymbol{x}$经过一个可逆线性变换$\boldsymbol{x}=\boldsymbol{C}\boldsymbol{y}$化为标准形$f=y_1^2+2y_2^2$，则必有（　　）.

A. $\boldsymbol{A}$有零特征值　　B. $\boldsymbol{A}$有重特征值

C. 1，2 都是$\boldsymbol{A}$的特征值　　D. 1，2 都不是$\boldsymbol{A}$的特征值

二、填空题（每小题 2 分，共 14 分）.

1. 矩阵$\begin{pmatrix}1&2&1\\0&0&1\end{pmatrix}$经过初等行变换化为行最简形矩阵__________.

2. 若向量$\boldsymbol{\alpha}=(1,2,1)^{\mathrm{T}}$可由向量组$\boldsymbol{\alpha}_1=(1,0,0)^{\mathrm{T}},\boldsymbol{\alpha}_2=(0,1,0)^{\mathrm{T}},\boldsymbol{\alpha}_3=(0,1,t)^{\mathrm{T}}$线性表示，则$t$满足条件________.

3. 已知向量组$\boldsymbol{\alpha}=(k,-1,1)^{\mathrm{T}},\boldsymbol{\beta}=(2,-1,0)^{\mathrm{T}},\boldsymbol{\gamma}=(0,0,1)^{\mathrm{T}}$线性相关，则$k=$________.

4. 设矩阵$\boldsymbol{A}=\begin{pmatrix}1&2\\3&t\end{pmatrix}$，若二阶非零矩阵$\boldsymbol{B}$满足$\boldsymbol{AB}=\boldsymbol{O}$，则$t=$________.

5. 用 Schmidt 正交化方法将向量组$\boldsymbol{\alpha}_1=(1,0)^{\mathrm{T}},\boldsymbol{\alpha}_2=(1,2)^{\mathrm{T}}$化为一个标准正交向量组是________.

6. 已知矩阵$\boldsymbol{A}=\begin{pmatrix}2&-3\\0&-1\end{pmatrix}$，则$\boldsymbol{A}\boldsymbol{A}^{\mathrm{T}}$的行列式$|\boldsymbol{A}\boldsymbol{A}^{\mathrm{T}}|$为________.

7. 已知向量$\boldsymbol{\xi}=(1,1)^{\mathrm{T}}$是矩阵$\boldsymbol{A}=\begin{pmatrix}2&0\\2&k\end{pmatrix}$的特征向量，则$k=$________.

三、（12 分）设矩阵$\boldsymbol{A}=\begin{pmatrix}2&1\\-1&3\end{pmatrix}$，且$\boldsymbol{A}=\boldsymbol{B}+\boldsymbol{C}$，其中$\boldsymbol{B}$为对称矩阵，$\boldsymbol{C}$为反对称矩阵.

（1）求$\boldsymbol{A}^{\mathrm{T}},\boldsymbol{B},\boldsymbol{C}$；

（2）问等式$(\boldsymbol{B}+\boldsymbol{C})(\boldsymbol{B}-\boldsymbol{C})=\boldsymbol{B}^2-\boldsymbol{C}^2$成立吗?为什么？

四、（13 分）设$\boldsymbol{A}=\begin{pmatrix}2&2&0\\3&6&0\\0&0&3\end{pmatrix}$，$\boldsymbol{E}$是三阶单位矩阵.

（1）求$(\boldsymbol{A}-\boldsymbol{E})^{-1}$；

（2）已知矩阵 $\boldsymbol{B}$ 满足 $\boldsymbol{AB}=\boldsymbol{A}+\boldsymbol{B}$，证明矩阵 $\boldsymbol{B}-\boldsymbol{E}$ 可逆，并求矩阵 $\boldsymbol{B}$.

五、（12 分）已知齐次线性方程组（A）$\begin{cases} x_1+x_2+2x_3=0 \\ 2x_1+x_2+3x_3=0 \end{cases}$ 与齐次线性方程组（B）$\begin{cases} x_1+2x_2+3x_3=0 \\ 2x_1+3x_2+5x_3=0 \\ x_1+x_2+ax_3=0 \end{cases}$ 同解.

（1）求方程组（A）的一个基础解系；

（2）求 a 的值.

六、（18 分）求下列线性方程组的通解.

$$\begin{cases} 2x_1-2x_2+x_3-x_4+x_5=2 \\ x_1-4x_2+2x_3-2x_4+3x_5=3 \\ 4x_1-10x_2+3x_3-5x_4+7x_5=8 \\ x_1+2x_2-x_3+x_4-2x_5=-1 \end{cases}$$

七、（15 分）已知三阶实对称矩阵 $\boldsymbol{A}$ 的特征值为 $\lambda_1=1,\lambda_2=\lambda_3=2$，又 $\boldsymbol{\alpha}_1=(2,0,0)^{\mathrm{T}}$ 为 $\boldsymbol{A}$ 的对应于特征值 1 的特征向量.

（1）求 $\boldsymbol{A}$ 的对应于特征值 2 的所有特征向量；

（2）求矩阵 $\boldsymbol{A}$.

自 测 题（七）

一、单项选择题（每小题 2 分，共 16 分）.

1. 设 $\boldsymbol{A}$，$\boldsymbol{B}$ 为实矩阵，$\boldsymbol{P},\boldsymbol{Q}$ 为实可逆矩阵且 $\boldsymbol{PAQ}=\boldsymbol{B}$，则下述结论中正确的是（　　）.

A. $\boldsymbol{A}$ 与 $\boldsymbol{B}$ 相似　　B. $\boldsymbol{A}$ 与 $\boldsymbol{B}$ 的行列式相同

C. $\boldsymbol{A}$ 与 $\boldsymbol{B}$ 有相同的特征值　　D. $\boldsymbol{A}$ 与 $\boldsymbol{B}$ 等价

2. 设向量 $\boldsymbol{\alpha}=(1,3,-5,4)^{\mathrm{T}}$，矩阵 $\boldsymbol{A}=\boldsymbol{\alpha}\boldsymbol{\alpha}^{\mathrm{T}}$，则 $|\boldsymbol{A}|$ 等于（　　）.

A. 0　　B. 1　　C. 51　　D. $\sqrt{51}$

3. 设 $\boldsymbol{\alpha}_1=(1,1,0,0)^{\mathrm{T}},\boldsymbol{\alpha}_2=(0,0,2,2)^{\mathrm{T}},\boldsymbol{\alpha}_3=(1,1,2,2)^{\mathrm{T}},\boldsymbol{\alpha}_4=(1,2,3,4)^{\mathrm{T}}$，则该向量组的一个极大线性无关组为（　　）.

A. $\boldsymbol{\alpha}_1,\boldsymbol{\alpha}_2$　　B. $\boldsymbol{\alpha}_1,\boldsymbol{\alpha}_2,\boldsymbol{\alpha}_4$　　C. $\boldsymbol{\alpha}_1,\boldsymbol{\alpha}_3$　　D. $\boldsymbol{\alpha}_1,\boldsymbol{\alpha}_2,\boldsymbol{\alpha}_3,\boldsymbol{\alpha}_4$

4. 设三阶矩阵 $\boldsymbol{A}=\begin{pmatrix}\boldsymbol{\alpha}_1\\ \boldsymbol{\alpha}_2\\ \boldsymbol{\alpha}_3\end{pmatrix}$，其中 $\boldsymbol{\alpha}_i$ 为三维行向量 $(i=1,2,3)$，矩阵 $\boldsymbol{B}=\begin{pmatrix}\boldsymbol{\alpha}_2\\ \boldsymbol{\alpha}_1\\ \boldsymbol{\alpha}_3-2\boldsymbol{\alpha}_2\end{pmatrix}$，$\boldsymbol{P}_1=\begin{pmatrix}0&1&0\\1&0&0\\0&0&1\end{pmatrix},\boldsymbol{P}_2=\begin{pmatrix}1&0&0\\0&1&0\\-2&0&1\end{pmatrix}$，则必有（　　）.

A. $\boldsymbol{B}=\boldsymbol{AP}_1\boldsymbol{P}_2$　　B. $\boldsymbol{B}=\boldsymbol{AP}_2\boldsymbol{P}_1$　　C. $\boldsymbol{B}=\boldsymbol{P}_1\boldsymbol{P}_2\boldsymbol{A}$　　D. $\boldsymbol{B}=\boldsymbol{P}_2\boldsymbol{P}_1\boldsymbol{A}$

5. 设有四元非齐次线性方程组 $\boldsymbol{Ax}=\boldsymbol{b}$，系数矩阵 $\boldsymbol{A}$ 的秩为 2，$\boldsymbol{\alpha}_1,\boldsymbol{\alpha}_2,\boldsymbol{\alpha}_3$ 为它的三个线性无关的解向量，则它的通解为 $\boldsymbol{x}=$（　　）.

A. $k_1\boldsymbol{\alpha}_1+k_2\boldsymbol{\alpha}_2+k_3\boldsymbol{\alpha}_3+\boldsymbol{\alpha}_1$

B. $k_1(\boldsymbol{\alpha}_2-\boldsymbol{\alpha}_1)+k_2(\boldsymbol{\alpha}_3-\boldsymbol{\alpha}_1)+\boldsymbol{\alpha}_1$

C. $k_1(\boldsymbol{\alpha}_1+\boldsymbol{\alpha}_2)+k_2(\boldsymbol{\alpha}_2+\boldsymbol{\alpha}_3)$

D. $k_1(\boldsymbol{\alpha}_2-\boldsymbol{\alpha}_1)+k_2(\boldsymbol{\alpha}_3-\boldsymbol{\alpha}_1)+k_3(\boldsymbol{\alpha}_3-\boldsymbol{\alpha}_2)+\boldsymbol{\alpha}_1$

6. 已知三阶矩阵的特征值为 1，2，3，则 $\boldsymbol{A}-\boldsymbol{E}$ 必相似于对角矩阵（　　）.

A. $\begin{pmatrix}0&0&0\\0&1&0\\0&0&2\end{pmatrix}$　　B. $\begin{pmatrix}-1&0&0\\0&-2&0\\0&0&0\end{pmatrix}$　　C. $\begin{pmatrix}3&0&0\\0&1&0\\0&0&2\end{pmatrix}$　　D. $\begin{pmatrix}2&0&0\\0&3&0\\0&0&4\end{pmatrix}$

7. 设 $\boldsymbol{A}$ 为 n 阶实矩阵，若 $\boldsymbol{A}$ 满足 $\boldsymbol{A}^{\mathrm{T}}\boldsymbol{A}=\boldsymbol{A}\boldsymbol{A}^{\mathrm{T}}$，则称 $\boldsymbol{A}$ 为正规矩阵. 下列矩阵中不是正规矩阵的是（　　）.

A. 对称矩阵　　B. 反对称矩阵　　C. 可逆矩阵　　D. 正交矩阵

8. n 阶对称矩阵 $\boldsymbol{A}$ 正定的充分必要条件是（　　）.

A. $|\boldsymbol{A}|>0$　　B. $\boldsymbol{A}$ 的 n 个特征值均大于零

C. $\boldsymbol{A}$ 有 n 个线性无关的特征向量　　D. $\boldsymbol{A}$ 的秩 $=n$

二、填空题（每小题 2 分，共 14 分）.

1. 设 $A=\begin{pmatrix}1&1&a\\1&a&1\\a&1&1\end{pmatrix}$ 的秩为 2，则 $a=$________.

2. 设 A 为 n 阶矩阵，且 $A^2+A-4E=O$，则 $(A+E)^{-1}=$________.

3. 已知 $\alpha_1=(1,0,0)^{\mathrm{T}},\alpha_2=(-1,0,2)^{\mathrm{T}}$，则与向量组 α_1,α_2 等价的标准正交向量组为________.

4. 设矩阵 $A=\begin{pmatrix}1&2&1&2\\0&1&a&a\\1&a&0&1\end{pmatrix}$，已知齐次线性方程组 $Ax=0$ 的一个基础解系所含解向量的个数为 2，则 $a=$________.

5. 设 $A=(a_{ij})_{3\times3}$，$b=(b_1,b_2,b_3)^{\mathrm{T}}$，且 $\sum\limits_{j=1}^{3}a_{3j}A_{3j}=3,\sum\limits_{i=1}^{3}b_iA_{ij}=j,j=1,2,3$，这里 A_{ij} 表示元素 a_{ij} 的代数余子式，则线性方程组 $Ax=b$ 的解 $x=$________.

6. 设 $A=(a_{ij})_{3\times3}$ 是正交矩阵，且 $a_{11}=1,b=(1,0,0)^{\mathrm{T}}$，则方程组 $Ax=b$ 的解 $x=$________.

7. 二次型 $f(x_1,x_2,x_3)=(x_1+x_2)^2$ 的矩阵为________.

三、计算题（每小题 7 分，共 14 分）.

1. 已知 $A=\begin{pmatrix}1&2&0&0\\2&5&0&0\\0&0&-1&0\\0&0&0&2\end{pmatrix}$，计算 A^{-1}.

2. 已知 $A=\begin{pmatrix}x+y&x&x&x\\x&x-2y&x&x\\x&x&x+2y&x\\x&x&x&x-3y\end{pmatrix}$，计算行列式 $|A|$.

四、解方程（共 24 分）.

1. 已知 $\boldsymbol{A}=\begin{pmatrix}1&1&-1\\-1&1&1\\1&-1&1\end{pmatrix}$，矩阵 $\boldsymbol{X}$ 满足 $\boldsymbol{A}^*\boldsymbol{X}=\boldsymbol{A}^{-1}+2\boldsymbol{X}$，求矩阵 $\boldsymbol{X}$（10 分）.

2. a,b 取何值时，线性方程组

$$\begin{pmatrix}1&2&0&2\\1&1&2&3\\0&1&-a&-1\\1&4&-4&a-2\end{pmatrix}\begin{pmatrix}x_1\\x_2\\x_3\\x_4\end{pmatrix}=\begin{pmatrix}0\\-1\\1\\b+3\end{pmatrix}$$

有唯一解、无解、有无穷多解？并在有无穷多解时，求出该方程组的通解（14 分）.

五、(7 分) 设 $\boldsymbol{A}$ 为 n 阶矩阵，$\boldsymbol{\alpha}$ 是 n 维列向量，若 $\boldsymbol{A\alpha}\neq\boldsymbol{0}$ 但 $\boldsymbol{A}^2\boldsymbol{\alpha}=\boldsymbol{0}$，证明向量组 $\boldsymbol{\alpha},\boldsymbol{A\alpha}$ 线性无关.

六、（10 分） 设三元齐次线性方程组（A）为 $\begin{cases}x_1+2x_2+3x_3=0\\2x_1+3x_2+5x_3=0\\x_1+\ x_2+2x_3=0\end{cases}$，且另一个三元齐次线性方程组（B）的一个基础解系为 $\boldsymbol{\beta}=(-2a^2+3a,1,a^2-2a)^{\mathrm{T}}$.

（1）求方程组（A）的一个基础解系；

（2）若方程组（A）的解都是方程组（B）的解，求 a 的值.

七、（15 分） 已知 $\boldsymbol{A}=\begin{pmatrix}1&2&3&4\\1&2&3&4\\1&2&3&b\\1&2&3&a\end{pmatrix}$ 相似于对角矩阵 $\boldsymbol{D}=\begin{pmatrix}10&0&0&0\\0&0&0&0\\0&0&0&0\\0&0&0&0\end{pmatrix}$.

（1）求 a,b 的值；

（2）求可逆矩阵 $\boldsymbol{P}$，使 $\boldsymbol{P}^{-1}\boldsymbol{AP}=\boldsymbol{D}$.

自 测 题（八）

一、选择题（每小题 2 分，共 16 分）．

1. 线性方程组$\begin{pmatrix}1 & 1 & 1\\1 & -1 & 0\end{pmatrix}\begin{pmatrix}x\\y\\z\end{pmatrix}=\begin{pmatrix}0\\2\end{pmatrix}$的一个解向量为（　　）．

A. $(1,-1,0)^{\mathrm{T}}$　　B. $(-1,1,0)^{\mathrm{T}}$　　C. $(0,1,-1)^{\mathrm{T}}$　　D. $(0,-1,1)^{\mathrm{T}}$

2. 设有矩阵$\boldsymbol{A}=(a_{ij})_{4\times3},\boldsymbol{B}=(b_{ij})_{3\times4},\boldsymbol{C}=(c_{ij})_{4\times4}$，则下列运算可行的是（　　）．

A. $\boldsymbol{AC}$　　B. $\dfrac{\boldsymbol{AB}}{\boldsymbol{C}}$　　C. $\boldsymbol{AB}+2$　　D. $2\boldsymbol{A}^{\mathrm{T}}+\boldsymbol{BC}$

3. 设$\boldsymbol{A}=\begin{pmatrix}a_{11} & a_{12}\\a_{21} & a_{22}\end{pmatrix},\boldsymbol{B}=\begin{pmatrix}a_{11} & a_{12}\\a_{21}-a_{11} & a_{22}-a_{12}\end{pmatrix},\boldsymbol{PA}=\boldsymbol{B}$，则$\boldsymbol{P}=$（　　）．

A. $\begin{pmatrix}1 & -1\\0 & 1\end{pmatrix}$　　B. $\begin{pmatrix}1 & 0\\-1 & 1\end{pmatrix}$　　C. $\begin{pmatrix}1 & 0\\1 & 1\end{pmatrix}$　　D. $\begin{pmatrix}1 & 1\\0 & 1\end{pmatrix}$

4. 设二阶矩阵为$\boldsymbol{A}$，存在矩阵$\boldsymbol{P}=(\boldsymbol{\alpha}_1,\boldsymbol{\alpha}_2,\boldsymbol{\alpha}_3)$，使$\boldsymbol{AP}=\boldsymbol{P}\begin{pmatrix}0 & 0 & 0\\0 & 1 & 0\\0 & 0 & 2\end{pmatrix}$，则$\boldsymbol{A}(\boldsymbol{\alpha}_1+\boldsymbol{\alpha}_2+\boldsymbol{\alpha}_3)=$（　　）．

A. $\boldsymbol{\alpha}_1+\boldsymbol{\alpha}_2$　　B. $\boldsymbol{\alpha}_2+\boldsymbol{\alpha}_3$　　C. $\boldsymbol{\alpha}_2+2\boldsymbol{\alpha}_3$　　D. $\boldsymbol{\alpha}_1+2\boldsymbol{\alpha}_2$

5. 设$\boldsymbol{\alpha}_1,\boldsymbol{\alpha}_2,\boldsymbol{\alpha}_3$是两两正交的单位向量组，$\boldsymbol{\zeta}=\boldsymbol{\alpha}_1-\boldsymbol{\alpha}_2+\boldsymbol{\alpha}_3,\boldsymbol{\eta}=a\boldsymbol{\alpha}_1+b\boldsymbol{\alpha}_2+c\boldsymbol{\alpha}_3$，则$\boldsymbol{\zeta}$与$\boldsymbol{\eta}$正交当且仅当（　　）．

A. $b+c-a=0$　　B. $a+b-c=0$　　C. $a-b+c=0$　　D. $a+b+c=0$

6. 下列矩阵中，特征值 1 的几何重数为 2 的是（　　）．

A. $\begin{pmatrix}1 & -1\\0 & 1\end{pmatrix}$　　B. $\begin{pmatrix}1 & 0\\0 & 1\end{pmatrix}$　　C. $\begin{pmatrix}1 & 0\\1 & 1\end{pmatrix}$　　D. $\begin{pmatrix}1 & 1\\0 & 1\end{pmatrix}$

7. 设n阶可逆矩阵$\boldsymbol{A}$与$\boldsymbol{B}$相似，则下列结论错误的是（　　）．

A. $\boldsymbol{A}^{\mathrm{T}}$与$\boldsymbol{B}^{\mathrm{T}}$相似　　B. $\boldsymbol{A}^{-1}$与$\boldsymbol{B}^{-1}$相似

C. $\boldsymbol{A}+\boldsymbol{A}^{-1}$与$\boldsymbol{B}+\boldsymbol{B}^{-1}$相似　　D. $\boldsymbol{A}+\boldsymbol{A}^{\mathrm{T}}$与$\boldsymbol{B}+\boldsymbol{B}^{\mathrm{T}}$相似

8. 与矩阵$\begin{pmatrix}1 & 2 & 0\\2 & 1 & 0\\0 & 0 & 1\end{pmatrix}$合同的矩阵是（　　）．

A. $\begin{pmatrix}1 & 0 & 0\\0 & 1 & 0\\0 & 0 & 1\end{pmatrix}$　　B. $\begin{pmatrix}1 & 0 & 0\\0 & 1 & 0\\0 & 0 & -1\end{pmatrix}$　　C. $\begin{pmatrix}1 & 0 & 0\\0 & -1 & 0\\0 & 0 & -1\end{pmatrix}$　　D. $\begin{pmatrix}-1 & 0 & 0\\0 & -1 & 0\\0 & 0 & -1\end{pmatrix}$

二、填空题（每小题 2 分，共 14 分）.

1. 设 $\boldsymbol{\alpha}=\begin{pmatrix}1\\1\end{pmatrix}, \boldsymbol{A}=\begin{pmatrix}-1&1\\1&0\end{pmatrix}$，则 $\boldsymbol{\alpha}^{\mathrm{T}}\boldsymbol{A}\boldsymbol{\alpha}=$________.

2. 若向量组 $\boldsymbol{\alpha}_1=(1,0,0)^{\mathrm{T}}, \boldsymbol{\alpha}_2=(0,1,0)^{\mathrm{T}}, \boldsymbol{\alpha}_3=(1,1,k)^{\mathrm{T}}$ 线性相关，则 $k=$________.

3. 设 $\boldsymbol{A}$ 是三阶矩阵，$\boldsymbol{\alpha}_1,\boldsymbol{\alpha}_2,\boldsymbol{\alpha}_3$ 是三维列向量，且满足 $\boldsymbol{A}\boldsymbol{\alpha}_1=\boldsymbol{\alpha}_1, \boldsymbol{A}\boldsymbol{\alpha}_2=2\boldsymbol{\alpha}_2+3\boldsymbol{\alpha}_3, \boldsymbol{A}\boldsymbol{\alpha}_3=-\boldsymbol{\alpha}_3$，若 $\boldsymbol{A}(\boldsymbol{\alpha}_1,\boldsymbol{\alpha}_2,\boldsymbol{\alpha}_3)=(\boldsymbol{\alpha}_1,\boldsymbol{\alpha}_2,\boldsymbol{\alpha}_3)\boldsymbol{B}$，则 $\boldsymbol{B}=$________.

4. 设三阶矩阵 $\boldsymbol{A},\boldsymbol{B}$ 满足 $\boldsymbol{AB}=\boldsymbol{E}$，这里 $\boldsymbol{E}$ 是三阶单位矩阵，则 $\boldsymbol{BA}=$________.

5. 已知四阶矩阵 $\boldsymbol{A}$ 的行列式 $|\boldsymbol{A}|=2$，则 $\boldsymbol{A}$ 的伴随矩阵 $\boldsymbol{A}^*$ 的行列式 $|\boldsymbol{A}^*|=$________.

6. 设 $\boldsymbol{A}=(a_{ij})_{n\times n}$，如果线性方程组 $\boldsymbol{Ax}=\boldsymbol{b}$ 有两个不同的解，则 $\boldsymbol{A}$ 的行列式 =________.

7. 设 $\boldsymbol{A}=\begin{pmatrix}0&1\\1&0\end{pmatrix}$，$\boldsymbol{E}$ 是二阶单位矩阵，记 $\varphi(\lambda)=|\lambda\boldsymbol{E}-\boldsymbol{A}|$，则 $\varphi(\boldsymbol{A})=$________.

三、计算题（每小题 8 分，共 16 分）.

1. 已知向量 $\boldsymbol{\alpha}=(0,0,2)^{\mathrm{T}}, \boldsymbol{e}_1=(1,0,0)^{\mathrm{T}}$，$\boldsymbol{E}$ 是三阶单位矩阵.

（1）计算向量 $\boldsymbol{\alpha}$ 的长度 $\|\boldsymbol{\alpha}\|$ 和向量 $\boldsymbol{\alpha}-2\boldsymbol{e}_1$ 的长度 $\|\boldsymbol{\alpha}-2\boldsymbol{e}_1\|$；

（2）令 $\boldsymbol{u}=\dfrac{\boldsymbol{\alpha}-2\boldsymbol{e}_1}{\|\boldsymbol{\alpha}-2\boldsymbol{e}_1\|}$，计算 $\boldsymbol{E}-2\boldsymbol{u}\boldsymbol{u}^{\mathrm{T}}$ 和 $(\boldsymbol{E}-2\boldsymbol{u}\boldsymbol{u}^{\mathrm{T}})\boldsymbol{\alpha}$.

2. 设 $\boldsymbol{A}=\begin{pmatrix}1&2&3\\1&1&2\\0&1&2\end{pmatrix}$，求 $\boldsymbol{A}^{-1}$.

四、（12 分）已知矩阵 $\boldsymbol{A}$ 满足 $\boldsymbol{A}\begin{pmatrix}1&1&2\\2&1&3\end{pmatrix}=\begin{pmatrix}1&2&3\\2&3&5\\1&1&2\end{pmatrix}$，求 $\boldsymbol{A}$.

五、(**18 分**)已知 $\boldsymbol{A}=\begin{pmatrix}1 & a & 0 & 0\\ 0 & 1 & 1 & 0\\ 0 & 0 & 1 & 1\\ a & 0 & 0 & 1\end{pmatrix},\boldsymbol{\beta}=\begin{pmatrix}1\\ -1\\ 0\\ 0\end{pmatrix}$.

(1)计算行列式 $|\boldsymbol{A}|$;

(2)当实数 a 为何值时,方程组 $\boldsymbol{Ax}=\boldsymbol{\beta}$ 有无穷多解,并求其通解.

六、(**8 分**)已知 $\boldsymbol{A}=(a_{ij})_{m\times n},\boldsymbol{B}=(b_{ij})_{n\times s},\boldsymbol{C}=(c_{ij})_{m\times s}$,若 $\boldsymbol{AB}=\boldsymbol{C}$ 且 $r(\boldsymbol{A})=n$. 证明:

(1)齐次线性方程组 $\boldsymbol{Bx}=\boldsymbol{0}$ 与 $\boldsymbol{Cx}=\boldsymbol{0}$ 同解;

(2)$r(\boldsymbol{B})=r(\boldsymbol{C})$.

七、(**16 分**)通过正交变换 $\begin{pmatrix}x_1\\ x_2\\ x_3\end{pmatrix}=\boldsymbol{Q}\begin{pmatrix}y_1\\ y_2\\ y_3\end{pmatrix}$,二次型 $f=x_1^2+x_2^2+ax_3^2+2bx_1x_2$ 化成标准形 $2y_3^2+2y_3^2$. 求 a,b 的值和正交矩阵 $\boldsymbol{Q}$.

自 测 题（九）

一、单项选择题（每小题 2 分，共 16 分）.

1. 在 $\mathbf{R}^3$ 中与向量 $\boldsymbol{\alpha}_1=(1,1,1)^{\mathrm{T}},\boldsymbol{\alpha}_2=(1,2,1)^{\mathrm{T}}$ 都正交的单位向量是（　　）.

A. $(-1,0,1)^{\mathrm{T}}$　　B. $\dfrac{1}{\sqrt{2}}(-1,0,1)^{\mathrm{T}}$　　C. $(1,0,-1)^{\mathrm{T}}$　　D. $\dfrac{1}{\sqrt{2}}(1,0,1)^{\mathrm{T}}$

2. 设向量组 $\boldsymbol{\alpha}_1=(1,0,0)^{\mathrm{T}},\boldsymbol{\alpha}_2=(0,0,1)^{\mathrm{T}}$，下列向量中可以由 $\boldsymbol{\alpha}_1,\boldsymbol{\alpha}_2$ 线性表示的是（　　）.

A. $(2,0,0)^{\mathrm{T}}$　　B. $(-3,2,4)^{\mathrm{T}}$　　C. $(1,1,0)^{\mathrm{T}}$　　D. $(0,-1,0)^{\mathrm{T}}$

3. 若 $\boldsymbol{A}$ 为 n 阶矩阵，且 $\boldsymbol{A}^3=\boldsymbol{O}$，则矩阵 $(\boldsymbol{E}-\boldsymbol{A})^{-1}=$（　　）.

A. $\boldsymbol{E}-\boldsymbol{A}+\boldsymbol{A}^2$　　B. $\boldsymbol{E}+\boldsymbol{A}+\boldsymbol{A}^2$　　C. $\boldsymbol{E}+\boldsymbol{A}-\boldsymbol{A}^2$　　D. $\boldsymbol{E}-\boldsymbol{A}-\boldsymbol{A}^2$

4. 设 $\boldsymbol{A}$ 为三阶方阵，$\boldsymbol{B}$ 为四阶方阵，且行列式 $|\boldsymbol{A}|=1$，$|\boldsymbol{B}|=-2$，则矩阵 $|\boldsymbol{B}|\boldsymbol{A}$ 的行列式 $||\boldsymbol{B}|\boldsymbol{A}|$ 的值为（　　）.

A. -8　　B. -2　　C. 2　　D. 8

5. 已知 $\boldsymbol{A}$ 是一个 3×4 矩阵，下列命题中正确的是（　　）.

A. 若矩阵 $\boldsymbol{A}$ 中所有三阶子式都为 0，则 $r(\boldsymbol{A})=2$

B. 若 $\boldsymbol{A}$ 中存在二阶子式不为 0，则 $r(\boldsymbol{A})=2$

C. 若 $r(\boldsymbol{A})=2$，则 $\boldsymbol{A}$ 中所有三阶子式都为 0

D. 若 $r(\boldsymbol{A})=2$，则 $\boldsymbol{A}$ 中所有二阶子式都不为 0

6. 设矩阵 $\boldsymbol{A}=\begin{pmatrix}3&-1&2\\1&0&-1\\-2&1&4\end{pmatrix}$，则 $\boldsymbol{A}$ 的伴随矩阵 $\boldsymbol{A}^*$ 中位于第一行第二列的元素是（　　）.

A. 2　　B. -2　　C. -6　　D. 6

7. 设 $\boldsymbol{A}$ 为 n 阶可逆矩阵，λ 是 $\boldsymbol{A}$ 的一个特征值，则 $\boldsymbol{A}$ 的伴随矩阵 $\boldsymbol{A}^*$ 的特征值之一是（　　）.

A. $\lambda^{-1}|\boldsymbol{A}|^n$　　B. $\lambda^{-1}|\boldsymbol{A}|$　　C. $\lambda|\boldsymbol{A}|$　　D. $\lambda|\boldsymbol{A}|^n$

8. 设矩阵 $\boldsymbol{A}=\begin{pmatrix}2&-1&-1\\-1&2&-1\\-1&-1&2\end{pmatrix},\boldsymbol{B}=\begin{pmatrix}1&0&0\\0&1&0\\0&0&0\end{pmatrix}$，则 $\boldsymbol{A}$ 与 $\boldsymbol{B}$ 的关系是（　　）.

A. 合同，相似　　B. 不合同，不相似

C. 不合同，相似　　D.合同，不相似

二、填空题（每小题 2 分，共 14 分）.

1. 已知$\begin{pmatrix} a & -b \\ b & a \end{pmatrix}\begin{pmatrix} 4 \\ 3 \end{pmatrix}=\begin{pmatrix} 5 \\ 0 \end{pmatrix}$，则$a=$________，$b=$________.

2. 设$\boldsymbol{A}=\begin{pmatrix} 1 & 0 & 0 \\ 2 & 2 & 0 \\ 3 & 4 & 0 \end{pmatrix}$，则$\boldsymbol{A}$的行向量组的秩为________.

3. 已知矩阵$\begin{pmatrix} a & -5 \\ -1 & 4 \end{pmatrix}$的逆矩阵为$\begin{pmatrix} -4 & -5 \\ -1 & -1 \end{pmatrix}$，则$a=$________.

4. 设三维向量空间的一组基为$\boldsymbol{\alpha}_1=(1,1,0)^{\mathrm{T}},\boldsymbol{\alpha}_2=(1,0,1)^{\mathrm{T}},\boldsymbol{\alpha}_3=(0,1,1)^{\mathrm{T}}$，则向量$\boldsymbol{\beta}=(2,0,0)^{\mathrm{T}}$在此基下的坐标是________.

5. 已知方程组$\begin{pmatrix} 1 & 2 & 1 \\ 0 & 1 & -a \\ 0 & 0 & a^2-2a-3 \end{pmatrix}\begin{pmatrix} x_1 \\ x_2 \\ x_3 \end{pmatrix}=\begin{pmatrix} 1 \\ -1 \\ a-3 \end{pmatrix}$无解，则$a=$________.

6. 已知三阶矩阵$\boldsymbol{A}$相似于$\boldsymbol{B}$，$\boldsymbol{A}$的特征值为$2,3,4$，$\boldsymbol{E}$为三阶单位矩阵，则$|\boldsymbol{B}-\boldsymbol{E}|=$________.

7. 矩阵$\boldsymbol{A}=\begin{pmatrix} 2 & 0 \\ 1 & 0 \end{pmatrix}$，则二次型$f=\boldsymbol{x}^{\mathrm{T}}\boldsymbol{A}\boldsymbol{x}$的矩阵为________.

三、（10 分）设方阵$\boldsymbol{A}=\begin{pmatrix} \frac{1}{\sqrt{2}} & a & 0 \\ 0 & 0 & 1 \\ b & c & 0 \end{pmatrix}$.

（1）a,b,c满足何关系，$\boldsymbol{A}$为可逆矩阵？

（2）a,b,c满足何关系，$\boldsymbol{A}$为对称矩阵？

（3）a,b,c满足何关系，$\boldsymbol{A}$为正交矩阵？

四、（10 分）设行列式$\begin{vmatrix} x-2 & x-1 & x-2 & x-3 \\ 2x-2 & 2x-1 & 2x-2 & 2x-3 \\ 3x-3 & 3x-2 & 4x-5 & 3x-5 \\ 4x & 4x-3 & 5x-7 & 4x-3 \end{vmatrix}$为$f(x)$，求方程$f(x)=0$的根.

五、（12 分） 已知矩阵 $\boldsymbol{A}=\begin{pmatrix}2&4&1&1\\1&2&-1&2\\-1&-2&-2&1\end{pmatrix}$，$\boldsymbol{E}_3$ 是三阶单位矩阵.

（1）将分块矩阵 $(\boldsymbol{A},\boldsymbol{E}_3)$ 作初等行变换化为分块矩阵 $(\boldsymbol{H},\boldsymbol{S})$，其中 $\boldsymbol{H}$ 为 $\boldsymbol{A}$ 的行最简形矩阵；

（2）试问 $\boldsymbol{SA}=\boldsymbol{H}$ 吗？为什么？

六、（14 分） 已知线性方程组（I）$\begin{cases}2x_1+x_2+3x_3=0\\x_1-2x_2+4x_3=0\\3x_1+5x_2+x_3=0\end{cases}$，添加一个方程 $3x_1+ax_2+4x_3=0$

后成为方程组（II）$\begin{cases}2x_1+x_2+3x_3=0\\x_1-2x_2+4x_2=0\\3x_1+5x_2+x_3=0\\3x_1+ax_2+4x_3=0\end{cases}$.

（1）求方程组（I）的一个基础解系；

（2）a 取何值时，方程组（I）（II）是同解方程组.

七、（8 分） 设 $\boldsymbol{A}$ 是 $m\times s$ 矩阵，$\boldsymbol{B}$ 是 $s\times n$ 矩阵，且 $\boldsymbol{AB}=\boldsymbol{C}$.证明：.

（1）$\boldsymbol{C}$ 的列向量组可由 $\boldsymbol{A}$ 的列向量组线性表示；

（2）$r(\boldsymbol{C})\leqslant\min\{r(\boldsymbol{A}),r(\boldsymbol{B})\}$.

八、（**16 分**）已知二次曲面 $x^2+ay^2+z^2+2bxy+2xz+2yz=4$ 可以经正交变换 $\begin{pmatrix} x \\ y \\ z \end{pmatrix}=\boldsymbol{P}\begin{pmatrix} \xi \\ \eta \\ \zeta \end{pmatrix}$ 化为椭圆柱面方程 $\eta^2+4\zeta^2=4$，求 a,b 的值和正交矩阵 $\boldsymbol{P}$.

自 测 题（十）

一、单项选择题（每小题 2 分，共 16 分）.

1. 矩阵 $\boldsymbol{A}=\begin{pmatrix}1&3&2&4\\1&4&-2&5\\1&1&10&2\end{pmatrix}$ 经过初等变换化为标准形（　　）.

A. $\begin{pmatrix}1&3&2&4\\0&1&-4&1\\0&0&0&0\end{pmatrix}$　B. $\begin{pmatrix}1&3&0&0\\0&1&0&0\\0&0&0&0\end{pmatrix}$　C. $\begin{pmatrix}1&0&0&0\\0&1&0&0\\0&0&0&0\end{pmatrix}$　D. $\begin{pmatrix}1&0&14&1\\0&1&-4&1\\0&0&0&0\end{pmatrix}$

2. 设 $\boldsymbol{A},\boldsymbol{B}$ 为 n 阶可逆矩阵，则下列等式成立的是（　　）.

A. $(\boldsymbol{AB})^{-1}=\boldsymbol{A}^{-1}\boldsymbol{B}^{-1}$　　B. $(\boldsymbol{A}+\boldsymbol{B})^{-1}=\boldsymbol{A}^{-1}+\boldsymbol{B}^{-1}$

C. $|(\boldsymbol{AB})^{-1}|=\dfrac{1}{|\boldsymbol{AB}|}$　　D. $|(\boldsymbol{A}+\boldsymbol{B})^{-1}|=|\boldsymbol{A}^{-1}|+|\boldsymbol{B}^{-1}|$

3. 设 $\boldsymbol{A}$ 为 n 阶矩阵，且 $\boldsymbol{A}^2=\boldsymbol{A}$，则（　　）成立.

A. $\boldsymbol{A}=\boldsymbol{O}$　　B. 若 $\boldsymbol{A}$ 不可逆，则 $\boldsymbol{A}=\boldsymbol{O}$

C. $\boldsymbol{A}=\boldsymbol{E}$　　D. 若 $\boldsymbol{A}$ 可逆，则 $\boldsymbol{A}=\boldsymbol{E}$

4. 设三阶行列式 $\begin{vmatrix}a_{11}&a_{12}&a_{13}\\a_{21}&a_{22}&a_{23}\\1&1&1\end{vmatrix}=2$，若元素 a_{ij} 的代数余子式为 $A_{ij}(i,j=1,2,3)$，则 $A_{31}+A_{32}+A_{33}=$（　　）.

A. -1　　B. 0　　C. 1　　D. 2

5. 已知矩阵 $\boldsymbol{Q}=\begin{pmatrix}1&2&3\\2&4&t\\3&6&9\end{pmatrix}$，$\boldsymbol{P}$ 为三阶非零矩阵，且满足 $\boldsymbol{PQ}=\boldsymbol{O}$，则（　　）.

A. 当 $t=6$ 时，$\boldsymbol{P}$ 的秩为 1　　B. 当 $t=6$ 时，$\boldsymbol{P}$ 的秩为 2

C. 当 $t\neq 6$ 时，$\boldsymbol{P}$ 的秩为 1　　D. 当 $t\neq 6$ 时，$\boldsymbol{P}$ 的秩为 2

6. 设 $\boldsymbol{\alpha}=(1,1,1)^{\mathrm{T}},\boldsymbol{\beta}=(1,0,k)^{\mathrm{T}}$，若矩阵 $\boldsymbol{\alpha\beta}^{\mathrm{T}}$ 相似于 $\begin{pmatrix}3&0&0\\0&0&0\\0&0&0\end{pmatrix}$，则 $k=$（　　）.

A. 0　　B. 2　　C. 3　　D. 6

7. 设三阶矩阵 $\boldsymbol{A}$ 有特征值 $1,-1,2$，则下列矩阵中可逆的是（　　）.

A. $\boldsymbol{E}-\boldsymbol{A}$　　B. $\boldsymbol{E}+\boldsymbol{A}$　　C. $2\boldsymbol{E}-\boldsymbol{A}$　　D. $2\boldsymbol{E}+\boldsymbol{A}$

8. 二次曲面 $f(x_1,x_2,x_3)=2x_1^2+2x_2^2+x_3^2+2x_1x_2+4x_1x_3+4x_2x_3=1$ 表示（　　）.

A. 椭球面　　B. 单叶双曲面　　C. 双叶双曲面　　D.柱面

二、填空题（每小题 2 分，共 14 分）.

1. 已知 $\boldsymbol{A}$ 是一个 3×2 矩阵，且 $\boldsymbol{A}\begin{pmatrix} x_1 \\ x_2 \end{pmatrix}=\begin{pmatrix} x_1+2x_2 \\ -x_1+x_2 \\ x_1 \end{pmatrix}$，则 $\boldsymbol{A}=$________.

2. 已知向量组 $\boldsymbol{\alpha}_1=(0,0)^{\mathrm{T}},\boldsymbol{\alpha}_2=(1,1)^{\mathrm{T}},\boldsymbol{\alpha}_3=(1,2)^{\mathrm{T}}$，则它的一个极大线性无关组为________.

3. 已知 $\mathbf{R}^3$ 的两组基 $\boldsymbol{\alpha}_1=(1,-1,0)^{\mathrm{T}},\boldsymbol{\alpha}_2=(0,1,0)^{\mathrm{T}},\boldsymbol{\alpha}_3=(0,0,1)^{\mathrm{T}}$ 和 $\boldsymbol{\beta}_1=(1,2,1)^{\mathrm{T}}$，$\boldsymbol{\beta}_2=(2,3,4)^{\mathrm{T}},\boldsymbol{\beta}_3=(3,4,3)^{\mathrm{T}}$，则由基 $\boldsymbol{\alpha}_1,\boldsymbol{\alpha}_2,\boldsymbol{\alpha}_3$ 到基 $\boldsymbol{\beta}_1,\boldsymbol{\beta}_2,\boldsymbol{\beta}_3$ 的过渡矩阵为________.

4. 设 $\boldsymbol{\alpha}=(a,b,c)^{\mathrm{T}},\boldsymbol{A}=\boldsymbol{\alpha}\boldsymbol{\alpha}^{\mathrm{T}}$，则 $|\boldsymbol{A}|=$________.

5.设 $\boldsymbol{\alpha}_1,\boldsymbol{\alpha}_2$ 是非齐次线性方程组 $\boldsymbol{Ax}=\boldsymbol{b}$ 的两个解，且 $k_1\boldsymbol{\alpha}_1+k_2\boldsymbol{\alpha}_2$ 也是 $\boldsymbol{Ax}=\boldsymbol{b}$ 的解，则 $k_1+k_2=$________.

6. 设 $\boldsymbol{A}$ 为 n 阶方阵，若 $\boldsymbol{E}-\boldsymbol{A}$ 不可逆，则 $\boldsymbol{A}$ 必有一个特征值为________.

7. 设 $\boldsymbol{A}=\begin{pmatrix} 1 & -1 & 1 \\ 2 & 4 & -2 \\ -3 & -3 & a \end{pmatrix}$ 与 $\boldsymbol{B}=\begin{pmatrix} 2 & 0 & 0 \\ 0 & 2 & -2 \\ 0 & 0 & b \end{pmatrix}$ 相似，则 $a=$________，$b=$________.

三、**（16 分）** 设向量组 $\boldsymbol{\alpha}_1=(0,0,2)^{\mathrm{T}},\boldsymbol{\alpha}_2=(3,4,1)^{\mathrm{T}},\boldsymbol{\alpha}_3=(1,-2,2)^{\mathrm{T}}$.

（1）利用 Schmidt 正交化方法将 $\boldsymbol{\alpha}_1,\boldsymbol{\alpha}_2,\boldsymbol{\alpha}_3$ 化为两两正交的单位向量组 $\boldsymbol{q}_1,\boldsymbol{q}_2,\boldsymbol{q}_3$；

（2）令矩阵 $\boldsymbol{A}=(\boldsymbol{\alpha}_1,\boldsymbol{\alpha}_2,\boldsymbol{\alpha}_3),\boldsymbol{Q}=(\boldsymbol{q}_1,\boldsymbol{q}_2,\boldsymbol{q}_3)$，已知 $\boldsymbol{A}=\boldsymbol{QR}$，求 $\boldsymbol{R}$.

四、**（16 分）** 解矩阵方程 $\boldsymbol{AX}+\boldsymbol{XB}=\boldsymbol{F}$，其中 $\boldsymbol{A}=\begin{pmatrix} 1 & -1 \\ 0 & 2 \end{pmatrix},\boldsymbol{B}=\begin{pmatrix} -3 & 4 \\ 1 & 0 \end{pmatrix},\boldsymbol{F}=\begin{pmatrix} 1 & 3 \\ -2 & 2 \end{pmatrix}$.

五、**（10 分）** 已知线性方程组（I）$\begin{cases} a_{11}x_1+a_{12}x_2+\cdots+a_{1,2n}x_{2n}=0 \\ a_{21}x_1+a_{22}x_2+\cdots+a_{2,2n}x_n=0 \\ \cdots\cdots \\ a_{n1}x_1+a_{n2}x_2+\cdots+a_{n,2n}x_{2n}=0 \end{cases}$ 的一个基础解系为 $(b_{11},b_{12},\cdots,b_{1,2n})^{\mathrm{T}},(b_{21},b_{22},\cdots,b_{2,2n})^{\mathrm{T}},\cdots,(b_{n1},b_{n2},\cdots,b_{n,2n})^{\mathrm{T}}$，试写出线性方程组（II）

$$\begin{cases} b_{11}y_1 + b_{12}y_2 + \cdots + b_{1,2n}y_{2n} = 0 \\ b_{21}y_1 + b_{22}y_2 + \cdots + b_{2,2n}y_{2n} = 0 \\ \qquad\qquad \cdots\cdots \\ b_{n1}y_1 + b_{n2}y_2 + \cdots + b_{n,2n}y_{2n} = 0 \end{cases}$$ 的通解，并说明理由.

六、(18 分) 设 $\boldsymbol{A}$ 为三阶矩阵，$\boldsymbol{\alpha}_1,\boldsymbol{\alpha}_2,\boldsymbol{\alpha}_3$ 是线性无关的向量组，且

$$\boldsymbol{A\alpha}_1 = -\boldsymbol{\alpha}_2 + \boldsymbol{\alpha}_3,\quad \boldsymbol{A\alpha}_2 = -\boldsymbol{\alpha}_1 + \boldsymbol{\alpha}_3,\quad \boldsymbol{A\alpha}_3 = \boldsymbol{\alpha}_1 + \boldsymbol{\alpha}_2$$

(1) 求矩阵 $\boldsymbol{B}$，使 $\boldsymbol{A}(\boldsymbol{\alpha}_1,\boldsymbol{\alpha}_2,\boldsymbol{\alpha}_3) = (\boldsymbol{\alpha}_1,\boldsymbol{\alpha}_2,\boldsymbol{\alpha}_3)\boldsymbol{B}$；

(2) 求 $\boldsymbol{B}$ 的特征值和特征向量；

(3) 求可逆矩阵 $\boldsymbol{Q}$，使 $\boldsymbol{Q}^{-1}\boldsymbol{AQ}$ 为对角矩阵.

七、(10 分) 设有 n 元二次型

$$f(x_1,x_2,\cdots,x_n) = (x_1 + a_1x_2)^2 + (x_2 + a_2x_3)^2 + \cdots + (x_{n-1} + a_{n-1}x_n)^2 + (x_n + a_nx_1)^2$$

其中 $a_i\ (i=1,2,\cdots,n)$ 为实数，试问：当 $a_1,a_2,\cdots,a_n$ 满足何种条件时，二次型 $f(x_1,x_2,\cdots,x_n)$ 为正定二次型？

自测题（十一）

一、选择题（每小题 2 分，共 16 分）.

1. 设 $\boldsymbol{A},\boldsymbol{B},\boldsymbol{X},\boldsymbol{Y}$ 都是 n 阶方阵，则下面等式正确的是（　　）.

A. 若 $\boldsymbol{A}^2=\boldsymbol{O}$，则 $\boldsymbol{A}=\boldsymbol{O}$　　B. $(\boldsymbol{AB})^2=\boldsymbol{A}^2\boldsymbol{B}^2$

C. 若 $\boldsymbol{AX}=\boldsymbol{AY}$，则 $\boldsymbol{X}=\boldsymbol{Y}$　　D. 若 $\boldsymbol{A}+\boldsymbol{X}=\boldsymbol{B}$，则 $\boldsymbol{X}=\boldsymbol{B}-\boldsymbol{A}$

2. 向量组 $\boldsymbol{\alpha}_1,\boldsymbol{\alpha}_2,\cdots,\boldsymbol{\alpha}_k$ 线性无关的充分必要条件是（　　）.

A. 向量组 $\boldsymbol{\alpha}_1,\boldsymbol{\alpha}_2,\cdots,\boldsymbol{\alpha}_k$ 中任意两个向量线性无关

B. 存在一组不全为 0 的数 $s_1,s_2,\cdots,s_k$，使 $s_1\boldsymbol{\alpha}_1+s_2\boldsymbol{\alpha}_2+\cdots+s_k\boldsymbol{\alpha}_k\neq\boldsymbol{0}$

C. 向量组 $\boldsymbol{\alpha}_1,\boldsymbol{\alpha}_2,\cdots,\boldsymbol{\alpha}_k$ 中存在一个向量不能由其余向量线性表示

D. 向量组 $\boldsymbol{\alpha}_1,\boldsymbol{\alpha}_2,\cdots,\boldsymbol{\alpha}_k$ 中任意一个向量都不能由其余向量线性表示

3. 设 $\boldsymbol{A}$ 为 $m\times n$ 矩阵，$m<n$，且 $\boldsymbol{A}$ 的秩为 m，则以下命题错误的是（　　）.

A. 存在 m 阶可逆矩阵 $\boldsymbol{P}$，使 $\boldsymbol{PA}=(\boldsymbol{E}_m,\boldsymbol{O})$

B. 存在 n 阶可逆矩阵 $\boldsymbol{Q}$，使 $\boldsymbol{AQ}=(\boldsymbol{E}_m,\boldsymbol{O})$

C. 齐次线性方程组 $\boldsymbol{Ax}=\boldsymbol{0}$ 有零解

D. 非齐次线性方程组 $\boldsymbol{Ax}=\boldsymbol{b}$ 有无穷多解

4. 设 $\boldsymbol{A}$，$\boldsymbol{B}$ 是 n 阶方阵，则下列结论正确的是（　　）.

A. $\boldsymbol{AB}=\boldsymbol{O}\Leftrightarrow\boldsymbol{A}=\boldsymbol{O}$ 或 $\boldsymbol{B}=\boldsymbol{O}$　　B. $|\boldsymbol{A}|=0\Leftrightarrow\boldsymbol{A}=\boldsymbol{O}$

C. $|\boldsymbol{AB}|=0\Leftrightarrow|\boldsymbol{A}|=0$ 或 $|\boldsymbol{B}|=0$　　D. $\boldsymbol{A}=\boldsymbol{E}\Leftrightarrow|\boldsymbol{A}|=1$

5. 已知 $\boldsymbol{A}$ 是一个 3×4 矩阵，下列命题中错误的是（　　）.

A. 若矩阵 $\boldsymbol{A}$ 中所有三阶子式都为 0，则 $r(\boldsymbol{A})\leqslant 2$

B. 若 $\boldsymbol{A}$ 中存在二阶子式不为 0，则 $r(\boldsymbol{A})\geqslant 2$

C. 若 $r(\boldsymbol{A})=2$，则 $\boldsymbol{A}$ 中所有三阶子式都为 0

D. 若 $r(\boldsymbol{A})=2$，则 $\boldsymbol{A}$ 中所有二阶子式都不为 0

6. 设矩阵 $\boldsymbol{A}=\begin{pmatrix}3&-1&2\\1&0&-1\\-2&1&4\end{pmatrix}$，则 $\boldsymbol{A}$ 的伴随矩阵 $\boldsymbol{A}^*$ 中位于第二行第一列的元素是（　　）.

A. −6　　B. 6　　C. 2　　D. −2

7. 设 $\boldsymbol{A}$ 为可逆矩阵，则与 $\boldsymbol{A}$ 必有相同特征值的矩阵为（　　）.

A. $\boldsymbol{A}^{\mathrm{T}}$　　B. $\boldsymbol{A}^2$　　C. $\boldsymbol{A}^{-1}$　　D. $\boldsymbol{A}^*$

8. 下列矩阵中与 $\boldsymbol{A}=\begin{pmatrix}0&0\\0&2\end{pmatrix}$ 相似的矩阵是（　　）.

A. $\begin{pmatrix}0&1\\0&-2\end{pmatrix}$　　B. $\begin{pmatrix}1&0\\0&2\end{pmatrix}$　　C. $\begin{pmatrix}1&1\\1&1\end{pmatrix}$　　D. $\begin{pmatrix}0&0\\0&1\end{pmatrix}$

二、填空题（每小题 2 分，共 14 分）．

1. 设$\boldsymbol{\alpha}_1,\boldsymbol{\alpha}_2$是非齐次线性方程组$\boldsymbol{Ax}=\boldsymbol{b}$的解，则$\boldsymbol{A}(5\boldsymbol{\alpha}_2-4\boldsymbol{\alpha}_1)=$________.

2. 设向量$\boldsymbol{\alpha}=(3,5,1,2)^{\mathrm{T}},\boldsymbol{\beta}=(-1,2,3,0)^{\mathrm{T}}$，并且$2\boldsymbol{\alpha}+\boldsymbol{\xi}=3\boldsymbol{\beta}$，则$\boldsymbol{\xi}=$________.

3. 设矩阵$\boldsymbol{B}=\begin{pmatrix}1&2\\3&4\end{pmatrix},\boldsymbol{P}=\begin{pmatrix}1&0\\0&2\end{pmatrix}$，若矩阵$\boldsymbol{A}$满足$\boldsymbol{PA}=\boldsymbol{B}$，则$\boldsymbol{A}=$________.

4. 行列式$\begin{vmatrix}2017&2018\\2019&2020\end{vmatrix}$的值为________.

5. 当常数a,b,c满足条件__________时，线性方程组$\begin{cases}x_1+\ \ x_2+\ \ x_3=1\\ax_1+\ bx_2+\ cx_3=1\\a^2x_1+b^2x_2+c^2\ x_3=1\end{cases}$有唯一解.

6. 设三阶方阵$\boldsymbol{A}$的特征多项式为$|\lambda\boldsymbol{E}-\boldsymbol{A}|=(\lambda+2)(\lambda+3)^2$，则$|\boldsymbol{A}|=$__________.

7. 设二阶对称矩阵$\boldsymbol{A}$的特征值分别为-1和 1，则$\boldsymbol{A}^2=$__________.

三、（12 分）已知a是常数，且矩阵$\boldsymbol{A}=\begin{pmatrix}1&2&a\\1&3&0\\2&7&-a\end{pmatrix}$可经初等变换化为矩阵$\boldsymbol{B}=\begin{pmatrix}1&a&2\\0&1&1\\-1&1&1\end{pmatrix}$，求$a$.

四、（14 分）已知$\boldsymbol{A}=\begin{pmatrix}1&1&0\\0&1&1\\0&0&1\end{pmatrix}$.

（1）求$(\boldsymbol{A}-\boldsymbol{E})^3$；

（2）令$\varphi(\lambda)=|\lambda\boldsymbol{E}-\boldsymbol{A}|$，求$\varphi(\boldsymbol{A})$；

（3）证明$\boldsymbol{A}^{-1}=\boldsymbol{A}^2-3\boldsymbol{A}+3\boldsymbol{E}$.

五、（12 分）已知非齐次线性方程组 $\boldsymbol{Ax}=\boldsymbol{b}$ 的通解为 $\boldsymbol{x}=C_1(1,-2,1,0)^{\mathrm{T}}+C_2(1,-2,0,1)^{\mathrm{T}}+(-1,1,0,0)^{\mathrm{T}}$，求满足 $\boldsymbol{Ax}=\boldsymbol{b}$ 及 $x_1=x_2$，$x_3=x_4$ 的解.

六、（16 分）设 a,b,c,d,e,f 为常数，齐次线性方程组

$$\begin{cases} x_1+x_2+x_3=0 \\ x_2-x_4-x_5=0 \\ x_3+x_5-x_6=0 \\ ax_1+bx_2+cx_3+dx_4+ex_5+fx_6=0 \end{cases}$$

的三个解为 $\boldsymbol{\alpha}_1=(-1,1,0,1,0,0)^{\mathrm{T}},\boldsymbol{\alpha}_2=(0,1,-1,0,1,0)^{\mathrm{T}},\boldsymbol{\alpha}_3=(-1,0,1,0,0,1)^{\mathrm{T}}$.

（1）证明向量组 $\boldsymbol{\alpha}_1,\boldsymbol{\alpha}_2,\boldsymbol{\alpha}_3$ 线性无关；（2）求该方程组的通解.

七、（16 分）设方阵 $\boldsymbol{A}=\begin{pmatrix} 0 & 0 & 1 \\ 1 & 1 & x \\ 1 & 0 & 0 \end{pmatrix}$，问 x 为何值时，矩阵 $\boldsymbol{A}$ 能对角化，并求出此时的相似变换矩阵 $\boldsymbol{P}$.

自 测 题（十二）

一、选择题（每小题 2 分，共 16 分）.

1. 已知 $\boldsymbol{\alpha}_1=(1,2,-1)^{\mathrm{T}},\boldsymbol{\alpha}_2=(2,3,1)^{\mathrm{T}}$ 是齐次线性方程组 $\boldsymbol{Ax}=\boldsymbol{0}$ 的两个解，则矩阵 $\boldsymbol{A}$ 可为（　　）.

A. $(1,0,1)$　　B. $(5,-3,-1)$　　C. $\begin{pmatrix}1&0&1\\5&-3&-1\end{pmatrix}$　　D. $\begin{pmatrix}5&-3&-1\\1&0&1\end{pmatrix}$

2. 设向量组 $\boldsymbol{\alpha}_1=(1,0,0)^{\mathrm{T}},\boldsymbol{\alpha}_2=(0,1,0)^{\mathrm{T}}$，下列向量中不能由 $\boldsymbol{\alpha}_1,\boldsymbol{\alpha}_2$ 线性表示的是（　　）.

A. $(2,0,0)^{\mathrm{T}}$　　B. $(-3,2,4)^{\mathrm{T}}$　　C. $(1,1,0)^{\mathrm{T}}$　　D. $(0,-1,0)^{\mathrm{T}}$

3. 设 $\boldsymbol{A,B}$ 为 n 阶矩阵，则下列等式成立的是（　　）.

A. $(\boldsymbol{AB})^{\mathrm{T}}=\boldsymbol{A}^{\mathrm{T}}\boldsymbol{B}^{\mathrm{T}}$　　B. $(\boldsymbol{A}+\boldsymbol{B})^{\mathrm{T}}=\boldsymbol{A}^{\mathrm{T}}+\boldsymbol{B}^{\mathrm{T}}$

C. $|(\boldsymbol{AB})^{\mathrm{T}}|=\dfrac{1}{|\boldsymbol{AB}|}$　　D. $|(\boldsymbol{A}+\boldsymbol{B})^{\mathrm{T}}|=|\boldsymbol{A}^{\mathrm{T}}|+|\boldsymbol{B}^{\mathrm{T}}|$

4. 设三阶行列式 $\begin{vmatrix}a_{11}&a_{12}&a_{13}\\a_{21}&a_{22}&a_{23}\\1&1&1\end{vmatrix}=2$，若元素 a_{ij} 的余子式为 $M_{ij}\ (i,j=1,2,3)$，则 $M_{31}-M_{32}+M_{33}=$（　　）.

A. -1　　B. 0　　C. 1　　D. 2

5. 二次型 $f(x_1,x_2,x_3)=x_1^2+(x_2-x_3)^2$ 是（　　）.

A. 正定二次型　　B. 半正定二次型　　C. 负定二次型　　D. 不定二次型

6. 设四阶方阵 $\boldsymbol{A}$ 的秩为 2，则 $\boldsymbol{A}$ 的伴随矩阵 $\boldsymbol{A}^*$ 的秩为（　　）.

A. 0　　B. 1　　C. 2　　D. 3

7. 设三阶方阵 $\boldsymbol{A}$ 的秩为 2，且 $\boldsymbol{A}^2+5\boldsymbol{A}=\boldsymbol{O}$，则 $\boldsymbol{A}$ 的全部特征值为（　　）.

A. $0,0,0$　　B. $0,0,-5$　　C. $0,-5,-5$　　D. $-5,-5,-5$

8. 若 $\boldsymbol{A}$ 是正交矩阵，则下列矩阵中不是正交矩阵的是（　　）.

A. $\boldsymbol{A}^{-1}$　　B. $2\boldsymbol{A}$　　C. $\boldsymbol{A}^2$　　D. $\boldsymbol{A}^{\mathrm{T}}$

二、填空题（每小题 2 分，共 14 分）.

1. 将矩阵 $\begin{pmatrix}1&2&-4&0\\0&0&2&2\end{pmatrix}$ 化为行最简形矩阵为________.

2. 设 $\boldsymbol{A}$ 为三阶矩阵，$\boldsymbol{\alpha}_1,\boldsymbol{\alpha}_2,\boldsymbol{\alpha}_3$ 是三维列向量，且 $\boldsymbol{A\alpha}_1=-\boldsymbol{\alpha}_2+\boldsymbol{\alpha}_3,\boldsymbol{A\alpha}_2=-\boldsymbol{\alpha}_1+\boldsymbol{\alpha}_3$，$\boldsymbol{A\alpha}_3=\boldsymbol{\alpha}_1+\boldsymbol{\alpha}_2$. 若矩阵 $\boldsymbol{B}$ 满足 $\boldsymbol{A}(\boldsymbol{\alpha}_1,\boldsymbol{\alpha}_2,\boldsymbol{\alpha}_3)=(\boldsymbol{\alpha}_1,\boldsymbol{\alpha}_2,\boldsymbol{\alpha}_3)\boldsymbol{B}$，则 $\boldsymbol{B}=$________.

3. 已知矩阵 $\begin{pmatrix}a&-5\\-1&4\end{pmatrix}$ 的逆矩阵为 $\begin{pmatrix}-4&-5\\-1&a\end{pmatrix}$，则 $a=$________.

4. 已知向量组$\boldsymbol{\alpha}_1=(1,1)^{\mathrm{T}},\boldsymbol{\alpha}_2=(1,2)^{\mathrm{T}}$，则它的一个极大线性无关组为________.

5. 设$\boldsymbol{A},\boldsymbol{B}$是三阶矩阵，$|\boldsymbol{A}|=4,|\boldsymbol{B}|=5$，则$|2\boldsymbol{AB}|=$________.

6. 设$\boldsymbol{A}$为n阶方阵，$\boldsymbol{E}$为n阶单位矩阵，若$\boldsymbol{E}+\boldsymbol{A}$不可逆，则$\boldsymbol{A}$必有一个特征值为________.

7. 设三阶矩阵有特征值$0,1,2$，其对应的特征向量分别为ξ_1,ξ_2,ξ_3，令$\boldsymbol{P}=(\xi_3,\xi_1,2\xi_2)$，则$\boldsymbol{P}^{-1}\boldsymbol{AP}=$________.

三、计算题（每小题 8 分，共 16 分）

1. 已知$\boldsymbol{\alpha}_1=(1,0,1)^{\mathrm{T}},\boldsymbol{\alpha}_2=(0,1,1)^{\mathrm{T}}$，$\boldsymbol{E}$为三阶单位矩阵.

（1）求$\boldsymbol{\alpha}_2-2\boldsymbol{\alpha}_1$的长度；（2）计算$\boldsymbol{E}-\boldsymbol{\alpha}_1\boldsymbol{\alpha}_2^{\mathrm{T}}$.

2. 设$D=\begin{vmatrix}3&1&-1&0\\0&0&2&0\\2&0&1&-1\\0&0&0&1\end{vmatrix}$，$D$的元素$a_{ij}$的代数余子式为$A_{ij}$，求$A_{31}+3A_{32}-2A_{33}+2A_{34}$.

四、（15 分）已知$\boldsymbol{A}=\begin{pmatrix}1&1&1&1\\0&1&2&2\\3&2&1&1\end{pmatrix}$，找一个$4\times3$矩阵$\boldsymbol{B}$，使$\boldsymbol{AB}=\boldsymbol{O}$且$r(\boldsymbol{B})=2$.

五、（16 分）已知非齐次线性方程组$\begin{cases}ax_1-bx_2+x_3+x_4=c\\-cx_1+ax_2+2x_3+2x_4=-b\\x_2+2x_3+dx_4=1\end{cases}$的通解是

$$\begin{pmatrix}x_1\\x_2\\x_3\\x_4\end{pmatrix}=k_1\begin{pmatrix}1\\-2\\1\\0\end{pmatrix}+k_2\begin{pmatrix}1\\-2\\0\\1\end{pmatrix}+\begin{pmatrix}-1\\1\\0\\0\end{pmatrix},$$

其中k_1,k_2是任意常数，求a,b,c,d的值.

六、（7 分）设$\boldsymbol{\alpha}_1,\boldsymbol{\alpha}_2,\boldsymbol{\alpha}_3$线性相关，$\boldsymbol{\alpha}_1,\boldsymbol{\alpha}_2,\boldsymbol{\alpha}_4$线性无关，证明向量组$\boldsymbol{\alpha}_1,\boldsymbol{\alpha}_2,2\boldsymbol{\alpha}_3-3\boldsymbol{\alpha}_4$线性无关.

七、（16 分）设$\boldsymbol{A}=\begin{pmatrix}0&-1&1\\-1&0&1\\1&1&0\end{pmatrix}$，$\boldsymbol{B}=\begin{pmatrix}1&0&0\\-1&1&0\\0&0&1\end{pmatrix}$.

（1）求$\boldsymbol{A}$的所有特征值和特征向量；

（2）求可逆矩阵$\boldsymbol{P}$，使$\boldsymbol{P}^{-1}\boldsymbol{A}\boldsymbol{P}$为对角矩阵；

（3）若$\boldsymbol{Q}=\boldsymbol{P}\boldsymbol{B}$，其中$\boldsymbol{P}$为（2）所求，求$\boldsymbol{Q}^{-1}\boldsymbol{A}\boldsymbol{Q}$.

自测题（十三）

一、选择题（每小题 2 分，共 20 分）.

1. 齐次线性方程组 $(0,1,0)\begin{pmatrix} x_1 \\ x_2 \\ x_3 \end{pmatrix}=0$ 的通解是（　　）.

A. $(0,0,0)^{\mathrm{T}}$

B. $k(0,0,1)^{\mathrm{T}}$，k 为任意常数

C. $k(1,0,0)^{\mathrm{T}}$，k 为任意常数

D. $k_1(1,0,0)^{\mathrm{T}}+k_2(0,0,1)^{\mathrm{T}}$，$k_1,k_2$ 为任意常数

2. 设向量组 $\boldsymbol{\alpha}_1,\boldsymbol{\alpha}_2,\boldsymbol{\alpha}_3,\boldsymbol{\alpha}_4,\boldsymbol{\alpha}_5$ 线性相关，而向量组 $\boldsymbol{\alpha}_2,\boldsymbol{\alpha}_3,\boldsymbol{\alpha}_4,\boldsymbol{\alpha}_5$ 线性无关，则向量组 $\boldsymbol{\alpha}_1,\boldsymbol{\alpha}_2,\boldsymbol{\alpha}_3,\boldsymbol{\alpha}_4,\boldsymbol{\alpha}_5$ 的一个极大线性无关组是（　　）.

A. $\boldsymbol{\alpha}_1,\boldsymbol{\alpha}_2,\boldsymbol{\alpha}_3$

B. $\boldsymbol{\alpha}_2,\boldsymbol{\alpha}_3,\boldsymbol{\alpha}_4$

C. $\boldsymbol{\alpha}_1,\boldsymbol{\alpha}_2,\boldsymbol{\alpha}_3,\boldsymbol{\alpha}_4$

D. $\boldsymbol{\alpha}_2,\boldsymbol{\alpha}_3,\boldsymbol{\alpha}_4,\boldsymbol{\alpha}_5$

3. 设 $\boldsymbol{A}=\begin{pmatrix} a_{11} & a_{12} \\ a_{21} & a_{22} \end{pmatrix},\boldsymbol{B}=\begin{pmatrix} a_{11} & a_{12}-a_{11} \\ a_{21} & a_{22}-a_{21} \end{pmatrix},\boldsymbol{AP}=\boldsymbol{B}$，则 $\boldsymbol{P}=$（　　）.

A. $\begin{pmatrix} 1 & -1 \\ 0 & 1 \end{pmatrix}$　　B. $\begin{pmatrix} 1 & 0 \\ -1 & 1 \end{pmatrix}$　　C. $\begin{pmatrix} 1 & 0 \\ 0 & -1 \end{pmatrix}$　　D. $\begin{pmatrix} 1 & 1 \\ 0 & -1 \end{pmatrix}$

4. 设 $\boldsymbol{A}, \boldsymbol{B}$ 是 n 阶实对称可逆矩阵，则存在 n 阶可逆矩阵 $\boldsymbol{P}$，使得下列关系式① $\boldsymbol{PA}=\boldsymbol{B}$；② $\boldsymbol{P}^{-1}\boldsymbol{ABP}=\boldsymbol{BA}$；③ $\boldsymbol{P}^{-1}\boldsymbol{AP}=\boldsymbol{B}$；④ $\boldsymbol{P}^{\mathrm{T}}\boldsymbol{A}^2\boldsymbol{P}=\boldsymbol{B}^2$ 成立的个数是（　　）.

A. 1　　B. 2　　C. 3　　D. 4

5. 设 $\boldsymbol{A}=\begin{pmatrix} a_1 & b_1 & c_1 \\ a_2 & b_2 & c_2 \\ a_3 & b_3 & c_3 \end{pmatrix},\boldsymbol{B}=\begin{pmatrix} a_1 & b_1 & d_1 \\ a_2 & b_2 & d_2 \\ a_3 & b_3 & d_3 \end{pmatrix}$，如果 $|\boldsymbol{A}|=2,|\boldsymbol{B}|=3$，那么 $|2\boldsymbol{A}-\boldsymbol{B}|=$（　　）.

A. 0　　B. 15　　C. 3　　D. 1

6. 设 $\boldsymbol{A}$ 为 $m\times n$ 矩阵，且 $m<n$，则下述结论正确的是（　　）.

A. $\boldsymbol{Ax}=\boldsymbol{b}(\boldsymbol{b}\neq\boldsymbol{0})$ 必有解

B. $\boldsymbol{Ax}=\boldsymbol{0}$ 必有无穷多解

C. $\boldsymbol{Ax}=\boldsymbol{0}$ 只有零解

D. $\boldsymbol{Ax}=\boldsymbol{b}(\boldsymbol{b}\neq\boldsymbol{0})$ 必无解

7. 已知 a,b,c 互不相同，则方阵 $\begin{pmatrix} 1 & a & a^2 \\ 1 & b & b^2 \\ 1 & c & c^2 \end{pmatrix}$ 的秩为（　　）.

A. 1　　B. 2　　C. 3　　D. 4

8. 设矩阵 $A=\begin{pmatrix}1&1&-1\\0&2&3\\0&0&2\end{pmatrix}$，则 $A^*=$（　　）.

A. $4A^{-1}$　　B. $\frac{1}{4}A$　　C. $4A$　　D. $\frac{1}{4}A^{-1}$

9. 已知三阶矩阵 A 的特征值为 1，2，3，则 A^*-E 必相似于对角矩阵（　　）.

A. $\begin{pmatrix}0&0&0\\0&1&0\\0&0&2\end{pmatrix}$　　B. $\begin{pmatrix}-1&0&0\\0&-2&0\\0&0&5\end{pmatrix}$　　C. $\begin{pmatrix}-5&0&0\\0&1&0\\0&0&2\end{pmatrix}$　　D. $\begin{pmatrix}1&0&0\\0&2&0\\0&0&5\end{pmatrix}$

10. 下列矩阵中是正交矩阵的是（　　）.

A. $\begin{pmatrix}0&0\\-2&0\end{pmatrix}$　　B. $\begin{pmatrix}1&-1\\-1&1\end{pmatrix}$　　C. $\begin{pmatrix}\frac{3}{5}&\frac{4}{5}\\-\frac{4}{5}&\frac{3}{5}\end{pmatrix}$　　D. $\begin{pmatrix}1&1\\0&1\end{pmatrix}$

二、填空题（每小题 2 分，共 16 分）.

1. 若直线 $\begin{cases}x+y-2=0\\x-2y+1=0\\ax+y+1=0\end{cases}$ 相交于一点，则 $a=$________.

2. 已知数列 $\{a_n\}$ 满足 $a_n=a_{n-1}+a_{n-2}$，若 $\begin{pmatrix}a_n\\a_{n-1}\end{pmatrix}=A\begin{pmatrix}a_{n-1}\\a_{n-2}\end{pmatrix}$，其中 A 为二阶矩阵，则 $A=$________.

3. 设向量组 $\boldsymbol{\alpha}_1=(1,1,\lambda)^{\mathrm{T}},\boldsymbol{\alpha}_2=(1,\lambda,1)^{\mathrm{T}},\boldsymbol{\alpha}_3=(\lambda,1,1)^{\mathrm{T}}$ 的秩为 2，则 λ 的值为________.

4. 设 $\boldsymbol{\alpha}_1,\boldsymbol{\alpha}_2,\boldsymbol{\alpha}_3$ 是三维列向量，且 $A=(\boldsymbol{\alpha}_1,\boldsymbol{\alpha}_2,\boldsymbol{\alpha}_3),B=(\boldsymbol{\alpha}_1+\boldsymbol{\alpha}_2,\boldsymbol{\alpha}_2,\boldsymbol{\alpha}_3)$，若 $B=AC$，则 $C=$________.

5. 设 $A=\begin{pmatrix}1&2\\3&4\end{pmatrix}$，则 $|2A^*|=$________.

6. n 阶矩阵 A 可逆的充分必要条件有________，________.

7. 已知矩阵 $A=(a_{ij})_{3\times3},x=(x_1,x_2,x_3)^{\mathrm{T}}$，在线性方程组 $Ax=b$ 中 $\sum_{j=1}^{3}a_{3j}A_{3j}=3$，$\sum_{i=1}^{3}b_iA_{i3}=6$，则 $x_3=$________.

8. 设三阶可逆矩阵 A 有特征值 2，则 $(A^2)^{-1}$ 必有一个特征值为________.

三、（**12 分**）已知矩阵 $A=\begin{pmatrix}2&-2&2\\2&2&-2\\-2&2&2\end{pmatrix}$.

（1）计算 $\boldsymbol{A}$ 的行列式 $|\boldsymbol{A}|$；（2）求 $\boldsymbol{A}$ 的逆 $\boldsymbol{A}^{-1}$.

四、（14 分）已知 $\boldsymbol{A}=\begin{pmatrix}1&0&0&-1\\0&1&2&0\\1&1&2&-1\end{pmatrix}$，$\boldsymbol{E}_r$ 为 r 阶单位矩阵. 将 $\boldsymbol{A}$ 作初等变换化为标准形 $\begin{pmatrix}\boldsymbol{E}_r&\boldsymbol{O}\\\boldsymbol{O}&\boldsymbol{O}\end{pmatrix}$，其中 $r(\boldsymbol{A})=r$，并求出可逆矩阵 $\boldsymbol{P},\boldsymbol{Q}$，使 $\boldsymbol{PAQ}=\begin{pmatrix}\boldsymbol{E}_r&\boldsymbol{O}\\\boldsymbol{O}&\boldsymbol{O}\end{pmatrix}$.

五、（16 分）已知 $\boldsymbol{A}=\begin{pmatrix}1&-1&2&1\\2&1&0&3\\3&0&2&4\end{pmatrix},\boldsymbol{B}=\begin{pmatrix}3&0\\1&1\\4&1\end{pmatrix}$，求解矩阵方程 $\boldsymbol{AX}=\boldsymbol{B}$.

六、（8 分）设四元非齐次线性方程组 $\boldsymbol{Ax}=\boldsymbol{b}$ 的系数矩阵 $\boldsymbol{A}$ 的秩为 3，且 $\boldsymbol{\alpha}_1,\boldsymbol{\alpha}_2,\boldsymbol{\alpha}_3$ 是 $\boldsymbol{Ax}=\boldsymbol{b}$ 的解，已知 $\boldsymbol{\alpha}_1+\boldsymbol{\alpha}_2=(2,2,4,6)^{\mathrm{T}},\boldsymbol{\alpha}_1+2\boldsymbol{\alpha}_3=(0,3,0,6)^{\mathrm{T}}$，求 $\boldsymbol{Ax}=\boldsymbol{b}$ 的通解.

七、（14 分）已知二次型 $f(x_1,x_2,x_3)=ax_1^2+2x_2^2-2x_3^2+2bx_1x_3\,(b>0)$ 对应的矩阵 $\boldsymbol{A}$ 的特征值之和为 1，特征值之积为 -12.

（1）确定 a，b 的值；

（2）利用可逆线性变换将二次型 $f(x_1,x_2,x_3)$ 化成标准形，并写出可逆线性变换.

自测题（十四）

一、选择题（每小题 2 分，共 16 分）．

1. 以下列矩阵为增广矩阵的线性方程组无解的是（　　）．

A. $\begin{pmatrix}1&0&1&1\\0&1&0&0\\0&0&2&0\end{pmatrix}$　B. $\begin{pmatrix}1&0&0&0\\0&1&1&0\\0&0&0&1\end{pmatrix}$　C. $\begin{pmatrix}1&0&0&0\\0&1&0&1\\0&0&1&0\end{pmatrix}$　D. $\begin{pmatrix}1&0&1&0\\0&1&0&1\\0&0&0&0\end{pmatrix}$

2. 下列矩阵中是反对称矩阵的是（　　）．

A. $\begin{pmatrix}0&2\\-2&0\end{pmatrix}$　B. $\begin{pmatrix}1&-1\\-1&1\end{pmatrix}$　C. $\begin{pmatrix}\frac{3}{5}&\frac{4}{5}\\-\frac{4}{5}&\frac{3}{5}\end{pmatrix}$　D. $\begin{pmatrix}1&1\\0&1\end{pmatrix}$

3. 设 $\boldsymbol{A}=\begin{pmatrix}a_{11}&a_{12}\\a_{21}&a_{22}\end{pmatrix},\boldsymbol{B}=\begin{pmatrix}a_{11}&a_{11}-a_{12}\\a_{21}&a_{21}-a_{22}\end{pmatrix},\boldsymbol{AP}=\boldsymbol{B}$，则 $\boldsymbol{P}=$（　　）．

A. $\begin{pmatrix}1&-1\\0&1\end{pmatrix}$　B. $\begin{pmatrix}1&0\\-1&1\end{pmatrix}$　C. $\begin{pmatrix}1&0\\0&-1\end{pmatrix}$　D. $\begin{pmatrix}1&1\\0&-1\end{pmatrix}$

4. 已知 $\boldsymbol{\alpha}_1=(0,0,0)^{\mathrm{T}},\boldsymbol{\alpha}_2=(1,-1,0)^{\mathrm{T}},\boldsymbol{\alpha}_3=(1,0,-1)^{\mathrm{T}},\boldsymbol{\alpha}_4=(2,-1,-1)^{\mathrm{T}}$，下列向量可作为齐次线性方程组 $x+y+z=0$ 的一个基础解系的是（　　）．

A. $\boldsymbol{\alpha}_1,\boldsymbol{\alpha}_2$　B. $\boldsymbol{\alpha}_2,\boldsymbol{\alpha}_3$　C. $\boldsymbol{\alpha}_2,\boldsymbol{\alpha}_3,\boldsymbol{\alpha}_4$　D. $\boldsymbol{\alpha}_1,\boldsymbol{\alpha}_2,\boldsymbol{\alpha}_3,\boldsymbol{\alpha}_4$

5. 设 $\boldsymbol{\alpha}_1,\boldsymbol{\alpha}_2,\boldsymbol{\alpha}_3$ 均为三维列向量，记矩阵 $\boldsymbol{A}=(\boldsymbol{\alpha}_1,\boldsymbol{\alpha}_2,\boldsymbol{\alpha}_3),\boldsymbol{B}=(\boldsymbol{\alpha}_1,\boldsymbol{\alpha}_1+2\boldsymbol{\alpha}_2,2\boldsymbol{\alpha}_3)$，如果 $|\boldsymbol{A}|=1$，那么 $|\boldsymbol{B}|=$（　　）．

A. 0　B. 2　C. 3　D.4

6. 设 $\boldsymbol{A}$ 为 n 阶矩阵，则行列式 $|\boldsymbol{A}|=0$ 的必要条件是（　　）．

A. $\boldsymbol{A}$ 的两行元素对应成比例　B. $\boldsymbol{A}$ 中有一列元素全为 0

C. $\boldsymbol{A}$ 中必有一行为其余各行的线性组合　D. $\boldsymbol{A}$ 中任一列均为其余各列的线性组合

7. 设 $\boldsymbol{A}$，$\boldsymbol{B}$ 为 n 阶矩阵，且 $r(\boldsymbol{A})=r(\boldsymbol{B})$，则（　　）．

A. $\boldsymbol{A}=\boldsymbol{B}$　B. 存在可逆矩阵 $\boldsymbol{P}$，使 $\boldsymbol{P}^{-1}\boldsymbol{AP}=\boldsymbol{B}$

C. 存在可逆矩阵 $\boldsymbol{P}$，使 $\boldsymbol{P}^{\mathrm{T}}\boldsymbol{AP}=\boldsymbol{B}$　D. 存在可逆矩阵 $\boldsymbol{P},\boldsymbol{Q}$，使 $\boldsymbol{PAQ}=\boldsymbol{B}$

8. 矩阵 $\boldsymbol{A}=\begin{pmatrix}1&1&1\\1&3&1\\1&1&1\end{pmatrix}$ 的三个特征值是（　　）．

A. 1，4，0　B. 2，4，0　C. 2，4，−1　D. 1，3，1

二、填空题（每小题 2 分，共 14 分）.

1. 已知三维空间中两条直线 $l_1:\begin{cases}3x-y+2z=7\\ ax+y-z=1\end{cases}$ 与 $l_2:\begin{cases}bx-y+z=2\\ 4x-2y+3z=9\end{cases}$ 交于点 $(1,2,3)$，则 $a=$________，$b=$________.

2. 设矩阵 $A=\begin{pmatrix}1&2\\2&a+1\end{pmatrix}$ 的秩为 2，则 $a\neq$________.

3. 设 $\boldsymbol{\alpha}_1,\boldsymbol{\alpha}_2,\boldsymbol{\alpha}_3$ 是三维列向量，且 $\boldsymbol{A}=(\boldsymbol{\alpha}_1,\boldsymbol{\alpha}_2,\boldsymbol{\alpha}_3),\boldsymbol{B}=(\boldsymbol{\alpha}_1+\boldsymbol{\alpha}_2,\boldsymbol{\alpha}_2,\boldsymbol{\alpha}_3)$，若 $\boldsymbol{B}=\boldsymbol{AC}$，则 $\boldsymbol{C}=$________.

4. n 阶对称矩阵 $\boldsymbol{A},\boldsymbol{B}$ 合同的充分必要条件是________.

5. 已知三维向量 $\boldsymbol{\alpha}$ 的长度为 2，$\boldsymbol{Q}$ 是三阶正交矩阵，向量 $\boldsymbol{Q\alpha}$ 的长度为________.

6. 已知矩阵 $\boldsymbol{A}=\begin{pmatrix}1&1&-1\\-1&1&2\\1&-1&1\end{pmatrix}$，则 $\boldsymbol{A}$ 的第三行第二列的元素的代数余子式为________.

7. 设三阶矩阵 $\boldsymbol{A}$ 的特征值为 $\frac{1}{2}$，2，2，则 $|\boldsymbol{E}-\boldsymbol{A}|=$________.

三、计算题（每小题 6 分，共 12 分）.

1. 已知 $\boldsymbol{A}=\begin{pmatrix}1&-2&0\\-2&2&0\\0&0&1\end{pmatrix},\boldsymbol{\alpha}=(1,2,2)^{\mathrm{T}},\boldsymbol{\beta}=(-2,1,2)^{\mathrm{T}}$.

（1）计算 $\boldsymbol{A\alpha}$；

（2）计算 $\boldsymbol{A\alpha}-\boldsymbol{\beta}$ 的长度 $\|\boldsymbol{A\alpha}-\boldsymbol{\beta}\|$.

2. 计算行列式 $\begin{vmatrix}1&2&-1&1\\-1&0&2&-2\\3&-1&1&1\\2&0&-1&2\end{vmatrix}$.

四、（14 分）设 $\boldsymbol{A}=\begin{pmatrix}a_1+a_2+a_3&a_2+a_3&a_3\\a_2+a_3&a_2+a_3&a_3\\a_3&a_3&a_3\end{pmatrix},\boldsymbol{B}=\begin{pmatrix}a_1&0&0\\0&a_2&0\\0&0&a_3\end{pmatrix}$，求可逆矩阵 $\boldsymbol{C}$ 使 $\boldsymbol{C}^{\mathrm{T}}\boldsymbol{AC}=\boldsymbol{B}$.

五、(16 分) a 为何值时，线性方程组.

$$\begin{cases} x_1 - x_2 = 1 \\ x_2 - x_3 = 2 \\ x_3 - x_4 = 3 \\ -x_1 + x_4 = a \end{cases}$$

有解，并在有解时，求出它的通解.

六、(12 分) 已知矩阵 $A = \begin{pmatrix} 1 & 1 & 1 & 1 \\ 4 & 3 & 5 & -1 \\ a & b & 3 & c \end{pmatrix}, B = (b_1, b_2, b_3) = \begin{pmatrix} 2 & 0 & 6 \\ -3 & -2 & -8 \\ 0 & 1 & 0 \\ 0 & 0 & 1 \end{pmatrix}$，且

$$AB = \begin{pmatrix} -1 & -1 & -1 \\ -1 & -1 & -1 \\ 1 & 1 & 1 \end{pmatrix}.$$

(1) 求 a,b,c 的值；

(2) 试问 b_1, b_2, b_3 是非齐次线性方程组 $Ax = (-1,-1,1)^{\mathrm{T}}$ 的解向量吗？为什么？

(3) 试问 $b_2 - b_1, b_3 - b_1$ 是齐次线性方程组 $Ax = 0$ 的一个基础解系吗？为什么？

七、(16 分) 已知递推关系 $\begin{cases} a_{n+2} = 7a_{n+1} - 12a_n \\ a_0 = 2, a_1 = 7 \end{cases} (n \geqslant 0)$.

(1) 求关系式 $\begin{pmatrix} a_{n+2} \\ a_{n+1} \end{pmatrix} = A \begin{pmatrix} a_{n+1} \\ a_n \end{pmatrix}$ 中的二阶矩阵 A；

(2) 求可逆矩阵 P，使 $P^{-1}AP$ 为对角矩阵；

(3) 求 A^n；

(4) 求通项 a_n.

自 测 题（十五）

一、选择题（每小题 2 分，共 16 分）.

1. 已知矩阵 $\boldsymbol{A}=(a_{ij})_{n\times n}$ 是可逆的，则下列线性方程组（　　）.

$$\begin{cases} a_{11}x+a_{12}x_2+\cdots+a_{1,n-1}x_{n-1}=a_{1n} \\ a_{21}x+a_{22}x_2+\cdots+a_{2,n-1}x_{n-1}=a_{2n} \\ \cdots\cdots \\ a_{n1}x+a_{n2}x_2+\cdots+a_{n,n-1}x_{n-1}=a_{nn} \end{cases}$$

A. 有唯一解　　B. 有无穷多解　　C. 没有解　　D. 仅有零解

2. 设 $\boldsymbol{A},\boldsymbol{B}$ 为 n 阶矩阵，则下列结论中正确的是（　　）.

A. 若 $\boldsymbol{A}^2=\boldsymbol{O}$，则 $\boldsymbol{A}=\boldsymbol{O}$　　B. $(\boldsymbol{A}-\boldsymbol{B})^2=\boldsymbol{A}^2-2\boldsymbol{AB}+\boldsymbol{B}^2$

C. $(\boldsymbol{AB})^{\mathrm{T}}=\boldsymbol{A}^{\mathrm{T}}\boldsymbol{B}^{\mathrm{T}}$　　D. $(\boldsymbol{AB})^{-1}=\boldsymbol{B}^{-1}\boldsymbol{A}^{-1}$（当 $|\boldsymbol{A}|\neq 0,|\boldsymbol{B}|\neq 0$ 时）

3. 矩阵 $\boldsymbol{A}=\begin{pmatrix}1&3&0&1\\0&1&-2&0\\0&0&0&0\end{pmatrix}$ 经过初等变换化为标准形（　　）.

A. $\begin{pmatrix}1&3&0&1\\0&1&-2&0\\0&0&0&0\end{pmatrix}$　B. $\begin{pmatrix}1&3&0&0\\0&1&0&0\\0&0&0&0\end{pmatrix}$　C. $\begin{pmatrix}1&0&0&0\\0&1&0&0\\0&0&0&0\end{pmatrix}$　D. $\begin{pmatrix}1&0&-2&1\\0&1&-2&1\\0&0&0&0\end{pmatrix}$

4. 设 n 维向量组 $\boldsymbol{\alpha}_1,\boldsymbol{\alpha}_2,\cdots,\boldsymbol{\alpha}_s$ 线性无关，则 n 维向量组 $\boldsymbol{\beta}_1,\boldsymbol{\beta}_2,\cdots,\boldsymbol{\beta}_s$ 线性无关的充分必要条件是（　　）.

A. 向量组 $\boldsymbol{\alpha}_1,\boldsymbol{\alpha}_2,\cdots,\boldsymbol{\alpha}_s$ 可由向量组 $\boldsymbol{\beta}_1,\boldsymbol{\beta}_2,\cdots,\boldsymbol{\beta}_s$ 线性表示

B. 向量组 $\boldsymbol{\beta}_1,\boldsymbol{\beta}_2,\cdots,\boldsymbol{\beta}_s$ 可由向量组 $\boldsymbol{\alpha}_1,\boldsymbol{\alpha}_2,\cdots,\boldsymbol{\alpha}_s$ 线性表示

C. 向量组 $\boldsymbol{\alpha}_1,\boldsymbol{\alpha}_2,\cdots,\boldsymbol{\alpha}_s$ 与 $\boldsymbol{\beta}_1,\boldsymbol{\beta}_2,\cdots,\boldsymbol{\beta}_s$ 等价.

D. 矩阵 $\boldsymbol{A}=(\boldsymbol{\alpha}_1,\boldsymbol{\alpha}_2,\cdots,\boldsymbol{\alpha}_s)$ 与 $\boldsymbol{B}=(\boldsymbol{\beta}_1,\boldsymbol{\beta}_2,\cdots,\boldsymbol{\beta}_s)$ 等价

5. 设 $\boldsymbol{A},\boldsymbol{B}$ 是 n 阶矩阵，k 是实数，则以下选项中正确的是（　　）.

A. $\lambda\begin{vmatrix}a_{11}&a_{12}\\a_{21}&a_{22}\end{vmatrix}=\begin{vmatrix}\lambda a_{11}&\lambda a_{12}\\\lambda a_{21}&\lambda a_{22}\end{vmatrix}$

B. $\lambda\begin{pmatrix}a_{11}&a_{12}\\a_{21}&a_{22}\end{pmatrix}=\begin{pmatrix}\lambda a_{11}&\lambda a_{12}\\a_{21}&a_{22}\end{pmatrix}$

C. $\begin{vmatrix}a_{11}&a_{12}\\a_{21}&a_{22}\end{vmatrix}+\begin{vmatrix}a_{11}&b_{12}\\a_{21}&b_{22}\end{vmatrix}=\begin{vmatrix}2a_{11}&a_{12}+b_{12}\\2a_{21}&a_{22}+b_{22}\end{vmatrix}$

D. $\begin{pmatrix}a_{11}&a_{12}\\a_{21}&a_{22}\end{pmatrix}+\begin{pmatrix}a_{11}&b_{12}\\a_{21}&b_{22}\end{pmatrix}=\begin{pmatrix}2a_{11}&a_{12}+b_{12}\\2a_{21}&a_{22}+b_{22}\end{pmatrix}$

6. 在 $\mathbf{R}^3$ 中与向量 $\boldsymbol{\alpha}_1=(1,0,-1)^{\mathrm{T}},\boldsymbol{\alpha}_2=(0,1,1)^{\mathrm{T}}$ 都正交的单位向量是（　　）.

A. $(1,-1,1)^{\mathrm{T}}$　　B. $\frac{1}{\sqrt{3}}(1,-1,1)^{\mathrm{T}}$　　C. $\frac{1}{\sqrt{2}}(0,1,1)^{\mathrm{T}}$　　D. $\frac{1}{\sqrt{2}}(1,0,-1)^{\mathrm{T}}$

7. 设 $\boldsymbol{A}$ 是 $n(n\geqslant 3)$ 阶矩阵，$\boldsymbol{A}^*$ 是 $\boldsymbol{A}$ 的伴随矩阵，又 k 为常数，且 $k\neq 0,\pm 1$，则必有 $(k\boldsymbol{A})^*=$（　　）.

A. $k\boldsymbol{A}^*$　　B. $k^{n-1}\boldsymbol{A}^*$　　C. $k^n\boldsymbol{A}^*$　　D. $k^{-1}\boldsymbol{A}^*$

8. 二次型 $f(x_1,x_2,x_3)=\boldsymbol{x}\boldsymbol{A}^{\mathrm{T}}\boldsymbol{x}$ 的矩阵 $\boldsymbol{A}$ 的所有对角元为正是 $f(x_1,x_2,x_3)=\boldsymbol{x}^{\mathrm{T}}\boldsymbol{A}\boldsymbol{x}$ 为正定的（　　）.

A. 充分但非必要条件　　B. 必要但非充分条件

C. 充分必要条件　　D. 既非充分也非必要条件

二、填空题（每小题 2 分，共 14 分）.

1. 以 $\boldsymbol{A}=\begin{pmatrix}1&0&2&1\\0&1&0&-2\end{pmatrix}$ 为增广矩阵的线性方程组为________.

2. 设向量组 $\boldsymbol{\alpha}_1=(a,2,3)^{\mathrm{T}},\boldsymbol{\alpha}_2=(0,1,0)^{\mathrm{T}},\boldsymbol{\alpha}_3=(0,0,1)^{\mathrm{T}}$ 的秩为 2，则 $a=$________.

3. 设 $\boldsymbol{A}=\begin{pmatrix}1&2&-1\\0&3&1\end{pmatrix}$，$\boldsymbol{e}_i$ 是三阶单位矩阵的第 i 列，则 $\boldsymbol{A}(\boldsymbol{e}_1,\boldsymbol{e}_3)=$________.

4. 线性方程组 $x_1+x_2+x_3=0$ 的两个相互正交的解为________.

5. 设 $\boldsymbol{A}$ 为三阶反对称矩阵，则 $|\boldsymbol{A}|=$________.

6. 设 $\boldsymbol{A}=\begin{pmatrix}a&-2\\5&-2\end{pmatrix}$ 与 $\boldsymbol{B}=\begin{pmatrix}3&0\\0&0\end{pmatrix}$ 相似，则 $a=$________.

7. 二次型 $f(x_1,x_2,x_3)=(x_1,x_2,x_3)\begin{pmatrix}1&2&3\\0&1&2\\1&0&3\end{pmatrix}\begin{pmatrix}x_1\\x_2\\x_3\end{pmatrix}$ 对应的矩阵是________.

三、计算题（每小题 7 分，共 14 分）.

1. 设 $\boldsymbol{A}=\begin{pmatrix}a&1\\-1&b\end{pmatrix}$，其中 a,b 为实数，求出使 $\boldsymbol{A}^2=\boldsymbol{O}$ 的各种形式的 $\boldsymbol{A}$.

2. 计算行列式 $\begin{vmatrix}2&2&2&2\\3&2&2&2\\3&3&2&2\\3&3&3&2\end{vmatrix}$.

四、（14 分）已知 $\boldsymbol{A}=\begin{pmatrix}1 & 1 & -1 & 3\\ 2 & 2 & 1 & 3\\ 1 & 3 & 2 & 2\end{pmatrix}$，设 $\boldsymbol{A}$ 的秩为 r．求：

（1）r；

（2）$\boldsymbol{A}$ 的列向量组的一个极大线性无关组，并把不属于极大线性无关组的列向量用极大线性无关组线性表示；

（3）对 $\boldsymbol{A}$ 作初等列变换，化为 $(\boldsymbol{E}_r,\boldsymbol{O})$ 的形式.

五、（15 分）已知 $\boldsymbol{A}=\begin{pmatrix}2 & -1 & 3 & 2\\ 9 & -1 & 14 & 2\\ 3 & 2 & 5 & -4\end{pmatrix},\boldsymbol{b}=\begin{pmatrix}0\\ 1\\ 1\end{pmatrix}$.

（1）求齐次线性方程组 $\boldsymbol{Ax}=\boldsymbol{0}$ 的一个基础解系；

（2）求非齐次线性方程组 $\boldsymbol{Ax}=\boldsymbol{b}$ 的通解.

六、（12 分）设 $\boldsymbol{\alpha}_1=(1,1,1,3)^{\mathrm{T}},\boldsymbol{\alpha}_2=(1,3,-5,-1)^{\mathrm{T}},\boldsymbol{\alpha}_3=(3,1,10,15)^{\mathrm{T}},\boldsymbol{\alpha}_4=(2,6,-10,-2a)^{\mathrm{T}}$.

（1）问 a 取何值时，向量组 $\boldsymbol{\alpha}_1,\boldsymbol{\alpha}_2,\boldsymbol{\alpha}_3,\boldsymbol{\alpha}_4$ 线性无关？a 取何值时，向量组 $\boldsymbol{\alpha}_1,\boldsymbol{\alpha}_2,\boldsymbol{\alpha}_3,\boldsymbol{\alpha}_4$ 线性相关？

（2）当向量组 $\boldsymbol{\alpha}_1,\boldsymbol{\alpha}_2,\boldsymbol{\alpha}_3,\boldsymbol{\alpha}_4$ 线性相关时，$\boldsymbol{\alpha}_4$ 能否由 $\boldsymbol{\alpha}_1,\boldsymbol{\alpha}_2,\boldsymbol{\alpha}_3$ 线性表示？$\boldsymbol{\alpha}_3$ 能否由 $\boldsymbol{\alpha}_1,\boldsymbol{\alpha}_2,\boldsymbol{\alpha}_4$ 线性表示？能线性表示的，请写出表达式.

七、（15 分）求一个正交变换，将二次型 $f(x_1,x_2,x_3)=x_1^2+x_2^2+x_3^2+2x_1x_2+2x_1x_3+2x_2x_3$ 化成标准形.

自测题（一）答案

一、1. C；2. D；3. A；4. C；5. D；6. C；7. B；8. D；9. B；10. C.

二、1. 3；2. $\frac{1}{4}(\boldsymbol{A}-\boldsymbol{E})$；3. $\begin{pmatrix}0 & 1\\ -1 & 0\end{pmatrix}$；4. 0；5. –27.

三、1. $D=\begin{vmatrix}5&1&1&1\\1&5&1&1\\1&1&5&1\\1&1&1&5\end{vmatrix}=\begin{vmatrix}8&8&8&8\\1&5&1&1\\1&1&5&1\\1&1&1&5\end{vmatrix}=8\begin{vmatrix}1&1&1&1\\1&5&1&1\\1&1&5&1\\1&1&1&5\end{vmatrix}=8\begin{vmatrix}1&1&1&1\\0&4&0&0\\0&0&4&0\\0&0&0&4\end{vmatrix}=8\times 4^3=512$

2. 由 $\boldsymbol{X}=\boldsymbol{AX}+\boldsymbol{B}$，得 $(\boldsymbol{E}-\boldsymbol{A})\boldsymbol{X}=\boldsymbol{B}$，因为 $\boldsymbol{E}-\boldsymbol{A}=\begin{pmatrix}1&-1&0\\1&0&-1\\1&0&2\end{pmatrix}$ 可逆，所以

$$\boldsymbol{X}=(\boldsymbol{E}-\boldsymbol{A})^{-1}\boldsymbol{B}=\begin{pmatrix}1&-1&0\\1&0&-1\\1&0&2\end{pmatrix}^{-1}\begin{pmatrix}1&-1\\2&0\\5&-3\end{pmatrix}=\frac{1}{3}\begin{pmatrix}0&2&1\\-3&2&1\\0&-1&1\end{pmatrix}\begin{pmatrix}1&-1\\2&0\\5&-3\end{pmatrix}=\begin{pmatrix}3&-1\\2&0\\1&-1\end{pmatrix}$$

四、对方程组的增广矩阵作初等行变换，化为行最简形矩阵：

$$(\boldsymbol{A},\boldsymbol{b})=\begin{pmatrix}2&-2&1&-1&1&2\\1&-4&2&-2&3&3\\4&-10&2&-5&7&8\\1&2&-1&1&-2&-1\end{pmatrix}\xrightarrow{r}\begin{pmatrix}1&0&0&0&-\frac{1}{3}&\frac{1}{3}\\0&1&0&\frac{1}{2}&-\frac{5}{6}&-\frac{2}{3}\\0&0&1&0&0&0\\0&0&0&0&0&0\end{pmatrix}$$

由于 $r(\boldsymbol{A})=r(\boldsymbol{A},\boldsymbol{b})=3<n=5$，故原方程组有解且有无穷多个解，自由未知量的个数为 2 个，

$$\begin{cases}x_1= & \frac{1}{3}c_2+\frac{1}{3}\\ x_2= -\frac{1}{2}c_1+\frac{5}{6}c_2-\frac{2}{3}\\ x_3= & 0\\ x_4= c_1\\ x_5= & c_2\end{cases}$$

方程组的通解为$\begin{pmatrix}x_1\\x_2\\x_3\\x_4\\x_5\end{pmatrix}=c_1\begin{pmatrix}0\\-\frac{1}{2}\\0\\1\\0\end{pmatrix}+c_2\begin{pmatrix}\frac{1}{3}\\\frac{5}{6}\\0\\0\\1\end{pmatrix}+\begin{pmatrix}\frac{1}{3}\\-\frac{2}{3}\\0\\0\\0\end{pmatrix}$，其中$c_1$，$c_2$为任意常数.

五、把向量组$\boldsymbol{\alpha}_1,\boldsymbol{\alpha}_2,\boldsymbol{\alpha}_3,\boldsymbol{\alpha}_4,\boldsymbol{\alpha}_5$组成矩阵$\boldsymbol{A}$，并对$\boldsymbol{A}$作初等行变换，化为行最简形矩阵，即

$$\boldsymbol{A}=(\boldsymbol{\alpha}_1,\boldsymbol{\alpha}_2,\boldsymbol{\alpha}_3,\boldsymbol{\alpha}_4,\boldsymbol{\alpha}_5)=\begin{pmatrix}1&0&3&1&2\\-1&3&0&-1&1\\2&1&7&2&5\\4&2&14&0&6\end{pmatrix}\xrightarrow{r}\begin{pmatrix}1&0&3&0&1\\0&1&1&0&1\\0&0&0&1&1\\0&0&0&0&0\end{pmatrix}$$

（1）从行最简形矩阵中可知该向量组的秩为3；

（2）$\boldsymbol{\alpha}_1,\boldsymbol{\alpha}_2,\boldsymbol{\alpha}_4$、$\boldsymbol{\alpha}_1,\boldsymbol{\alpha}_3,\boldsymbol{\alpha}_5$、$\boldsymbol{\alpha}_1,\boldsymbol{\alpha}_2,\boldsymbol{\alpha}_5$和$\boldsymbol{\alpha}_1,\boldsymbol{\alpha}_3,\boldsymbol{\alpha}_4$都是该向量组的极大线性无关组；

（3）若选取$\boldsymbol{\alpha}_1,\boldsymbol{\alpha}_2,\boldsymbol{\alpha}_4$作为极大线性无关组，则有

$$\boldsymbol{\alpha}_3=3\boldsymbol{\alpha}_1+\boldsymbol{\alpha}_2,\quad \boldsymbol{\alpha}_5=\boldsymbol{\alpha}_1+\boldsymbol{\alpha}_2+\boldsymbol{\alpha}_4$$

六、（1）$|\lambda\boldsymbol{E}-\boldsymbol{A}|=\begin{vmatrix}\lambda-1&0&0\\-a&\lambda-1&0\\-2&-3&\lambda\end{vmatrix}=\lambda(\lambda-1)^2=0$

因$\boldsymbol{A}$相似于对角矩阵，则$\boldsymbol{A}$必须有三个线性无关的特征向量，那么二重特征值$\lambda=1$应对应有两个线性无关的特征向量．求解方程组$(\boldsymbol{E}-\boldsymbol{A})\boldsymbol{x}=\boldsymbol{0}$，其系数矩阵$\boldsymbol{E}-\boldsymbol{A}=\begin{pmatrix}0&0&0\\-a&0&0\\-2&-3&1\end{pmatrix}$，显然要使$r(\boldsymbol{E}-\boldsymbol{A})=1$，则$a=0$.

（2）矩阵$\boldsymbol{A}=\begin{pmatrix}1&0&0\\a&1&0\\2&3&0\end{pmatrix}$的特征值为$\lambda_1=\lambda_2=1,\lambda_3=0$.

当$\lambda_1=\lambda_2=1$时，解$(\boldsymbol{E}-\boldsymbol{A})\boldsymbol{x}=\boldsymbol{0}$，由$\boldsymbol{E}-\boldsymbol{A}=\begin{pmatrix}0&0&0\\0&0&0\\-2&-3&1\end{pmatrix}$得基础解系$\boldsymbol{\alpha}_1=\begin{pmatrix}1\\0\\2\end{pmatrix}$，$\boldsymbol{\alpha}_2=\begin{pmatrix}0\\1\\3\end{pmatrix}$，所以对应于$\lambda_1=\lambda_2=1$的全部特征向量为$k_1\boldsymbol{\alpha}_1+k_2\boldsymbol{\alpha}_2$（$k_1,k_2$不同时为0）.

当 $\lambda_3=0$ 时，解方程 $-\boldsymbol{A}\boldsymbol{x}=\boldsymbol{0}$，由 $-\boldsymbol{A}=\begin{pmatrix}-1&0&0\\0&-1&0\\-2&-3&0\end{pmatrix}\xrightarrow{r}\begin{pmatrix}1&0&0\\0&1&0\\0&0&0\end{pmatrix}$ 得基础解系 $\boldsymbol{\alpha}_3=\begin{pmatrix}0\\0\\1\end{pmatrix}$，所以对应于 $\lambda_3=0$ 的全部特征向量为 $k_3\boldsymbol{\alpha}_3\ (k_3\neq 0)$.

（3）令可逆矩阵 $\boldsymbol{P}=(\boldsymbol{\alpha}_1,\boldsymbol{\alpha}_2,\boldsymbol{\alpha}_3)=\begin{pmatrix}1&0&0\\0&1&0\\2&3&1\end{pmatrix}$，则 $\boldsymbol{P}$ 可逆，且 $\boldsymbol{P}^{-1}\boldsymbol{A}\boldsymbol{P}=\begin{pmatrix}1&&\\&1&\\&&0\end{pmatrix}$，故

$$\boldsymbol{A}^{10}=\boldsymbol{P}\begin{pmatrix}1&&\\&1&\\&&0\end{pmatrix}^{10}\boldsymbol{P}^{-1}=\begin{pmatrix}1&0&0\\0&1&0\\2&3&0\end{pmatrix}$$

自测题（二）答案

一、1. A；2. D；3. B；4. C；5. B；6. D；7. D.

二、1. 2，1；2. $a_m\boldsymbol{A}^m+\cdots+a_1\boldsymbol{A}+a_0\boldsymbol{E}$；3. ≤；4. $r(\boldsymbol{A})+\dim\boldsymbol{W}=n$；

5. $\begin{pmatrix}\cos\alpha & \sin\alpha\\ -\sin\alpha & \cos\alpha\end{pmatrix}$，$\boldsymbol{E}$；6. 所有 $r+1$ 阶子式全为 0；

7. $|\boldsymbol{A}|,\sum\limits_{i=1}^{n}a_{ii}$；8. $\boldsymbol{A}$ 有 n 个线性无关的特征向量.

三、（1）$\boldsymbol{b}^{\mathrm{T}}\boldsymbol{A}\boldsymbol{b}=(1\ \ 0\ \ 1)\begin{pmatrix}1 & 1 & 1\\ 1 & 1 & -1\\ 1 & -1 & 1\end{pmatrix}\begin{pmatrix}1\\0\\1\end{pmatrix}=(2\ \ 0\ \ 2)\begin{pmatrix}1\\0\\1\end{pmatrix}=4$.

（2）$\begin{vmatrix}1 & 1 & 1\\ 1 & 1 & -1\\ 1 & -1 & 1\end{vmatrix}=\begin{vmatrix}1 & 1 & 1\\ 0 & 0 & -2\\ 0 & -2 & 0\end{vmatrix}=\begin{vmatrix}0 & -2\\ -2 & 0\end{vmatrix}=-4$.

四、1. $\begin{pmatrix}1 & 1 & 1 & 1 & 0\\ 0 & 1 & 2 & 2 & 1\\ 0 & -1 & -2 & -2 & -1\\ 3 & 2 & 1 & 1 & -1\end{pmatrix}\xrightarrow{r}\begin{pmatrix}1 & 1 & 1 & 1 & 0\\ 0 & 1 & 2 & 2 & 1\\ 0 & -1 & -2 & -2 & -1\\ 0 & -1 & -2 & -2 & -1\end{pmatrix}\xrightarrow{r}\begin{pmatrix}1 & 0 & -1 & -1 & -1\\ 0 & 1 & 2 & 2 & 1\\ 0 & 0 & 0 & 0 & 0\\ 0 & 0 & 0 & 0 & 0\end{pmatrix}$

方程组有无穷多解，与原方程组同解的方程组为$\begin{cases}x_1 - x_3 - x_4=-1\\ x_2+2x_3+2x_4=1\end{cases}$，其一个特解为

$\boldsymbol{\xi}^*=\begin{pmatrix}-1\\1\\0\\0\end{pmatrix}$，对应的齐次线性方程组为$\begin{cases}x_1 - x_3 - x_4=0\\ x_2+2x_3+2x_4=0\end{cases}$，令$\begin{pmatrix}x_3\\x_4\end{pmatrix}=\begin{pmatrix}1\\0\end{pmatrix}$及$\begin{pmatrix}0\\1\end{pmatrix}$，则

$\begin{pmatrix}x_1\\x_2\end{pmatrix}=\begin{pmatrix}1\\-2\end{pmatrix}$及$\begin{pmatrix}1\\-2\end{pmatrix}$，即得对应的齐次线性方程组的基础解系为$\boldsymbol{\xi}_1=\begin{pmatrix}1\\-2\\1\\0\end{pmatrix},\boldsymbol{\xi}_2=\begin{pmatrix}1\\-2\\0\\1\end{pmatrix}$. 故

方程组的通解为$\begin{pmatrix}x_1\\x_2\\x_3\\x_4\end{pmatrix}=\begin{pmatrix}-1\\1\\0\\0\end{pmatrix}+k_1\begin{pmatrix}1\\-2\\1\\0\end{pmatrix}+k_2\begin{pmatrix}1\\-2\\0\\1\end{pmatrix}$，$k_1,k_2$ 为任意常数.

2. $\begin{pmatrix}2&1&-1\\2&1&0\\1&-1&1\\1&-1&3\\4&3&2\end{pmatrix}\xrightarrow{c}\begin{pmatrix}1&2&-1\\1&2&0\\-1&1&1\\-1&1&3\\3&4&2\end{pmatrix}\xrightarrow{c}\begin{pmatrix}1&0&0\\1&0&1\\-1&3&0\\-1&3&2\\3&-2&5\end{pmatrix}\xrightarrow{c}\begin{pmatrix}1&0&0\\0&0&1\\-1&1&0\\-3&1&2\\-2&-\frac{2}{3}&5\end{pmatrix}$

$$\xrightarrow{c}\begin{pmatrix}1&0&0\\0&0&1\\0&1&0\\-2&1&2\\-\frac{8}{3}&-\frac{2}{3}&5\end{pmatrix}\xrightarrow{c}\begin{pmatrix}1&0&0\\0&1&0\\0&0&1\\-2&2&1\\-\frac{8}{3}&5&-\frac{2}{3}\end{pmatrix}$$

所以 $\boldsymbol{X}=\begin{pmatrix}-2&2&1\\-\frac{8}{3}&5&-\frac{2}{3}\end{pmatrix}$.

五、$(\boldsymbol{\alpha}_1,\boldsymbol{\alpha}_2,\boldsymbol{\alpha}_3,\boldsymbol{\alpha}_4)=\begin{pmatrix}1+a&2&3&4\\1&-8&3&4\\1&2&-7&4\\1&2&3&-6\end{pmatrix}\xrightarrow{r}\begin{pmatrix}1&2&3&-6\\1&-8&3&4\\1&2&-7&4\\1+a&2&3&4\end{pmatrix}$

$$\xrightarrow{r}\begin{pmatrix}1&2&3&-6\\0&-10&0&10\\0&0&-10&10\\0&-2a&-3a&10+6a\end{pmatrix}\xrightarrow{r}\begin{pmatrix}1&2&3&-6\\0&1&0&-1\\0&0&1&-1\\0&-2a&-3a&10+6a\end{pmatrix}$$

$$\xrightarrow{r}\begin{pmatrix}1&0&0&-1\\0&1&0&-1\\0&0&1&-1\\0&0&0&a+10\end{pmatrix}$$

当 $a=-10$ 时，$(\boldsymbol{\alpha}_1,\boldsymbol{\alpha}_2,\boldsymbol{\alpha}_3,\boldsymbol{\alpha}_4)\xrightarrow{r}\begin{pmatrix}1&0&0&-1\\0&1&0&-1\\0&0&1&-1\\0&0&0&0\end{pmatrix}$，极大线性无关组为 $\boldsymbol{\alpha}_1,\boldsymbol{\alpha}_2,\boldsymbol{\alpha}_3$，且 $\boldsymbol{\alpha}_4=-\boldsymbol{\alpha}_1-\boldsymbol{\alpha}_2-\boldsymbol{\alpha}_3$.

六、由已知可得 $\boldsymbol{A}\boldsymbol{\alpha}_1=\boldsymbol{b},\boldsymbol{A}\boldsymbol{\alpha}_2=\boldsymbol{b},\boldsymbol{A}\boldsymbol{\alpha}_3=\boldsymbol{b}$，所以 $\boldsymbol{A}(\boldsymbol{\alpha}_1-\boldsymbol{\alpha}_2)=\boldsymbol{0},\boldsymbol{A}(\boldsymbol{\alpha}_1-\boldsymbol{\alpha}_3)=\boldsymbol{0}$，则 $\boldsymbol{\alpha}_1-\boldsymbol{\alpha}_2,\boldsymbol{\alpha}_1-\boldsymbol{\alpha}_3$ 为 $\boldsymbol{A}\boldsymbol{x}=\boldsymbol{0}$ 的解.

令 $\boldsymbol{\xi}_1=\boldsymbol{\alpha}_1-\boldsymbol{\alpha}_2=\begin{pmatrix}1\\1\\0\\0\end{pmatrix},\boldsymbol{\xi}_2=\boldsymbol{\alpha}_1-\boldsymbol{\alpha}_3=\begin{pmatrix}1\\0\\2\\1\end{pmatrix}$，因为 $\boldsymbol{\xi}_1,\boldsymbol{\xi}_2$ 线性无关，所以 $\boldsymbol{\xi}_1,\boldsymbol{\xi}_2$ 为 $\boldsymbol{A}\boldsymbol{x}=\boldsymbol{0}$ 的

两个线性无关的解. 又因为 $r(\boldsymbol{A})=2$，所以 $\boldsymbol{\xi}_1,\boldsymbol{\xi}_2$ 为 $\boldsymbol{Ax}=\boldsymbol{0}$ 的基础解系. 故方程组 $\boldsymbol{Ax}=\boldsymbol{b}$ 的通解为 $\boldsymbol{\alpha}_1+k_1\boldsymbol{\xi}_1+k_2\boldsymbol{\xi}_2$，其中 k_1,k_2 为任意常数.

七、必要性. 已知 $\boldsymbol{\alpha}_1,\boldsymbol{A}(\boldsymbol{\alpha}_1+\boldsymbol{\alpha}_2)$ 线性无关，若 $\lambda_2=0$，则有 $\boldsymbol{A}(\boldsymbol{\alpha}_1+\boldsymbol{\alpha}_2)=\boldsymbol{A\alpha}_1+\boldsymbol{A\alpha}_2=\lambda_1\boldsymbol{\alpha}_1+\lambda_2\boldsymbol{\alpha}_2=\lambda_1\boldsymbol{\alpha}_1$，与已知矛盾，所以 $\lambda_2\neq 0$.

充分性. 令 $k_1\boldsymbol{\alpha}_1+k_2\boldsymbol{A}(\boldsymbol{\alpha}_1+\boldsymbol{\alpha}_2)=\boldsymbol{0}$，即 $k_1\boldsymbol{\alpha}_1+k_2(\lambda_1\boldsymbol{\alpha}_1+\lambda_2\boldsymbol{\alpha}_2)=\boldsymbol{0}$，所以 $(k_1+k_2\lambda_1)\boldsymbol{\alpha}_1+k_2\lambda_2\boldsymbol{\alpha}_2=\boldsymbol{0}$. 由于对应不同特征值的特征向量线性无关，故 $k_1+k_2\lambda_1=0,k_2\lambda_2=0$. 又因为 $\lambda_2\neq 0$，所以 $k_2=0$，于是 $k_1=0$，故 $\boldsymbol{\alpha}_1,\boldsymbol{A}(\boldsymbol{\alpha}_1+\boldsymbol{\alpha}_2)$ 线性无关.

八、(1) $\boldsymbol{A}=\begin{pmatrix}1&1&0\\1&1&0\\0&0&2\end{pmatrix}$.

(2) $|\lambda\boldsymbol{E}-\boldsymbol{A}|=\begin{vmatrix}\lambda-1&-1&0\\-1&\lambda-1&0\\0&0&\lambda-2\end{vmatrix}=(\lambda-2)\cdot\begin{vmatrix}\lambda-1&-1\\-1&\lambda-1\end{vmatrix}=(\lambda-2)[(\lambda-1)^2-1]=\lambda(\lambda-2)^2$

所以 $\boldsymbol{A}$ 的特征值为 $\lambda_1=0,\lambda_2=\lambda_3=2$.

当 $\lambda_1=0$ 时，解方程组 $\begin{pmatrix}-1&-1&0\\-1&-1&0\\0&0&-2\end{pmatrix}\begin{pmatrix}x_1\\x_2\\x_3\end{pmatrix}=\boldsymbol{0}$，得基础解系为 $\boldsymbol{\xi}_1=\begin{pmatrix}1\\-1\\0\end{pmatrix}$，所以 $k_1\boldsymbol{\xi}_1\ (k_1\neq 0)$ 为对应于 $\lambda_1=0$ 的全部特征向量.

当 $\lambda_2=\lambda_3=2$ 时，解方程组，得基础解系为 $\boldsymbol{\xi}_2=\begin{pmatrix}1\\1\\0\end{pmatrix},\boldsymbol{\xi}_3=\begin{pmatrix}0\\0\\1\end{pmatrix}$，所以 $k_2\boldsymbol{\xi}_2+k_3\boldsymbol{\xi}_3$（$k_2,k_3$ 不全为零）为对应于 $\lambda_2=\lambda_3=2$ 的全部特征向量.

(3)(2) 中所求特征向量 $\boldsymbol{\xi}_1$，$\boldsymbol{\xi}_2$，$\boldsymbol{\xi}_3$ 两两正交，将其单位化得 $\boldsymbol{\eta}_1=\dfrac{\sqrt{2}}{2}(1,-1,0)^{\mathrm{T}}$，$\boldsymbol{\eta}_2=\dfrac{\sqrt{2}}{2}(1,1,0)^{\mathrm{T}},\boldsymbol{\eta}_3=(0,0,1)^{\mathrm{T}}$.

令 $\boldsymbol{Q}=(\boldsymbol{\eta}_1,\boldsymbol{\eta}_2,\boldsymbol{\eta}_3)=\begin{pmatrix}\dfrac{\sqrt{2}}{2}&\dfrac{\sqrt{2}}{2}&0\\-\dfrac{\sqrt{2}}{2}&\dfrac{\sqrt{2}}{2}&0\\0&0&1\end{pmatrix}$，则 $\boldsymbol{Q}^{-1}\boldsymbol{AQ}=\begin{pmatrix}0&0&0\\0&2&0\\0&0&2\end{pmatrix}$.

令 $\boldsymbol{x}=\boldsymbol{Qy},\boldsymbol{y}=(y_1,y_2,y_3)^{\mathrm{T}}$，则 $f=2y_2^2+2y_3^2$.

自测题（三）答案

一、1. A；2. C；3. C；4. B；5. B；6. D；7. C.

二、1. 0；2. $\begin{pmatrix} \boldsymbol{A}^{-1} & 0 \\ 0 & \boldsymbol{B}^{-1} \end{pmatrix}$；3. $\begin{pmatrix} 1 & 0 & 0 \\ 2 & 1 & 0 \\ 0 & 0 & 1 \end{pmatrix}$；4. $\pm\left(-\frac{\sqrt{2}}{2},\frac{\sqrt{2}}{2},0\right)^{\mathrm{T}}$；

5. $\boldsymbol{\xi}_1=(-1,0,1)^{\mathrm{T}}$，$\boldsymbol{\xi}_2=(0,-1,1)^{\mathrm{T}}$（答案不唯一）；6. 81；7. $-\frac{\sqrt{2}}{2}$；8. $f=x_1^2+x_2^2$ $+x_3^2-x_4^2$.

三、1. $\boldsymbol{b}^{\mathrm{T}}\boldsymbol{b}=(1,0,1)\begin{pmatrix}1\\0\\1\end{pmatrix}=2,\boldsymbol{b}\boldsymbol{b}^{\mathrm{T}}=\begin{pmatrix}1\\0\\1\end{pmatrix}(1,0,1)=\begin{pmatrix} 1 & 0 & 1 \\ 0 & 0 & 0 \\ 1 & 0 & 1 \end{pmatrix}$.

2. $g(\boldsymbol{A})=\boldsymbol{A}^2-2\boldsymbol{A}+\boldsymbol{E}=(\boldsymbol{A}-\boldsymbol{E})^2=\begin{pmatrix} 0 & 1 \\ 0 & 1 \end{pmatrix}\begin{pmatrix} 0 & 1 \\ 0 & 1 \end{pmatrix}=\begin{pmatrix} 0 & 1 \\ 0 & 1 \end{pmatrix}$.

3. $|\boldsymbol{A}|=\begin{vmatrix} 3 & 4 \\ 4 & -3 \end{vmatrix}\begin{vmatrix} 1 & 1 \\ 2 & 4 \end{vmatrix}=-25\times 2=-50$.

四、1. $\begin{pmatrix} 1 & 2 & 3 & 1 & 0 \\ 2 & 5 & 4 & 1 & 1 \\ 1 & 2 & 1 & 1 & 0 \end{pmatrix}\xrightarrow{r}\begin{pmatrix} 1 & 2 & 3 & 1 & 0 \\ 0 & 1 & -2 & -1 & 1 \\ 0 & 0 & -2 & 0 & 0 \end{pmatrix}\xrightarrow{r}\begin{pmatrix} 1 & 0 & 0 & 3 & -2 \\ 0 & 1 & 0 & -1 & 1 \\ 0 & 0 & 1 & 0 & 0 \end{pmatrix}$

所以 $\boldsymbol{X}=\begin{pmatrix} 3 & -2 \\ -1 & 1 \\ 0 & 0 \end{pmatrix}$.

2. 因为 $(\boldsymbol{A}-\boldsymbol{E})\boldsymbol{X}=\boldsymbol{A}^*-\boldsymbol{E}$，所以

$$\boldsymbol{X}=(\boldsymbol{A}-\boldsymbol{E})^{-1}(\boldsymbol{A}^*-\boldsymbol{E})$$

$$=\begin{pmatrix} 1 & 0 \\ 0 & -\frac{1}{2} \end{pmatrix}^{-1}\begin{pmatrix} -\frac{1}{2} & 0 \\ 0 & 1 \end{pmatrix}=\begin{pmatrix} 1 & 0 \\ 0 & -2 \end{pmatrix}\begin{pmatrix} -\frac{1}{2} & 0 \\ 0 & 1 \end{pmatrix}=\begin{pmatrix} -\frac{1}{2} & 0 \\ 0 & -2 \end{pmatrix}$$

五、（1）$(\boldsymbol{\alpha}_1,\boldsymbol{\alpha}_2,\boldsymbol{\alpha}_3,\boldsymbol{\alpha}_4)=\begin{pmatrix} 1+a & 2 & 3 & 4 \\ 1 & -8 & 3 & 4 \\ 1 & 2 & -7 & 4 \\ 1 & 2 & 3 & -6 \end{pmatrix}\xrightarrow{r}\begin{pmatrix} 1 & 2 & 3 & -6 \\ 1 & -8 & 3 & 4 \\ 1 & 2 & -7 & 4 \\ 1+a & 2 & 3 & 4 \end{pmatrix}$

$$\xrightarrow{r}\begin{pmatrix}1&2&3&-6\\0&-10&0&10\\0&0&-10&10\\0&-2a&-3a&10+6a\end{pmatrix}\xrightarrow{r}\begin{pmatrix}1&2&3&-6\\0&1&0&-1\\0&0&1&-1\\0&-2a&-3a&10+6a\end{pmatrix}$$

$$\xrightarrow{r}\begin{pmatrix}1&0&0&-1\\0&1&0&-1\\0&0&1&-1\\0&0&0&a+10\end{pmatrix}$$

$a\neq-10$时，$\boldsymbol{\alpha}_4$不能由$\boldsymbol{\alpha}_1,\boldsymbol{\alpha}_2,\boldsymbol{\alpha}_3$线性表示.

（2）当$a=-10$时，$\boldsymbol{\alpha}_4$能由$\boldsymbol{\alpha}_1,\boldsymbol{\alpha}_2,\boldsymbol{\alpha}_3$线性表示，$\boldsymbol{\alpha}_4=-\boldsymbol{\alpha}_1-\boldsymbol{\alpha}_2-\boldsymbol{\alpha}_3$.

六、（1）$\begin{pmatrix}\lambda&1&1&-2\\0&\lambda-1&0&1\\1&1&\lambda&1\end{pmatrix}\xrightarrow{r}\begin{pmatrix}1&1&\lambda&1\\0&\lambda-1&0&1\\\lambda&1&1&-2\end{pmatrix}\xrightarrow{r}\begin{pmatrix}1&1&\lambda&1\\0&\lambda-1&0&1\\0&0&1-\lambda^2&-\lambda-1\end{pmatrix}$

因为线性方程组$\boldsymbol{Ax}=\boldsymbol{b}$有两个不同的解，所以$\begin{cases}1-\lambda^2=0\\-\lambda-1=0\\\lambda-1\neq0\end{cases}$，故$\lambda=-1$.

（2）当$\lambda=-1$时，方程组为$\begin{cases}x_1+x_2-x_3=1\\-2x_2=1\end{cases}$，它的一个特解为$\left(\frac{3}{2},-\frac{1}{2},0\right)^{\mathrm{T}}$，对应的齐次线性方程组$\begin{cases}x_1+x_2-x_3=0\\-2x_2=0\end{cases}$的基础解系为$(1,0,1)^{\mathrm{T}}$，故$\boldsymbol{Ax}=\boldsymbol{b}$的通解为$k(1,0,1)^{\mathrm{T}}+\left(\frac{3}{2},-\frac{1}{2},0\right)^{\mathrm{T}}$，$k\in\mathbf{R}$.

七、（1）因为$\boldsymbol{A}\begin{pmatrix}1\\-1\end{pmatrix}=-1\begin{pmatrix}1\\-1\end{pmatrix}$，所以$\begin{pmatrix}1\\-1\end{pmatrix}$是$\boldsymbol{A}$对应于特征值$-1$的特征向量.

（2）因为$r(\boldsymbol{A})=1$，所以$|\boldsymbol{A}|=0$，故$\boldsymbol{A}$的另一个特征值为 0. 又因为$\boldsymbol{A}$为对称矩阵，所以对应于特征值为 0 的特征向量$\begin{pmatrix}x_1\\x_2\end{pmatrix}$与$\begin{pmatrix}1\\-1\end{pmatrix}$正交，即$x_1-x_2=0$，令$x_2=1$，故$x_1=1$，所以对应于特征值为 0 的所有特征向量为$k\begin{pmatrix}1\\1\end{pmatrix},k\neq0$.

（3）令$\boldsymbol{P}=\begin{pmatrix}1&1\\-1&1\end{pmatrix}$，则$\boldsymbol{P}^{-1}\boldsymbol{AP}=\begin{pmatrix}-1&0\\0&0\end{pmatrix}$，

$$\boldsymbol{A}=\boldsymbol{P}\begin{pmatrix}-1&0\\0&0\end{pmatrix}\boldsymbol{P}^{-1}=\begin{pmatrix}1&1\\-1&1\end{pmatrix}\begin{pmatrix}-1&0\\0&0\end{pmatrix}\begin{pmatrix}\frac{1}{2}&-\frac{1}{2}\\\frac{1}{2}&\frac{1}{2}\end{pmatrix}=\begin{pmatrix}-\frac{1}{2}&\frac{1}{2}\\\frac{1}{2}&-\frac{1}{2}\end{pmatrix}$$

注 也可以由 $\boldsymbol{A}$ 对称设 $\boldsymbol{A}=\begin{pmatrix} a & b \\ b & c \end{pmatrix}$，因为 $r(\boldsymbol{A})=1$，所以 $|\boldsymbol{A}|=0$，加上条件 $\boldsymbol{A}\begin{pmatrix} 1 \\ -1 \end{pmatrix}=\begin{pmatrix} -1 \\ 1 \end{pmatrix}$，求出矩阵 $\boldsymbol{A}$，再求（2）.

自测题（四）答案

一、1. C；2. B；3. D；4. D；5. D；6. D；7. C；8. B.

二、1. 2，1；2. $\begin{pmatrix} b & c & a \\ c & a & b \\ a & b & c \end{pmatrix}$；3. −16；4. $\begin{pmatrix} 1 & & \\ & \frac{1}{2} & \\ & & \frac{1}{3} \end{pmatrix}$；5. 2；6. $\frac{1}{4}$；7. $t>1$.

三、1. $\boldsymbol{E}-2\boldsymbol{A}+\boldsymbol{A}^2=\begin{pmatrix} 1 & 0 & 0 \\ 0 & 1 & 0 \\ 0 & 0 & 1 \end{pmatrix}-\begin{pmatrix} 2 & 0 & 0 \\ 0 & -2 & 0 \\ 0 & 0 & 4 \end{pmatrix}+\begin{pmatrix} 1 & 0 & 0 \\ 0 & 1 & 0 \\ 0 & 0 & 4 \end{pmatrix}=\begin{pmatrix} 0 & 0 & 0 \\ 0 & 4 & 0 \\ 0 & 0 & 1 \end{pmatrix}$

2. $$\begin{vmatrix} 1 & 2 & 3 & 4 \\ 2 & 3 & 4 & 1 \\ 3 & 4 & 1 & 2 \\ 4 & 1 & 2 & 3 \end{vmatrix}=\begin{vmatrix} 10 & 10 & 10 & 10 \\ 2 & 3 & 4 & 1 \\ 3 & 4 & 1 & 2 \\ 4 & 1 & 2 & 3 \end{vmatrix}=10\begin{vmatrix} 1 & 1 & 1 & 1 \\ 2 & 3 & 4 & 1 \\ 3 & 4 & 1 & 2 \\ 4 & 1 & 2 & 3 \end{vmatrix}=10\begin{vmatrix} 1 & 1 & 1 & 1 \\ 0 & 1 & 2 & -1 \\ 0 & 1 & -2 & -1 \\ 0 & -3 & -2 & -1 \end{vmatrix}$$

$$=10\begin{vmatrix} 1 & 2 & -1 \\ 1 & -2 & -1 \\ -3 & -2 & -1 \end{vmatrix}=10\begin{vmatrix} 1 & 2 & -1 \\ 0 & -4 & 0 \\ 0 & 4 & -4 \end{vmatrix}=10\begin{vmatrix} -4 & 0 \\ 4 & -4 \end{vmatrix}=160$$

四、$\boldsymbol{C}=\begin{pmatrix} 1+k_1+k_2 & -k_1 \\ k_1 & k_2 \end{pmatrix}$，其中 k_1，k_2 为任意常数（见第二章习题 B 第 3 题）.

五、$$\begin{pmatrix} 1 & 1 & 1 & 1 & 2 \\ 1 & 2 & 4 & 0 & 5 \\ 2 & 1 & -1 & 4 & 0 \\ -1 & 1 & 5 & -1 & 2 \end{pmatrix}\xrightarrow{r}\begin{pmatrix} 1 & 1 & 1 & 1 & 2 \\ 0 & 1 & 3 & -1 & 3 \\ 0 & 0 & 0 & 1 & -1 \\ 0 & 0 & 0 & 2 & -2 \end{pmatrix}\xrightarrow{r}\begin{pmatrix} 1 & 1 & 1 & 1 & 2 \\ 0 & 1 & 3 & -1 & 3 \\ 0 & 0 & 0 & 1 & -1 \\ 0 & 0 & 0 & 2 & -2 \end{pmatrix}$$

$$\xrightarrow{r}\begin{pmatrix} 1 & 0 & -2 & 0 & 1 \\ 0 & 1 & 3 & 0 & 2 \\ 0 & 0 & 0 & 1 & -1 \\ 0 & 0 & 0 & 0 & 0 \end{pmatrix}$$

极大线性无关组为 $\boldsymbol{\alpha}_1,\boldsymbol{\alpha}_2,\boldsymbol{\alpha}_4$，且 $\boldsymbol{\alpha}_3=-2\boldsymbol{\alpha}_1+3\boldsymbol{\alpha}_2,\boldsymbol{\alpha}_5=\boldsymbol{\alpha}_1+2\boldsymbol{\alpha}_2-\boldsymbol{\alpha}_4$.

六、由 $\boldsymbol{\alpha}_1+\boldsymbol{\alpha}_2=(1,3,0)^{\mathrm{T}},2\boldsymbol{\alpha}_1+3\boldsymbol{\alpha}_2=(2,5,1)^{\mathrm{T}}$ 解得 $\boldsymbol{\alpha}_1=(1,4,-1)^{\mathrm{T}}$，$\boldsymbol{\alpha}_2=(0,-1,1)^{\mathrm{T}}$. 由已知有 $\boldsymbol{A\alpha}_1=\boldsymbol{b},\boldsymbol{A\alpha}_2=\boldsymbol{b}$，且系数矩阵 $\boldsymbol{A}$ 的秩为 2，故 $\boldsymbol{\alpha}_1-\boldsymbol{\alpha}_2$ 为 $\boldsymbol{Ax}=\boldsymbol{0}$ 的基础解系. 所以非齐次线性方程组 $\boldsymbol{Ax}=\boldsymbol{b}$ 通解为 $\boldsymbol{\alpha}_1+k(\boldsymbol{\alpha}_1-\boldsymbol{\alpha}_2)=(1,4,-1)^{\mathrm{T}}+k(1,5,-2)^{\mathrm{T}},k\in\mathbf{R}$.

七、（1）$\begin{pmatrix} 5 & -4 & -2 \\ -4 & 5 & 2 \\ -2 & 2 & 2 \end{pmatrix}\begin{pmatrix} -2 \\ 2 \\ 1 \end{pmatrix}=\begin{pmatrix} -20 \\ 20 \\ 10 \end{pmatrix}=10\begin{pmatrix} -2 \\ 2 \\ 1 \end{pmatrix}$，$\begin{pmatrix} 5 & -4 & -2 \\ -4 & 5 & 2 \\ -2 & 2 & 2 \end{pmatrix}\begin{pmatrix} 1 \\ 1 \\ 0 \end{pmatrix}=1\begin{pmatrix} 1 \\ 1 \\ 0 \end{pmatrix}$

所以$\boldsymbol{\xi}_1,\boldsymbol{\xi}_2$分别是$\boldsymbol{A}$的对应于特征值 10 和 1 的特征向量.

（2）因为矩阵的迹为12，所以另一个特征值为1，设对应于1的特征向量为$(x_1,x_2,x_3)^{\mathrm{T}}$.因为$\boldsymbol{A}$为对称矩阵，所以对应于不同特征值的特征向量正交，故有$-2x_1+2x_2+x_3=0$.令$x_2=0,x_3=2$，得$x_1=1$，所以$\boldsymbol{\xi}_3=\begin{pmatrix} 1 \\ 0 \\ 2 \end{pmatrix}$.

令$\boldsymbol{\beta}_2=\boldsymbol{\xi}_2$，$\boldsymbol{\beta}_3=\boldsymbol{\xi}_3-\dfrac{(\boldsymbol{\xi}_3,\boldsymbol{\xi}_2)}{(\boldsymbol{\xi}_2,\boldsymbol{\xi}_2)}\boldsymbol{\xi}_2=\begin{pmatrix} 1 \\ 0 \\ 2 \end{pmatrix}-\dfrac{1}{2}\begin{pmatrix} 1 \\ 1 \\ 0 \end{pmatrix}=\left(\dfrac{1}{2},-\dfrac{1}{2},2\right)^{\mathrm{T}}$，将$\boldsymbol{\xi}_1,\boldsymbol{\beta}_2,\boldsymbol{\beta}_3$单位化，得

$$\boldsymbol{\gamma}_1=\frac{1}{3}\begin{pmatrix} -2 \\ 2 \\ 1 \end{pmatrix},\quad \boldsymbol{\gamma}_2=\frac{\sqrt{2}}{2}\begin{pmatrix} 1 \\ 1 \\ 0 \end{pmatrix},\quad \boldsymbol{\gamma}_3=\frac{\sqrt{2}}{6}\begin{pmatrix} 1 \\ -1 \\ 4 \end{pmatrix}$$

令$\boldsymbol{P}=(\boldsymbol{\gamma}_1,\boldsymbol{\gamma}_2,\boldsymbol{\gamma}_3)$，则使$\boldsymbol{P}^{-1}\boldsymbol{A}\boldsymbol{P}=\begin{pmatrix} 10 & & \\ & 1 & \\ & & 1 \end{pmatrix}$为对角矩阵.

自测题（五）答案

一、1. B；2. C；3. B；4. D；5. D；6. B；7. C；8. A.

二、1. 1或−1；2. 5；3. $t_1t_2 \neq 1$；4. 0；5. $k(1,-2,1)^{\mathrm{T}}, k \neq 0$；6. 1；7. 3.

三、（1）$(\boldsymbol{A}^*)^{-1} = \begin{pmatrix} -1 & -2 & 1 \\ -3 & -1 & -4 \\ -2 & -2 & -1 \end{pmatrix}$.

（2）$|\boldsymbol{A}^*| = 1$.

（3）$|\boldsymbol{A}| = a_{11}A_{11} + a_{12}A_{12} + a_{13}A_{13} = 1\times(-7) + 2\times5 + (-1)\times4 = -1$.

（4）$\boldsymbol{A} = |\boldsymbol{A}|(\boldsymbol{A}^*)^{-1} = \begin{pmatrix} 1 & 2 & -1 \\ 3 & 1 & 4 \\ 2 & 2 & 1 \end{pmatrix}$.

四、解关于变量a_1,a_2,a_3,a_4的线性方程组，得通解为$\begin{cases} a_1 = -2c + \dfrac{1}{2} \\ a_2 = \quad\quad \dfrac{1}{2} \\ a_3 = \quad c \\ a_4 = \quad\quad \dfrac{1}{2} \end{cases}$（$c$为任意常数），则

$$2a_1 + 3a_2 + 4a_3 + a_4 = -4c + 1 + \frac{3}{2} + 4c + \frac{1}{2} = 3$$

五、（1）因为$\boldsymbol{\alpha}_1,\boldsymbol{\alpha}_2$对应分量不成比例，所以线性无关.

（2）$(\boldsymbol{\alpha}_1,\boldsymbol{\alpha}_2,\boldsymbol{\alpha}_3,\boldsymbol{\alpha}_4,\boldsymbol{\alpha}_5) = \begin{pmatrix} 1 & 0 & 3 & 1 & 2 \\ -1 & 3 & 0 & -1 & 1 \\ 2 & 1 & 7 & 2 & 5 \\ 4 & 2 & 14 & 0 & 6 \end{pmatrix} \xrightarrow{r} \begin{pmatrix} 1 & 0 & 3 & 1 & 2 \\ 0 & 1 & 1 & 0 & 1 \\ 0 & 0 & 0 & 1 & 1 \\ 0 & 0 & 0 & 0 & 0 \end{pmatrix}$

添加$\boldsymbol{\alpha}_4$进去，则$\boldsymbol{\alpha}_1,\boldsymbol{\alpha}_2,\boldsymbol{\alpha}_4$为一个极大线性无关组.

六、（1）将方程组（A）的系数矩阵利用初等行变换化为行阶梯形矩阵：

$$\begin{pmatrix} 1 & 1 & 1 & 2 \\ 1 & -1 & 3 & 2 \\ 6 & -1 & 1 & 4 \end{pmatrix} \xrightarrow{r} \begin{pmatrix} 1 & 0 & 2 & 2 \\ 0 & 1 & -1 & 0 \\ 0 & 0 & 3 & 2 \end{pmatrix}$$

与原方程组同解的方程组为

$$\begin{cases} x_1 \quad +2x_3+2x_4=0 \\ x_2-x_3 \quad =0 \\ 3x_3+2x_4=0 \end{cases}$$

故线性方程组（A）的一个基础解系为$\boldsymbol{\alpha}=(2,2,2,-3)^{\mathrm{T}}$.

（2）若方程组（A）的解都是方程组（B）的解，则$\boldsymbol{\alpha}$能由$\boldsymbol{\beta}_1,\boldsymbol{\beta}_2,\boldsymbol{\beta}_3$线性表示，故$r(\boldsymbol{\beta}_1,\boldsymbol{\beta}_2,\boldsymbol{\beta}_3)=r(\boldsymbol{\beta}_1,\boldsymbol{\beta}_2,\boldsymbol{\beta}_3,\boldsymbol{\alpha})$，又

$$\begin{pmatrix} 1+a & 2 & 3 & 2 \\ 1 & 2+a & 3 & 2 \\ 1 & 2 & 3+a & 2 \\ 1 & 2 & 3 & -3 \end{pmatrix} \xrightarrow{r} \begin{pmatrix} 1 & 2 & 3 & -3 \\ 0 & a & 0 & 5 \\ 0 & 0 & a & 5 \\ 0 & 0 & 0 & 3a+30 \end{pmatrix}$$

故$a=-10$.

七、(1) $\boldsymbol{A}$的特征值为$\lambda_1=\lambda_2=3,\lambda_3=0$，故$3+3+0=1+a+3$，得$a=2$；又$\boldsymbol{A}$有特征值0，故$|\boldsymbol{A}|=0$，得$a+2b=0$，从而$b=-1$.

（2）$\boldsymbol{A}=\begin{pmatrix} 1 & -1 & 0 \\ -2 & 2 & 0 \\ 0 & 0 & 3 \end{pmatrix}$，当$\lambda_1=\lambda_2=3$时，解方程$(3\boldsymbol{E}-\boldsymbol{A})\boldsymbol{x}=\boldsymbol{0}$，得基础解系$\boldsymbol{\alpha}_1=(-1,2,0)^{\mathrm{T}},\boldsymbol{\alpha}_2=(0,0,1)^{\mathrm{T}}$；当$\lambda_3=0$时，解方程$-\boldsymbol{A}\boldsymbol{x}=\boldsymbol{0}$，得基础解系$\boldsymbol{\alpha}_3=(1,1,0)^{\mathrm{T}}$，故$\boldsymbol{A}$可对角化.令$\boldsymbol{P}=(\boldsymbol{\alpha}_1,\boldsymbol{\alpha}_2,\boldsymbol{\alpha}_3)$，则$\boldsymbol{P}^{-1}\boldsymbol{A}\boldsymbol{P}=\begin{pmatrix} 3 & 0 & 0 \\ 0 & 3 & 0 \\ 0 & 0 & 0 \end{pmatrix}$.

自测题（六）答案

一、1. C；2. D；3. A；4. B；5. D；6. A；7. B；8. A.

二、1. $\begin{pmatrix}1&2&0\\0&0&1\end{pmatrix}$；2. $t\neq 0$；3. 2；4. 6；5. $(1,0)^{\mathrm{T}},(0,1)^{\mathrm{T}}$；6. 4；7. 0.

三、（1）$\boldsymbol{A}^{\mathrm{T}}=\begin{pmatrix}2&-1\\1&3\end{pmatrix},\boldsymbol{B}=\begin{pmatrix}2&0\\0&3\end{pmatrix},\boldsymbol{C}=\begin{pmatrix}0&1\\-1&0\end{pmatrix}$.

（2）等式$(\boldsymbol{B}+\boldsymbol{C})(\boldsymbol{B}-\boldsymbol{C})=\boldsymbol{B}^2-\boldsymbol{C}^2$不成立，因为

$$(\boldsymbol{B}+\boldsymbol{C})(\boldsymbol{B}-\boldsymbol{C})=\begin{pmatrix}5&1\\1&10\end{pmatrix}\neq\boldsymbol{B}^2-\boldsymbol{C}^2=\begin{pmatrix}4&0\\0&9\end{pmatrix}-\begin{pmatrix}-1&0\\0&-1\end{pmatrix}=\begin{pmatrix}5&0\\0&10\end{pmatrix}$$

四、（1）$\boldsymbol{A}-\boldsymbol{E}=\begin{pmatrix}1&2&0\\3&5&0\\0&0&2\end{pmatrix}$，$(\boldsymbol{A}-\boldsymbol{E})^{-1}=\begin{pmatrix}-5&2&0\\3&-1&0\\0&0&\frac{1}{2}\end{pmatrix}$.

（2）由$\boldsymbol{AB}=\boldsymbol{A}+\boldsymbol{B}$知$\boldsymbol{AB}-\boldsymbol{A}-\boldsymbol{B}=\boldsymbol{O}$，从而$\boldsymbol{AB}-\boldsymbol{A}-\boldsymbol{B}+\boldsymbol{E}=\boldsymbol{E}$，由此得$(\boldsymbol{A}-\boldsymbol{E})(\boldsymbol{B}-\boldsymbol{E})=\boldsymbol{E}$，这样矩阵$\boldsymbol{B}-\boldsymbol{E}$可逆.

因为$\boldsymbol{B}-\boldsymbol{E}=(\boldsymbol{A}-\boldsymbol{E})^{-1}$，所以$\boldsymbol{B}=\boldsymbol{E}+(\boldsymbol{A}-\boldsymbol{E})^{-1}$，$\boldsymbol{B}=\begin{pmatrix}-4&2&0\\3&0&0\\0&0&\frac{3}{2}\end{pmatrix}$.

五、（1）将方程组（A）的系数矩阵利用初等行变换化为行阶梯形矩阵，得到线性方程组（A）的一个基础解系为$\boldsymbol{\alpha}_1=(-1,-1,1)^{\mathrm{T}}$.

（2）因方程组（A）与方程组（B）同解，则将$\boldsymbol{\alpha}_1$代入齐次线性方程组（B）中，得到$a=2$.

六、对方程组的增广矩阵作初等行变换化为行最简形矩阵：

$$(\boldsymbol{A},\boldsymbol{b})=\begin{pmatrix}2&-2&1&-1&1&2\\1&-4&2&-2&3&3\\4&-10&3&-5&7&8\\1&2&-1&1&-2&-1\end{pmatrix}\xrightarrow{r}\begin{pmatrix}1&0&0&0&-\frac{1}{3}&\frac{1}{3}\\0&1&0&\frac{1}{2}&-\frac{5}{6}&-\frac{2}{3}\\0&0&1&0&0&0\\0&0&0&0&0&0\end{pmatrix}$$

由于$r(\boldsymbol{A})=r(\boldsymbol{A},\boldsymbol{b})=3<n=5$，故原方程组有解，且有无穷多个解.

自由未知量的个数为 5–3 = 2，选取 x_4, x_5 为自由未知量，得同解方程组

$$\begin{cases} x_1 = \frac{1}{3}x_5 + \frac{1}{3} \\ x_2 = -\frac{1}{2}x_4 + \frac{5}{6}x_5 - \frac{2}{3} \\ x_3 = 0 \end{cases}$$

方程组的通解为 $\begin{pmatrix} x_1 \\ x_2 \\ x_3 \\ x_4 \\ x_5 \end{pmatrix} = c_1 \begin{pmatrix} 0 \\ -\frac{1}{2} \\ 0 \\ 1 \\ 0 \end{pmatrix} + c_2 \begin{pmatrix} \frac{1}{3} \\ \frac{5}{6} \\ 0 \\ 0 \\ 1 \end{pmatrix} + \begin{pmatrix} \frac{1}{3} \\ -\frac{2}{3} \\ 0 \\ 0 \\ 0 \end{pmatrix}$，其中 c_1，c_2 为任意常数.

七、(1) 设 $\boldsymbol{A}$ 的对应于特征值 2 的特征向量为 $(x_1, x_2, x_3)^{\mathrm{T}}$，由于对应于不同特征值的特征向量彼此正交，故 $2x_1 = 0$，得基础解系 $\boldsymbol{\alpha}_2 = (0,1,0)^{\mathrm{T}}, \boldsymbol{\alpha}_3 = (0,0,1)^{\mathrm{T}}$. 因此，对应于特征值 2 的所有特征向量为 $k_1\boldsymbol{\alpha}_2 + k_2\boldsymbol{\alpha}_3$（$k_1$，$k_2$ 不全为零的常数）.

(2) 令 $\boldsymbol{P} = (\boldsymbol{\alpha}_1, \boldsymbol{\alpha}_2, \boldsymbol{\alpha}_3) = \begin{pmatrix} 2 & 0 & 0 \\ 0 & 1 & 0 \\ 0 & 0 & 1 \end{pmatrix}$，则 $\boldsymbol{P}^{-1}\boldsymbol{AP} = \begin{pmatrix} 1 & 0 & 0 \\ 0 & 2 & 0 \\ 0 & 0 & 2 \end{pmatrix}$，从而

$$\boldsymbol{A} = \boldsymbol{P} \begin{pmatrix} 1 & 0 & 0 \\ 0 & 2 & 0 \\ 0 & 0 & 2 \end{pmatrix} \boldsymbol{P}^{-1} = \begin{pmatrix} 1 & 0 & 0 \\ 0 & 2 & 0 \\ 0 & 0 & 2 \end{pmatrix}$$

自测题（七）答案

一、1. D；2. A；3. B；4. D；5. B；6. A；7. C；8. B.

二、1. -2；2. $\dfrac{\boldsymbol{A}}{4}$；3. $\boldsymbol{\beta}_1=(1,0,0)^{\mathrm{T}},\boldsymbol{\beta}_2=(0,0,1)^{\mathrm{T}}$；4. 1；

5. $\left(\dfrac{1}{3},\dfrac{2}{3},1\right)^{\mathrm{T}}$；6. $(1,0,0)^{\mathrm{T}}$；7. $\begin{pmatrix}1&1&0\\1&1&0\\0&0&0\end{pmatrix}$.

三、1. 记 $\boldsymbol{B}=\begin{pmatrix}1&2\\2&5\end{pmatrix},\boldsymbol{C}=\begin{pmatrix}-1&0\\0&2\end{pmatrix}$，则

$$\boldsymbol{A}^{-1}=\begin{pmatrix}\boldsymbol{B}^{-1}&\boldsymbol{O}\\\boldsymbol{O}&\boldsymbol{C}^{-1}\end{pmatrix}=\begin{pmatrix}5&-1&0&0\\-2&1&0&0\\0&0&-1&0\\0&0&0&\dfrac{1}{2}\end{pmatrix}$$

2. $$|\boldsymbol{A}|=\begin{vmatrix}x+y&x&x&x\\x&x-2y&x&x\\x&x&x+2y&x\\x&x&x&x-3y\end{vmatrix}=\begin{vmatrix}x&x&x&x\\x&x-2y&x&x\\x&x&x+2y&x\\x&x&x&x-3y\end{vmatrix}$$

$$+\begin{vmatrix}y&x&x&x\\0&x-2y&x&x\\0&x&x+2y&x\\0&x&x&x-3y\end{vmatrix}=12xy^3+y\begin{vmatrix}x-2y&x&x\\x&x+2y&x\\x&x&x-3y\end{vmatrix}$$

$$=8xy^3+12y^4$$

四、1. $\boldsymbol{X}=\begin{pmatrix}\dfrac{1}{4}&\dfrac{1}{4}&0\\0&\dfrac{1}{4}&\dfrac{1}{4}\\\dfrac{1}{4}&0&\dfrac{1}{4}\end{pmatrix}$（见第四章习题 A 第 14 题）.

2. $$\begin{pmatrix}1&2&0&2&0\\1&1&2&3&-1\\0&1&-a&-1&1\\1&4&-4&a-2&b+3\end{pmatrix}\xrightarrow{r}\begin{pmatrix}1&2&0&2&0\\0&-1&2&1&-1\\0&0&a-2&0&0\\0&0&0&a-2&b+1\end{pmatrix}$$

当 $a\neq 2$ 时，线性方程组有唯一解；当 $a=2,b\neq -1$ 时，线性方程组无解；当 $a=2,b=-1$ 时，线性方程组有无穷多解，此时，与原方程组同解的方程组为 $\begin{cases} x_1+2x_2 \qquad\quad +2x_4= 0 \\ \quad -x_2+2x_3+\ x_4=-1 \end{cases}$，该方程组的通解为 $\boldsymbol{x}=(-2,1,0,0)^{\mathrm{T}}+k_1(-4,2,1,0)^{\mathrm{T}}+k_2(-4,1,0,1)^{\mathrm{T}}$，$k_1,k_2$ 为任意常数.

五、令 $k_1\boldsymbol{\alpha}+k_2\boldsymbol{A\alpha}=\boldsymbol{0}$，则 $\boldsymbol{A}(k_1\boldsymbol{\alpha}+k_2\boldsymbol{A\alpha})=\boldsymbol{A0}=\boldsymbol{0}$，故 $k_1\boldsymbol{A\alpha}=\boldsymbol{0}$．由 $\boldsymbol{A\alpha}\neq\boldsymbol{0}$ 得 $k_1=0$，于是 $k_2=0$，这样向量组 $\boldsymbol{\alpha},\boldsymbol{A\alpha}$ 线性无关.

六、（1）将方程组（A）的系数矩阵利用初等行变换化为行最简形矩阵：

$$\begin{pmatrix} 1 & 2 & 3 \\ 2 & 3 & 5 \\ 1 & 1 & 2 \end{pmatrix} \xrightarrow{r} \begin{pmatrix} 1 & 0 & 1 \\ 0 & 1 & 1 \\ 0 & 0 & 0 \end{pmatrix}$$

与原方程组同解的方程组为 $\begin{cases} x_1 \qquad +x_3=0 \\ \qquad x_2+x_3=0 \end{cases}$，故线性方程组（A）的一个基础解系为 $\boldsymbol{\alpha}=(-1,-1,1)^{\mathrm{T}}$．

（2）若方程组（A）的解都是方程组（B）的解，则 $\boldsymbol{\alpha}=k\boldsymbol{\beta}=k(-2a^2+3a,1,a^2-2a)^{\mathrm{T}}$，故 $a=1$．

七、（1）由于 $\boldsymbol{A}$ 相似于对角矩阵 $\boldsymbol{D}$，故对应于特征值 0 的线性无关的特征向量有 3 个，因此 $r(\boldsymbol{A})=1$，从而 $a=4$，$b=4$．

（2）当 $\lambda_1=10$ 时，解方程 $(10\boldsymbol{E}-\boldsymbol{A})\boldsymbol{x}=\boldsymbol{0}$，得基础解系 $\boldsymbol{\alpha}_1=(1,1,1,1)^{\mathrm{T}}$；当 $\lambda_2=\lambda_3=\lambda_4=0$ 时，解方程 $-\boldsymbol{Ax}=\boldsymbol{0}$，得基础解系 $\boldsymbol{\alpha}_2=(-2,1,0,0)^{\mathrm{T}},\boldsymbol{\alpha}_3=(-3,0,1,0)^{\mathrm{T}},\boldsymbol{\alpha}_4=(-4,0,0,1)^{\mathrm{T}}$．令 $\boldsymbol{P}=(\boldsymbol{\alpha}_1,\boldsymbol{\alpha}_2,\boldsymbol{\alpha}_3,\boldsymbol{\alpha}_4)$，则 $\boldsymbol{P}^{-1}\boldsymbol{AP}=\boldsymbol{D}$．

自测题（八）答案

一、1. A；2. D；3. B；4. C；5. C；6. B；7. D；8. B.

二、1. 1；2. 0；3. $\begin{pmatrix}1&0&0\\0&2&0\\0&3&-1\end{pmatrix}$；4. $\boldsymbol{E}$；5. 8；6. 0；7. $\begin{pmatrix}0&0\\0&0\end{pmatrix}$.

三、1.（1）向量$\boldsymbol{\alpha}$的长度$\|\boldsymbol{\alpha}\|=2$，向量$\boldsymbol{\alpha}-2\boldsymbol{e}_1$的长度$\|\boldsymbol{\alpha}-2\boldsymbol{e}_1\|=2\sqrt{2}$.

（2）$\boldsymbol{E}-2\boldsymbol{u}\boldsymbol{u}^{\mathrm{T}}=\begin{pmatrix}0&0&1\\0&1&0\\1&0&0\end{pmatrix},(\boldsymbol{E}-2\boldsymbol{u}\boldsymbol{u}^{\mathrm{T}})\boldsymbol{\alpha}=(2,0,0)^{\mathrm{T}}$.

2. $(\boldsymbol{A},\boldsymbol{E})=\begin{pmatrix}1&2&3&1&0&0\\1&1&2&0&1&0\\0&1&2&0&0&1\end{pmatrix}\xrightarrow{r}\begin{pmatrix}1&0&0&0&1&-1\\0&1&0&2&-2&-1\\0&0&1&-1&1&1\end{pmatrix}$，故$\boldsymbol{A}^{-1}=\begin{pmatrix}0&1&-1\\2&-2&-1\\-1&1&1\end{pmatrix}$.

四、将$\boldsymbol{A}$按列分块，记$\boldsymbol{A}=(\boldsymbol{\alpha}_1,\boldsymbol{\alpha}_2)$，则$(\boldsymbol{\alpha}_1,\boldsymbol{\alpha}_2)\begin{pmatrix}1&1&2\\2&1&3\end{pmatrix}=\begin{pmatrix}1&2&3\\2&3&5\\1&1&2\end{pmatrix}$，故$\boldsymbol{\alpha}_1+2\boldsymbol{\alpha}_2=\begin{pmatrix}1\\2\\1\end{pmatrix},\boldsymbol{\alpha}_1+\boldsymbol{\alpha}_2=\begin{pmatrix}2\\3\\1\end{pmatrix},2\boldsymbol{\alpha}_1+3\boldsymbol{\alpha}_2=\begin{pmatrix}3\\5\\2\end{pmatrix}$，从而$\boldsymbol{\alpha}_1=\begin{pmatrix}3\\4\\1\end{pmatrix},\boldsymbol{\alpha}_2=\begin{pmatrix}-1\\-1\\0\end{pmatrix}$，于是$\boldsymbol{A}=\begin{pmatrix}3&-1\\4&-1\\1&0\end{pmatrix}$.

五、（1）$|\boldsymbol{A}|=1-a^2$.

（2）$(\boldsymbol{A},\boldsymbol{\beta})=\begin{pmatrix}1&a&0&0&1\\0&1&1&0&-1\\0&0&1&1&0\\a&0&0&1&0\end{pmatrix}\xrightarrow{r}\begin{pmatrix}1&a&0&0&1\\0&1&1&0&-1\\0&0&1&1&0\\0&0&0&1-a^2&-a^2-a\end{pmatrix}$

故当$a=-1$时，方程组$\boldsymbol{A}\boldsymbol{x}=\boldsymbol{\beta}$有无穷多解，与$\boldsymbol{A}\boldsymbol{x}=\boldsymbol{\beta}$同解的方程组为

$$\begin{cases}x_1-x_2=1\\x_2+x_3=-1\\x_3+x_4=0\end{cases}$$

其通解为$\boldsymbol{x}=k(1,1,-1,1)^{\mathrm{T}}+(0,-1,0,0)^{\mathrm{T}}$，其中$k$为任意常数.

六、（1）设$\boldsymbol{x}_0$是齐次线性方程组$\boldsymbol{B}\boldsymbol{x}=\boldsymbol{0}$的解，即$\boldsymbol{B}\boldsymbol{x}_0=\boldsymbol{0}$，则$\boldsymbol{A}\boldsymbol{B}\boldsymbol{x}_0=\boldsymbol{0}$，即$\boldsymbol{C}\boldsymbol{x}_0=\boldsymbol{0}$. 反过来，设$\boldsymbol{x}_0$是齐次线性方程组$\boldsymbol{C}\boldsymbol{x}=\boldsymbol{0}$的解，即$\boldsymbol{C}\boldsymbol{x}_0=\boldsymbol{0}$，也就是$\boldsymbol{A}\boldsymbol{B}\boldsymbol{x}_0=\boldsymbol{0}$. 由于$r(\boldsymbol{A})=n$，故$\boldsymbol{B}\boldsymbol{x}_0=\boldsymbol{0}$，从而齐次线性方程组$\boldsymbol{B}\boldsymbol{x}=\boldsymbol{0}$与$\boldsymbol{C}\boldsymbol{x}=\boldsymbol{0}$同解.

（2）由（1）知齐次线性方程组$\boldsymbol{B}\boldsymbol{x}=\boldsymbol{0}$与$\boldsymbol{C}\boldsymbol{x}=\boldsymbol{0}$同解，故它们的基础解系所含解向量

的个数相等，即 $s-r(\boldsymbol{B})=s-r(\boldsymbol{C})$，故 $r(\boldsymbol{B})=r(\boldsymbol{C})$.

七、二次型的矩阵为 $\boldsymbol{A}=\begin{pmatrix}1 & b & 0\\ b & 1 & 0\\ 0 & 0 & a\end{pmatrix}$，

$$|\lambda\boldsymbol{E}-\boldsymbol{A}|=\begin{vmatrix}\lambda-1 & -b & 0\\ -b & \lambda-1 & 0\\ 0 & 0 & \lambda-a\end{vmatrix}=(\lambda-a)(\lambda-1+b)(\lambda-1-b)$$

由题意知 $\boldsymbol{A}$ 的特征值为 $\lambda_1=0,\lambda_2=\lambda_3=2$，从而 $a=2,b=1$.

当 $\lambda_1=0$ 时，解方程 $(0\boldsymbol{E}-\boldsymbol{A})\boldsymbol{x}=\boldsymbol{0}$，则对应于 0 的特征向量为 $\boldsymbol{p}_1=(-1,1,0)^{\mathrm{T}}$.

当 $\lambda_2=\lambda_3=2$ 时，解方程 $(2\boldsymbol{E}-\boldsymbol{A})\boldsymbol{x}=\boldsymbol{0}$，则对应于 2 的特征向量为 $\boldsymbol{p}_2=(1,1,0)^{\mathrm{T}}$，$\boldsymbol{p}_3=(0,0,1)^{\mathrm{T}}$.

由于 $\boldsymbol{p}_1,\boldsymbol{p}_2,\boldsymbol{p}_3$ 两两正交，故只需将它们单位化，得 $\boldsymbol{\gamma}_1=\frac{\sqrt{2}}{2}\begin{pmatrix}-1\\ 1\\ 0\end{pmatrix},\boldsymbol{\gamma}_2=\frac{\sqrt{2}}{2}\begin{pmatrix}1\\ 1\\ 0\end{pmatrix},\boldsymbol{\gamma}_3=\boldsymbol{p}_3\begin{pmatrix}0\\ 0\\ 1\end{pmatrix}$.

令 $\boldsymbol{Q}=(\boldsymbol{\gamma}_1,\boldsymbol{\gamma}_2,\boldsymbol{\gamma}_3)$，则 $\boldsymbol{Q}$ 为正交矩阵，且 $\boldsymbol{Q}^{-1}\boldsymbol{A}\boldsymbol{Q}=\begin{pmatrix}0 & 0 & 0\\ 0 & 2 & 0\\ 0 & 0 & 2\end{pmatrix}$为对角矩阵. 令 $\boldsymbol{x}=\boldsymbol{Q}\boldsymbol{y}$，$\boldsymbol{y}=(y_1,y_2,y_3)^{\mathrm{T}}$，则 $f=2y_2^2+2y_3^2$.

自测题（九）答案

一、1. B；2. A；3. B；4. A；5. C；6. D；7. B；8. D.

二、1. $\frac{4}{5},-\frac{3}{5}$；2. 2；3. 1；4. $(1,1,-1)^{\mathrm{T}}$；5. −1；6. 6；7. $\begin{pmatrix} 2 & \frac{1}{2} \\ \frac{1}{2} & 0 \end{pmatrix}$.

三、（1）$|\boldsymbol{A}|=ab-\frac{c}{\sqrt{2}}$，故当$ab-\frac{c}{\sqrt{2}}\neq 0$时，$\boldsymbol{A}$为可逆矩阵.

（2）由$\boldsymbol{A}=\boldsymbol{A}^{\mathrm{T}}$知$a=b=0,c=1$，故当$a=b=0,c=1$时，$\boldsymbol{A}$为对称矩阵.

（3）若$\boldsymbol{A}$为正交矩阵，则$\left(\frac{1}{\sqrt{2}}\right)^2+b^2=1,\left(\frac{1}{\sqrt{2}}\right)^2+a^2=1,b^2+c^2=1$，解得$a=\pm\frac{1}{\sqrt{2}}$，$b=\pm\frac{1}{\sqrt{2}},c=\pm\frac{1}{\sqrt{2}}$.

当$a=b=c=-\frac{1}{\sqrt{2}}$时，$\boldsymbol{A}$为正交矩阵；

当a,b,c中有两个为$\frac{1}{\sqrt{2}}$，另一个为$-\frac{1}{\sqrt{2}}$时，$\boldsymbol{A}$也为正交矩阵.

四、将原行列式的第一列乘−1分别加到其他三列，得

$$f(x)=\begin{vmatrix} x-2 & 1 & 0 & -1 \\ 2x-2 & 1 & 0 & -1 \\ 3x-3 & 1 & x-2 & -2 \\ 4x & -3 & x-7 & -3 \end{vmatrix}=\begin{vmatrix} x-2 & 1 & 0 & 0 \\ 2x-2 & 1 & 0 & 0 \\ 3x-3 & 1 & x-2 & -1 \\ 4x & -3 & x-7 & -6 \end{vmatrix}=\begin{vmatrix} x-2 & 1 \\ 2x-2 & 1 \end{vmatrix}\begin{vmatrix} x-2 & -1 \\ x-7 & -6 \end{vmatrix}=5x(x-1)$$

方程$f(x)=0$的根是$x_1=0,x_2=1$.

五、（1）$(\boldsymbol{A},\boldsymbol{E}_3)=\begin{pmatrix} 2 & 4 & 1 & 1 & 1 & 0 & 0 \\ 1 & 2 & -1 & 2 & 0 & 1 & 0 \\ -1 & -2 & -2 & 1 & 0 & 0 & 1 \end{pmatrix}\xrightarrow{r}\begin{pmatrix} 1 & 2 & 0 & 1 & \frac{1}{3} & \frac{1}{3} & 0 \\ 0 & 0 & 1 & -1 & \frac{1}{3} & -\frac{2}{3} & 0 \\ 0 & 0 & 0 & 0 & 1 & -1 & 1 \end{pmatrix}$

故$\boldsymbol{H}=\begin{pmatrix} 1 & 2 & 0 & 1 \\ 0 & 0 & 1 & -1 \\ 0 & 0 & 0 & 0 \end{pmatrix},\boldsymbol{S}=\begin{pmatrix} \frac{1}{3} & \frac{1}{3} & 0 \\ \frac{1}{3} & -\frac{2}{3} & 0 \\ 1 & -1 & 1 \end{pmatrix}$.

（2）由（1）知存在初等矩阵 $\boldsymbol{P}_1,\boldsymbol{P}_2,\cdots,\boldsymbol{P}_s$，使 $\boldsymbol{P}_1\boldsymbol{P}_2\cdots\boldsymbol{P}_s(\boldsymbol{A},\boldsymbol{E}_3)=(\boldsymbol{H},\boldsymbol{S})$，故 $(\boldsymbol{P}_1\boldsymbol{P}_2\cdots\boldsymbol{P}_s\boldsymbol{A},\boldsymbol{P}_1\boldsymbol{P}_2\cdots\boldsymbol{P}_s\boldsymbol{E}_3)=(\boldsymbol{H},\boldsymbol{S})$，从而 $\boldsymbol{P}_1\boldsymbol{P}_2\cdots\boldsymbol{P}_s\boldsymbol{A}=\boldsymbol{H},\boldsymbol{P}_1\boldsymbol{P}_2\cdots\boldsymbol{P}_s\boldsymbol{E}_3=\boldsymbol{S}$，这样 $\boldsymbol{SA}=\boldsymbol{H}$.

六、（1）方程组（I）$\begin{cases}2x_1+x_2+3x_3=0\\ x_1-2x_2+4x_3=0\\ 3x_1+5x_2+x_3=0\end{cases}$ 的一个基础解系为 $\boldsymbol{\xi}=(-2,1,1)^{\mathrm{T}}$.

（2）将 $\boldsymbol{\xi}=(-2,1,1)^{\mathrm{T}}$ 代入方程组（II）得 $a=2$.

七、（1）令 $\boldsymbol{A}=(\boldsymbol{\alpha}_1,\boldsymbol{\alpha}_2,\cdots,\boldsymbol{\alpha}_s),\boldsymbol{C}=(\boldsymbol{c}_1,\boldsymbol{c}_2,\cdots,\boldsymbol{c}_n)$，由 $\boldsymbol{AB}=\boldsymbol{C}$ 得

$$(\boldsymbol{\alpha}_1,\boldsymbol{\alpha}_2,\cdots,\boldsymbol{\alpha}_s)\begin{pmatrix}b_{11}&\cdots&b_{1n}\\ \vdots&&\vdots\\ b_{s1}&\cdots&b_{sn}\end{pmatrix}=(\boldsymbol{c}_1,\boldsymbol{c}_2,\cdots,\boldsymbol{c}_n)$$

从而 $\boldsymbol{c}_i=b_{1i}\boldsymbol{\alpha}_1+b_{2i}\boldsymbol{\alpha}_2+\cdots+b_{si}\boldsymbol{\alpha}_s,i=1,2,\cdots,n$，故 $\boldsymbol{C}$ 的列向量组可由 $\boldsymbol{A}$ 的列向量组线性表示.

（2）由（1）知 $r(\boldsymbol{C})\leqslant r(\boldsymbol{A})$，又 $\boldsymbol{AB}=\boldsymbol{C}$，得 $\boldsymbol{B}^{\mathrm{T}}\boldsymbol{A}^{\mathrm{T}}=\boldsymbol{C}^{\mathrm{T}}$，因此 $r(\boldsymbol{C}^{\mathrm{T}})\leqslant r(\boldsymbol{B}^{\mathrm{T}})$，即 $r(\boldsymbol{C})\leqslant r(\boldsymbol{B})$，故得证.

八、设 $f(x,y,z)=x^2+ay^2+z^2+2bxy+2xz+2yz$，且 f 对应的矩阵为 $\boldsymbol{A}$，则 $\boldsymbol{A}=\begin{pmatrix}1&b&1\\ b&a&1\\ 1&1&1\end{pmatrix}$，再设 $f(\xi,\eta,\zeta)=\eta^2+4\zeta^2$，对应的矩阵为 $\boldsymbol{B}$，则 $\boldsymbol{B}=\begin{pmatrix}0&0&0\\ 0&1&0\\ 0&0&4\end{pmatrix}$. 由于 $\boldsymbol{A}$ 与 $\boldsymbol{B}$ 相似，故 $\boldsymbol{A}$ 与 $\boldsymbol{B}$ 有相同的特征值 $\lambda_1=0,\lambda_2=1,\lambda_3=4$，将 $\lambda_1=0,\lambda_2=1,\lambda_3=4$ 分别代入 $|\lambda\boldsymbol{E}-\boldsymbol{A}|=0$，求得 $a=3,b=1$，故 $\boldsymbol{A}=\begin{pmatrix}1&1&1\\ 1&3&1\\ 1&1&1\end{pmatrix}$.

当 $\lambda_1=0$ 时，解方程 $(0\boldsymbol{E}-\boldsymbol{A})\boldsymbol{x}=\boldsymbol{0}$，则对应于 0 的特征向量为 $\boldsymbol{p}_1=(1,0,-1)^{\mathrm{T}}$.

当 $\lambda_2=1$ 时，解方程 $(\boldsymbol{E}-\boldsymbol{A})\boldsymbol{x}=\boldsymbol{0}$，则对应于 1 的特征向量为 $\boldsymbol{p}_2=(1,-1,1)^{\mathrm{T}}$.

当 $\lambda_3=4$ 时，解方程 $(4\boldsymbol{E}-\boldsymbol{A})\boldsymbol{x}=\boldsymbol{0}$，则对应于 4 的特征向量为 $\boldsymbol{p}_3=(1,2,1)^{\mathrm{T}}$.

因 $\boldsymbol{p}_1,\boldsymbol{p}_2,\boldsymbol{p}_3$ 两两正交，故只需将它们单位化，得

$$\boldsymbol{\gamma}_1=\frac{\sqrt{2}}{2}\begin{pmatrix}1\\0\\-1\end{pmatrix},\quad \boldsymbol{\gamma}_2=\frac{\sqrt{3}}{3}\begin{pmatrix}1\\-1\\1\end{pmatrix},\quad \boldsymbol{\gamma}_3=\frac{\sqrt{6}}{6}\begin{pmatrix}1\\2\\1\end{pmatrix}$$

令 $\boldsymbol{P}=(\boldsymbol{\gamma}_1,\boldsymbol{\gamma}_2,\boldsymbol{\gamma}_3)=\begin{pmatrix}\frac{1}{\sqrt{2}}&\frac{1}{\sqrt{3}}&\frac{1}{\sqrt{6}}\\ 0&-\frac{1}{\sqrt{3}}&\frac{2}{\sqrt{6}}\\ -\frac{1}{\sqrt{2}}&\frac{1}{\sqrt{3}}&\frac{1}{\sqrt{6}}\end{pmatrix}$，则 $\boldsymbol{P}$ 为所求的正交矩阵.

自测题（十）答案

一、1. C；2. C；3. D；4. D；5. C；6. B；7. D；8. B.

二、1. $\begin{pmatrix} 1 & 2 \\ -1 & 1 \\ 1 & 0 \end{pmatrix}$；2. $\boldsymbol{\alpha}_2,\boldsymbol{\alpha}_3$；3. $\begin{pmatrix} 1 & 2 & 3 \\ 3 & 5 & 7 \\ 1 & 4 & 3 \end{pmatrix}$；4. 0；5. 1；6. 1；7. 5，6.

三、(1) 先正交化，令 $\boldsymbol{p}_1=\boldsymbol{\alpha}_1=(0,0,2)^{\mathrm{T}},\boldsymbol{p}_2=\boldsymbol{\alpha}_2-\frac{1}{2}\boldsymbol{p}_1=(3,4,0)^{\mathrm{T}}$，$\boldsymbol{p}_3=\boldsymbol{\alpha}_3-\boldsymbol{p}_1+\frac{1}{5}\boldsymbol{p}_2=\left(\frac{8}{5},-\frac{6}{5},0\right)^{\mathrm{T}}$. 再单位化得 $\boldsymbol{q}_1=\frac{1}{2}\boldsymbol{p}_1=(0,0,1)^{\mathrm{T}},\boldsymbol{q}_2=\frac{1}{5}\boldsymbol{p}_2=\left(\frac{3}{5},\frac{4}{5},0\right)^{\mathrm{T}}$，$\boldsymbol{q}_3=\frac{1}{2}\boldsymbol{p}_3=\left(\frac{4}{5},-\frac{3}{5},0\right)^{\mathrm{T}}$.

（2）$\boldsymbol{A}=\begin{pmatrix} 0 & 3 & 1 \\ 0 & 4 & -2 \\ 2 & 1 & 2 \end{pmatrix},\boldsymbol{Q}=\begin{pmatrix} 0 & \frac{3}{5} & \frac{4}{5} \\ 0 & \frac{4}{5} & -\frac{3}{5} \\ 1 & 0 & 0 \end{pmatrix}$，$\boldsymbol{Q}=(\boldsymbol{q}_1,\boldsymbol{q}_2,\boldsymbol{q}_3)$ 是一个正交矩阵，由 $\boldsymbol{A}=\boldsymbol{QR}$ 知

$$\boldsymbol{R}=\boldsymbol{Q}^{-1}\boldsymbol{A}=\boldsymbol{Q}^{\mathrm{T}}\boldsymbol{A}=\begin{pmatrix} 2 & 1 & 2 \\ 0 & 5 & -1 \\ 0 & 0 & 2 \end{pmatrix}$$

四、设 $\boldsymbol{X}=\begin{pmatrix} x_1 & x_2 \\ x_3 & x_4 \end{pmatrix}$，由 $\boldsymbol{AX}+\boldsymbol{XB}=\boldsymbol{F}$ 得

$$\begin{pmatrix} 1 & -1 \\ 0 & 2 \end{pmatrix}\begin{pmatrix} x_1 & x_2 \\ x_3 & x_4 \end{pmatrix}+\begin{pmatrix} x_1 & x_2 \\ x_3 & x_4 \end{pmatrix}\begin{pmatrix} -3 & 4 \\ 1 & 0 \end{pmatrix}=\begin{pmatrix} 1 & 3 \\ -2 & 2 \end{pmatrix}$$

即 $\begin{pmatrix} x_1-x_3 & x_2-x_4 \\ 2x_3 & 2x_4 \end{pmatrix}+\begin{pmatrix} -3x_1+x_2 & 4x_1 \\ -3x_3+x_4 & 4x_3 \end{pmatrix}=\begin{pmatrix} 1 & 3 \\ -2 & 2 \end{pmatrix}$，故 $\begin{cases} -2x_1+x_2-x_3 = 1 \\ 4x_1+x_2-x_4 = 3 \\ -x_3+x_4=-2 \\ 4x_3+2x_4 = 2 \end{cases}$，又

$$\begin{pmatrix} -2 & 1 & -1 & 0 & 1 \\ 4 & 1 & 0 & -1 & 3 \\ 0 & 0 & -1 & 1 & -2 \\ 0 & 0 & 4 & 2 & 2 \end{pmatrix}\xrightarrow{r}\begin{pmatrix} 1 & 0 & 0 & 0 & 0 \\ 0 & 1 & 0 & 0 & 2 \\ 0 & 0 & 1 & 0 & 1 \\ 0 & 0 & 0 & 1 & -1 \end{pmatrix}$$

解方程得$\begin{pmatrix}x_1\\x_2\\x_3\\x_4\end{pmatrix}=\begin{pmatrix}0\\2\\1\\-1\end{pmatrix}$，故$\boldsymbol{X}=\begin{pmatrix}0&2\\1&-1\end{pmatrix}$.

五、令$\boldsymbol{\alpha}_i=(a_{i1},a_{i2},\cdots,a_{i,2n}),\boldsymbol{\beta}_i=(b_{i1},b_{i2},\cdots,b_{i,2n})\ (i=1,2,\cdots,n)$，

$$\boldsymbol{A}=\begin{pmatrix}\boldsymbol{\alpha}_1\\\boldsymbol{\alpha}_2\\\vdots\\\boldsymbol{\alpha}_n\end{pmatrix},\quad \boldsymbol{B}=\begin{pmatrix}\boldsymbol{\beta}_1\\\boldsymbol{\beta}_2\\\vdots\\\boldsymbol{\beta}_n\end{pmatrix}$$

则（I）可改写为（III）$\boldsymbol{Ax}=\boldsymbol{0}$，（II）可改写为（IV）$\boldsymbol{By}=\boldsymbol{0}$.

由题意知$\boldsymbol{A}(\boldsymbol{\beta}_1^{\mathrm{T}},\boldsymbol{\beta}_2^{\mathrm{T}},\cdots,\boldsymbol{\beta}_n^{\mathrm{T}})=\boldsymbol{O}$，即$\boldsymbol{AB}^{\mathrm{T}}=\boldsymbol{O}$. 两边转置得$\boldsymbol{BA}^{\mathrm{T}}=\boldsymbol{O}$，即$\boldsymbol{B}(\boldsymbol{\alpha}_1^{\mathrm{T}},\boldsymbol{\alpha}_2^{\mathrm{T}},\cdots,\boldsymbol{\alpha}_n^{\mathrm{T}})=\boldsymbol{O}$，故$\boldsymbol{\alpha}_1^{\mathrm{T}},\boldsymbol{\alpha}_2^{\mathrm{T}},\cdots,\boldsymbol{\alpha}_n^{\mathrm{T}}$是$\boldsymbol{By}=\boldsymbol{0}$的$n$个解. 再由假设知$2n-r(\boldsymbol{A})=n$是$\boldsymbol{Ax}=\boldsymbol{0}$的基础解系所含向量个数，所以$r(\boldsymbol{A})=n$，从而$\boldsymbol{\alpha}_1^{\mathrm{T}},\boldsymbol{\alpha}_2^{\mathrm{T}},\cdots,\boldsymbol{\alpha}_n^{\mathrm{T}}$线性无关. 而方程$\boldsymbol{By}=\boldsymbol{0}$的基础解系所含向量个数$2n-r(\boldsymbol{B})=2n-n=n$，这样$\boldsymbol{\alpha}_1^{\mathrm{T}},\boldsymbol{\alpha}_2^{\mathrm{T}},\cdots,\boldsymbol{\alpha}_n^{\mathrm{T}}$是方程$\boldsymbol{By}=\boldsymbol{0}$的一个基础解系，故$\boldsymbol{By}=\boldsymbol{0}$的通解为$\boldsymbol{x}=k_1\boldsymbol{\alpha}_1^{\mathrm{T}}+k_2\boldsymbol{\alpha}_2^{\mathrm{T}}+\cdots+k_n\boldsymbol{\alpha}_n^{\mathrm{T}}$（$k_1,k_2,\cdots,k_n$为任意常数）.

六、（1）$\boldsymbol{B}=\begin{pmatrix}0&-1&1\\-1&0&1\\1&1&0\end{pmatrix}$.

（2）$|\lambda\boldsymbol{E}-\boldsymbol{B}|=\begin{vmatrix}\lambda&1&-1\\1&\lambda&-1\\-1&-1&\lambda\end{vmatrix}=(\lambda+2)(\lambda-1)^2$，$\boldsymbol{B}$的特征值为$\lambda_1=-2,\lambda_2=\lambda_3=1$.

对应于特征值$\lambda_1=-2$的特征向量为$\boldsymbol{\alpha}_1=(-1,-1,1)^{\mathrm{T}}$；对应于特征值$\lambda_2=\lambda_3=1$的特征向量为$\boldsymbol{\alpha}_2=(-1,1,0)^{\mathrm{T}},\boldsymbol{\alpha}_3=(1,0,1)^{\mathrm{T}}$.

（3）令$\boldsymbol{P}=\begin{pmatrix}-1&-1&1\\-1&1&0\\1&0&1\end{pmatrix}$，则$\boldsymbol{P}^{-1}\boldsymbol{BP}=\begin{pmatrix}-2&0&0\\0&1&0\\0&0&1\end{pmatrix}$，因$\boldsymbol{\alpha}_1,\boldsymbol{\alpha}_2,\boldsymbol{\alpha}_3$是线性无关的向量组，故$(\boldsymbol{\alpha}_1,\boldsymbol{\alpha}_2,\boldsymbol{\alpha}_3)$可逆，由已知得$(\boldsymbol{\alpha}_1,\boldsymbol{\alpha}_2,\boldsymbol{\alpha}_3)^{-1}\boldsymbol{A}(\boldsymbol{\alpha}_1,\boldsymbol{\alpha}_2,\boldsymbol{\alpha}_3)=\boldsymbol{B}$，从而

$$\boldsymbol{P}^{-1}(\boldsymbol{\alpha}_1,\boldsymbol{\alpha}_2,\boldsymbol{\alpha}_3)^{-1}\boldsymbol{A}(\boldsymbol{\alpha}_1,\boldsymbol{\alpha}_2,\boldsymbol{\alpha}_3)\boldsymbol{P}=\begin{pmatrix}-2&0&0\\0&1&0\\0&0&1\end{pmatrix}$$

取$\boldsymbol{Q}=(\boldsymbol{\alpha}_1,\boldsymbol{\alpha}_2,\boldsymbol{\alpha}_3)\boldsymbol{P}=(-\boldsymbol{\alpha}_1-\boldsymbol{\alpha}_2+\boldsymbol{\alpha}_3,-\boldsymbol{\alpha}_1+\boldsymbol{\alpha}_2,\boldsymbol{\alpha}_1+\boldsymbol{\alpha}_3)$，则$\boldsymbol{Q}$是可逆矩阵，且

$$\boldsymbol{Q}^{-1}\boldsymbol{AQ}=\begin{pmatrix}-2&0&0\\0&1&0\\0&0&1\end{pmatrix}$$

七、令 $\begin{pmatrix} y_1 \\ y_2 \\ \vdots \\ y_n \end{pmatrix} = \begin{pmatrix} 1 & a_1 & 0 & \cdots & 0 & 0 \\ 0 & 1 & a_2 & \cdots & 0 & 0 \\ \vdots & \vdots & \vdots & & \vdots & \vdots \\ 0 & 0 & 0 & \cdots & 1 & a_{n-1} \\ a_n & 0 & 0 & \cdots & 0 & 1 \end{pmatrix} \begin{pmatrix} x_1 \\ x_2 \\ \vdots \\ x_n \end{pmatrix}$，当 $\begin{vmatrix} 1 & a_1 & 0 & \cdots & 0 & 0 \\ 0 & 1 & a_2 & \cdots & 0 & 0 \\ \vdots & \vdots & \vdots & & \vdots & \vdots \\ 0 & 0 & 0 & \cdots & 1 & a_{n-1} \\ a_n & 0 & 0 & \cdots & 0 & 1 \end{vmatrix} =$ $1+(-1)^{n+1}a_1a_2\cdots a_n \neq 0$，即当 $a_1a_2\cdots a_n \neq (-1)^n$ 时，二次型 $f(x_1,x_2,\cdots,x_n)$ 为正定的.

自测题（十一）答案

一、1. D；2. D；3. A；4. C；5. D；6. D；7. A；8. C.

二、1. $\boldsymbol{b}$；2. $(-9,-4,7,-4)^{\mathrm{T}}$；3. $\begin{pmatrix}1 & 2\\ \dfrac{3}{2} & 2\end{pmatrix}$；4. -2；5. a,b,c 互不相等；6. -18；7. $\begin{pmatrix}1 & 0\\ 0 & 1\end{pmatrix}$.

三、$\boldsymbol{A}=\begin{pmatrix}1 & 2 & a\\ 1 & 3 & 0\\ 2 & 7 & -a\end{pmatrix}\xrightarrow{r}\begin{pmatrix}1 & 2 & a\\ 0 & 1 & -a\\ 0 & 0 & 0\end{pmatrix}$，$\boldsymbol{B}=\begin{pmatrix}1 & a & 2\\ 0 & 1 & 1\\ -1 & 1 & 1\end{pmatrix}\xrightarrow{r}\begin{pmatrix}1 & a & 2\\ 0 & 1 & 1\\ 0 & 0 & 2-a\end{pmatrix}$，于是 $2-a=0$，故 $a=2$.

四、（1）$(\boldsymbol{A}-\boldsymbol{E})^3=\begin{pmatrix}0 & 0 & 0\\ 0 & 0 & 0\\ 0 & 0 & 0\end{pmatrix}$.

（2）$\varphi(\lambda)=(\lambda-1)^3=\lambda^3-3\lambda^2+3\lambda-1,\varphi(\boldsymbol{A})=\boldsymbol{A}^3-3\boldsymbol{A}^2+3\boldsymbol{A}-\boldsymbol{E}=(\boldsymbol{A}-\boldsymbol{E})^3=\boldsymbol{O}$.

（3）由 $\boldsymbol{A}^3-3\boldsymbol{A}^2+3\boldsymbol{A}-\boldsymbol{E}=\boldsymbol{O}$ 得 $\boldsymbol{A}^3-3\boldsymbol{A}^2+3\boldsymbol{A}=\boldsymbol{E}$，故 $(\boldsymbol{A}^2-3\boldsymbol{A}+3\boldsymbol{E})\boldsymbol{A}=\boldsymbol{E}$，从而 $\boldsymbol{A}^{-1}=\boldsymbol{A}^2-3\boldsymbol{A}+3\boldsymbol{E}$.

五、方程组的通解为 $\boldsymbol{x}=c_1(1,-2,1,0)^{\mathrm{T}}+c_2(1,-2,0,1)^{\mathrm{T}}+(-1,1,0,0)^{\mathrm{T}}$，即 $\begin{pmatrix}x_1\\ x_2\\ x_3\\ x_4\end{pmatrix}=\begin{pmatrix}c_1+c_2-1\\ -2c_1-2c_2+1\\ c_1\\ c_2\end{pmatrix}$，由题设 $x_1=x_2,x_3=x_4$ 得 $\begin{cases}c_1+c_2-1=-2c_1-2c_2+1\\ c_1=c_2\end{cases}$，解得 $c_1=c_2=\dfrac{1}{3}$.

故所求的解为 $\boldsymbol{x}=\dfrac{1}{3}(-1,-1,1,1)^{\mathrm{T}}$.

六、（1）$r(\boldsymbol{\alpha}_1,\boldsymbol{\alpha}_2,\boldsymbol{\alpha}_3)=3$，故向量组 $\boldsymbol{\alpha}_1,\boldsymbol{\alpha}_2,\boldsymbol{\alpha}_3$ 线性无关.

（2）解法1：将三个解代入第四个方程，得 $-a+b+d=0,b-c+e=0,-a+c+f=0$，而

$$\begin{pmatrix}1 & 1 & 1 & 0 & 0 & 0\\ 0 & 1 & 0 & -1 & -1 & 0\\ 0 & 0 & 1 & 0 & 1 & -1\\ a & b & c & d & e & f\end{pmatrix}\xrightarrow{r}\begin{pmatrix}1 & 1 & 1 & 0 & 0 & 0\\ 0 & 1 & 0 & -1 & -1 & 0\\ 0 & 0 & 1 & 0 & 1 & -1\\ 0 & 0 & 0 & d+b-a & e+b-c & f+c-a\end{pmatrix}$$

$$=\begin{pmatrix}1&1&1&0&0&0\\0&1&0&-1&-1&0\\0&0&1&0&1&-1\\0&0&0&0&0&0\end{pmatrix}$$

故系数矩阵的秩等于 3，从而 $\boldsymbol{\alpha}_1,\boldsymbol{\alpha}_2,\boldsymbol{\alpha}_3$ 为线性方程组的一个基础解系，因此该方程组的通解为 $\boldsymbol{x}=c_1\boldsymbol{\alpha}_1+c_2\boldsymbol{\alpha}_2+c_3\boldsymbol{\alpha}_3(c_1,c_2,c_3\text{为任意常数})$.

解法 2：因系数矩阵的秩大于或等于 3，而由（1）知向量组 $\boldsymbol{\alpha}_1,\boldsymbol{\alpha}_2,\boldsymbol{\alpha}_3$ 的秩为 3，故系数矩阵的秩只能等于 3，从而 $\boldsymbol{\alpha}_1,\boldsymbol{\alpha}_2,\boldsymbol{\alpha}_3$ 为线性方程组的一个基础解系，因此该方程组的通解为 $\boldsymbol{x}=c_1\boldsymbol{\alpha}_1+c_2\boldsymbol{\alpha}_2+c_3\boldsymbol{\alpha}_3(c_1,c_2,c_3\text{为任意常数})$.

七、$|\lambda\boldsymbol{E}-\boldsymbol{A}|=\begin{vmatrix}\lambda&0&-1\\-1&\lambda-1&-x\\-1&0&\lambda\end{vmatrix}=(\lambda+1)(\lambda-1)^2$，故 $\boldsymbol{A}$ 的特征值为 $\lambda_1=-1,\lambda_2=\lambda_3=1$，要使矩阵 $\boldsymbol{A}$ 能对角化，只需对应于特征值 1 的线性无关的特征向量有两个，故 $r(\boldsymbol{E}-\boldsymbol{A})=1$，$\begin{pmatrix}1&0&-1\\-1&0&-x\\-1&0&1\end{pmatrix}\to\begin{pmatrix}1&0&-1\\0&0&-x-1\\0&0&0\end{pmatrix}$，这样 $x=-1$.

当 $\lambda_1=-1$ 时，解方程 $(-\boldsymbol{E}-\boldsymbol{A})\boldsymbol{x}=\boldsymbol{0}$，得特征向量为 $\boldsymbol{\alpha}_1=(-1,1,1)^{\mathrm{T}}$；当 $\lambda_2=\lambda_3=1$ 时，解方程 $(\boldsymbol{E}-\boldsymbol{A})\boldsymbol{x}=\boldsymbol{0}$，得特征向量为 $\boldsymbol{\alpha}_2=(1,0,1)^{\mathrm{T}},\boldsymbol{\alpha}_3=(0,1,0)^{\mathrm{T}}$，故 $\boldsymbol{P}=\begin{pmatrix}-1&1&0\\1&0&1\\1&1&0\end{pmatrix}$

使 $\boldsymbol{P}^{-1}\boldsymbol{A}\boldsymbol{P}=\begin{pmatrix}-1&0&0\\0&1&0\\0&0&1\end{pmatrix}$.

自测题（十二）答案

一、1. B；2. B；3. B；4. D；5. B；6. A；7. C；8. B.

二、1. $\begin{pmatrix}1&2&0&4\\0&0&1&1\end{pmatrix}$；2. $\begin{pmatrix}0&-1&1\\-1&0&1\\1&1&0\end{pmatrix}$；3. -1；4. $\boldsymbol{\alpha}_1,\boldsymbol{\alpha}_2$；5. 160；

6. -1；7. $\begin{pmatrix}2&0&0\\0&0&0\\0&0&1\end{pmatrix}$.

三、1.（1）$\boldsymbol{\alpha}_2-2\boldsymbol{\alpha}_1=(-2,1,-1)^{\mathrm{T}}$ 的长度为 $\sqrt{6}$.

（2）$\boldsymbol{E}-\boldsymbol{\alpha}_1\boldsymbol{\alpha}_2^{\mathrm{T}}=\begin{pmatrix}1&0&0\\0&1&0\\0&0&1\end{pmatrix}-\begin{pmatrix}0&1&1\\0&0&0\\0&1&1\end{pmatrix}=\begin{pmatrix}1&-1&-1\\0&1&0\\0&-1&0\end{pmatrix}$.

2. 解法 1：$A_{31}+3A_{32}-2A_{33}+2A_{34}=\begin{vmatrix}3&1&-1&0\\0&0&2&0\\1&3&-2&2\\0&0&0&1\end{vmatrix}=-16$.

解法 2：$A_{31}=\begin{vmatrix}1&-1&0\\0&2&0\\0&0&1\end{vmatrix}=2, A_{32}=-\begin{vmatrix}3&-1&0\\0&2&0\\0&0&1\end{vmatrix}=-6, A_{33}=\begin{vmatrix}3&1&0\\0&0&0\\0&0&1\end{vmatrix}=0, A_{34}=\begin{vmatrix}3&1&-1\\0&0&2\\0&0&0\end{vmatrix}=0$，

$A_{31}+3A_{32}-2A_{33}+2A_{34}=2+3\times(-6)=-16$.

四、将齐次线性方程组 $\boldsymbol{Ax}=\boldsymbol{0}$ 的系数矩阵 $\boldsymbol{A}$ 作初等行变换，得

$$\boldsymbol{A}\xrightarrow{r}\begin{pmatrix}1&0&-1&-1\\0&1&2&2\\0&0&0&0\end{pmatrix}$$

故与原方程组同解的方程组为 $\begin{cases}x_1=\quad x_3+\ x_4\\x_2=-2x_3-2x_4\end{cases}$，方程组 $\boldsymbol{Ax}=\boldsymbol{0}$ 的一个基础解系为 $\boldsymbol{\alpha}_1=(1,-2,1,0)^{\mathrm{T}},\boldsymbol{\alpha}_2=(1,-2,0,1)^{\mathrm{T}}$.

令 $\boldsymbol{B}=\begin{pmatrix}1&1&0\\-2&-2&0\\1&0&0\\0&1&0\end{pmatrix}$ 或 $\boldsymbol{B}=(\boldsymbol{\alpha}_1,\boldsymbol{\alpha}_2,k_1\boldsymbol{\alpha}_1+k_2\boldsymbol{\alpha}_2)$，则 $\boldsymbol{AB}=\boldsymbol{O}$，且 $r(\boldsymbol{B})=2$.

五、解法 1：将特解$\begin{pmatrix}x_1\\x_2\\x_3\\x_4\end{pmatrix}=\begin{pmatrix}-1\\1\\0\\0\end{pmatrix}$代入线性方程组，得$a+b+c=0$．将$\begin{pmatrix}x_1\\x_2\\x_3\\x_4\end{pmatrix}=\begin{pmatrix}1\\-2\\1\\0\end{pmatrix}$代入对应的齐次线性方程组，得$\begin{cases}a+2b+1=0\\2a+c=2\end{cases}$．将$\begin{pmatrix}x_1\\x_2\\x_3\\x_4\end{pmatrix}=\begin{pmatrix}1\\-2\\1\\0\end{pmatrix}$代入对应的齐次线性方程组，得$2-d=0$，由此得$d=2$．解方程组$\begin{cases}a+2b=-1\\2a+c=2\\a+b+c=0\end{cases}$，得$a=1,b=-1,c=0$．

解法 2：由通解$\begin{pmatrix}x_1\\x_2\\x_3\\x_4\end{pmatrix}=k_1\begin{pmatrix}1\\-2\\1\\0\end{pmatrix}+k_2\begin{pmatrix}1\\-2\\0\\1\end{pmatrix}+\begin{pmatrix}-1\\1\\0\\0\end{pmatrix}$得$\begin{pmatrix}x_1\\x_2\\x_3\\x_4\end{pmatrix}=\begin{pmatrix}k_1+k_2-1\\-2k_1-2k_2+1\\k_1\\k_2\end{pmatrix}$，代入原方程组并整理得

$$\begin{cases}(a+2b+1)k_1+(a+2b+1)k_2=a+b+c\\(-c-2a+2)k_1+(-c-2a+2)k_2=-a-b-c\\(d-2)k_2=0\end{cases}$$

由k_1,k_2是任意常数得$\begin{cases}a+b+c=0\\a+2b+1=0\\-c-2a+2=0\\d-2=0\end{cases}$，故$a=1,b=-1,c=0,d=2$．

六、由$\boldsymbol{\alpha}_1,\boldsymbol{\alpha}_2,\boldsymbol{\alpha}_4$线性无关得向量组$\boldsymbol{\alpha}_1,\boldsymbol{\alpha}_2$线性无关，由$\boldsymbol{\alpha}_1,\boldsymbol{\alpha}_2,\boldsymbol{\alpha}_3$线性相关知$\boldsymbol{\alpha}_3$可由$\boldsymbol{\alpha}_1,\boldsymbol{\alpha}_2$线性表示，不妨设$\boldsymbol{\alpha}_3=t_1\boldsymbol{\alpha}_1+t_2\boldsymbol{\alpha}_2$．令$x_1\boldsymbol{\alpha}_1+x_2\boldsymbol{\alpha}_2+x_3(2\boldsymbol{\alpha}_3-3\boldsymbol{\alpha}_4)=\boldsymbol{0}$，将$\boldsymbol{\alpha}_3$代入整理得$(x_1+2x_3t_1)\boldsymbol{\alpha}_1+(x_2+2x_3t_2)\boldsymbol{\alpha}_2-3x_3\boldsymbol{\alpha}_4=0$．又$\boldsymbol{\alpha}_1,\boldsymbol{\alpha}_2,\boldsymbol{\alpha}_4$线性无关，故$x_1+2x_3t_1=0,x_2+2x_3t_2=0,-3x_3=0$，从而$x_1=0,x_2=0,x_3=0$，故得证.

七、（1）$|\lambda\boldsymbol{E}-\boldsymbol{A}|=\begin{vmatrix}\lambda&1&-1\\1&\lambda&-1\\-1&-1&\lambda\end{vmatrix}=(\lambda+2)(\lambda-1)^2$，$\boldsymbol{A}$的特征值为$\lambda_1=-2,\lambda_2=\lambda_3=1$．对应于特征值$\lambda_1=-2$的特征向量为$\boldsymbol{\alpha}_1=(-1,-1,1)^{\mathrm{T}}$；对应于特征值$\lambda_2=\lambda_3=1$的特征向量为$\boldsymbol{\alpha}_2=(-1,1,0)^{\mathrm{T}},\boldsymbol{\alpha}_3=(1,0,1)^{\mathrm{T}}$.

（2）令$\boldsymbol{P}=\begin{pmatrix}-1&-1&1\\-1&1&0\\1&0&1\end{pmatrix}$，使$\boldsymbol{P}^{-1}\boldsymbol{AP}=\begin{pmatrix}-2&0&0\\0&1&0\\0&0&1\end{pmatrix}$.

（3）因$\boldsymbol{Q}=\boldsymbol{PB}$，从而

$$
\boldsymbol{Q}^{-1}\boldsymbol{A}\boldsymbol{Q}=\boldsymbol{B}^{-1}\boldsymbol{P}^{-1}\boldsymbol{A}\boldsymbol{P}\boldsymbol{B}=\begin{pmatrix}1&0&0\\-1&1&0\\0&0&1\end{pmatrix}^{-1}\begin{pmatrix}-2&0&0\\0&1&0\\0&0&1\end{pmatrix}\begin{pmatrix}1&0&0\\-1&1&0\\0&0&1\end{pmatrix}
$$

$$
=\begin{pmatrix}1&0&0\\1&1&0\\0&0&1\end{pmatrix}\begin{pmatrix}-2&0&0\\0&1&0\\0&0&1\end{pmatrix}\begin{pmatrix}1&0&0\\-1&1&0\\0&0&1\end{pmatrix}
$$

$$
=\begin{pmatrix}-2&0&0\\-2&1&0\\0&0&1\end{pmatrix}\begin{pmatrix}1&0&0\\-1&1&0\\0&0&1\end{pmatrix}=\begin{pmatrix}-2&0&0\\-3&1&0\\0&0&1\end{pmatrix}
$$

自测题（十三）答案

一、1. D；2. D；3. A；4. C；5. D；6. B；7. C；8. A；9. D；10. C.

二、1. −2；2. $\begin{pmatrix}1&1\\1&0\end{pmatrix}$；3. −2；4. $\begin{pmatrix}1&0&0\\1&1&0\\0&0&1\end{pmatrix}$；5. −8；6. $r(A)=n,|A|\neq 0$；7. 2；8. $\frac{1}{4}$.

三、（1）$|A|=32$.

（2）$A^{-1}=\begin{pmatrix}\frac{1}{4}&\frac{1}{4}&0\\0&\frac{1}{4}&\frac{1}{4}\\\frac{1}{4}&0&\frac{1}{4}\end{pmatrix}$.

四、$(A,E_3)=\begin{pmatrix}1&0&0&-1&1&0&0\\0&1&2&0&0&1&0\\1&1&2&-1&0&0&1\end{pmatrix}\xrightarrow{r}\begin{pmatrix}1&0&0&-1&1&0&0\\0&1&2&0&0&1&0\\0&0&0&0&-1&-1&1\end{pmatrix}$

$$H=\begin{pmatrix}1&0&0&-1\\0&1&2&0\\0&0&0&0\end{pmatrix},\quad P=\begin{pmatrix}1&0&0\\0&1&0\\-1&-1&1\end{pmatrix}$$

$$H=\begin{pmatrix}1&0&0&-1\\0&1&2&0\\0&0&0&0\end{pmatrix}\xrightarrow{c}\begin{pmatrix}1&0&0&0\\0&1&0&0\\0&0&0&0\end{pmatrix}$$

$$Q=E(14(1))E(23(-2))=\begin{pmatrix}1&0&0&1\\0&1&0&0\\0&0&1&0\\0&0&0&1\end{pmatrix}\begin{pmatrix}1&0&0&0\\0&1&-2&0\\0&0&1&0\\0&0&0&1\end{pmatrix}=\begin{pmatrix}1&0&0&1\\0&1&-2&0\\0&0&1&0\\0&0&0&1\end{pmatrix}$$

$$PAQ=\begin{pmatrix}1&0&0&0\\0&1&0&0\\0&0&0&0\end{pmatrix}$$

五、令 $\beta_1=\begin{pmatrix}3\\1\\4\end{pmatrix},\beta_2=\begin{pmatrix}0\\1\\1\end{pmatrix},X=(x_1,x_2)$，矩阵方程 $AX=B$ 转化为两个线性方程组 $Ax_1=\beta_1,Ax_2=\beta_2$.

$$\begin{pmatrix}1&-1&2&1&3&0\\2&1&0&3&1&1\\3&0&2&4&4&1\end{pmatrix}\xrightarrow{r}\begin{pmatrix}1&0&\frac{2}{3}&\frac{4}{3}&\frac{4}{3}&\frac{1}{3}\\0&1&-\frac{4}{3}&\frac{1}{3}&-\frac{5}{3}&\frac{1}{3}\\0&0&0&0&0&0\end{pmatrix}$$

$Ax_1=\beta_1$ 的通解为 $x_1=\left(\frac{4}{3},-\frac{5}{3},0,0\right)^{\mathrm T}+k_1(-2,4,3,0)^{\mathrm T}+k_2(-4,-1,0,3)^{\mathrm T}$， $Ax_2=\beta_2$ 的通解为 $x_2=\left(\frac{1}{3},\frac{1}{3},0,0\right)^{\mathrm T}+k_3(-2,4,3,0)^{\mathrm T}+k_4(-4,-1,0,3)^{\mathrm T}$. 故矩阵方程 $AX=B$ 的解为

$$X=\begin{pmatrix}\frac{4}{3}-2k_1-4k_2&\frac{1}{3}-2k_3-4k_4\\-\frac{5}{3}+4k_1-k_2&\frac{1}{3}+4k_3-k_4\\3k_1&3k_3\\3k_2&3k_4\end{pmatrix}\quad（k_1,k_2,k_3,k_4 为任意常数）$$

六、因 A 的秩为 3，故对应的齐次线性方程组 $Ax=0$ 的基础解系只含一个解向量. $\alpha_1,\alpha_2,\alpha_3$ 是 $Ax=b$ 的解，故 $\frac{1}{2}(\alpha_1+\alpha_2)=(1,1,2,3)^{\mathrm T},\frac{1}{3}(\alpha_1+2\alpha_2)=(0,1,0,2)^{\mathrm T}$ 都是非齐次线性方程组 $Ax=b$ 的解，从而 $\frac{1}{2}(\alpha_1+\alpha_2)-\frac{1}{3}(\alpha_1+2\alpha_3)=(1,1,2,3)^{\mathrm T}-(0,1,0,2)^{\mathrm T}=(1,0,2,1)^{\mathrm T}$ 是 $Ax=0$ 的解，这样 $Ax=b$ 的通解为 $x=k(1,0,2,1)^{\mathrm T}+(1,1,2,3)^{\mathrm T}$（$k$ 为任意常数）.

七、（1）$A=\begin{pmatrix}a&0&b\\0&2&0\\b&0&-2\end{pmatrix},a+2-2=1,|A|=\begin{vmatrix}a&0&b\\0&2&0\\b&0&-2\end{vmatrix}=-12$，即 $-4a-2b^2=-12$，从而 $a=1,b=2$.

（2）由 $|\lambda E-A|=\begin{vmatrix}\lambda-1&0&-2\\0&\lambda-2&0\\-2&0&\lambda+2\end{vmatrix}=(\lambda+3)(\lambda-2)^2$，求得 A 的特征值为 $\lambda_1=-3$, $\lambda_2=\lambda_3=2$.

当 $\lambda_1=-3$ 时，解方程 $(-3E-A)x=0$，由

$$-3E-A=\begin{pmatrix}-4&0&-2\\0&-5&0\\-2&0&-1\end{pmatrix}\xrightarrow{r}\begin{pmatrix}-2&0&-1\\0&1&0\\0&0&0\end{pmatrix}$$

得基础解系 $\xi_1=\begin{pmatrix}1\\0\\-2\end{pmatrix}$.

当 $\lambda_2=\lambda_3=2$ 时，解方程 $(2E-A)x=0$，由

$$2\boldsymbol{E}-\boldsymbol{A}=\begin{pmatrix}1&0&-2\\0&0&0\\-2&0&4\end{pmatrix}\xrightarrow{r}\begin{pmatrix}1&0&-2\\0&0&0\\0&0&0\end{pmatrix}$$

得基础解系 $\boldsymbol{\xi}_2=\begin{pmatrix}2\\0\\1\end{pmatrix},\boldsymbol{\xi}_3=\begin{pmatrix}0\\1\\0\end{pmatrix}$.

令 $\boldsymbol{P}=(\xi_1,\xi_2,\xi_3)=\begin{pmatrix}1&2&0\\0&0&1\\-2&1&0\end{pmatrix}$，有 $\boldsymbol{P}^{-1}\boldsymbol{AP}=\begin{pmatrix}-3&0&0\\0&2&0\\0&0&2\end{pmatrix}$.

令 $\boldsymbol{x}=\boldsymbol{Py},\boldsymbol{y}=(y_1,y_2,y_3)^{\mathrm{T}}$，则 $f=-3y_1^2+2y_2^2+2y_3^2$.

自测题（十四）答案

一、1. B；2. A；3. D；4. B；5. D；6. C；7. D；8. A.

二、1. 2，1；2. 3；3. $\begin{pmatrix} 1 & 0 & 0 \\ 1 & 1 & 0 \\ 0 & 0 & 1 \end{pmatrix}$；4. $\boldsymbol{A},\boldsymbol{B}$ 的秩相同和正惯性指数相同；

5. 2；6. −1；7. $\dfrac{1}{2}$.

三、1.（1）$\boldsymbol{A\alpha}=(-3,2,2)^{\mathrm{T}}$.

（2）$\|\boldsymbol{A\alpha}-\boldsymbol{\beta}\|=\sqrt{2}$.

2. $\begin{vmatrix} 1 & 2 & -1 & 1 \\ -1 & 0 & 2 & -2 \\ 3 & -1 & 1 & 1 \\ 2 & 0 & -1 & 2 \end{vmatrix}=3$.

四、$\boldsymbol{A}$ 所对应的二次型为

$$\begin{aligned} f(x_1,x_2,x_3)=\boldsymbol{x}^{\mathrm{T}}\boldsymbol{Ax}&=(a_1+a_2+a_3)x_1^2+(a_2+a_3)x_2^2+a_3x_3^2+2(a_2+a_3)x_1x_2 \\ &\quad+2a_3x_1x_3+2a_3x_2x_3 \\ &=a_3(x_1^2+2x_1x_2+x_3^2+2x_1x_3+2x_2x_3+x_3^2)+a_2(x_1^2+2x_1x_2+x_2^2)+a_1x_1^2 \\ &=a_1x_1^2+a_2(x_1+x_2)^2+a_3(x_1+x_2+x_3)^2 \end{aligned}$$

作线性变换

$$y_1=x_1,\quad y_2=x_1+x_2,\quad y_3=x_1+x_2+x_3$$

则 $f(x_1,x_2,x_3)=a_1y_1^2+a_2y_2^2+a_3y_3^2=(y_1,y_2,y_3)\begin{pmatrix} a_1 & 0 & 0 \\ 0 & a_2 & 0 \\ 0 & 0 & a_3 \end{pmatrix}\begin{pmatrix} y_1 \\ y_2 \\ y_3 \end{pmatrix}$.

将线性变换写成矩阵形式

$$\begin{pmatrix} x_1 \\ x_2 \\ x_3 \end{pmatrix}=\begin{pmatrix} 1 & 0 & 0 \\ -1 & 1 & 0 \\ 0 & -1 & 1 \end{pmatrix}\begin{pmatrix} y_1 \\ y_2 \\ y_3 \end{pmatrix}$$

记 $\boldsymbol{x}=\boldsymbol{C}\mathbf{y}$. 因为 $|\boldsymbol{C}|=1\neq 0$，所以 $\boldsymbol{C}$ 为可逆矩阵且 $\boldsymbol{C}^{\mathrm{T}}\boldsymbol{AC}=\boldsymbol{B}$.

五、将线性方程组的增广矩阵作初等行变换化为行阶梯形矩阵：

$$\begin{pmatrix} 1 & -1 & 0 & 0 & 1 \\ 0 & 1 & -1 & 0 & 2 \\ 0 & 0 & 1 & -1 & 3 \\ -1 & 0 & 0 & 1 & a \end{pmatrix} \xrightarrow{r} \begin{pmatrix} 1 & 0 & 0 & -1 & 6 \\ 0 & 1 & 0 & -1 & 5 \\ 0 & 0 & 1 & -1 & 3 \\ 0 & 0 & 0 & 0 & a+6 \end{pmatrix}$$

当 $a+6=0$，即 $a=-6$ 时，方程组有解.方程组的通解为 $\boldsymbol{x}=c(1,1,1,1)^{\mathrm{T}}+(6,5,3,0)^{\mathrm{T}}$，其中 c 为任意常数.

六、(1) 由 $\boldsymbol{AB}=\begin{pmatrix} -1 & -1 & -1 \\ -1 & -1 & -1 \\ 1 & 1 & 1 \end{pmatrix}$ 知 $a=2, b=1, c=-3$.

(2) 由 $\boldsymbol{AB}=\begin{pmatrix} -1 & -1 & -1 \\ -1 & -1 & -1 \\ 1 & 1 & 1 \end{pmatrix}$ 知 $\boldsymbol{A}(\boldsymbol{b}_1,\boldsymbol{b}_2,\boldsymbol{b}_3)=\begin{pmatrix} -1 & -1 & -1 \\ -1 & -1 & -1 \\ 1 & 1 & 1 \end{pmatrix}$，故 $\boldsymbol{Ab}_i=(-1,-1,1)^{\mathrm{T}}\,(i=1,2,3)$，从而 $\boldsymbol{b}_1,\boldsymbol{b}_2,\boldsymbol{b}_3$ 是非齐次线性方程组 $\boldsymbol{Ax}=(-1,-1,1)^{\mathrm{T}}$ 的解向量.

(3) $\boldsymbol{A}=\begin{pmatrix} 1 & 1 & 1 & 1 \\ 4 & 3 & 5 & -1 \\ 2 & 1 & 3 & -3 \end{pmatrix} \xrightarrow{r} \begin{pmatrix} 1 & 1 & 1 & 1 \\ 0 & -1 & 1 & -5 \\ 0 & 0 & 0 & 0 \end{pmatrix}$，$r(\boldsymbol{A})=2$，故齐次线性方程组 $\boldsymbol{Ax}=\boldsymbol{0}$ 的基础解系含 2 个解向量，又 $\boldsymbol{b}_2-\boldsymbol{b}_1=(-2,1,1,0)^{\mathrm{T}}, \boldsymbol{b}_3-\boldsymbol{b}_1=(4,-5,0,1)^{\mathrm{T}}$ 为齐次线性方程组 $\boldsymbol{Ax}=\boldsymbol{0}$ 的解向量且线性无关，故 $\boldsymbol{b}_2-\boldsymbol{b}_1, \boldsymbol{b}_3-\boldsymbol{b}_1$ 是齐次线性方程组 $\boldsymbol{Ax}=\boldsymbol{0}$ 的一个基础解系.

七、(1) $\boldsymbol{A}=\begin{pmatrix} 7 & -12 \\ 1 & 0 \end{pmatrix}$.

(2) $\boldsymbol{A}$ 的特征值为 $\lambda_1=3, \lambda_2=4$，对应于特征值 $\lambda_1=3$ 的特征向量为 $\boldsymbol{\alpha}_1=(3,1)^{\mathrm{T}}$，对应于特征值 $\lambda_2=4$ 的特征向量为 $\boldsymbol{\alpha}_2=(4,1)^{\mathrm{T}}$，故 $\boldsymbol{P}=\begin{pmatrix} 3 & 4 \\ 1 & 1 \end{pmatrix}$，使 $\boldsymbol{P}^{-1}\boldsymbol{AP}=\begin{pmatrix} 3 & 0 \\ 0 & 4 \end{pmatrix}$.

(3) $\boldsymbol{A}^n=\boldsymbol{P}\begin{pmatrix} 3^n & 0 \\ 0 & 4^n \end{pmatrix}\boldsymbol{P}^{-1}=\begin{pmatrix} 4^{n+1}-3^{n+1} & 4\cdot 3^{n+1}-3\cdot 4^{n+1} \\ 4^n-3^n & 4\cdot 3^n-3\cdot 4^n \end{pmatrix}$.

(4) $\begin{pmatrix} a_{n+2} \\ a_{n+1} \end{pmatrix}=\boldsymbol{A}\begin{pmatrix} a_{n+1} \\ a_n \end{pmatrix}=\boldsymbol{A}^{n+1}\begin{pmatrix} a_1 \\ a_0 \end{pmatrix}$，故 $\begin{pmatrix} a_{n+1} \\ a_n \end{pmatrix}=\boldsymbol{A}^n\begin{pmatrix} a_1 \\ a_0 \end{pmatrix}=\begin{pmatrix} 4^{n+1}+3^{n+1} \\ 4^n+3^n \end{pmatrix}$，因此 $a_n=4^n+3^n$ $(n\geqslant 0)$.

自测题（十五）答案

一、1. C；2. D；3. C；4. D；5. D；6. B；7. B；8. B.

二、1. $\begin{cases} x_1+2x_3=1 \\ x_2=-2 \end{cases}$；2. 0；3. $\begin{pmatrix} 1 & -1 \\ 0 & 1 \end{pmatrix}$；4. $\boldsymbol{\alpha}_1=(-1,1,0)^{\mathrm{T}},\boldsymbol{\alpha}_2=(-1,-1,2)^{\mathrm{T}}$；5. 0；6. 5；

7. $\begin{pmatrix} 1 & 1 & 2 \\ 1 & 1 & 1 \\ 2 & 1 & 3 \end{pmatrix}$.

三、1. $\boldsymbol{A}^2=\begin{pmatrix} a^2-1 & a+b \\ -a-b & b^2-1 \end{pmatrix}=\begin{pmatrix} 0 & 0 \\ 0 & 0 \end{pmatrix}$

$a^2=b^2=1,a+b=0$，从而 $a=1,b=-1$ 或 $a=-1,b=1$，故 $\boldsymbol{A}=\begin{pmatrix} 1 & 1 \\ -1 & -1 \end{pmatrix}$ 或 $\boldsymbol{A}=\begin{pmatrix} -1 & 1 \\ -1 & 1 \end{pmatrix}$.

2. 原式 $=\begin{vmatrix} -1 & 2 & 2 & 2 \\ 0 & 2 & 2 & 2 \\ 0 & 3 & 2 & 2 \\ 0 & 3 & 3 & 2 \end{vmatrix}+\begin{vmatrix} 3 & 2 & 2 & 2 \\ 3 & 2 & 2 & 2 \\ 3 & 3 & 2 & 2 \\ 3 & 3 & 3 & 2 \end{vmatrix}=(-1)\begin{vmatrix} 2 & 2 & 2 \\ 3 & 2 & 2 \\ 3 & 3 & 2 \end{vmatrix}+0=-2$.

四、（1）$\boldsymbol{A}=\begin{pmatrix} 1 & 1 & -1 & 3 \\ 2 & 2 & 1 & 3 \\ 1 & 3 & 2 & 2 \end{pmatrix}\xrightarrow{r}\begin{pmatrix} 1 & 0 & 0 & 1 \\ 0 & 1 & 0 & 1 \\ 0 & 0 & 1 & -1 \end{pmatrix}$

$\boldsymbol{A}$ 的秩 $r=3$.

（2）$\boldsymbol{A}$ 的列向量组的一个极大线性无关组为前三列 $\boldsymbol{\alpha}_1,\boldsymbol{\alpha}_2,\boldsymbol{\alpha}_3$，且 $\boldsymbol{\alpha}_4=\boldsymbol{\alpha}_1+\boldsymbol{\alpha}_2-\boldsymbol{\alpha}_3$.

（3）$\boldsymbol{A}=\begin{pmatrix} 1 & 1 & -1 & 3 \\ 2 & 2 & 1 & 3 \\ 1 & 3 & 2 & 2 \end{pmatrix}\xrightarrow{c}\begin{pmatrix} 1 & 0 & 0 & 0 \\ 0 & 1 & 0 & 0 \\ 0 & 0 & 1 & 0 \end{pmatrix}$.

五、（1）$\begin{pmatrix} 2 & -1 & 3 & 2 & 0 \\ 9 & -1 & 14 & 2 & 1 \\ 3 & 2 & 5 & -4 & 1 \end{pmatrix}\xrightarrow{r}\begin{pmatrix} 1 & 3 & 2 & -6 & 1 \\ 0 & 7 & 1 & -14 & 2 \\ 0 & 0 & 0 & 0 & 0 \end{pmatrix}\xrightarrow{r}\begin{pmatrix} 1 & 0 & \frac{11}{7} & 0 & \frac{1}{7} \\ 0 & 1 & \frac{1}{7} & -2 & \frac{2}{7} \\ 0 & 0 & 0 & 0 & 0 \end{pmatrix}$

$\boldsymbol{Ax}=\boldsymbol{0}$ 的一个基础解系为 $\boldsymbol{\alpha}_1=(-11,-1,7,0)^{\mathrm{T}},\boldsymbol{\alpha}_2=(0,2,0,1)^{\mathrm{T}}$.

（2）$\boldsymbol{Ax}=\boldsymbol{b}$ 的通解为 $\boldsymbol{x}=\left(\frac{1}{7},\frac{2}{7},0,0\right)^{\mathrm{T}}+k_1(-11,-1,7,0)^{\mathrm{T}}+k_2(0,2,0,1)^{\mathrm{T}}$（$k_1,k_2$ 为任意常数）.

六、（1）$(\boldsymbol{\alpha}_1,\boldsymbol{\alpha}_2,\boldsymbol{\alpha}_3,\boldsymbol{\alpha}_4)\xrightarrow{r}\begin{pmatrix}1&0&0&0\\0&1&0&2\\0&0&1&0\\0&0&0&a-1\end{pmatrix}$

当 $a\neq 1$ 时，向量组 $\boldsymbol{\alpha}_1,\boldsymbol{\alpha}_2,\boldsymbol{\alpha}_3,\boldsymbol{\alpha}_4$ 线性无关，当 $a=1$ 时，向量组 $\boldsymbol{\alpha}_1,\boldsymbol{\alpha}_2,\boldsymbol{\alpha}_3,\boldsymbol{\alpha}_4$ 线性相关.

（2）当 $a=1$ 时，$(\boldsymbol{\alpha}_1,\boldsymbol{\alpha}_2,\boldsymbol{\alpha}_3,\boldsymbol{\alpha}_4)\xrightarrow{r}\begin{pmatrix}1&0&0&0\\0&1&0&2\\0&0&1&0\\0&0&0&0\end{pmatrix}$，$r(\boldsymbol{\alpha}_1,\boldsymbol{\alpha}_2,\boldsymbol{\alpha}_3,\boldsymbol{\alpha}_4)=r(\boldsymbol{\alpha}_1,\boldsymbol{\alpha}_2,\boldsymbol{\alpha}_3)=3$，

$\boldsymbol{\alpha}_4$ 能由 $\boldsymbol{\alpha}_1,\boldsymbol{\alpha}_2,\boldsymbol{\alpha}_3$ 线性表示，且 $\boldsymbol{\alpha}_4=2\boldsymbol{\alpha}_2$. 又 $r(\boldsymbol{\alpha}_1,\boldsymbol{\alpha}_2,\boldsymbol{\alpha}_3,\boldsymbol{\alpha}_4)=3, r(\boldsymbol{\alpha}_1,\boldsymbol{\alpha}_2,\boldsymbol{\alpha}_4)=2$，故 $\boldsymbol{\alpha}_3$ 不能由 $\boldsymbol{\alpha}_1,\boldsymbol{\alpha}_2,\boldsymbol{\alpha}_4$ 线性表示.

七、二次型的矩阵 $\boldsymbol{A}=\begin{pmatrix}1&1&1\\1&1&1\\1&1&1\end{pmatrix}$，由于 $|\boldsymbol{A}|=0$，故 0 是 $\boldsymbol{A}$ 的特征值. 解方程 $(0\boldsymbol{E}-\boldsymbol{A})\boldsymbol{x}=\boldsymbol{0}$，基础解系含两个解向量 $\boldsymbol{p}_1=(-1,1,0)^{\mathrm{T}}, \boldsymbol{p}_2=(-1,0,1)^{\mathrm{T}}$，故 0 是 $\boldsymbol{A}$ 的二重特征值. 另一个特征值为 $\lambda_3=3$，$(3\boldsymbol{E}-\boldsymbol{A})\boldsymbol{x}=\boldsymbol{0}$ 的基础解系只含一个解向量 $\boldsymbol{p}_3=(1,1,1)^{\mathrm{T}}$.

将 $\boldsymbol{p}_1=(-1,1,0)^{\mathrm{T}}, \boldsymbol{p}_2=(-1,0,1)^{\mathrm{T}}$ 正交化为 $\boldsymbol{q}_1=(-1,1,0)^{\mathrm{T}}, \boldsymbol{q}_2=\left(-\frac{1}{2},-\frac{1}{2},1\right)^{\mathrm{T}}$. 再将 $\boldsymbol{q}_1,\boldsymbol{q}_2$, $\boldsymbol{p}_3$ 单位化，得 $\boldsymbol{\eta}_1=\frac{\sqrt{2}}{2}(-1,1,0)^{\mathrm{T}}, \boldsymbol{\eta}_2=\frac{\sqrt{6}}{4}(-1,-1,2)^{\mathrm{T}}, \boldsymbol{\eta}_3=\frac{\sqrt{3}}{3}(1,1,1)^{\mathrm{T}}$，令 $\boldsymbol{Q}=(\boldsymbol{\eta}_1,\boldsymbol{\eta}_2,\boldsymbol{\eta}_3)=$

$$\begin{pmatrix}-\frac{\sqrt{2}}{2}&-\frac{\sqrt{6}}{4}&\frac{\sqrt{3}}{3}\\\frac{\sqrt{2}}{2}&-\frac{\sqrt{6}}{4}&\frac{\sqrt{3}}{3}\\0&\frac{\sqrt{6}}{2}&\frac{\sqrt{3}}{3}\end{pmatrix}，则 \boldsymbol{Q}^{-1}\boldsymbol{A}\boldsymbol{Q}=\begin{pmatrix}0&0&0\\0&0&0\\0&0&3\end{pmatrix}.$$

令 $\boldsymbol{x}=\boldsymbol{Q}\boldsymbol{y}, \boldsymbol{y}=(y_1,y_2,y_3)^{\mathrm{T}}$，则 $f=3y_3^2$.